Andreas Bärtels
Pflanzen des
Mittelmeerraumes

Inhaltsverzeichnis

Vorwort und Einführung 6

Klima und Vegetation des Mittelmeergebietes 8

Gruppenschlüssel 10
(ohne Nutzpflanzen)

Bestimmungsschlüssel 11
Immergrüne Laubgehölze 11
Sommergrüne Laubgehölze 13
Nadelgehölze 15
Zwerggehölze 15
Krautige Pflanzen 17
Palmen 21

Immergrüne Laubgehölze 23

Sommergrüne Laubgehölze 54

Nadelgehölze 85

Zwerggehölze (nach Familien) 100

Krautige Pflanzen (nach Familien) 144

Moose 145
Farnpflanzen 145
Blütenpflanzen 148
Zwiebel- und Knollenpflanzen 248
Binsen 265
Gräser 266
Orchideen 275

Palmen 287

Heil- und Gewürzpflanzen 292

Obst 320

Verzeichnisse 344
Register der wissenschaftlichen und
deutschen Pflanzennamen 345

Vorwort und Einführung

Die Mittelmeerländer gehören zu den bevorzugten Urlaubszielen der Nord- und Mitteleuropäer. Viele suchen an den Küsten des Mittelmeeres nicht nur Sonne, Wärme und Wasser, sondern interessieren sich auch für die reichhaltige Pflanzenwelt dieses Raumes, die ihnen im Küstenbereich, vor allem aber im Landesinneren begegnet, in den sommer- und immergrünen Wäldern, den Macchien, Garigues und Felsfluren, an uralten Ruinen oder im Kulturland. Die reiche Pflanzenfülle zeigt sich von ihrer besten Seite im zeitigen Frühjahr, zwischen März und Mai, wenn die ganze Region blüht und duftet. Der Sommerurlauber findet die Vegetation, von einigen Ausnahmen abgesehen, oft nur noch braun und vertrocknet vor, sie erwacht erst wieder nach den ersten Herbstregen zu neuem Leben.

Von der mit rund 20000 Arten sehr großen Pflanzenvielfalt der Mediterraneis kann auch der reich ausgestattete Naturführer Mediterrane Pflanzen nur einen geringen Teil beschreiben. Es sind bevorzugt Arten aufgenommen worden, die ein größeres Verbreitungsgebiet besiedeln oder die für bestimmte Gebiete charakteristisch sind. Von wenigen Ausnahmen abgesehen, werden nur die im Mittelmeergebiet heimischen Pflanzen beschrieben. Für die in Gärten und Parkanlagen gepflanzten Arten aus vergleichbaren Klimaregionen, z.B. Amerika, Australien, Neuseeland und Afrika, reicht der vorgegebene Rahmen dieses Pflanzenführers nicht aus.

Die Einteilung der Artenfülle orientiert sich an den natürlichen Pflanzengesellschaften des mediterranen Raumes. Deshalb sind die Wildpflanzen in folgende Kapitel eingeteilt: Immergrüne Laubgehölze, Sommergrüne Laubgehölze, Nadelgehölze, Zwerggehölze, Palmen und Krautige Pflanzen.

Innerhalb der drei weniger umfangreichen Kapitel Laub- und Nadelgehölze werden die Gattungen und Arten in alphabetischer Reihenfolge behandelt. Die zahlreichen Arten in den Kapiteln Zwerggehölze und Krautige Pflanzen sind dagegen zu Familien zusammengefaßt, die weitgehend in alphabetischer Reihenfolge der Familien geordnet sind.

Eine Ausnahme macht dabei das Kapitel Krautige Pflanzen. In ihm werden zunächst die Farnpflanzen, anschließend die zweikeimblättrigen Blütenpflanzen und schließlich die Zwiebelpflanzen, Orchideen und Gräser beschrieben.

Wichtige Gebrauchshilfen sind die Bestimmungsschlüssel, die zunächst zu den verschiedenen Pflanzengruppen (Immer- und Sommergrüne Laubgehölze, Nadelgehölze, Zwerggehölze, Krautige Pflanzen) führen. Die Bestimmungsschlüssel innerhalb der verschiedenen Gruppen führen dann bei den Laub- und Nadelgehölzen zu den Gattungen oder Arten, bei den Zwerggehölzen und krautigen Pflanzen zu den Familien.

Die Beschreibung der einzelnen Pflanzen folgt einem einheitlichem Schema. Dem wissenschaftlichen Gattungs- und Artnamen folgt der deutsche Name der Pflanze und die Familie, zu der die Art gehört. Die Artbeschreibung ist, der besseren Übersichtlichkeit wegen, nach einem einheitlichen Raster (Habitus, Blätter, Blüten, Früchte, Verbreitung, teilweise Allgemeines) gegliedert.

Neben den Wildpflanzen, die nicht selten auch als Zierpflanzen in Gärten zu finden sind, werden auch einige der im

Mittelmeerraum traditionell angebauten Obstarten sowie einige Heil- und Gewürzpflanzen ausführlich beschrieben.

Bei den Heil- und Gewürzpflanzen und dem Obst werden nicht nur die Pflanzen selbst, sondern auch ihre Inhaltsstoffe und ihre Verwendung behandelt.

Nicht wenige der bei uns seit Jahrhunderten bekannten und erprobten Heil- und Gewürzpflanzen haben ihre ursprüngliche Heimat im mediterranen Raum. Von den auch bei uns mehr oder weniger gut bekannten Obstarten, die entweder aus dem Mittelmeergebiet stammen oder vor mehr oder weniger langer Zeit nach dort gebracht worden sind, werden die behandelt, deren Hauptanbaugebiete in den Ländern des Mittelmeergebietes liegen.

Den Abschluß des Buches bilden zwei Namensregister, in denen die im Buch behandelten Pflanzen in alphabetischer Reihenfolge unter ihren wissenschaftlichen und deutschen Namen zu finden sind.

Waake, Frühjahr 1997, 2003
Andreas Bärtels

Citrus limon

Klima und Vegetation des Mittelmeergebietes

Das Mediterrangebiet liegt zwischen den mitteleuropäischen gemäßigten Vegetationszonen und den nordafrikanischen und vorderasiatischen Wüstenregionen. Nach allgemeiner Auffassung ist die Abgrenzung der Mediterraneis etwa identisch mit dem Verbreitungsareal des Ölbaumes, *Olea europaea*.

Danach erstreckt sich das Mittelmeergebiet von Südportugal, dem südlichen Zentralspanien sowie der spanischen und französischen Mittelmeerküste, über die gesamte italienische Halbinsel südlich der Poebene, unter Einschluß einiger sehr kleiner, klimatisch begünstigter Standorte der Südalpen, von Istrien in einem schmalen Streifen entlang der Adria bis nach Griechenland, mit Ausnahme der Gebirge im Westen und von dort weiter in einem mehr oder weniger breiten Streifen entlang des Mittelmeeres bis nach Israel. Zum Mediterrangebiet gehören auch die nördlichen Teile von Tunesien, Algerien und Marokko, während die Küsten Ägyptens und Lybiens, mit Ausnahme der Cyrenaica in Westlybien, für die mediterrane Vegetation zu trocken sind.

Die mediterrane Vegetation bleibt in der Regel auf die Küstengebiete begrenzt, denn fast nur hier kommen die für das Gebiet typischen echten Hartlaubwälder und deren Degradationsstadien vor. In der Regel werden aber auch submediterrane Gebiete mit einem hohen Anteil mediterraner Florenelemente in die Mediterraneis einbezogen. Hierzu gehören die Gebirge des Gebietes mit ihren verschiedenen Vegetationsgürteln, die zum Teil denjenigen nördlicher Vegetationszonen ähneln.

Klimatologisch gehört das Mediterrangebiet zum Nordrand der Subtropen. Das

Der Ölbaum, Charakterbaum des Mittelmeerraumes, liefert die wertvollen Oliven.

Klima des mediterranen Raumes wird vor allem durch trockenheiße Sommer und feuchtgemäßigte Winter geprägt. Während in Mitteleuropa Niederschäge das ganze Jahr über fallen, mit einem Maximum im Sommer, fallen Niederschläge in Mittelmeergebiet überwiegend im Winterhalbjahr, etwa von Oktober bis April. Die durchschnittliche Summe der Niederschläge beträgt etwa 500 bis 900 mm pro Jahr. Sie ist in den verschiedenen Regionen des Mittelmeergebietes aber sehr unterschiedlich hoch. Dazu tragen neben den Gebirgen vor allem der atlantische Einfluß im Westen sowie der kontinentale Einfluß im Osten bei. Im allgemeinen nimmt die Summe der Niederschläge von Osten nach Westen und von Süden nach Norden zu.

Während etwa in Genua 1114, Split 914, Tanger 887 und Algier 762 mm Niederschläge pro Jahr fallen, beträgt der Jahresniederschlag in Athen nur 384 mm.

Neben den Niederschlägen ist auch der **Temperaturverlauf** ein wichtiges Kennzeichen des Mittelmeergebietes. Die Temperaturen liegen im Jahresmittel bei 18 °C. Im Sommer liegen die mittleren Tagestemperaturen um 26 °C, und selbst im kältesten Monat Januar erreichen sie noch Durchschnittswerte von 5 bis 10 °C. Die ausgleichende Wirkung des Meeres mit dem Energieaustausch zwischen Wasser und Land verhindert langandauernde Frostperioden.

Die **Böden** des Mittelmeergebietes fallen oft durch ihre leuchtend rote Farbe auf. Sie entstehen vor allem auf anstehendem Kalkgestein und werden als „Terra rossa" bezeichnet. Es handelt sich dabei um fossile Bildungen aus dem Tertiär; zu dieser Zeit herrschte ein warmes Sommerregenklima. In ebenen Lagen blieben diese Böden bis heute erhalten.

Das Mittelmeergebiet wird **pflanzengeographisch** unterteilt in eine ost- und westmediterrane Region. Typische Florenelemente der ostmediterranen Region sind unter anderem Östlicher Erdbeerbaum, *Arbutus andrachne*, Libanonzeder, *Cedrus libani*, Dornbusch-Wolfsmilch, *Euphorbia acanthothamnos*, Dorniger Ginster, *Genista acanthoclada*, Dornige Bibernelle, *Sarcopoterium spinosum* und Echter Storaxbaum, *Styrax officinalis*; typische westmediterrane Elemente sind dagegen Stacheliger Dornginster, *Calicotome spinosa*, Atlaszeder, *Cedrus atlantica*, Zwergpalme, *Chamaerops humilis*, Weiße Cistrose, *Cistus albidus*, und Korkeiche, *Quercus suber*.

Überragende Bedeutung als **Kulturpflanze** des mediterranen Raumes hat der Ölbaum, *Olea europaea*. Er prägt mit seinem urigen, charaktervollen Wuchs und seinem immergrünen, silbrigen Laub ganze Kulturlandschaften.

Die verschiedenen Vegetationsstufen – Immergrüne Wälder, Sommergrüne Wälder, Nadelwälder, Macchien, Garigues, Küstenbereiche, Salzmarschen – werden in den Einleitungen zu den entsprechenden Kapiteln behandelt.

Verteilung von Hartlaubgehölzen und deren Degradationsstadien im Mittelmeergebiet (nach Quezel 1962-1963)

Gruppenschlüssel

1. Bäume mit schopfartigen Kronen ....Kapitel Palmen (Seite 287)
   – Pflanzen anders aufgebaut..2
2. Pflanzen krautig ....Kapitel Krautige Pflanzen (Seite 144)
   – Pflanzen verholzt 3
3. Pflanzen mit flächigen Laubblättern oder nadel- bzw. schuppenförmigen Blättern..5
   – Pflanzen mit großen, sukkulenten Blättern...4
4. Pflanzen mit 1–2 m langen, grundständigen Blättern ....*Agave* (Seite 53)
   – Pflanzen mit flachen, stacheligen Stängelgliedern ....*Opuntia* (Seite 53)
5. (3) Nadelgehölze (Blätter nadel- oder schuppenförmig)..
   Kapitel Nadelgehölze (Seite 85)
   – sommer- und immergrüne Laubgehölze 6
6. Zwerg- und Halbsträucher, selten höher als 1,5 m ..Kapitel Zwerggehölze (Seite 100)
   – höher wachsende Bäume, Sträucher und Kletterpflanzen 7
7. Pflanzen immer- oder wintergrün (ausgenommen die sukkulenten Gattungen *Agave* und *Opuntia*) ....Kapitel Immergrüne Laubgehölze (Seite 23)
   – Pflanzen sommergrün ....Kapitel Sommergrüne Laubgehölze (Seite 54)

Bestimmungsschlüssel

Immergrüne Laubgehölze
(Seite 23 – 53, dort bis auf *Agave americana* und *Opuntia ficus-indica* in alphabetischer Reihenfolge geordnet)

1. Pflanzen sukkulent 2
   – Pflanzen nicht sukkulent 3
2. Pflanzen mit langen, grundständigen, rosettig stehenden Blättern ....
   ....*Agave americana* (Seite 53)
   – Pflanzen mit breiten, flachen Stängelgliedern..............*Opuntia ficus-indica* (Seite 53)
3. Wuchs aufrecht 9
   – Wuchs kletternd 4
4. Blätter meist 5zählig..*Rosa sempervirens*
   – Blätter einfach 5
5. Blätter gegenständig..*Lonicera implexa*
   – Blätter wechsel- oder quirlständig 6
6. Blätter zu 4–8 quirlständig ....*Rubia peregrina*
   – Blätter wechselständig...7
7. Blätter ungeteilt 8
   – Blätter an der Basis tief und schmal gelappt..................................*Aristolochia baetica*
8. Blätter herz- oder spießförmig, Blüten unscheinbar ....*Smilax aspera*
   – Blätter elliptisch, Blüten klein, von auffälligen, farbigen Hochblättern umgeben ....
   ....*Bougainvillea*
9. (3) Blätter flächig 10
   – Blätter nadelförmig ....*Erica*-Arten
10. Blätter einfach 17
    – Blätter zusammengesetzt 11
11. Blätter 3zählig 12
    – Blätter gefiedert 13
12. Blättchen verkehrt-eiförmig, bis 2,5 cm lang..................................*Medicago arborea*
    – Blättchen linealisch-lanzettlich, bis 1,5 cm lang ....*Genista linifolia*
13. Blätter doppelt gefiedert ....*Acacia dealbata*
    – Blätter einfach gefiedert 14
14. Blätter unpaarig gefiedert 15
    – Blätter paarig gefiedert 16
15. Blättchen 7–21, grob gesägt-gekerbt..*Rhus coriaria*
    – Blättchen 15–27, ganzrandig oder fein gesägt ....*Schinus molle*
16. Blättchen 8–12, Blattspindel breit geflügelt ....*Pistacia lentiscus*
    – Blättchen 4–10, Blattspindel ungeflügelt ....*Ceratonia siliqua*

17. (10) Blätter besonders groß, bis 60 cm breit, handförmig gelappt ....*Ricinus communis*
 – Blätter wesentlich kleiner 18
18. Blätter als Phyllodien (Blattspreite bis auf den blattartig verbreiterten Blattstiel reduziert)
Acacia-Arten
 – Blätter normal ausgebildet 19
19. Blätter quirl-, gegen- oder wechselständig..20
 – Blätter meist quirlständig, selten gegenständig ....*Nerium oleander*
20. Jugendblätter gegenständig, Altersblätter wechselständig ....*Eucalyptus*-Arten
 – Blätter gegenständig oder wechselständig 21
21. Blätter wechselständig 27
 – Blätter gegenständig..22
22. Blätter grün 24
 – Blätter silbergrau oder silbriggrün erscheinend 23
23. Blätter silbergrau, länglich-lanzettlich ....*Olea europaea*
 – Blätter silbriggrün, eiförmig-rhombisch oder 3-eckig, ...*Atriplex halimus*
24. Blätter über 2 cm lang 25
 – Blätter 1,5 – 2 cm lang ....*Buxus sempervirens*
25. Blüten unscheinbar..*Phillyrea*-Arten
 – Blüten auffällig, weiß 26
26. Blätter 3 – 5 cm lang, zuweilen zu dritt, Blüten weiß, einzeln stehend
....*Myrtus communis*
 – Blätter 3 – 7 cm lang, Blüten weiß, in endständigen Trugdolden ......*Viburnum tinus*
27. (21) Blätter mit aromatischem Duft ....*Laurus nobilis*
 – Blätter ohne Duft 28
28. Bäume und Sträucher unbedornt 30
 – Strauch mit dornigen Zweigen 29
29. Strauch mit ansehnlichen weißen Blüten ....*Pyracantha coccinea*
 – Kleiner Baum, Blüten klein, unscheinbar ....*Argania spinosa*
30. Strauch mit 2-häusigen, unscheinbaren Blüten ....*Rhamnus alaternus*
 – Bäume oder Sträucher mit 1-häusigen oder zwittrigen Blüten................................31
31. Blüten 1-häusig, männliche Blüten in Kätzchen, Früchte als Eicheln....*Quercus*-Arten
 – Blüten zwittrig 32
32. Blüten gelblich, klein, in Dolden..*Bupleurum fruticosum*
 – Blüten weiß...33
33. Blüten mit starkem, ausgeprägtem Duft ....*Pittosporum*-Arten
 – Blüten nicht oder unangenehm riechend 34
34. Blüten in langen, schlanken Trauben, mit strengem Geruch ....*Prunus lusitanica*
 – Blüten in kurzen, aufrechten oder überhängenden Rispen ....*Arbutus*-Arten

Sommergrüne Laubgehölze
(Seite 54 – 83, dort Gattungen in alphabetischer Reihenfolge geordnet)

1. Pflanzen kletternd 2
   – Pflanzen aufrecht wachsend 5
2. Blüten 2-seitig symmetrisch, gelblich weiß...........................*Lonicera etrusca*
   – Blüten radiär 3
3. Blüten weiß ....*Clematis flammula*
   – Blüten andersfarbig 4
4. Blüten purpurosa bis blauviolett ....*Clematis viticella*
   – Blüten weißblau bis hell violett ....*Clematis campaniflora*
5. Blätter bis zum Herbst haftend 8
   – Blätter kurzlebig, Zweige mehr oder weniger rutenförmig, grün 7
6. Blüten weiß ....*Retama monosperma*
   – Blüten gelb ....*Spartium junceum*
7. (5) Blätter schuppenförmig, bis 5 mm lang ....*Tamarix*-Arten
   – Blätter flächig, größer..8
8. Blätter einfach, ungeteilt oder gelappt 16
   – Blätter 3-zählig oder gefiedert 12
9. Blätter 3-zählig, Zweige dornig ....*Calicotome*-Arten
   – Blätter 3-zählig, Zweige nicht dornig 10
10. Blätter in dichten Quirlen ....*Adenocarpus complicatus*
    – Blätter wechselständig 11
11. Zweige gerieben unangenehm riechend .... *Anagyris foetida*
    – Sträucher ohne besonderen Geruch........................*Cytisus*-Arten und *Cytisophyllum*
12. Blätter doppelt gefiedert 13
    – Blätter einfach gefiedert...14
13. Blüten rosa ....*Albizia julibrissin*
    – Blüten gelb ....*Acacia karoo*
14. Blätter gegenständig ....*Fraxinus ornus*
    – Blätter wechselständig 15
15. Blättchen 9–13, 1,5–2 cm lang............................*Colutea arborescens*
    – Blättchen meist 7–9, 3–5 cm lang ....*Pistacia terebinthus*
16. (8) Blätter einfach, ungeteilt 28
    – Blätter handförmig geteilt oder gelappt 17
17. Blätter handförmig geteilt, Blättchen 5–7 ....*Vitex agnus-castus*
    – Blätter gelappt..18
18. Blätter gegenständig...19
    – Blätter wechselständig 21
19. Blätter ganzrandig, eiförmig-lanzettlich ....*Coriaria myrtifolia*
    – Blätter gelappt..20
20. Blätter 3-lappig, 3–5 cm breit............................*Acer monspessulanum*
    – Blätter 5-lappig, 10–15 cm breit...............*Acer cappadocicum* ssp. *lobelii*

21. Blätter mit 3–7 breit-eiförmigen, zugespitzten Lappen, Pflanzen meist in Feldkulturen ....*Gossypium hirsutum*
   – Pflanzen nicht in Feldkulturen 22
22. Blätter bis zur Basis fiedrig gelappt, Stängel und Blätter stark bestachelt ....
   Solanum sodomaeum
   – Pflanzen nicht oder weniger bewehrt 23
23. Stets alle Blätter gelappt. 25
   – Blätter am gleichen Baum gelappt und ungelappt 24
24. Blätter oberseits glänzend grün, durch starke Behaarung sich sehr rauh anfühlend
   Morus nigra
   – Blätter oberseits matt hellgrün, nur schwach behaart und kaum rauh.....*Morus alba*
25. (23) Blätter 15–30 cm breit, 5- bis 7-lappig ....*Platanus orientalis*
   – Blätter kleiner 26
26. Blätter 3–5 cm lang, mit 2–3 tief eingeschnittenen Lappen ....*Crataegus laciniata*
   – Blätter größer 27
27. Blätter 6–15 cm lang, 3- bis 5-lappig, sternhaarig ....*Lavatera*-Arten
   – Blätter 5–15 cm lang, jederseits mehr oder weniger buchtig gelappt *Quercus*-Arten
28. (16) Pflanzen stets unbedornt 32
   – Pflanzen stets oder häufig mit Zweigdornen...29
29. Blätter 2–4 cm lang, von der Basis an 3nervig ....*Paliurus spina-christi*
   – Blätter fiedernervig 30
30. Blätter zu Büscheln gehäuft ....*Berberis hispanica*
   – Blätter nicht büschelig gehäuft 31
31. Blätter lanzettlich bis eiförmig, 2,5–8 cm lang ....*Pyrus spinosa*
   – Blätter breit-eiförmig bis rundlich, 7–12 cm lang ....*Prunus mahaleb*
32. (28) Blätter mit 7 von der Basis an bogig verlaufenden Nerven ......*Cercis siliquastrum*
   – Blätter fiedernervig 33
33. Blätter 15–30 cm lang..*Castanea sativa*
   – Blätter kleiner 34
34. Blätter oberseits durch steife Haare rauh ....*Celtis australis*
   – Blätter nicht rauh 35
35. Pflanzen mit auffälligen Blüten und/oder Früchten oder Fruchtständen 38
   – Pflanzen mit unscheinbaren Blüten...36
36. Blätter 2,5–5 cm lang ....*Carpinus orientalis*
   – Blätter größer 37
37. Blätter 4–10 cm lang, rundlich-eiförmig, Basis herzförmig.................*Alnus cordata*
   – Blätter 5–12 cm lang, elliptisch bis oval, Basis meist rundlich......*Ostrya carpinifolia*
38. Blüten und Früchte in fedrigen Ständen....................................*Cotinus coggygria*
   – Blüten einzeln oder in kleinen Büscheln..39
39. Blüten 10–15 cm breit, rot, gelb, orange, weiß ....*Hibiscus rosa-sinensis*
   – Blüten kleiner, weiß oder gelb 40
40. Blüten gelb ....*Nicotiana glauca*
   – Blüten weiß..41

41. Blüten apfelblütenähnlich (aber viel kleiner) .... *Amelanchier ovalis*
    – Blüten glockig .... *Styrax officinalis*

Nadelgehölze
(Seite 85 – 99, dort Gattungen in alphabetischer Reihenfolge geordnet)

1. Blätter schuppenförmig 2
   – Blätter nadel- und/oder schuppenförmig 3
2. Blätter zu 4 in Quirlen .... *Tetraclinis*
   – Blätter gegenständig .... *Cupressus sempervirens*
3. Blätter stets nadelförmig 4
   – Blätter nadel- und/oder schuppenförmig 9
4. Blätter gegenständig oder in Quirlen 7
   – Blätter anders gestellt 5
5. Nadeln lang, an 2nadeligen Kurztrieben .... *Pinus*-Arten
   – Nadeln deutlich kürzer 6
6. Nadeln an Langtrieben schraubig, an Kurztrieben büschelig stehend .... *Cedrus*
   – Nadeln an allen Trieben gleichmäßig angeordnet .... *Abies*-Arten
7. Blätter nadelförmig 8
   – Blätter nadel- und schuppenförmig 9
8. Blätter zu 3 in Quirlen .... *Juniperus drupacea*
   – Blätter gegenständig .... *Juniperus oxycedrus*
9. Blätter nadel- und schuppenförmig, stets gegenständig .... *Juniperus thurifera*
   – nadelförmige Blätter zu 3, schuppenförmige gegenständig .... *Juniperus phoenicea*

Zwerggehölze
(Seite 100 – 143, dort nach Familien und innerhalb der Familien die Gattungen
in alphabetischer Reihenfolge geordnet)

1. Pflanzen nacktsamig, 2-häusig, Zweige schachtelhalmartig .... Ephedraceae
   – Pflanzen 1- oder 2-keimblättrig 2
2. Pflanzen 1-keimblättrig 3
   – Pflanzen 2-keimblättrig 4
3. Pflanzen sparrig verzweigt, windend oder kletternd mit schuppenartigen Phyllokladien ....(Asparagaceae)
   – Phyllokladien blattartig verbreitert .... (Ruscaceae)
4. Blüten ansehnlich 11
   – Blüten unscheinbar, Blütenhüllblätter fehlend oder sehr klein 5
5. Blätter gefiedert, kleiner, dorniger Strauch .... Rosaceae (*Sarcopoterium*)
   – Blätter ungeteilt oder gelappt 6
6. Pflanzen mit Milchsaft, Blüten in Scheinblüten .... Euphorbiaceae

	– Pflanzen ohne Milchsaft 7
7.	Pflanzen sommergrün..9
	– Pflanzen immergrün 8
8.	Zweige rutenförmig, aufrecht ....Santalaceae
	– Zweige nicht rutenförmig, Blätter schuppenförmig .....Thymelaeaceae (*Thymelaea*)
9.	Pflanzen fleischig, scheinbar blattlos ....Chenopodiaceae
	– Pflanzen nicht fleischig 10
10.	Blätter quirlständig, Blüten 4-zählig, in langgestielten, köpfchenartigen Ähren .... Plantaginaceae
	– Blätter am Grunde mit einer stängelumfassenden Röhre ....Polygonaceae
11.	(4) Kronblätter zu einer langen oder kurzen Röhre verwachsen...............................17
	– Kronblätter bis zum Grunde frei...12
12.	Blüten radiär 14
	– Blüten 2-seitig-symmetrisch...13
13.	Blüten schmetterlingsförmig, manchmal undeutlich ....Fabaceae
	– Blüten in Dolden, Randblüten häufig größer und strahlig, Mittelblüten kleiner und radiär ....Apiaceae
14.	Blütenhülle bis zu 4-zählig...15
	– Blütenhülle 5-zählig 16
15.	Blütenhülle meist 3-zählig..Cneoraceae
	– Blütenhülle mit 4 freien Kelch- und 4 lang genagelten Kronblättern ..Brassicaceae
16.	Staubblätter 5, Blüten in einseitswendig angeordneten kleinen Ähren, zu rispigen Blütenständen vereint ....Plumbaginaceae
	– Staubblätter meist über 10 17
17.	(11) Blätter wechselständig, Staubblätter zu einer Röhre verwachsen ....Malvaceae
	– wenigstens die unteren Blätter gegenständig 18
18.	Kronblätter auch nach völliger Entfaltung zerknittert. ....Cistaceae
	– Kronblätter glatt, gelb, Staubfäden gebüschelt ....Guttiferae
19.	Blüten in dichten Köpfchen, die am Grunde von einer gemeinsamen, vielblättrigen Hülle umgeben sind 20
	– Blüten nicht in dichten Köpfchen oder nicht von einer gemeinsamen, vielblättrigen Hülle umgeben 21
20.	Blüten 2-lippig, blau ....Globulariaceae
	– Blüten radiär mit 5-zipfeligen Röhrenblüten oder 2-seitig-symmetrischen Zungenblüten, entweder alle oder nur die randständigen des Köpfchens zungenförmig, dann die inneren röhrenförmig oder alle Blüten röhrenförmig ....Asteraceae
21.	Blüten radiär..23
	– Blüten 2-seitig-symmetrisch...22
22.	Blätter gegenständig (wenigsten die unteren) oder quirlständig ....Lamiaceae
	– Blätter wechsel- oder grundständig ....Boraginaceae
23.	Blüten 4-zipfelig ....Thymelaeaceae (*Daphne*)
	– Blüten 5-zipfelig ....Apocynaceae

Krautige Pflanzen

(Seite 144 – 285, dort nach Familien und innerhalb der Familien die Gattungen in alphabetischer Reihenfolge geordnet, nach Schönfelder/Schönfelder, abgeändert)

1. Sporen- und Farnpflanzen 2
   – Blütenpflanzen 3
2. Pflanzen moosartig, klein, Blätter 4reihig ....Sellaginellaceae
   – Farnpflanzen, Sporenbehälter auf den Blattunterseiten zu Häufchen (Sori) vereinigt
   Adiantaceae, Aspleniaceae, Polypodiaceae, Sinopteridaceae
3. 1-keimblättrige Pflanzen 62
   – 2-keimblättrige Pflanzen 4
4. Blüten ansehnlich 10
   – Blüten unscheinbar, Blütenhüllblätter fehlend oder sehr klein 5
5. Pflanzen mehr oder weniger fleischig 6
   – Pflanzen nicht fleischig 7
6. Blätter 1–4 cm lang, linealisch-pfriemlich, Blüten zu 1–3 blattachselständig ....
   Chenopodiaceae
   – Blätter 10–40 cm groß, Blüten in großen Trauben ....Phytolacaceae
7. Pflanzen mit weißem Milchsaft, Blüten in charakteristischen Scheinblüten ....
   Euphorbiaceae
   – Pflanzen ohne Milchsaft 8
8. Blüten in Köpfchen, von einer gemeinsamen, vielblättrigen Hülle umgeben ....
   Asteraceae
   – Blüten anders angeordnet 9
9. Blätter gegenständig, mit Brennhaaren, Blüten in achselständigen, kugeligen Büscheln ....Urticaceae
   – Blätter in grundständigen Rosetten, Blüten in grünlichen, köpfchenartigen Ähren
   Plantaginaceae
10. (4) Kronblätter zu einer langen oder kurzen Röhre verwachsen 38
    – Kronblätter bis zum Grunde frei 11
11. Blüten radiär 18
    – Blüten 2-seitig-symmetrisch 12
12. Blüten gespornt 13
    – Blüten nicht gespornt 14
13. Kronblätter 4 ....Fumariaceae (*Fumaria*)
    – Kronblätter 5 ....Ranunculaceae (*Delphinium*)
14. Blüten nicht schmetterlingsförmig 16
    – Blüten schmetterlingsförmig 15
15. Kronblätter 5, in Fahne, Flügel und Schiffchen gegliedert ....Fabaceae
    – Die 2 seitlichen der 5 Kelchblätter kronblattartig und Flügel vortäuschend ....
    Polygonaceae
16. Kronblätter 4, gelb, innere tief 3-spaltig ....Fumariaceae (*Hypecoum*)
    – Kronblätter 5–6 17

17. Blüten in Trauben ....Resedaceae
    – Blüten in zusammengesetzten Dolden, Randblüten häufig größer und strahlend, Mittelblüten klein und radiär .... Asteraceae
18. (11) Blütenhülle bis zu 4-zählig (Gipfelblüte auch 5-zählig) 19
    – Blütenhülle mehr als 4-zählig 20
19. Pflanzen mit gelbem Milchsaft, Blüten gelb oder rot ....Papaveraceae
    – Pflanzen ohne Milchsaft, Blüten mit 4 freien Kelch- und lang genagelten Kronblättern ....Brassicaceae
20. Blütenhülle 5zählig, aber auch 6- bis 10-zählig 21
    – Blütenhülle mehr als 10-zählig. 37
21. Staubblätter 5 22
    – Staubblätter mehr als 5 26
22. Blätter gegenständig 23
    – Wenigstens die oberen Blätter wechselständig oder in einer Grundrosette 24
23. Blätter lanzettlich-pfriemlich, starr und stachelspitzig, Blüten weiß oder rosa, in doldenförmigen Ständen ....Caryophyllaceae (*Drypis*)
    – Blätter eiförmig, gekerbt-gesägt bis eingeschnitten gelappt, Blütenstand doldenförmig, Früchte geschnabelt ....Geraniaceae
24. Blüten in lockeren Rispen, gelb ....Linaceae
    – Blüten anders 25
25. Blüten in zusammengesetzten Dolden oder doldigen Köpfchen ....
    ....Apiaceae
    – Blüten in einseitswendig angeordneten Ähren in rispenartigen Gesamtblütenständen ....Plumbaginaceae
26. (22) Staubblätter 6–10 27
    – Staubblätter mehr als 10 31
27. Blätter ungeteilt 29
    – Blätter gefiedert oder gefingert 28
28. Blätter 3-zählig, kleeblattartig ....Oxalidaceae
    – Blätter gefiedert ....Zygophyllaceae
29. Blätter wechselständig, Blüten mit 5 purpurnen Kronblättern ....Lythraceae
    – Blätter gegenständig 30
30. Kronblätter genagelt, ausgerandet bis tief 2-lappig, Kelchblätter zu einer 5-zähnigen Röhre verwachsen ....Caryophyllaceae
    – Blätter nadelförmig, Blüten einseitig blattachselständig .... Frankeniaceae
31. (26) Blätter gefiedert oder 3- bis 9-zählig gefingert 32
    – Blätter ungeteilt bis eingeschnitten gelappt 34
32. Kronblätter ungeteilt 33
    – Kronblätter 3-zipfelig ....Resedaceae
33. Honigblätter oder Staminodien fehlend ....Paeoniaceae
    – Honigblätter kronblattartig ....Ranunculaceae
34. Blätter fleischig, spiralig angeordnet ....Crassulaceae
    – Blätter gegen- oder wechselständig 34

35. Blätter gegenständig, wenigstens die unteren 35
    – Blätter wechselständig oder überwiegend in einer Grundrosette...........................36
36. Kronblätter auch nach völliger Entfaltung noch zerknittert ....Cistaceae
    – Kronblätter glatt ....Hypericaceae
37. Staubblätter zu einer Röhre verwachsen ....Malvaceae
    – Staubblätter frei ....Ranunculaceae
38. (20) Pflanzen fleischig ....Aizoaceae
    – Pflanzen nicht fleischig 39
39. (10) Pflanzen mit grünen Blättern...41
    – Pflanzen ohne grüne Blätter 40
40. Blütenkrone regelmäßig 4-lappig ....Rafflesiaceae
    – Blütenkrone 5-lappig und mehr oder weniger 2-lippig.....................Orobanchaceae
41. Stängel windend oder rankend...42
    – Stängel nicht windend oder rankend..44
42. Blätter gegenständig ....Asclepiadaceae
    – Blätter wechselständig 43
43. Pflanzen mit ansehnlichen, trichterförmigen Blüten.........................Convolvulaceae
    – Jeweils 3 weißliche, röhrenförmige Blüten mit kurzem Saum sind von 3 kräftig
      gefärbten Hochblättern umgeben ....Nyctaginaceae
44. Blüten in dichten Köpfchen, die am Grunde von einer gemeinsamen, vielblättrigen
    Hülle umgeben sind 45
    – Blüten nicht in dichten Köpfchen oder nicht von einer gemeinsamen, vielblättrigen
      Hülle umgeben 46
45. Blüten blau, in 1-blütigen, kugeligen Köpfchen Pflanze distelartig ....
    ....Asteraceae (*Echinops*)
    – Blütenkrone radiär mit 5-zipfeligen Röhrenblüten und 2-seitig-symmetrischen Zungenblüten..Asteraceae
46. Blüten radiär 54
    – Blüten 2-seitig-symmetrisch 47
47. Blütenhülle einfach ....Aristolochiaceae
    – Blütenhülle in Kelch und Krone gliedert 48
48. Blätter gegen- oder quirlständig...49
    – Blätter wechsel- oder grundständig 52
49. Blüten gespornt, nur 1 Staubblatt ....Valerianaceae
    – Blüten ohne Sporn, Staubblätter 2 50
50. Kräftige, distelartige Stauden mit großen, fiederschnittigen Grundblättern ....
    ....Acanthaceae
    – Pflanzen mit andern Blättern..51
51. Blüten meist deutlich 2-lippig, die Oberlippe gelegentlich fehlend, Fruchtknoten
    schon zur Blütezeit deutlich 4-teilig ....Lamiaceae
    – Fruchtknoten nicht 4-teilig ....Scrophulariaceae
52. (48) Blüten schmetterlingsförmig..Fabaceae
    – Blüten anders 53

Krautige Pflanzen

53. Fruchtknoten tief 4-teilig, bei der Reife in 4 Teilfrüchte zerfallend..........Boraginaceae
– Fruchtknoten nicht tief 4-teilig ....Solanaceae
54. (46) Blätter wechselständig und/oder in einer Grundrosette....................................55
– Blätter gegen- oder quirlständig 61
55. Grundblätter schildförmig, fleischig ....Crassulaceae (*Umbilicus*)
– Grundblätter nicht schildförmig 56
56. Grundblätter herzförmig, einer kräftigen Knolle entspringend, Kronlappen zurückgeschlagen ....Primulaceae (*Cyclamen*)
– Grundblätter anders oder fehlend 57
57. Fruchtknoten tief 4-teilig, Blätter meist rauhharrig (Ausnahme *Cerinthe*) ....
Boraginaceae
– Fruchtknoten nicht tief 4-teilig. 58
58. Männliche Blüten mit 3 Staubblättern ....Cucurbitaceae
– Blüten mit 5 Staubblättern..59
59. Narbe kopfig, nicht geteilt ....Solanaceae
– Narbe geteilt..60
60. Narben 5, Blüten mit langer, schmaler Kronröhre und ausgebreitetem Saum oder Blüten in einseitswendig angeordneten, kleinen Ähren ....Plumbaginaceae
– Narben 3 (2) oder 5, Blüten glockig oder lang trichterförmig ....Campanulaceae
61. (53) Blüten weniger als 1 cm breit, weiß ....Caprifoliaceae
– Blüten über 3 cm breit..62
62. Blüten mit kleiner Nebenkrone ....Asclepiadaceae
– Krone in der Knospe gedreht, bis 12-zipfelig. ....Gentianaceae
63. (3) Pflanzen windend, Blätter tief herzförmig, bogennervig .... Dioscoreaceae
– Pflanzen nicht windend oder kletternd 64
64. Blütenhülle weiß oder anders auffällig gefärbt, meist über 4 mm lang 65
– Blütenhülle fehlend oder unscheinbar, weniger als 4 mm lang oder in Form schuppenförmiger Blätter (Spelzen)..70
65. Blüten radiär 68
– Blüten 2-seitig symmetrisch 66
66. Staubblätter 6 ....Asphodelaceae (*Asphodeline*)
– Staubblätter weniger 67
67. Staubblätter 3, Narben 3 ....Iridaceae
– Staubblätter 1, mit der Narbe zu einer Säule verwachsen, das untere, innere Blatt der Blütenhülle zu einer vielgestaltigen Lippe umgewandelt.....................Orchidaceae
68. (65) Fruchtknoten oberständig, Staubblätter 6 69
– Fruchtknoten unterständig 72
69. Herbstblühende Zwiebelpflanze, Blüten stets einzeln, endständig ....Colchicaceae
– Blütezeit im Frühjahr 70
70. Binsenähnliche Pflanzen mit kurzen Rhizomen und endständigen, meist blauen, einzeln stehenden Blüten..Aphylanthaceae (*Aphylanthes*)
– Pflanzen nicht binsenähnlich 71

71. Zwiebelpflanze mit blattlosem Blütenschaft und traubigen Blütenständen ....Hyazinthaceae
 – Zwiebelpflanzen, selten Rhizomgeophyten, mit blattlosem Blütenschaft und scheindoldigem, von einer 2-spaltigen Hülle umgebenen Blütenstand ....Aliaceae
72. Staubblätter 3, Griffeläste oft blumenartig ....Iridaceae
 – Staubblätter 6, Blüten oft mit Nebenkronen ....Amaryllidaceae
73. (65) Blütenhülle spelzenartig 74
 – Blütenhülle anders 73
74. Blüten ohne Blütenhülle, Kolben von einem auffälligen Hochblatt (Spatha) umgeben
Araceae
 – Blütenhülle 6-blättrig, trockenhäutig, Blätter stielrund, stängelähnlich....Juncaceae
75. Gesamtblütenstand doldig-spirrig oder kopfig, die obersten Stängelblätter den Blütenstand umgebend, Blattscheiden am Grunde nicht mit einer knotigen Verdickung, Blüten in Ährchen, jede Blüte nur von einer Spelze umschlossen..................Cyperaceae
 – Gesamtblütenstand ährenartig, fingerförmig oder rispig, Blattscheiden oben mit Blatthäutchen oder Haarkranz, am Grunde mit einer knotigen Verdickung, Blüten meist von je 1 Deck- und Vorspelze umschlossen, in 1- bis vielblütigen Ährchen, diese meist mit 2 Hüllspelzen ....Poaceae

Palmen
(Seite 286 – 291, dort Arten in alphabetischer Reihenfolge geordnet)

1. Palmen mit fiederartigen Blättern ....*Phoenix*
 – Palmen mit fächerartigen Blättern 2
2. Meist mehrstämmig wachsend ....*Chamaerops*
 – Stets einstämmig wachsend ....*Trachycarpus*

Immergrüne Laubgehölze

Von Stein-Eichen (Abb. linke Seite), *Quercus ilex*, dominierte, immergrüne Wälder sind kennzeichnend für die potentielle natürliche Vegetation des engeren mediterranen Bereiches, sie erstreckten sich einst fast über das ganze Mittelmeergebiet. Doch längst gibt es keine älteren großflächigen Steineichenwälder mehr. Seit Tausenden von Jahren sind sie dem Schiffbau, der Holzkohle- und der Brennholzgewinnung sowie dem Ackerbau zum Opfer gefallen. Heute stockt die Stein-Eiche überwiegend in aus Stockausschlägen hervorgegangenen Niederwäldern, die regelmäßig zur Brennholz- und Holzkohlegewinnung beerntet wurden.

Im westlichen Mittelmeergebiet wird die Stein-Eiche durch die Rundblättrige Eiche, *Q. rotundifolia*, ersetzt. Sie wird nicht selten als Unterart der Stein-Eiche angesehen und hat breit-eiförmige bis fast rundliche, oberseits bläulich-graugrüne Blätter mit 5–8 Paar Seitennerven. In ihrer spanischen und portugiesischen Heimat kann die wintergrüne Portugiesische Eiche, *Q. faginea*, waldbildend auftreten.

Im westlichen, regenreicheren Mittelmeergebiet kommt auf silikatreichen Böden vor allem die Kork-Eiche, *Q. suber*, vor. Sie wird ihrer wirtschaftlichen Bedeutung wegen stellenweise sorgfältig gepflegt und bildet meist lockere Wälder mit reichem Unterwuchs an Kraut- und Straucharten.

Charakteristische Arten der immergrünen Laubwaldstufe sind neben *Quercus ilex* Wilder Ölbaum, *Olea europaea* ssp. *sylvestris*, Kermes-Eiche, *Quercus coccifera*, Erdbeerbaum, *Arbutus unedo*, Steinlinde, *Phillyrea angustifolia*, der Lorbeer, *Laurus nobilis*, Buchsbaum, *Buxus sempervirens*, sowie einige Kletterpflanzen wie Stechender Spargel, *Asparagus acutifolius*, oder die Stechwinde, *Smilax aspera*.

Im östlichen Mittelmeergebiet treten *Quercus calliprinos*, die baumförmige Form der Kermes-Eiche, sowie die halbimmergrüne Wallonen-Eiche, *Quercus macrolepis*, gelegentlich waldbildend auf. Die Verbreitung von *Quercus alnifolia*, der Gold-Eiche, ist auf Zypern begrenzt.

Dort, wo im *Quercus-ilex*-Gürtel durch Waldrodung und nachfolgende Beweidung durch Ziegen und Schafe und sich anschließende Bodenerosion und Verkarstung Bäume keine Lebensgrundlagen mehr finden, breitet sich eine Hartlaubvegetation aus niedrigen, mehr oder weniger dichten Strauchgesellschaften aus, die als **Macchie** und **Garigue** bezeichnet werden. Sie sind ganz überwiegend durch menschlichen Einfluß entstandene Dauergesellschaften, die heute, neben der überwiegend durch den Ölbaum geprägten Kulturlandschaft, das Landschaftsbild der Mediterraneis bestimmen.

Die aus überwiegend immergrünen Straucharten aufgebauten Macchien erreichen Wuchshöhen von etwa 2–5 m. Bleibt der Bewuchs aus überwiegend Klein-, Zwerg- und Halbsträuchern niedriger, ist er stärker aufgelockert und erreicht nur Wuchshöhen von etwa 1,5 m, wird diese Vegetationsform als Garigue bezeichnet (siehe Kapitel Zwerggehölze).

Das Wort **Macchie** ist abgeleitet von dem korsischen Wort „maquis". Auf Korsika wird damit eine großflächig auftretende, stellenweise fast undurchdringliche Vegetationsform bezeichnet, in der Baum-Heide und Erdbeerbaum dominieren. Die Zusammensetzung der Macchie kann aber regional sehr verschieden sein. Das Vorkommen hoher und dichter Macchien ist an relativ hohe Feuchtigkeit und Niederschläge gebunden. Deshalb kommen Macchien an West- und Nordhängen der Gebirge häufiger vor als in südlichen Expositionen. Sie sind im westlichen und mittleren Mediterrangebiet stärker vertreten als im östlichen. Die Bestandsdichte der Macchien ist nicht zuletzt abhängig von der Intensität einer Beweidung.

In der Macchie treten neben zahlreichen Arten der Steineichenwälder vor allem lichtbedürftige Straucharten auf wie Baum-Heide, *Erica arborea*, Myrte, *Myrtus communis*, Mastixstrauch, *Pistacia lentiscus*, Johannisbrotbaum, *Ceratonia siliqua*, Oleander, *Nerium oleander*, Keuschbaum, *Vitex agnus-castus*, Echter Storaxbaum, *Styrax officinalis*, oder, vor allem an Straßenrändern, Pfriemginster, *Spartium junceum*, sowie verschiedene Zistrosen und Wacholderarten. In lockeren Beständen kommen lichtbedürftige Therophyten (einjährige Pflanzen) und Geophyten (krautartige Gewächse mit unterirdischen Überdauerungsorganen) hinzu.

Eine eigene Pflanzengesellschaft bilden die sehr offen aufgebauten Arganienwälder im südwestlichen Marokko. *Argania spinosa* ist ein endemischer Vertreter einer sonst nur tropisch verbreiteten Familie der Breiapfelgewächse. Sie wächst auf verschiedenen Bodentypen und bevorzugt ein arides Klima mit Niederschlägen zwischen 150 und 300 mm im Jahr. Mit steigender Humidität wird sie von der Berberthuja, *Tetraclinis articulata* (siehe Kapitel Nadelgehölze), abgelöst.

Nicht wenige der in den Gärten als Ziergehölze kultivierten immergrünen Bäume und Sträucher haben ihre Heimat nicht in der mediterranen Region, sie sind oft schon vor Jahrhunderten aus fremden Ländern eingeführt worden und zum Teil inzwischen eingebürgert. Dazu gehören vor allem die als Mimosen bezeichneten *Acacia*-Arten und verschiedene *Eucalyptus*-Arten, die im Mittelmeergebiet stellenweise für Aufforstungen verwendet oder in Plantagen zur Gewinnung von Papierholz angepflanzt werden. Mit großem Erfolg wurden auch *Eucalyptus*-Arten in Italien und Ländern der Subtropen zur Trockenlegung von Sumpfgebieten angepflanzt.

Zu den immergrünen, verholzenden Pflanzen gehören auch zwei im Mittelmeergebiet nicht heimische, aber seit Jahrhunderten kultivierte, sukkulente Arten, die Amerikanische Agave, *Agave americana*, und der Feigenkaktus, *Opuntia ficus-indica*, die am Schluß dieses Kapitels vorgestellt werden.

Acacia cyanophylla Lindl.
Goldene Kranz-Akazie

Familie: Mimosaceae
Habitus: Kleiner, oft reich verzweigter Baum oder hoher Strauch mit mehr oder weniger überhängenden, kantigen Zweigen, Phyllodien in Größe, Form und Farbe sehr veränderlich.
Blätter: Wechselständig, blaugrün gefärbt, Blattstiele zu blattartig verbreiterten Phyllodien umgewandelt, diese mit nur einem Mittelnerv, 8–30 cm lang, lanzettlich, lineal-lanzettlich oder verkehrt-lanzettlich, vorne spitz oder stumpf, am Grunde stark verschmälert.
Blüten: Dunkelgelb, die rundlichen Köpfchen 10–15 mm breit, zu 2–6 in den Achseln der Phyllodien stehend, sehr reichblühend, März–April.
Früchte: Hülsen zwischen den Samen deutlich eingeschnürt.
Verbreitung: Heimisch in W-Australien, in S-Europa und N-Afrika häufig als Ziergehölz gepflanzt und eingebürgert.

Acacia dealbata Link
Silber-Akazie

Familie: Mimosaceae
Habitus: 10–20(–30) m hoher Baum, Triebe kantig, dicht und fein silbrig behaart, Nebenblattdornen fehlend.
Blätter: Wechselständig, 7–12 cm lang, doppelt gefiedert, mit 15–20 Fiedern 1. Ordnung, Fiedern 2. Ordnung zu 30–50 Paar, linealisch, 4 mm lang, grün, fein silbrig behaart.
Blüten: 5–6 mm breite, kugelige, duftende Köpfchen, die zu reichblütigen Rispen angeordnet sind, Februar–April.
Früchte: 4–10 cm lange, 1–1,2 cm breite, zusammengedrückte, zwischen den Samen kaum eingeschnürte Hülsen.
Verbreitung: Heimisch in Queensland, Neusüdwales, Victoria und Tasmanien, in S-Europa eingebürgert, häufig als Zierbaum gepflanzt.
Allgemeines: Blühende Zweige werden in Blumengeschäften als „Mimosen" angeboten.

Immergrüne Laubgehölze

Acacia longifolia (Andrews) Willd. Kätzchen-Akazie

Familie: Mimosaceae
Habitus: 5–9 m hoher Baum oder Strauch, Zweige kantig, kahl.
Blätter: Wechselständig, Blattstiele zu blattartig verbreiterten Phyllodien umgewandelt, diese hellgrün, ledrig, gerade, lanzettlich 7–15 cm lang, mit 2–4 längslaufenden Nerven.
Blüten: In den Achseln der Phyllodien, hellgelb, in kleinen, bis 8 cm langen, kätzchenartigen Ständen, zu 1–2 in den Blattachseln, Februar–April.
Früchte: 7–15 cm lange, bis 5 m breite, walzenförmige, zwischen den Samen eingeschnürte Hülsen.
Verbreitung: Heimisch in Australien: Neusüdwales und Victoria, besonders im westlichen Mittelmeergebiet als Zierbaum und zur Dünenbefestigung gepflanzt und verwildert.
Allgemeines: Blühende Zweige als „Mimosen" im Handel.

Acacia retinodes Schltdl. Immerblühende Akazie

Familie: Mimosaceae
Habitus: Kleiner, bis 10 m hoher, aufrechter Baum, Zweige schlank, kahl, kantig, aufrecht.
Blätter: Wechselständig, Blattstiele zu blattartig verbreiterten Phyllodien reduziert, diese mit nur einem Mittelnerv, lanzettlich, ziemlich gerade, 6–15 cm lang, grün.
Blüten: Blaßgelb, duftend, in 4–6 mm breiten Köpfchen, zu 5–10 in lockeren Trauben in den Achseln der Phyllodien stehend. Kann während des ganzen Jahres blühen und wird in Frankreich deshalb „Mimose de quatre Saisons" genannt.
Früchte: Flache, zwischen den Samen nur leicht eingeschnürte Hülsen, die Samen von ihrem roten Stiel umschlungen.
Verbreitung: S-Australien, Victoria, Tasmanien, Flinders Island, in S-Europa eingebürgert, häufig als Zierbaum gepflanzt.

Arbutus andrachne L.
Östlicher Erdbeerbaum

Familie: Ericaceae
Habitus: 3–5 m hoher Strauch oder kleiner Baum, Stämme und Äste mit glatter, rotbrauner Borke, die sich in großen Platten löst, junge Triebe kahl.
Blätter: Wechselständig, derb, eiförmig bis länglich, 5–10 cm lang, oberseits dunkelgrün, kahl, unterseits leicht graugrün, Rand oft fein bewimpert.
Blüten: In aufrechten, etwa 10 cm langen, drüsig behaarten Rispen, weiß, krugförmig, mit zurückgekrümmten Zipfeln, etwa 7 mm lang, Kelch 2,5 mm, mit eiförmig-rhombischen Lappen, Februar–April.
Früchte: Beerenartig, 5-fächrig, vielsamig, mit mehligem Fleisch, kugelig, 8–12 mm dick, orangerot, außen netzadrig-grubig.
Verbreitung: S-Albanien, Griechenland, Ägäis, S-Krim, Kleinasien, in Macchien und immergrünen Wäldern.
Allgemeines: *A.* × *andrachnoides* Link. ist eine Hybride zwischen beiden Arten.

Arbutus unedo L.
Westlicher Erdbeerbaum

Familie: Ericaceae
Habitus: 1,5–3(–12) m hoher Baum oder Strauch, Stamm mit mattgrauer, rissiger Borke, junge Triebe drüsig behaart.
Blätter: Wechselständig, derb, oberseits stark glänzend, beiderseits kahl, lanzettlich, 4–11 cm lang, Rand scharf gesägt.
Blüten: In etwa 5 cm langen und gleich breiten, hängenden Rispen, weiß bis rosa oder grünlich überlaufend, 9 mm lang, glockig, mit zurückgekrümmten Zipfeln, Kelch 1,5 mm lang, Oktober–März.
Früchte: Erdbeerähnliche Beeren, bis 2 cm dick, rundlich, mit mehligem Fleisch, Oberfläche warzig, anfangs gelb, zur Reife dunkelrot, essbar, aber sehr fade schmeckend, stellenweise zu Marmelade und Likör verarbeitet.
Verbreitung: SW-Europa, Mittelmeergebiet, NW-Afrika, Kanaren, NW-Irland, in Macchien und immergrünen Wäldern, bevorzugt auf kalkarmen Böden.

Argania spinosa (L.) Skeels
Eisenholzbaum

Familie: Sapotaceae
Habitus: 4–10 m hoher Baum oder großer Strauch, Krone ausgebreitet, dicht, sehr unregelmäßig, Stamm mit rauer, tiefrissiger, rechteckig gefelderter Borke, Zweige kurz, stark dornig.
Blätter: An Langtrieben wechselständig, an den stark gestauchten Kurztrieben büschelig, verkehrt-eiförmig bis spatelig, 2–4 cm lang, derb ledrartig, ganzrandig, oberseits tiefgrün, unterseits kahl.
Blüten: Klein, unscheinbar, sitzend, blattachselständig, Kronblätter 5, an der Basis glockig verwachsen, gelbgrün, April.
Früchte: Etwas mehr als olivengroß, vorne abgerundet oder zugespitzt, goldgelb, Schale fleischig, der harte Stein mit 3 ölhaltigen Samen.
Verbreitung: Marokko, vor allem im Südwesten, in offenen Waldungen, auf Sand- und felsigen Kalkböden.

Allgemeines: Bedingt durch den hohen Nährwert seiner Samen (Ölgehalt bis 68 %) und die harte, elastische Beschaffenheit des schweren, kieselsäurehaltigen Holzes hat der Argan- oder Eisenholzbaum eine hohe wirtschaftliche Bedeutung. Während der sommerlichen Trockenzeit stellt der Baum eine wertvolle Zusatzweide für Ziegen und Kamele dar. Die oft schräg stehenden Stämme und die raue Borke erlauben es den Ziegen, die Krone zu erklettern, um Blätter und Früchte zu fressen. Der Eisenholzbaum wird nicht systematisch angebaut, die Samen werden nur von wildwachsenden Bäumen geerntet. Man sammelt die unter dem Baum liegenden oder die von den Ziegen wieder ausgeschiedenen Samen, die gemahlen und gepresst werden. Das stark aromatisch schmeckende Öl wird vorwiegend zum Aromatisieren von Gerichten und Salaten verwendet. Neugeborenen wird unmittelbar nach der Geburt ein Löffel Öl eingegeben. Es soll böse Geister vertreiben und die Ausscheidung des Kindspechs fördern.

Aristolochia baetica L.
Spanische Pfeifenblume

Familie: Aristolochiaceae
Habitus: Verholzende, bis 5 m hoch kletternde oder niederliegende Pflanze.
Blätter: Wechselständig, meergrün, bis 10 cm lang, 3-eckig-eiförmig, an der Basis tief und schmal gebuchtet, die Lappen etwa 1/4 so lang wie die Spreite.
Blüten: Einzeln an kahlen Stielen in den Blattachseln, mehr oder weniger aufrecht stehend, Blütenhülle 2–5 cm lang, mit pfeifenartig gebogener, am Grunde bauchig erweiterter Röhre und tellerartig ausgebreitetem, breit-eiförmigem Saum, bräunlich oder schwärzlich purpurfarben, die 6 Staubblätter mit der Griffelsäule verwachsen, Mai–Juni.
Früchte: Hängende, zylindrische, sich zur Reife 6-klappig öffnende Kapsel.
Verbreitung: S- und O-Spanien, Portugal.
Allgemeines: Zu den im Mittelmeergebiet heimischen, verholzenden Arten gehört auch *A. sempervirens* L., die Immergrüne Pfeifenblume. Sie kommt in S-Griechenland, auf Kreta, in S-Italien und auf Sizilien in feuchten, schattigen Wäldern, Gebüschen und Hecken, an Felsen und Trockenmauern bis in Höhen von 2000 m vor. Von *A. baetica* unterscheidet sich die 0,5–5 m hoch kletternde Art durch ledrige, dunkelgrüne, bis 10 cm lange, an der Basis breit-herzförmige Blätter, deren Lappen nicht mehr als 1/7 der Blattlänge ausmachen. Die 2–6 cm langen Blüten mit der stark gebogenen Kronröhre sind am Saum innen gelb gefärbt und purpurn gestreift, der Rand ist purpurn oder purpurbraun gefärbt. Fruchtknoten und Blütenstiele sind seidig behaart, die Früchte 1–4 cm lang.

Atriplex halimus L.
Strauch-Melde

Familie: Chenopodiaceae
Habitus: 0,5–3 m hoher, aufrechter, reich verzweigter, locker aufgebauter, grünsilbrig erscheinender Strauch.
Blätter: Kurz gestielt, ledrig, bis 6 cm lang, eiförmig-rhombisch bis 3-eckig-eiförmig oder spießförmig, die oberen schmaler und lanzettlich, meist ganzrandig, silbrigweiß bemehlt.
Blüten: Eingeschlechtlich, unscheinbar, in etwas entfernt stehenden Knäueln, die in langen, endständigen, am Grunde beblätterten Scheinrispen zusammenstehen, männliche Blüten mit einfacher, 5-blättriger, häutiger Blütenhülle, weibliche Blüten nur mit einem Fruchtknoten, der von 2 bleibenden, zur Fruchtzeit vergrößerten, breit-eiförmigen bis fast rundlichen, ganzrandigen bis gezähnten Vorblättern umgeben ist, Juni–Oktober.
Früchte: Kleine, von den Vorblättern umgebene Nüsse.
Verbreitung: Mittelmeergebiet, Atlantikküste von SW-Europa, Kanaren, an felsigen und sandigen Küsten, auch auf Salzböden im Binnenland, oft als Zierstrauch in Kultur.
Allgemeines: Zu den wenigen verholzenden Arten der Gattung gehört auch *A. glauca* L. Der immergrüne, bis 50 cm hohe Zwergstrauch hat 2 cm lange, länglich-lanzettliche bis rundliche, ganzrandige oder gezähnte, ziemlich fleischige, silbrige, gelegentlich oberseits graugrüne Blätter. Die unscheinbaren Blüten stehen in langen, ährenartigen Ständen, die Vorblätter der weiblichen Blüten sind 4–5 mm lang und eiförmig-rhombisch bis eiförmig-3-eckig. Heimisch in Mittel-, O- und S-Spanien und S-Portugal.

Bougainvillea glabra Choisy
Kahle Drillingsblume

Familie: Nyctaginaceae
Habitus: Bis 10 m hoch kletternder, starkwüchsiger, korniger Strauch, meist mit weit überhängenden Zweigen.
Blätter: Wechselständig, elliptisch, bis 13 cm lang, vorne spitz, an der Basis verschmälert, ganzrandig, oberseits glänzend dunkelgrün und kahl oder spärlich behaart, unterseits heller und auf den Nerven leicht behaart.
Blüten: 12–14 mm breit, röhrig, 5-kantig, deutlich geschwollen, mit einem kurzen, ausgebreiteten, innen cremefarbenen Saum, außen fast kahl, olivgrün, gelegentlich purpurn überlaufen, jeweils 3 Blüten sind von 3 großen, auffälligen, hell- bis dunkelvioletten (bei verschiedenen Sorten auch mit violett, rot, rostrot, orange, rosa, gelben und weiß gefärbten) breit-eiförmigen, zugespitzten Hochblättern umgeben, fast das ganze Jahr über blühend. Die eigentlichen Blüten öffnen sich erst am Nachmittag und über Nacht, sie werden dort, wo Kolibris leben, von ihnen bestäubt.
Früchte: Kleine, spindel- bis birnenförmige Schließfrüchte, die von den bleibenden Hochblättern umgeben sind.
Verbreitung: Heimisch in Brasilien, im Mittelmeergebiet häufig und in zahlreichen Sorten als Ziergehölz in Kultur.
Allgemeines: Von den 14 Arten der Gattung wird im Mittelmeergebiet nicht selten auch *B. spectabilis* Willd. kultiviert. Die Zuordnung der zahlreichen Sorten mit den sehr unterschiedlich gefärbten Hochblättern (scharlachrot, rosa, orange) ist sehr schwierig, weil beide Arten eine beträchtliche Variabilität und die Neigung zur Hybridisierung aufweisen. *B. spectabilis* unterscheidet sich von *B. glabra* durch eiförmige, vollständig filzig behaarte Blätter (gelegentlich auch nur Nerven auf der Blattunterseite behaart), außen purpurn gefärbte und dicht behaarte, weniger kantige Blüten und eine starke Bedornung der Zweige.

Bupleurum fruticosum L.
Strauchiges Hasenohr

Familie: Apiaceae
Habitus: 1–2 m hoher, buschiger, aromatischer Strauch, Zweige kahl, anfangs seegrün, später hellbraun.
Blätter: Wechselständig, fast sitzend, ledrig, 5–8 cm lang, elliptisch-länglich bis verkehrt-eiförmig, Mittelrippe ausgeprägt und in einer kleinen Stachelspitze endend, Hauptseitennerven den Blattrand erreichend, oberseits seegrün, unterseits blaugrün.
Blüten: Gelb, in endständigen Dolden mit 5–25 Strahlen, die jeweils 5–6 Hüll- und Hüllchenblätter am Grunde der Strahlen mit 5–7 Nerven, zurückgeschlagen und bald abfallend, Juli–September.
Früchte: Die trockenen Spaltfrüchte 7–8 mm lang, mit schmal geflügelten Rippen.
Verbreitung: S-Europa, Mittelmeergebiet, Syrien, westliches N-Afrika, an Felsen und in Garigues, häufig als Zierpflanze.

Buxus sempervirens L.
Buchsbaum

Familie: Buxaceae
Habitus: 2–5(–8) m hoher, reich verzweigter, dicht belaubter Baum oder Strauch.
Blätter: Gegenständig, ledrig, eiförmig bis länglich-elliptisch, Länge 1,5–2 cm, oberseits glänzend dunkelgrün, unterseits heller, am Rand etwas umgebogen, entlang der Mittelrippe behaart.
Blüten: Unscheinbar, in achselständigen, etwa 5 mm breiten Knäueln, die aus einer endständigen, meist 5- oder 6-zähligen, weiblichen und mehreren sitzenden, 4zähligen, grünlich gelben, männlichen Blüten zusammengesetzt sind, März–April.
Früchte: Ledrige, runzelige, 7–8 mm lange Kapseln.
Verbreitung: SW- und westliches Mitteleuropa, Mittelmeergebiet, N-Afrika, W-Asien, in immergrünen und sommergrünen Laubwäldern, meist auf kalkhaltigen Steinschuttböden. Sehr häufig, frei wachsend oder als Hecke im Garten gepflanzt.

Ceratonia siliqua L.
Johannisbrotbaum

Familie: Caesalpiniaceae
Habitus: 4–10 m hoher, dicht belaubter Baum mit glattem, grauem Stamm.
Blätter: Wechselständig, paarig gefiedert, 10–20 cm lang, mit je 4–10 kurz gestielten, verkehrt-eiförmigen, stumpfen oder ausgerandeten, leicht gewellten, ledrigen, glänzend dunkelgrünen Blättchen.
Blüten: 2-häusig, unscheinbar, grünlich, ohne Kronblätter, in bis 15 cm langen trauben- oder kätzchenförmigen Ständen, die auch unmittelbar an Stämmen und Ästen stehen können, August–Oktober.
Früchte: 10–30 cm lange, flach zusammengedrückte, braunviolette, ledrige Hülsen mit harten, schwarzen Samen.
Verbreitung: Östliches Mittelmeergebiet, Portugal und Arabien, in Macchien und an felsigen Standorten in Küstennähe, als Schattenbaum und zur Fruchtgewinnung angebaut, seit mehr als 2000 Jahren in Kultur.

Allgemeines: Die Früchte (Karoben) enthalten bis zu 50% Zucker, sie wurden früher häufig (vor allem bei Verdauungsstörungen) roh, geröstet oder gebacken verzehrt, heute überwiegend als Viehfutter verwendet. Der Saft der musartigen Scheidewände wird zu Sirup, Fruchtsäften (Kaftan) oder vergorenen Getränken verarbeitet. In dem vermahlenen Endosperm der Samen, dem Johanisbrotkernmehl sind Schleimstoffe mit dem Galactomannan Carubin, ca. 10% Proteine und Mineralstoffe enthalten. Das Mehl wird als Verdickungsmittel genutzt und ist Hauptbestandteil von Nestle Arobon, das gegen Durchfallerkrankungen bei Säuglingen, Kindern und Erwachsenen einsetzt wird.
Von der griechischen und lateinischen Benennung des Baumes stammt die Bezeichnung „Karat", die auch heute noch zur Kennzeichnung des Goldgehaltes einer Legierung gebräuchlich ist. Händler benutzten die Samen wegen ihres konstanten Gewichtes von etwa 205 mg als Gewichtseinheit für Juwelen und Gold.

Erica arborea L.
Baum-Heide

Familie: Ericaceae
Habitus: 1–4(–15) m hoher, dicht verzweigter Strauch oder Baum, Triebe dicht weiß behaart.
Blätter: Nadelförmig, 3–5 mm lang, sehr dicht stehend, zu 3–4 in Quirlen, kahl, dunkelgrün, Blattrand umgerollt.
Blüten: An kurzen Seitentrieben, zu 20–40 cm langen, aufrechten, vielblütigen Rispen vereint, Krone rundlich-glockig, 2,5–4 mm lang, mit 4 Zipfeln, weiß bis grauweiß, Staubblätter dunkelbraun, in der Blüte eingeschlossen, Griffel weit herausragend, März–April.
Früchte: Kleine, vielsamige Kapseln.
Verbreitung: Mittelmeergebiet, S-Europa, Kaukasus, Tibesti, Jemen, O-Afrika, in immergrünen Wäldern und Macchien, vor allem auf sauren Böden.
Allgemeines: Aus dem Holz der Baum-Heide werden in Frankreich die Bruyère-Pfeifen (frz. bruyère = Heide) hergestellt.

Erica australis L.
Spanische Heide

Familie: Ericaceae
Habitus: Aufrechter, schlanker, reich verzweigter, 1,5–2 m hoher Strauch, Triebe weich behaart.
Blätter: Nadelförmig, linealisch, frischgrün, drüsig, zuletzt kahl, zu 4 in Quirlen, sehr dicht stehend, 3,5–6 mm lang, am Rand umgerollt, Unterseite völlig verdeckt.
Blüten: Zu 4–8 dicht gedrängt und sehr zahlreich am Ende kurzer, vorjähriger Seitentriebe, Krone 6–9 mm lang, röhrig bis glockig, mit 4 kurzen zurückgeschlagenen Zipfeln, die Staubblätter in der Krone eingeschlossen, Griffel herausragend, Mai–Juli.
Früchte: Kleine, vielsamige, 4-klappige, fast kugelige, behaarte Kapseln.
Verbreitung: Westliches Mittelmeergebiet, Spanien, Portugal, N-Afrika, in lichten Wäldern und Gebüschen, auf sauren Böden.

Erica scoparia L.
Besen-Heide

Familie: Ericaceae
Habitus: Immergrüner, dünnzweigiger, aufrechter, 1–6 m hoher, sehr dicht verzweigter Strauch, junge Triebe kahl oder verkahlend.
Blätter: Nadelförmig, 4–7 cm lang, zu 3–4 in Quirlen, aufrecht-abstehend, kahl, am Rand eingerollt.
Blüten: In schmalen, oft unterbrochenen, endständigen Trauben, gelegentlich zu lockeren Rispen vereint, Krone grünlichrötlich, 1,5–3 mm lang, breit glockig, Staubblätter nicht herausragend, ohne hornförmige Anhängsel, Narbe auffallend kopfförmig, rötlich purpurn. März bis Mai.
Früchte: Kleine, vielsamige Kapsel.
Verbreitung: Südwestliches Mittelmeergebiet, ostwärts bis zum westl. M-Italien, nordwärts bis zum nördl. M-Frankreich, in offenen Wäldern und Heiden, kalkmeidend.

Erica terminalis Salisb.
Gipfelblütige Heide

Familie: Ericaceae
Habitus: Aufrechter, bis 2,5 m hoher, buschiger Strauch, Zweige mehr oder weniger starr abstehend, graubraun, junge Triebe weiß behaart, sehr dicht belaubt.
Blätter: Nadelförmig, dunkelgrün, linealisch, kurz gestielt, zu 4(–6) in Quirlen, 3–6 mm lang, am Rand umgerollt, Unterseite zum Teil sichtbar, anfangs schwach flaumhaarig.
Blüten: Zu 3–8 in endständigen Dolden, Blütenstiele 2–3 mm lang, behaart, oberhalb der Mitte mit 3 Blättchen, Krone breit-glockig, leuchtend rosa, 5–7 mm lang, mit 4 spitzen, zurückgebogenen Zipfeln, die 8 Staubblätter in der Krone eingeschlossen, Griffel etwas herausragend, Juli–September.
Früchte: Vielsamige, eiförmige Kapsel.
Verbreitung: Korsika, Sardinien, S-Spanien, östlich bis S-Italien, schattige, feuchte Standorte, auch auf Kalk.

Immergrüne Laubgehölze

Eucalyptus camaldulensis Dehnh.
Camaldoli-Eukalyptus

Familie: Myrtaceae
Habitus: Raschwüchsiger, in Kultur bis über 20 m hoher Baum, Stamm glatt, weiß, Borke sich in Platten ablösend.
Blätter: Jugendblätter gegenständig, schmal- bis breit-lanzettlich, deutlich blaugrün, Altersblätter wechselständig, lanzettlich, 12–22 cm lang, spitz, leicht sichelförmig gebogen.
Blüten: Zu 5–10 in kleinen Dolden, Einzelblüten mit zahlreichen langen, gelblich weißen Staubfäden, Juni–September.
Früchte: Holzige, 4-fächrige, halbkugelige, 7–8 mm breite Kapsel mit breitem Rand und herausragenden Klappen.
Verbreitung: Heimisch in Australien, im Mittelmeergebiet und N-Afrika nicht selten in Kultur.
Allgemeines: Die rund 500 Eukalyptusarten sind, mit Ausnahme von nur 2 Arten, ausschließlich in Australien heimisch. Dort wird die Baumschicht zu 90% von Eukalyptusarten beherrscht, sie fehlen nur in den tropischen und subtropischen Regenwäldern an der NO- und O-Küste. An der Gattung lassen sich auffallende Anpassungsmerkmale beobachten. An jungen Pflanzen stehen die relativ zarten, oft breit-herzförmigen Blätter gegenständig, sie sitzen mit der Blattspreite unmittelbar den Zweigen auf. Später wird sie Blattstellung spiralig, die Blätter sind gestielt, die Blattfläche ist reduziert. Die meist sichelförmig gebogenen, ledrig-harten Blätter stehen senkrecht in Richtung des größten Lichteinfalls, sind also nur beschränkt der Sonneneinstrahlung ausgesetzt. Interessant ist auch die Blütenbiologie. Den Blüten fehlen Kelch- und Kronblätter, die zahlreichen, oft prächtig gefärbten Staubblätter sitzen unmittelbar einer verkehrt-kegelförmigen Achse auf. Kelch und Krone bilden eine feste, gelegentlich auffällig gefärbte Haube (siehe Abb. oben rechts von *E. erythrocoris*), die bei der Streckung der Staubfäden abgeworfen wird.

Eucalyptus globulus Labill.
Blaugummibaum

Familie: Myrtaceae
Habitus: 30–40(–70) hoher Baum, Stamm unter der sich in langen Streifen ablösenden Borke glatt und gelblich braun.
Blätter: Jugendblätter blaugrün, weißlich bereift, 7–15 cm lang, eiförmig bis breitlanzettlich, Altersblätter grün, schmal-lanzettlich, leicht sichelförmig gebogen, 10–30 cm lang.
Blüten: Oft einzeln oder in Dolden zu 3 oder 7, weiß, Juni–November.
Früchte: Kegelförmig bis rundlich, 1–2,5 cm breit, meist mit weißlichem Reif.
Verbreitung: Australien: Victoria, Tasmanien, im Mittelmeergebiet häufig gepflanzt, ursprünglich zur Trockenlegung von Sümpfen, heute vor allem zur Holzgewinnung für die Papierindustrie.
Allgemeines: Das für medizinische Zwecke verwendete, stark riechende, ätherische Eukalyptusöl stammt von *E. globulus*.

Genista linifolia (L.)
Leinblättriger Geißklee

Familie: Fabaceae
Habitus: 0,5–1 m hoher, aufrechter, unbewehrter, locker aufgebauter Strauch, Triebe angedrückt seidig-filzig behaart.
Blätter: Fast sitzend, 3-zählig, Blättchen 10–15 mm lang, linealisch-lanzettlich, unterseits angedrückt behaart, Rand etwas eingerollt.
Blüten: In gedrängten, endständigen Trauben, Kelch röhrig-glockig, 2-lippig, 7–8 mm lang, Fahne gelb, 10–18 mm lang, breit-eiförmig, wie der Kiel seidig behaart, Flügel kahl, April–Mai.
Früchte: 1,5–2 cm lange, schmal-längliche, dicht behaarte Hülse.
Verbreitung: Westliches Mittelmeergebiet, in lichten Wäldern und Gebüschen, kalkfliehend.
Allgemeines: *G. monspessulana* (L.) O. Bolós et Vigo, Montpellier-Ginster, Wuchs höher bis 2,5 m hoch, Blätter gestielt, Blättchen verkehrt-eiförmig, Fahne kahl.

Immergrüne Laubgehölze

Laurus nobilis L.
Lorbeer

Familie: Lauraceae
Habitus: 7–15 m hoher, dicht belaubter Baum oder Strauch, Triebe schwarzrot, kahl.
Blätter: Wechselständig, aromatisch duftend, ledrig, kahl, 5–10 cm lang, länglich-lanzettlich, an beiden Enden zugespitzt, am Rand schwach gewellt, oberseits glänzend dunkelgrün.
Blüten: 2-häusig oder zwittrig, grünlich gelb, zu 4–6 in rispigen Ständen in den Achseln der Blätter, Blüten ohne Kronblätter, mit 4, am Grunde verwachsenen Kelchblättern, Staubblätter meist 12, März–April.
Früchte: 1–1,5 cm dicke, zur Reife glänzend schwarze Steinfrucht (Lorbeere).
Verbreitung: Mittelmeergebiet, meist in Küstennähe in schattigen und feuchten Wäldern, häufig als Zier- und Gewürzbaum angepflanzt.
Allgemeines: Die durch ätherische Öle aromatisch duftenden Blätter des Lorbeers werden allgemein als Küchengewürz benutzt. Aus den Früchten läßt sich das fette Lorbeeröl pressen, das für kosmetische und medizinische Zwecke verwendet wird. Lorbeer wurde bereits im Altertum als Heil- und Gewürzpflanze kultiviert.
Er spielte auch in der griechischen Mythologie eine Rolle. Der Sage nach wurde die Nymphe Daphne auf der Flucht vor Apollo, der ihren Bräutigam getötet hatte, auf ihr Flehen hin in einen Lorbeerbaum verwandelt. Seither ist der Lorbeer dem Apollo geweiht, er wurde zum Symbol der Apollo-Schützlinge, der Seher, Sänger und Dichter. Erst bei den Römern galt der Lorbeerkranz als Zeichen des Sieges.
Die zweite Art der Gattung, der Kanaren-Lorbeer, *Laurus azorica* (Seub.) Franco, ist auf den Kanaren und Azoren heimisch, ein ebenfalls immergrüner, bis 15 m hoher Baum mit rötlich braunem, weich behaarten Trieben und bis 15 cm langen, eiförmigen oder elliptischen, oberseits stark glänzenden, unterseits auf der Mittelrippe behaarten Blättern.

Lonicera implexa Aiton
Windendes Geißblatt

Familie: Caprifoliaceae
Habitus: Immergrüner, 1–2 m hoch windender Strauch, Triebe purpurn, dünn, kahl oder weichborstig behaart,
Blätter: Gegenständig, die oberen Blätter blühender Triebe zu rautenförmigen Scheiben verwachsen, sitzend, elliptisch bis verkehrt-länglich, zugespitzt oder stumpf, 2,5–7 cm lang, oberseits glänzend dunkelgrün, unterseits blauweiß bereift.
Blüten: Gelblich weiß, außen oft rot überlaufend, stark duftend, zu 2–6 in den Winkeln der 3 obersten Blattscheiben, die zweilippige Kronröhre 3–4,5 cm lang, am Saum 1–1,5 cm breit, innen behaart, Griffel in der oberen Hälfte behaart, Staubblätter weit herausragend, April–Juni.
Früchte: Rote, 6 mm dicke, kugelige, saftig-fleischige Beeren.
Verbreitung: Mittelmeergebiet, Portugal, Kleinasien, in Wäldern, Macchien und Hecken, oft als Zierstrauch gepflanzt.

Medicago arborea L.
Strauch-Schneckenklee

Familie: Fabaceae
Habitus: 1–4 m hoher, aufrechter, dicht belaubter Strauch, Zweige grün, gerillt, seidig behaart.
Blätter: 3-zählig, deutlich gestielt, Blättchen verkehrt-eiförmig, 1,5–2,5 cm lang, an der Basis keilförmig, ganzrandig oder an der Spitze gezähnt, unterseits seidig behaart.
Blüten: Zu 4–10 in blattachselständigen, köpfchenartigen Trauben, Blütenkrone 12–15 mm lang, goldgelb, Kelch seidig behaart, mit 5 schmalen Zähnen, März–August.
Früchte: 12–15 mm breite, 1- bis 1,5-mal gedrehte, in der Mitte ein Loch freilassende, flach zusammengedrückte und auf der Oberfläche netznervige Hülse.
Verbreitung: Südliches Mittelmeergebiet, weiter nördlich z.T. eingebürgert, an felsigen Küsten und auf Kulturland, häufig als Zierstrauch gepflanzt.

Immergrüne Laubgehölze

Myrtus communis L.
Gemeine Myrte

Familie: Myrtaceae
Habitus: Reich verzweigter, buschiger, 3–5 m hoher, kahler Strauch.
Blätter: Gegenständig, zuweilen zu dritt, derb, 3–5 cm lang, kurz gestielt, eiförmig-rundlich bis lanzettlich, ganzrandig, glatt, oberseits glänzend dunkelgrün, durchscheinend drüsig punktiert, gerieben aromatisch duftend.
Blüten: Einzeln, blattaschelständig, gestielt, weiß, 3 cm breit, 5-zählig, Staubblätter zahlreich, Juni–August.
Früchte: Kugelige, 7–10 mm dicke, zur Reife blauschwarze Beeren
Verbreitung: Mittelmeergebiet, Kanaren, östlich bis Mittelasien, in Macchien, Wäldern und lichten Gebüschen, kalkmeidend.
Allgemeines: Von *M. communis* kommen am Mittelmeer mehrere Varietäten vor: var. *acutifolia* L.: Triebe rötlich, Blätter 2,5–4 cm lang, lanzettlich, lang zugespitzt, heimisch in Portugal; var. *italica* L.: Blätter etwa 3 cm lang, eiförmig-lanzettlich, heimisch in M-Italien; var. *latifolia* Tinb. et Lagasca: Blätter 2–3 cm lang, eiförmig-länglich bis länglich-lanzettlich, heimisch in Spanien; var. *romana* Mill.: Juden-Myrte, Blätter 3–4,5 cm lang, eiförmig-länglich bis länglich-lanzettlich, heimisch in Spanien; 'Tarentina': Braut-Myrte, Wuchs kompakt, Blätter sehr dicht stehend, 1,2–2 cm lang, schmal-eiförmig.

Die Myrte spielt seit Jahrhunderten in der ägyptischen, persischen und griechischen Mythologie eine große Rolle, seit dem Mittelalter wird sie auch in Mitteleuropa kultiviert. Ihre Zweige werden seither als Brautkranz oder -strauß benutzt. Die Blätter enthalten 0,3 % ätherisches Öl mit Terpenen, ferner Bitterstoffe, Gerbstoffe und Harz. Die Blätter werden Duftmischungen beigefügt. Myrtenöl wird in der Kosmetik- und Parfümherstellung benutzt und in Fertigarzneimitteln bei akuten und chronischen Erkrankungen der Atemwege wie Bronchitis und Sinusitis eingesetzt.

Nerium oleander L.
Oleander

Familie: Apocynaceae
Habitus: Buschiger, 2–3(–6) m hoher, Milchsaft führender Strauch oder Baum.
Blätter: Meist zu 3–4 quirlständig, seltener gegenständig, ledrig, 10–22 cm lang, lanzettlich, spitz, an der Basis in den Stiel verschmälert, Mittelnerv auffallend dick, Seitennerven dicht und parallel verlaufend.
Blüten: In großen, endständigen, vielblütigen Trugdolden, duftend, Krone rosarot bis weiß oder gelb, 3–4 cm breit, mit trichterförmiger Röhre und 5 schief abgeschnittenen, radförmig ausgebreiteten, in der Knospenlage gedrehten Kronzipfeln, im Schlund eine Nebenkrone aus 5 gezähnten oder zerschlitzten Anhängseln, Kelch 5-zählig, innen dicht drüsenhaarig, Staubblätter oben in der Kronröhre angeheftet, doch nicht herausragend, Juli–September.
Früchte: Längliche, 8–18 cm lange, rötlich braune, aufrechtstehende, zur Reife aufplatzende Balgkapseln, Samen mit einem langen, braunen Haarschopf.
Verbreitung: Mittelmeergebiet, S-Portugal, Iran bis O-Asien, auf steinigen Böden, vor allem an Flußufern und in zeitweise trockenen Bachbetten, mit zahlreichen, auch gefülltblühenden Sorten in Kultur.
Allgemeines: Nach Theophrast wurde Oleander als Giftpflanze auf dem Feldzug Alexanders des Großen erwähnt. Bock und Mathiolus bezeichneten ihn in ihren Kräuterbüchern (1565 und 1626) als „Unholdenkraut", das Mensch und Vieh töten könne. Früher wurden Abkochungen oder Tinkturen der Blätter als menstruationsfördernde Mittel und als Abortivum eingesetzt. Die Blätter enthalten Cardenolidglykoside, vor allem Oelandrin, außerdem Flavonoide. Die herzwirksamen Glykoside werden bei leichter Herzleistungsminderung eingesetzt, die Wirkung ist jedoch wesentlich schwächer als bei *Digitalis*. Die Droge selbst ist nicht in Gebrauch, aber in Vital-Herzstärkungstees enthalten.

Olea europaea L.
Ölbaum

Familie: Oleaceae
Habitus: Bis 15 m hoher, meist knorrig gewachsender Baum, im Alter mit grauer, rissiger Borke und oft mit großen Stammwunden.
Blätter: Gegenständig, 2–8 cm lang, ledrig, länglich-lanzettlich, oberseits dunkelgrün, unterseits silbergrau.
Blüten: Klein, unscheinbar, duftend, in rispigen Ständen, Blütenkrone mit kurzer Röhre und 4-lappigem Saum, Mai–Juni.
Früchte: Kugelige oder pflaumenförmige, 1–3,5 cm große, anfangs grüne, zur Reife bräunliche oder schwarzblaue, fleischige Steinfrucht (Oliven) mit einem großen Samen (Steinkern), Reifezeit der Früchte im Oktober–November.
Verbreitung: Der Wilde Ölbaum, subsp. *sylvestris* (Mill.) Rouy, ist auf den Kanaren, im Mittelmeergebiet, in Portugal, auf der Krim, im Kaukasus und in Vorderasien verbreitet. Die kultivierte Form subsp. *europaea* ist im ganzen mediterranen Raum eine der häufigsten Kulturpflanzen.
Allgemeines: Der Wilde Ölbaum unterscheidet sich von der kultivierten Form durch meist dornige Zweige, kleinere Blätter und kleine, ölarme, bittere Früchte.

Mit seinem silbrigen Laub und den knorrigen, oft jahrhundertealten Baumgestalten gehört der Ölbaum zu den Charakterpflanzen der Mediterraneis, seine geographische Verbreitung deckt sich mit den Grenzen des mediterranen Raumes. Der Ölbaum ist wohl die langlebigste und gleichzeitig eine der ältesten Kulturflanzen der Menschen. Seit der klassischen Antike liefern seine Früchte das auch heute noch hochgeschätzte Olivenöl, aber auch Öl für rituelle Salbungen und für Lampen. Der Ölbaum galt schon früh als Sinnbild des Friedens und als Zeichen des Sieges. Ein Olivenzweig im Schnabel der von Noah ausgesandten und wieder heimgekehrten Taube war das Zeichen für das Ende der Sintflut und das Wiedererwachen der Erde.

Phillyrea angustifolia L.
Schmalblättrige Steinlinde

Familie: Oleaceae

Habitus: Sparriger, 2–3 m hoher Strauch, Triebe graugelb, kahl oder nur fein behaart.

Blätter: Gegenständig, linealisch bis lanzettlich, 3–8 cm lang, ledrig, ganzrandig, selten entfernt gesägt, mit 4–6 Paar undeutlichen Seitennerven, oberseits dunkelgrün, unterseits heller.

Blüten: In kurzen, blattachselständigen Trauben an vorjährigen Trieben, duftend, grünlich weiß, Blütenkrone 4-zipfelig, etwa 2 mm lang, Kelch dick, bräunlich, mit 4 rundlichen Zipfeln, bis auf etwa 1/4 der Länge eingeschnitten, März–Mai.

Früchte: Blauschwarze, fleischige, 6–8 mm dicke, einsamige Steinfrüchte.

Verbreitung: Westliches und zentrales Mittelmeergebiet, östlich bis Jugoslawien und Albanien, Portugal, in Macchien und lichten Wäldern, bevorzugt auf Kalkböden.

Phillyrea latifolia L.
Breitblättrige Steinlinde

Familie: Oleaceae

Habitus: 5(–15) m hoher Strauch oder kleiner Baum, Triebe flaumig-filzig behaart.

Blätter: Gegenständig, eiförmig bis elliptisch-lanzettlich, 2–6 cm lang, an der Basis herzförmig, ganzrandig oder fein gesägt, mit 7–11 Paar deutlichen Seitennerven, die in einem stumpfen Winkel zum Mittelnerv stehen, oberseits dunkelgrün und glänzend, unterseits heller.

Blüten: Weißlich, an der Basis grünlich, in kurzen Büscheln in den Blattachseln der vorjährigen Triebe, Krone mit dünnem, gelblichem Blütenkelch, dessen 3-eckige Zipfel bis auf 3/4 der Länge eingeschnitten sind, März–Mai.

Früchte: Blauschwarze, 7–10 mm dicke, einsamige Steinfrüchte mit hinfälligen Griffeln.

Verbreitung: Mittelmeergebiet, Portugal, in Macchien und lichten Wäldern, vorzugsweise auf Kalkböden.

Pistacia lentiscus L.
Mastixstrauch

Familie: Anacardiaceae
Habitus: 1–3(–8) m hoher, dicht verzweigter Strauch, selten kleiner Baum, Zweige unangenehm riechend, warzig, unbehaart.
Blätter: Wechselständig, paarig gefiedert, die 8–12 Blättchen, verkehrt-länglich bis lanzettlich oder elliptisch, stumpf oder mit aufgesetzter Spitze, 1,5–4,5 cm lang, dunkelgrün, Blattspindel breit geflügelt.
Blüten: 2-häusig, in reich verzweigten, hängenden, kompakten, 1–2,5 cm breiten Rispen, klein, gelblich weiß, 5-zählig, männliche Blüten mit 5-zipfeligem Kelch, 3–5 kurzen Staubblättern und großen, dunkelroten Staubbeuteln, weibliche Blüten gelblich grün, mit 3- bis 4-zipfeligem Kelch, einem kugeligen Fruchtknoten und kurzem, 3-spaltigen Griffel, März–Juni.
Früchte: Etwa 4 mm dicke, anfangs rote, zur Reife schwarze, fleischige Steinfrüchte.
Verbreitung: Mittelmeergebiet, Kanaren, Portugal, in Garigues, Macchien und Wäldern, auf allen Bodenarten.
Allgemeines: Der Mastixstrauch (vor allem die nur aus Kultur bekannte var. *chia* Desf.) wird stellenweise, besonders auf der griechischen Insel Chios, zur Gewinnung von Harz (Mastix) angebaut. Das in den Harzgängen der Rinde befindliche, durchsichtige, wohlriechende, bitter schmeckende, anfangs flüssige, an der Luft rasch trocknende Harz wird durch Rindeneinschnitte an Stamm und Ästen gewonnen. Es wird zur Herstellung von Lacken, Firnissen, Kitt und Klebemittel verwendet (z.B. im Mastisol: rasch trocknende Lösung von Mastix in Benzin und Chloroform zum Fixieren von Verbänden). Außerdem zum Harzen des Weines und im Orient zu Bereitung von Schnaps (Raki). Früher fand Mastix eine vielfältige Verwendung als Arznei- und Zahnpflegemittel. Die sommergrüne Terpentin-Pistazie wird im folgenden Kapitel beschrieben.

Pittosporum tobira
(Thunb. ex Murray) W. T. Aiton
Chinesischer Klebsame

Familie: Pittosporaceae
Habitus: Bis 5 m hoher, dicht verzweigter, steifer, aufrechter Strauch oder kleiner Baum.
Blätter: Wechselständig, an den Triebenden gehäuft sitzend, ledrig, glänzend dunkelgrün, kahl, verkehrt-eiförmig, 3–10 cm lang, Rand etwas nach unten umgebogen.
Blüten: Stark duftend, rahmweiß, später gelb werdend, in endständigen, vielblütigen Trugdolden, Blütenkrone 2,5 cm breit, die 5 stumpflichen Blütenblätter an der Basis mehr oder weniger becherförmig verwachsen, März–August.
Früchte: Ledrige, gelblich braune, 1,2 cm dicke, kugelige bis birnenförmige Kapsel, die Samen sind in eine klebrige Flüssigkeit eingebettet.
Verbreitung: Subtropisches China, Japan, S-Korea, im Mittelmeergebiet als Zier- und Heckenstrauch sehr häufig gepflanzt.

Pyracantha coccinea
M. Roem.
Feuerdorn

Familie: Rosaceae
Habitus: Sparrig verzweigter, 2–3(–5) m hoher, dorniger Strauch.
Blätter: Wechselständig, ledrig, elliptisch oder auch eiförmig-elliptisch, Rand fein gekerbt-gesägt, 2–6 cm lang, oberseits glänzend dunkelgrün, unterseits heller und nur in der Jugend etwas behaart.
Blüten: In aufrechten, vielblütigen Trugdolden, Blütenkrone 0,5–1 cm breit, mit 5 weißen, rundlichen, abstehenden Kronblättern, Staubblätter 20, Staubbeutel gelb, Fruchtblätter 5, Mai–Juni.
Früchte: Erbsengroße, feuerrote (in Kultur auch orangefarbene oder gelbe) Apfelfrüchte mit bleibendem Kelch, die oft den Winter über hängen bleiben.
Verbreitung: S-Europa, westlich bis N-Spanien, SW-Asien, in Hecken und Gebüschen, auch in Mitteleuropa in zahlreichen Sorten und Hybriden in Kultur.

Immergrüne Laubgehölze

Prunus lusitanica L.
Iberische Lorbeerkirsche

Familie: Rosaceae
Habitus: 3–8(–20) m hoher Baum oder Strauch, Triebe und Blattstiele dunkelrot.
Blätter: Elliptisch-eiförmig bis länglich-lanzettlich, weich-ledrig, 8–13 cm lang, zugespitzt, Rand gewellt, deutlich gesägt, oberseits glänzend dunkelgrün.
Blüten: Weiß, in 12–25 cm langen, lockeren Trauben, 5-zählig, Krone etwa 1 cm breit, Kronblätter 4–7 mm lang, Juni.
Früchte: 8–13 mm dicke, eiförmige bis kugelige, purpurschwarze, saftig-fleischige Steinfrüchte.
Verbreitung: SW-Frankreich, Spanien, Portugal, Azoren, Kanaren, im Gebiet häufig als Ziergehölz in Kultur.
Allgemeines: Im Mittelmeergebiet wird als Ziergehölz häufig auch *P. laurocerasus* L. mit zahlreichen Sorten gepflanzt, Blätter derb-ledrig, ganzrandig oder nur schwach gesägt, Blattstiele gelbgrün, Blütenstände dicht, bis 12 cm lang.

Quercus alnifolia Poech
Gold-Eiche

Familie: Fagaceae
Habitus: Trägwüchsiger, 2–8 m hoher Strauch oder kleiner Baum, Stamm rau, junge Triebe dicht graufilzig.
Blätter: Wechelständig, rundlich bis breit verkehrt-eiförmig, derb-ledrig, 2,5–6 cm lang, nur im oberen Teil fein gezähnt, an beiden Enden rund bis fast quer abgeschnitten, mit 5–8 Nervenpaaren, oberseits glänzend dunkelgrün, unterseits gelb- bis graugelb-filzig, Rand älterer Blätter etwas umgebogen.
Blüten: Wie bei allen Eichen 1-häusig, die männlichen Blüten in hängenden Kätzchen, die weiblichen zu 1–2.
Früchte: Eicheln zu 1–2, 2,5–3 cm lang, verkehrt-eiförmig, mit scharfer Spitze, Fruchtbecher mit einem breiten Kranz langer, behaarter Schuppen, bis zur Hälfte die Eichel umfassend, im 2. Jahr reifend.
Verbreitung: Zypern, an steinigen Hängen.

Quercus coccifera L.
Kermes-Eiche

Familie: Fagaceae
Habitus: 2–4 m hoher, dicht verzweigter Strauch oder kleiner Baum.
Blätter: Wechselständig, 1,5–4 cm lang, steif, eiförmig, elliptisch bis länglich, Basis abgerundet bis herzförmig, die Spitze endet in einen Dorn, am Rand buchtig-wellig, jederseits mit 3–5 stechenden Zähnen, glänzend dunkelgrün.
Früchte: Eicheln meist einzeln stehend, kurz gestielt, 1,5–3 cm lang, eiförmig bis länglich-eiförmig, halb vom Fruchtbecher umgeben, der mit kurzen, stacheligen Schuppen bedeckt ist.
Verbreitung: Mittelmeergebiet, Portugal, Kleinasien, als Unterwuchs in lichten Wäldern, Garigues und Macchien.
Allgemeines: Vor der Entdeckung der Anilinfarben war die Kermes-Eiche eine wichtige Wirtspflanze verschiedener Schildlausarten, aus denen das Karmesinrot gewonnen wurde.

Quercus ilex L.
Stein-Eiche

Familie: Fagaceae
Habitus: Bis 25 m hoher Baum, Borke hellgrau, im Alter schuppig.
Blätter: Wechselständig, ledrig, sehr veränderlich, 2–9 cm lang, schmal-elliptisch bis eiförmig-lanzettlich oder nahezu rundlich, an der Basis abgerundet oder keilförmig, ganzrandig bis mehr oder weniger stachelig gezähnt, oberseits glänzend dunkelgrün und verkahlend, unterseits dicht graufilzig mit hervortretenden Nerven, 7–11 Paar Seitennerven, Stiel 6–15 mm lang, Nebenblätter schmal, dicht behaart.
Früchte: Eicheln zu 1–3, 1,5–3 cm lang, länglich-eiförmig bis rundlich, bis zur Hälfte vom Fruchtbecher umgeben, dieser mit anliegenden, weichhaarigen Schuppen.
Verbreitung: Portugal, Mittelmeergebiet, N-Spanien bis NW-Frankreich, bildet aber heute nur noch stellenweise immergrüne, krautreiche Wälder.

Quercus suber L.
Kork-Eiche

Familie: Fagaceae
Habitus: Bis 20 m hoher Baum, Stamm mit dicker, korkiger Borke, entrindete Stämme hellbraun, später dunkel rotbraun.
Blätter: Wechselständig, derb-ledrig, 3–7 cm lang, eiförmig-länglich, mit aufgesetzter Spitze, fast ganzrandig oder jederseits mit 4–5 kurzen Zähnen, oberseits glänzend dunkelgrün und kahl, unterseits bleibend schwach graufilzig.
Früchte: Eicheln einzeln oder zu 2, 2,5–4 cm lang, eiförmig, mindestens bis zur Hälfte vom Fruchtbecher umgeben, dieser oben mit abstehenden, unten mit anliegenden Schuppen.
Verbreitung: Portugal, S-Spanien, SW-Frankreich, westliches und mittleres Mittelmeergebiet, bildet auf Urgestein lichte, krautreiche Wälder. Wird seit dem Altertum als Korklieferant genutzt. Die Bäume können in Abständen von 8–10 Jahren geschält werden.

Rhamnus alaternus L.
Immergrüner Kreuzdorn

Familie: Rhamnaceae
Habitus: 1–3(–5) m hoher, dornenloser Strauch, junge Triebe fein behaart.
Blätter: Wechselständig, sehr variabel, ledrig, 1–6 cm lang, eiförmig oder elliptisch, vorne spitz oder abgerundet, entfernt und scharf gesägt bis fast ganzrandig, oberseits glänzend dunkelgrün, kahl, mit ausgeprägter Nervatur, unterseits gelbgrün, nur in den Nervenwinkeln behaart, jederseits 3–5 Nerven.
Blüten: 2-häusig, unscheinbar, in kurzen, büscheligen Trauben, Blüten etwa 4 mm breit, ohne Krone, mit einem meist 5-zähligen, gelblich grünem Kelch, März–April.
Früchte: Kugelige, etwa 5 mm dicke, anfangs rote, zur Reife schwarze Steinfrüchte.
Verbreitung: Mittelmeergebiet, Portugal, in lichten Wäldern, Macchien und Garigues, vorwiegend auf Kalk, auch als Zierstrauch in Kultur.

Rhus coriaria L.
Gerber-Sumach

Familie: Anacardiaceae
Habitus: Bis 3 m hoher, Milchsaft führender Baum oder Strauch, Zweige dicht mit feinen, steifen Haaren besetzt.
Blätter: Wechselständig, unpaarig gefiedert, 10–20 cm lang, Blättchen 7–21, eiförmig oder länglich, 1–5 cm lang, grob gekerbt-gesägt, weich behaart, Blattspindel wenigstens am oberen Ende geflügelt.
Blüten: In 10–20 cm langen, behaarten, dichten, aufrechten Rispen, 5-zählig, weißlich, Mai–August.
Früchte: Bräunlich purpurn, kurz und steif behaart.
Verbreitung: S-Europa, Makronesien, Mittelmeergebiet, Vorderasien, Gebüsche niedriger Lagen auf steinigen Kalkböden.
Allgemeines: Wurde früher zum Gerben und Färben verwendet. Die Stammrinde liefert einen gelben und schwarzen, die Wurzelrinde einen braunen, die Früchte einen roten Farbstoff.

Ricinus communis L.
Rizinus, Wunderbaum

Familie: Euphorbiaceae
Habitus: Raschwüchsige, 1–4 m hohe, krautige oder verholzende Pflanze.
Blätter: Wechselständig, schildförmig, bis 60 cm breit, mit 5–12 Lappen handförmig gelappt, grün, häufig rötlich gefärbt.
Blüten: 1-häusig, in endständigen Rispen, die oberen männlichen Blüten mit verzweigten, gelben Staubblätter, die unteren weiblichen Blüten mit auffallend roten Narben, Februar–Oktober.
Früchte: Bis 2 cm dicke, 3-fächrige, meist stachelige Kapseln. Die Samen sind giftig.
Verbreitung: Heimisch im tropischen Afrika, in allen Tropen und Subtropen eingebürgert und als Zierpflanze in Kultur. Anbau zur Gewinnung von Rizinusöl (Abführmittel und wichtiges technisches Öl) vor allem in Indien und Brasilien.
Allgemeines: Rizinus wurde in Ägypten schon vor 6000 Jahren kultiviert und als Abführmittel und Brennöl genutzt.

Immergrüne Laubgehölze

Rosa sempervirens L.
Immergrüne Rose

Familie: Rosaceae
Habitus: Bis 10 m hoch kletternder Strauch, Zweige grün, dünn, biegsam, Stacheln zerstreut stehend, leicht gebogen, an der Basis herablaufend.
Blätter: Wechselständig, unpaarig gefiedert, Blättchen (3–)5–7, eiförmig-lanzettlich, 3–6 cm lang, zugespitzt, Rand scharf gesägt, ledrig, kahl, oberseits glänzendgrün.
Blüten: Zu 3–7 in Trugdolden, weiß, 5-zählig, 2,5–5 cm breit, duftend, Kelchblätter eiförmig, lang zugespitzt, meist ganzrandig, wie die langen Blütenstiele mit Stieldrüsen besetzt, Griffel zu einer behaarten oder kahlen Griffelsäule verwachsen, die zahlreichen Staubblätter gelb, Mai–Juni.
Früchte: Rundlich oder breit-eiförmig, 1 cm dick, rot.
Verbreitung: Mittelmeergebiet, SW-Europa, in lichten Wäldern, Hecken und Macchien.

Rubia peregrina L.
Levantinische Krappwurzel

Familie: Rubiaceae
Habitus: Immergrüner, bis 2,5 m hoch kletternder Strauch, Zweige an der Basis verholzt, 4-kantig, durch kurze, zurückgebogene Stacheln rau.
Blätter: Zu 4–8 quirlständig, sitzend, lanzettlich bis breit-elliptisch, 1,5–6 cm lang, steif, ledrig, dunkelgrün, Seitennerven undeutlich.
Blüten: In vielblütigen, achsel- und endständigen, 4–10 cm langen Ständen, Krone 4–6 mm breit, grünlich weiß, mit kurzer Röhre und 4–5 ausgebreiteten, begrannten Zipfeln, April–August.
Früchte: Beerenartig, schwarz, 4–6 mm dick.
Verbreitung: S- und W-Europa, Mittelmeergebiet, Wälder, Hecken, Macchien.
Allgemeines: *R. tenuifolia* D'Urv. (Asien, im ganzen Mittelmeergebiet verbreitet): Zweige unverholzt, Blütenstände kürzer als die Blätter, Kronzipfel unbegrannt.

Schinus molle L.
Peruanischer Pfefferbaum

Familie: Anacardiaceae
Habitus: 4–8 m hoher Baum, Krone rundlich, mit lang und zierlich überhängenden Zweigen.
Blätter: Wechselständig, unpaarig gefiedert, 12–20 cm lang, mit 15–27 lineal-lanzettlichen, 2,5–6 cm langen, 3–8 mm breiten, sitzenden, ganzrandigen oder gesägten, aromatisch duftenden, oberseits dunkelgrünen Blättchen, Blattspindel ungeflügelt.
Blüten: Klein, gelblich weiß, mit je 5 Kelch- und Kronblättern und 10 Staubblätter, in 2,5–5 cm langen, reich verzweigten, hängenden Rispen, April–August.
Früchte: 6–7 mm dicke, rosa bis korallenrot gefärbte, fleischige Steinfrucht mit einem einzigen bitteren Samen, das Fruchtfleisch trocknet pergamentartig ein.
Verbreitung: Verbreitet von Mexiko bis Chile, S-Brasilien, Uruguay, NO-Argentinien, in Spanien und im Mittelmeer eingebürgert und häufig als Park- und Straßenbaum gepflanzt.
Allgemeines: Die Früchte dienen in Peru zur Herstellung von Essig. Sie wurden bereits von den Inkas zu einem starken, berauschenden Getränk vergärt. Das in den Blättern enthaltene Öl und der aus dem Stamm gewonnene, milchähnliche Saft (Amerikanischer Mastix) dienten medizinischen Zwecken. Der in den Blättern ebenfalls enthaltene gelbe Farbstoff wurde zum Färben verwendet. Die roten, getrockneten Früchte von *S. molle* sind häufig, zusammen mit Weißem und Schwarzem Pfeffer, in Pfeffermischungen zu finden.

Im Mittelmeergebiet wird gelegentlich auch *S. terebinthifolius* Raddi, der Brasilianische Pfefferbaum, gepflanzt, ein bis 5 m hoher Baum, dessen Zweige nicht hängen, Blätter nur mit 2–4 Fiederpaaren, Blattspindel im oberen Teil geflügelt, Blüten klein, weiß, in 5–15 cm langen, achsel- oder endständigen Rispen, Früchte pfefferkorngroß, rot.

Immergrüne Laubgehölze

Smilax aspera L.
Stechwinde

Familie: Liliaceae
Habitus: Immergrüner, bis 15 m hoch kletternder, kahler Strauch, Triebe hin- und hergebogen, etwas kantig, mit hakigen Stacheln besetzt.
Blätter: Wechselständig, ledrig, glänzend dunkelgrün, schmal bis breit herz- oder spießförmig, 3–11 cm lang und breit, Rand und Hauptnerven auf der Unterseite mit hakigen Stacheln, Blattstiel am Grunde mit 2 Ranken.
Blüten: 2-häusig, gelblich grün, duftend, zu 5–30 in end- oder achselständigen Büscheln vereint, Blütenhüllblätter 2–4 mm lang, weißlich, grünlich oder rosa, August–November.
Früchte: Kugelige, 6 mm dicke, dunkelrote bis schwarze, meist 3-samige Beeren.
Verbreitung: Kanaren, Portugal, Mittelmeergebiet, östlich bis Abessinien und Indien, in Wäldern, Macchien, Hecken und an Mauern.

Viburnum tinus L.
Lorbeer-Schneeball

Familie: Caprifoliaceae
Habitus: 1,5–3 (–7) m hoher, reich verzweigter Strauch, Triebe kahl oder leicht behaart.
Blätter: Gegenständig, ledrig, 3–10 cm lang, schmal-eiförmig bis länglich, ganzrandig, oberseits glänzend dunkelgrün, unterseits heller und mit dünnen Achselbärten.
Blüten: Innen weiß, außen rosa, etwas duftend, in 4–9 cm breiten, leicht gewölbten, endständigen Trugdolden, Krone 5–9 mm breit, 5 Staubblätter mit weißen Staubbeuteln, Januar–Juni.
Früchte: Eiförmige, 7 mm dicke, anfangs glänzend tiefblaue, später schwarze, ziemlich trockene Beeren.
Verbreitung: S-Europa, Mittelmeergebiet, Anatolien, an schattigen, oft feuchten Plätzen, in Macchien und immergrünen Wäldern, häufig auch als Zierstrauch gepflanzt, bei uns häufig als Kübelpflanze.

Agave americana L.
Amerikanische Agave

Familie: Agavaceae
Habitus, Blätter: Sukkulente Pflanze mit einer Grundrosette aus 1–2 m langen, 15–25 cm breiten, lineal-lanzettlichen, graugrünen, dickfleischigen Blättern, Rand entfernt dornig gezähnt, an der Spitze mit 2–3 cm langem Dorn.
Blüten: Nach 10–15 Lebensjahren bildet die Pflanze einen bis 8 m hohen Blütensproß, der mit 3-eckigen, stängelumfassenden Hochblättern besetzt ist und am Ende einen großen, rispigen Blütenstand trägt. Blüten wohlriechend, 7–9 cm lang, grünlich gelb, gebüschelt an den Enden der waagerecht abstehenden Rispenäste, Juni–August.
Früchte: 5 cm lange Kapsel. Nach der Fruchtreife stirbt die Pflanze ab.
Verbreitung: Heimisch in Mexiko, seit dem 16. Jahrh. am Mittelmeer und auf den Kanaren kultiviert und eingebürgert, häufig in Sorten mit gelb gerandeten Blättern.

Opuntia ficus-indica (L.) Mill.
Echter Feigenkatus

Familie: Cactaceae
Habitus: Sukkulente, 2–5 m hohe, reich verzweigte, fleischig verdickte Pflanze mit 20–50 cm langen, 10–20 cm breiten, flachen, verkehrt-eiförmigen bis länglichen, stacheligen Stängelgliedern.
Blätter: Hinfällig, in den Achseln kleine Polster von spröden, gelben, widerhakenbesetzten Borsten, daneben gelegentlich 1–2 kräftige, unter 1 cm lange Dornen.
Blüten: An den Rändern der Stängelglieder sitzend, breit-trichterförmig, 6–10 cm breit, mit zahlreichen gelben Blüten- und Staubblättern, April–Juni.
Früchte: 5–9 cm dick, gelb bis rot, mehr oder weniger stark mit Borstenpolstern besetzt, Nabel eingesenkt, das saftige Fruchtfleisch ist essbar.
Verbreitung: Ursprüngliche Heimat unbekannt, seit langem am Mittelmeer der essbaren Früchte wegen und zu Hecken angepflanzt und eingebürgert.

Sommergrüne Laubgehölze

Die immergrünen Wälder der Mittelmeerregion werden dort von sommergrünen Wäldern abgelöst, wo abnehmende Temperaturen und längere Frostperioden im Winter den immergrünen Hartlaubgehölzen keine Lebensgrundlage mehr lassen. Wir finden sommergrüne Laubwälder deshalb vorwiegend in den kühleren, regenreicheren Gebirgsstufen oberhalb des Steineichengürtels und an seinem nördlichen Rand. Der immergrüne Steineichenwald wird vom sommergrünen Flaumeichenwald abgelöst. Die mediterrane Stufe geht in die submediterrane über, die ihre Fortsetzung nach Norden hin schließlich in den laubabwerfenden Wäldern Mitteleuropas findet. Diese oft lichten, an Unterwuchs aus Sträuchern und Kräutern reichen, submediterranen Wälder reichen nicht nur bis an den Südfuß der Alpen, sondern östlich und westlich um diese herum bis nach Niederösterreich und zum Kaiserstuhl.

Im wärmeliebenden, submediterranen Wald dominiert die Flaum-Eiche, *Quercus pubescens.* Auf der Iberischen Halbinsel kann die Pyrenäen-Eiche, *Q. pyrenaica,* deren Stelle einnehmen, im ostmediterranen Bereich ist die Ungarische Eiche, *Q. frainetto,* nur lokal beigemischt. Mit Schwerpunkt im ostmediterranen Bereich, in Italien, auf der Balkanhalbinsel und in den Randlandschaften Kleinasiens tritt bis in Höhen von 1000–1200 m die Zerr-Eiche, *Quercus cerris,* waldbildend auf.

Im Flaumeichenwald kommen neben den Eichen folgende Baumarten vor: Französicher Ahorn, *Acer monspessulanum,* Hopfenbuche, *Ostrya carpinifolia,* Orientalische Hainbuche, *Carpinus orientalis,* Zürgelbaum, *Celtis australis,* oder die Manna-Esche, *Fraxinus ornus.* Sie bildet stellenweise (von Italien bis in die Karstregionen der Balkanhalbinsel) eine eigene Gesellschaft, den Ornus-Mischwald. Bis in Höhenlagen von 900 m ist stellenweise auch die Esskastanie, *Castanea sativa,* ein wichtiger Bestandteil von Laubmischwäldern der Flaumeichenstufe. Sie kann aus Stockausschlägen dichte Wälder bilden oder wird in lichten Beständen aus Fruchtbäumen gehalten. Ihre natürliche Verbreitung reicht bis in die schweizerischen Kantone Tessin und Graubünden.

In der Vegetationsstufe der Flaumeichenwälder wachsen folgende sommergrüne Straucharten: Terpentin-Pistazie, *Pistatia terebinthus,* Blasenstrauch, *Colutea arborescens* und *C. orientalis,* Perückenstrauch, *Cotinus coggygria,* Strauchige Kronwicke, *Coronilla emerus,* und die Dornige Birne, *Pyrus spinosa.* Die immergrünen Sträucher sind vor allem mit Stechendem Mäusedorn, *Ruscus aculeatus,* Immergrünem Kreuzdorn, *Rhamnus alaternus,* und Immergrüner Rose, *Rosa sempervirens,* vertreten.

Nicht wenige sommergrüne Gehölze des mediterranen Raumes kommen in Ufer- und Auenwäldern vor. Als raschwüchsiger, großkroniger Baum ist vor allem die Morgenländische Platane, *Platanus orientalis,* nicht selten auch auf Dorf- und Stadtplätzen zu finden. Standorte im Auenwald werden außerdem vom Judasbaum, *Cercis siliquastrum,* dem Keuschbaum, *Vitex agnus-castus,* Echtem Storaxbaum, *Styrax officinalis,* und verschiedenen *Tamarix*-Arten besiedelt. *Tamarix*-Arten vertragen auch salzhaltige Böden und kommen deshalb häufig in Küstennähe vor. Die häufigsten immergrünen Arten der Auenwälder sind Oleander, *Nerium oleander,* und Myrte, *Myrtus commu-*

nis. Eine besonders auffällige Pflanze der Auenwälder ist das stattliche, schilfartige Gras, das Spanische Pfahlrohr, *Arundo donax.*

Vorwiegend auf der Balkanhalbinsel ist in der submediterranen Stufe der sommergrünen Laubwälder eine Vegetationsform verbreitet, die als Schubljak bezeichnet wird. Sie ist im wesentlichen aus sommergrünen Straucharten wie Christdorn, *Paliurus spina-christi,* Dorniger Birne, *Pyrus spinosa,* Perückenstrauch, *Cotinus coggygria,* Granatapfel, *Punica granatum,* Judasbaum, *Cercis siliquastrum,* und dem immergrünen Feuerdorn, *Pyracantha coccinea,* aufgebaut.

In höheren Gebirgslagen des mediterranen Raumes stocken schließlich stellenweise auch sommergrüne Buchenwälder, die in ihrer Artenzusammensetzung durchaus den mitteleuropäischen Buchenwäldern ähnlich sind. In niederschlagsarmen Höhenlagen treten dagegen keine laubabwerfenden Gehölze mehr auf, hier herrschen immergrüne Nadelbaumarten vor.

Quercus pubescens, Flaum-Eiche

Sommergrüne Laubgehölze

Acacia karroo Hayne
Schreckliche Akazie

Familie: Mimosaceae
Habitus: 1–4 m hoher, sparriger, breitkroniger Baum oder Strauch, Nebenblätter zu kräftigen, weißen, 5–10 cm langen Dornen umgebildet.
Blätter: Wechselständig, mit 5–14 Paar Fiedern 1. Ordnung doppelt gefiedert, Fiederblättchen 2. Ordnung mit 5–14 Paaren, länglich, 6–10 mm lang, beiderseits grün.
Blüten: Gelb, schwach duftend, in 1 cm breiten, kugeligen Köpfchen, zu 4–6 in den Achseln der oberen Blätter, August–September.
Früchte: 8–13 cm lange, flache, sichelförmig gebogene, zwischen den Samen leicht eingeschnürte, zur Reife grünlich braune Hülsen.
Verbreitung: Heimisch in S-Afrika, im Mittelmeergebiet häufig als Zier- und Heckenpflanze in Kultur.
Allgemeines: Zu den sommergrünen Arten, die im Mittelmeergebiet anzutreffen sind, gehört auch die Duftende Akazie, *Acacia farnesiana* (L.) Willd. Sie stammt vermutlich aus dem tropischen Amerika und wird heute überall in tropischen und subtropischen Regionen, vor allem an der französischen Riviera, angepflanzt. Aus den ätherischen Ölen ihrer Blüten wird ein Duftstoff gewonnen, das Cassia-Blütenöl, das in der kosmetischen Industrie verwendet wird.

Acacia farnesiana ist ein bis 6 m hoher Strauch oder kleiner Baum mit dünnen, braunen zickzackförmig gebogenen Zweigen und dünnen, bis 2,5 cm langen Nebenblattdornen. Die Blätter sind doppelt gefiedert. Die 5–8 Fiederpaare haben jeweils 15–20 Paar linealischer Blättchen.

Die kleinen, duftenden, goldgelben Blüten stehen im Februar–März in 1,2 cm breiten, kugeligen Köpfchen zusammen, die auf behaarten Stielen zu 2–3 in den Blattachseln stehen. Als Früchte entwickeln sich drehrunde, innen fleischige, nicht aufspringende Hülsen.

Acer cappadocicum
Gled. **subsp. lobelii** (Ten.) de Jong
Kalabrischer Spitz-Ahorn

Familie: Aceraceae
Habitus: Bis 20 m hoher Baum, Wuchs straff aufrecht und nahezu säulenförmig, Triebe rötlich, blauweiß bereift.
Blätter: Gegenständig, 5-lappig, 10–15 cm breit, breiter als lang, am Grunde herzförmig, Lappen 3-eckig, die 3 oberen einander sehr ähnlich, meist jederseits mit einem stumpfen Sekundärlappen, das untere Lappenpaar deutlich kleiner, oberseits glänzend dunkelgrün, unterseits mehr blaugrün, zuletzt bis auf graue Achselbärte kahl, Stiel mit Milchsaft.
Blüten: Hellgrün, 5 mm breit, in aufrechten Trugdolden, Mai.
Früchte: Spaltfrüchte, zur Reife in 2 1-samige, propellerartig geflügelte Teilfrüchte zerfallend, Flügel fast waagerecht gespreizt.
Verbreitung: Italien, Bergwälder am Golf von Neapel.

Acer monspessulanum L.
Französischer Ahorn

Familie: Aceraceae
Habitus: 6–12 m hoher, reich verzweigter, rundkroniger Baum oder Strauch.
Blätter: Gegenständig, ledrig, sehr variabel, meist bis zur Hälfte in 3 ganzrandige, 3-eckige bis eiförmige, vorne abgerundete Lappen geteilt, 3–5 cm breit, oberseits glänzend dunkelgrün, im Herbst auffallend gelb gefärbt.
Blüten: Gelblich grün, in anfangs aufrechten, später etwas hängenden, wenigblütigen Ständen, die 5 Kronblätter 4–5 mm lang, April–Mai.
Früchte: 2–2,5 cm lang, mit meist parallel stehenden, anfangs rötlichen Flügeln.
Verbreitung: S- und O-Frankreich, Main-Rheingebiet, Mainfranken, S-Europa, Mittelmeergebiet, NW-Afrika, W-Asien, in sommergrünen Wäldern und Gebüschen.
Allgemeines: *A. sempervirens* L. (Griechenland bis S-Anatolien) hat ebenfalls 3-lappige, teilweise immergrüne Blätter.

Adenocarpus complicatus
(L.) J. Gay
Drüsenginster

Familie: Fabaceae
Habitus: Bis etwa 4 m hoher, aufrechter Strauch, junge Zweige flaumig behaart.
Blätter: In dichten Quirlen, 3-zählig, Blättchen 0,5–2,5 cm lang, verkehrt-lanzettlich bis verkehrt-eiförmig, oberseits kahl oder spärlich behaart, unterseits spärlich oder dicht seidig behaart.
Blüten: In endständigen, dichten Trauben, Fahne 1–1,5 cm lang, kreisrund, ausgebreitet, gelb, oft rötlich getönt, seidig behaart, Kiel nach innen gebogen, so lang wie die Fahne, Kelch röhrig, 2-lippig, 5–7 mm lang, mit oder ohne drüsige Warzen, Juni–Juli.
Früchte: 1,5–4,5 cm lange, längliche, zur Reife trockene Hülsen mit drüsigen Warzen.
Verbreitung: SW-Europa bis NW-Frankreich, Mittelmeergebiet, in lichten Wäldern und Gebüschen.

Albizia julibrissin Durazz.
Seidenakazie

Familie: Mimosaceae
Habitus: Raschwüchsiger Strauch oder kleiner, bis 6 m hoher Baum, oft mit ausladender, schirmförmiger Krone, Triebe kantig, kahl.
Blätter: Wechselständig, doppelt gefiedert, 20–30 cm lang, die 8–15 Paar Fiedern jeweils mit 40–60 sichelförmigen, schiefen, 6–15 mm langen, unterseits auf der Mittelrippe behaarten Blättchen, die sich nachts in „Schlafstellung" zusammenfalten.
Blüten: Hellrosa, in kugeligen, 2,5–3 cm breiten Köpfchen, Blütenkrone klein, Staubblätter zahlreich, bis 4 cm lang, Juli–August.
Früchte: Bis 15 cm lange, 2 cm breite, zwischen den Samen verengte, zur Reife strohfarbene Hülsen.
Verbreitung: Abessinien, Iran bis Japan, Mittel-China, im Mittelmeerraum häufig als Ziergehölz in Kultur

Alnus cordata (Loisel.) Desf.
Herzblättrige Erle

Familie: Betulaceae
Habitus: 10–15 m hoher Baum mit kegelförmiger Krone, junge Triebe mehr oder weniger klebrig, etwas kantig, braun, mit kleinen Lentizellen, Winterknospen etwas gestielt.
Blätter: Wechselständig, rundlich bis eiförmig-länglich, 4–10 cm lang, zugespitzt, an der Basis herzförmig, mit 4–6 Paar Seitennerven, oberseits glänzend dunkelgrün und kahl, unterseits heller und bis auf bräunliche Achselbärte kahl, jung klebrig, später ledrig.
Blüten: 1-häusig, männliche Kätzchen 5–8 cm lang, zu 3–6 in endständigen Büscheln, weibliche Blüten zu 2–3 in Achseln von Tragblättern, März–April.
Früchte: Vielschuppige, verholzende Zapfen, zu 1–3 stehend, eiförmig, gestielt, aufrecht stehend, 2,5–3 cm lang.
Verbreitung: Korsika, S-Italien, in sommergrünen Bergwäldern.

Amelanchier ovalis Medik.
Gemeine Felsenbirne

Familie: Rosaceae
Habitus: 1–3 m hoher, locker aufgebauter Strauch, junge Triebe anfangs weißwollig behaart, später kahl und olivgrün.
Blätter: Wechselständig, rundlich bis eiförmig, 2,5–5 cm lang, an Spitze und Basis abgerundet, am Rand meist von der Basis an scharf gesägt, oberseits mattgrün und kahl, unterseits anfangs dicht weißfilzig, später bis auf Achselbärte kahl.
Blüten: Weiß, 5-zählig, zu 3–6 in gedrungenen, filzig behaarten Trauben, Kronblätter schmal-elliptisch, 10–13 mm lang, Griffel den Rand des Blütenbechers nicht überragend, April–Juni.
Früchte: 8–10 mm dicke, blauschwarze, bereifte, fleischige, essbare Apfelfrüchte.
Verbreitung: S- und Mittel-Europa bis Kleinasien und N-Afrika, nordwestlich bis Luxemburg, nordöstlich bis Polen, Mittelmeergebiet, in lichten Wäldern, auf steinigen, meist kalkhaltigen Böden.

Anagyris foetida L.
Stinkstrauch

Familie: Fabaceae
Habitus: Bis 3 m hoher, aufrechter, unangenehm riechender (wenn gerieben) Strauch, junge Zweige anliegend behaart.
Blätter: 3-zählig, Blättchen länglich, 4–8 cm lang, vorne spitz oder leicht ausgerandet, oberseits dunkelgrün, unterseits graugrün, anliegend behaart, Nebenblätter verwachsen.
Blüten: Zu 5–20 in kurzen Trauben, Kronblätter aufrecht, gelb, die braun gefleckte Fahne deutlich kürzer als Flügel und Kiel, Kelch becherförmig, mit 5 etwa gleichen Zähnen, alle Staubblätter frei, April–Mai.
Früchte: 10–15 cm lange, flache, gekrümmte, mehrsamige Hülse.
Verbreitung: Mittelmeergebiet, S-Portugal, Marokko, in Macchien und an felsigen Standorten.
Allgemeines: Die zweite Art der Gattung, *A. latifolia* Brouss. ex Will., ist auf den Kanarischen Inseln heimisch.

Berberis hispanica Boiss. et Reut.
Spanische Berberitze

Familie: Berberidaceae
Habitus: 1–1,5 m hoher, reich und oft wirr verzweigter Strauch, Zweige dunkelrot, die 1–2 cm langen Dornen einfach bis 3teilig.
Blätter: Wechselständig, einfach, zu Büscheln gehäuft, an Langtrieben meist zu Dornen umgewandelt, elliptisch bis verkehrt-eiförmig, 0,8–2,5 cm lang, ganzrandig oder mit einigen entfernt stehenden Zähnen.
Blüten: Orangegelb, zu 5–10 in Büscheln oder kurzen Trauben, mit je 6 Kelch-, Kron- und Staubblättern, die Kronblätter an der Basis mit 2 Honigdrüsen, Mai.
Früchte: Eiförmige, blauschwarze, leicht bereifte, etwa 6 mm lange, saftreiche Beeren.
Verbreitung: Gebirge in SO-Spanien, Marokko (Rif- und Atlasgebirge) und Algerien.

Sommergrüne Laubgehölze

Calicotome villosa (Poir.) Link
Behaarter Dornginster

Familie: Fabaceae
Habitus: Bis 2,5 m hoher, sparriger, dorniger Strauch, Dornen dünn, junge Zweige, Unterseite der Blätter und Kelch mehr oder weniger dicht seidig behaart.
Blätter: Wechselständig, 3-zählig, bis zum Sommer meist abgefallen, Blättchen schmal-elliptisch, bis 13 mm lang.
Blüten: Zu 2–15 in Büscheln oder blattlosen Trauben, Fahne goldgelb, 12–18 mm lang, Januar–Juni.
Früchte: 2–4 cm lange, dicht zottig oder seidig behaarte Hülse mit deutlich verdickter Naht.
Verbreitung: Mittelmeergebiet, in Macchien und immergrünen Wäldern, auf Kahlschlägen oft in größeren Beständen auftretend.
Allgemeines: *C. spinosa* (L.) Link unterscheidet sich durch kräftigere Dornen und spärlichere Behaarung, Blüten meist einzeln, Hülsen meist kahl.

Carpinus orientalis Mill.
Orientalische Hainbuche

Familie: Betulaceae
Habitus: Kleiner, bis 5 m hoher Baum oder Strauch, Stamm glatt, grau.
Blätter: Wechselständig, eiförmig oder ei-elliptisch, 2,5–5 cm lang, spitz, an der Basis abgerundet, mit 12–15 Paar Seitennerven, am Rand scharf und doppelt gesägt, oberseits glänzend dunkelgrün.
Blüten: 1-häusig, männliche Blüten einzeln in den Achseln eiförmiger Tragblätter, in schlaff hängenden Kätzchen, weibliche Blüten zu 5–20 in anfangs aufrechten, später hängenden, behaarten Kätzchen, April–Mai.
Früchte: Verholzende, zapfenähnliche, eiförmige, 3–6 cm lange Fruchtstände, zu 3–6 zusammenstehend, Samen von einem 1-lappigen, eiförmigen, 1–2,3 cm langen Fruchtblatt umgeben.
Verbreitung: Von der Riviera, Korsika und Sardinien ostwärts bis Kleinasien und zum Kaukasus.

Castanea sativa Mill.
Esskastanie

Familie: Fagaceae

Habitus: 10–30 m hoher Baum mit breiter, ausladender Krone, Stamm oft entgegen dem Uhrzeigersinn gedreht, Borke dunkel graubraun, längsrissig. Zweige mit zahlreichen kleinen Korkwarzen.

Blätter: Wechselständig, länglich-lanzettlich, 15–30 cm lang, Spitze lang ausgezogen, an der Basis keilförmig bis schwach herzförmig, grob grannenspitzig gezähnt, glänzend dunkelgrün.

Blüten: 1-häusig, unscheinbar, in köpfchenartigen Teilblütenständen, die in 15–20 cm langen Kätzchen zusammenstehen, weibliche Blüten einzeln am Grunde der Blütenstände, die männlichen darüber, sie bilden mit ihren weiß gefärbten Staubblättern den Schauapparat der Blüten, die Blüten riechen intensiv nach Trimethylamin, die männlichen produzieren reichlich Nektar. Blütezeit Juni.

Früchte: Glatte, 2–3 cm breite Nuss, die zu 1–3 in einem 8–10 cm breiten, stacheligen Fruchtbecher sitzen. Die Früchte reifen im Oktober.

Verbreitung: S- und südliches Mitteleuropa, Vogesen, Kleinasien, Kaukasus, Kaspisches Meer, Algerien, im sommertrockenen, lichten Laubwäldern.

Allgemeines: Die Samen enthalten 39 % Wasser, 43 % Stärke und 2,5 % Fett. Sie hatten früher einen wichtigen Anteil an der Ernährung der bäuerlichen Bevölkerung. Die geschälten und gerösteten Früchte (Maronen) sind, vor allem in Italien, noch heute eine Volksspeise. Sie werden durch Dämpfen oder Rösten zubereitet, im Ganzen gegessen oder zermahlen und dann zu Suppen oder Zusatz zu Brotmehl verarbeitet. Das gegen Feuchtigkeit sehr widerstandsfähige, im Splint helle, im Kern dunkelbraune Holz wurde schon von den Römern für Rebpfähle genutzt. Es wird außerdem im Schiffsbau und zu Faßdauben verarbeitet.

Celtis australis L.
Südlicher Zürgelbaum

Familie: Ulmaceae
Habitus: Bis 25 m hoher Baum mit fast buchenartig glattem, grauen Stamm.
Blätter: Wechselständig, elliptisch-länglich, 5–14 cm lang, an der Basis schief keilförmig, derb, oberseits dunkelgrün und durch kurze, steife Haare rau, unterseits graugrün und weich behaart.
Blüten: Klein, unscheinbar, in den oberen Blattachseln männliche Blütenstände, in den unteren einzelne Zwitterblüten, April–Mai.
Früchte: Rundliche, 1–1,2 cm dicke, anfangs grüne, zur Reife violettbraune Steinfrüchte mit süßem, essbarem Fruchtfleisch. In Südtirol werden die Früchte als Zürgeln bezeichnet, deshalb der Name Zürgelbaum.
Verbreitung: S-Europa, S-Schweiz, Mittelmeergebiet, Madeira, N-Afrika, Vorderasien, in lichten Wäldern und Gebüschen, besonders in der Flaumeichenstufe.

Cercis siliquastrum L.
Gemeiner Judasbaum

Familie: Caesalpiniaceae
Habitus: Bis 10 m hoher Baum oder Strauch, Zweige unbehaart.
Blätter: Wechselständig, fast kreisförmig, 10–13 cm lang, Spitze abgerundet, an der Basis tief herzförmig, oberseits bläulich, kahl, von der Basis an mit 7 bogig verlaufenden Nerven, Nerven und Blattstiele rot.
Blüten: Purpurrosa, zu 4–10 in kurzen Trauben an 2-jährigen Zweigen oder an älteren Ästen und Stämmen, etwa 2 cm lang, schmetterlingsblütenähnlich, die 3 oberen Kronblätter kleiner als die 2 unteren, das oberste von den beiden seitlichen eingeschlossen, März–April.
Früchte: Längliche, stark abgeflachte 9–10 cm lange, rotbraune, kahle Hülsen.
Verbreitung: Ursprünglich im östlichen Mittelmeergebiet bis Vorderasien, besonders in Ufergehölzen, im ganzen Mittelmeergebiet als Ziergehölz kultiviert und stellenweise eingebürgert.

Sommergrüne Laubgehölze

Clematis campaniflora Brot.
Glockenblütige Waldrebe

Familie: Ranunculaceae
Habitus: 3–6 m hoch kletternd, Triebe sehr dünn, in der Jugend zerbrechlich.
Blätter: Doppelt gefiedert oder doppelt 3zählig, Blättchen 2–7 cm lang, ungeteilt oder gelappt, schmal-lanzettlich, eiförmig oder oval, Blattspindel und Stiel der Blättchen zu Ranken umgebildet.
Blüten: Zu 1–3 in den Blattachseln, breitglockig bis fast schalenförmig, die Spitzen der 4 Blütenblätter (Tepalen) zurückgerollt, leicht duftend, weißblau bis hell violett, 2 cm lang und 3 cm breit, Kelchblätter wie bei allen Waldreben fehlend, Juli–August.
Früchte: Nüsschen dick, Griffel kurz, nicht fedrig behaart.
Verbreitung: Portugal, S-Spanien, in Wäldern, Hecken und Gebüschen, auch als Zierpflanze in Kultur.

Clematis flammula L.
Mandel-Waldrebe

Familie: Ranunculaceae
Habitus: Bis etwa 5 m hoch kletternder Strauch, Triebe am Grunde verholzt.
Blätter: Gegenständig, doppelt oder einfach gefiedert, Blättchen lang gestielt, meist 5, die beiden unteren oft 3-blättrig oder 2- bis 3-lappig, breit-eiförmig bis eilanzettlich, 1,5–4 cm lang, spitz oder gelegentlich stumpf, Basis abgerundet bis keilförmig, oberseits glänzend.
Blüten: In großen, bis 30 cm breiten, vielblumigen, achselständigen Rispen, weiß, nach bitteren Mandeln duftend, 2–3 cm breit, die 4 Blütenblätter schmal, vorne stumpf, außen und am Rand dicht filzig behaart, Mai–August.
Früchte: Nüsschen mit etwa 2 cm langem, fedrig behaartem Griffel.
Verbreitung: Mittelmeergebiet bis S-Rußland und Iran, in Macchien und Hecken.

Clematis viticella L.
Italienische Waldrebe

Familie: Ranunculaceae
Habitus: Bis 4 m hoch kletternd, Triebe rotbraun, gerieft.
Blätter: Gegenständig, meist doppelt, selten einfach gefiedert, 10–13 cm lang, Blättchen 5–7, die beiden unteren meist 3-lappig, dabei eiförmig bis eilanzettlich, 1,5–5 cm lang, meist abgestumpft, Basis abgerundet, ganzrandig oder 3-lappig, kahl oder nahezu kahl.
Blüten: Purpurrosa bis blauviolett, duftend, lang gestielt, 3–5 cm breit, einzeln, achsel- oder endständig, die 4 Blütenblätter abstehend, vorne breiter, Juni–September.
Früchte: Nüsschen groß, mit kurzem, gebogenem, kahlem Griffelrest.
Verbreitung: S-Europa, Kleinasien, Syrien, Iran, in Gebüschen, Hecken und feuchten Laubwäldern, stellenweise (auch in Mittel-Europa) aus Kulturen verwildert und eingebürgert.

Colutea arborescens L.
Gewöhnlicher Blasenstrauch

Familie: Fabaceae
Habitus: 2–4(–6) m hoher Strauch, Rinde graubraun, junge Triebe behaart.
Blätter: Wechselständig, unpaarig gefiedert, bis 15 cm lang, Blättchen 9–13, dünn, breit-elliptisch bis verkehrt-eiförmig, 1,5–3 cm lang, vorne schwach ausgerandet, mit feinem Dornenspitzchen, frischgrün, unterseits heller und fein behaart.
Blüten: Zu 6–8 in aufrechten, achselständigen Trauben, gelb, 1,5–2 cm lang, Fahne rundlich, häufig rötlich braun gestreift, etwa so lang wie das Schiffchen, Kelch glockig, 2-lippig, Mai–August.
Früchte: 6–8 cm lange, grüne oder rötliche, zur Reife blasig vergrößerte Hülse mit pergamentartig dünner Wand.
Verbreitung: S- und südliches Mittel-Europa, Mittel-Frankreich, N-Afrika, in submediterranen Laubwäldern und Kiefernwäldern, meist auf kalkhaltigen Böden.

Coriaria myrtifolia L.
Gerberstrauch, Provenzalischer Sumach

Familie: Coriariaceae
Habitus: 1–3 m hoher, kahler Strauch, Zweige bogig aufsteigend, 4-kantig.
Blätter: Gegenständig, selten zu 3–4 in Quirlen, sitzend, ledrig, 3–6 cm lang, eiförmig-lanzettlich, mit 3 Hauptnerven.
Blüten: Männlich, weiblich oder zwittrig, in 2–5 cm langen, zur Fruchtzeit verlängerten, achselständigen oder an Kurztrieben endständigen Trauben, 5-zählig, Kronblätter grünlich, kürzer als die dunkel rotbraunen, zur Fruchtzeit fleischigen, innen scharf gekielten Kelchblätter, April–Juni.
Früchte: Beerenartig, längs gerippt, zur Reife glänzend schwarz, sehr giftig.
Verbreitung: SW-Europa, von S-Spanien bis NW-Italien, in lichten Wäldern, Hecken und Gebüschen, an steinigen Plätzen.
Allgemeines: Die gerbstoffreichen Blätter wurden früher zum Gerben und Färben verwendet.

Cotinus coggygria Scop.
Gemeiner Perückenstrauch

Familie: Anacardiaceae
Habitus: 1–5 m hoher, kahler Strauch, Triebe mit zahlreichen kleinen Korkwarzen.
Blätter: Wechselständig, lang gestielt, eiförmig-rundlich, 5–8 cm lang, unterseits bläulichgrün, im Herbst auffallend orangerot.
Blüten: 3 mm breit, 5-zählig, gelblich grün, in zur Reife 15–20 cm langen und oft gleich breiten, endständigen, aufrechten, reich verzweigten Rispen, Juni–Juli.
Früchte: 3–5 mm lange, nussartige Steinfrüchte, die unfruchtbaren Blütenstiele verlängert und mit zahlreichen abstehenden, fedrigen, violetten Haaren besetzt, so bekommt der Fruchtstand ein perückenartiges Aussehen.
Verbreitung: Östliches Mittelmeergebiet bis Mittel-Asien und NW-Himalaja, in lichten Wäldern und Gebüschen, oft auf kalkhaltigen Böden, häufig in Kultur, auch in rotlaubigen Sorten.

Crataegus laciniata Ucria
Orientalischer Weißdorn

Familie: Rosaceae
Habitus: Bis 7 m hoher, sparrig verzweigter, dorniger Baum oder Strauch, junge Triebe wollig behaart.
Blätter: Wechselständig, rhombisch-eiförmig, 3–5 cm lang, jederseits mit 2–3 drüsig gesägten Lappen tief eingeschnitten, beiderseits grauzottig behaart.
Blüten: Weiß, 2–2,5 cm breit, zu 2–8 in Trugdolden, Blütenbecher und -stiele wollig behaart, Juni.
Früchte: Kugelig, 1,5–2 cm dick, ziegel- bis orangerot, mit 4–5 Steinkernen.
Verbreitung: SO-Europa, Mittelmeergebiet, SO-Spanien, in Bergwäldern, an steinigen Hängen.
Allgemeines: *C. azarolus* L., die Welsche Mispel, (Kreta, N-Afrika und W-Asien) unterscheidet sich durch filzig behaarte Triebe und 3(–5)-lappige, ganzrandige, weniger tief eingeschnittene Blätter. Die orangeroten bis gelben Früchte sind essbar.

Cytisophyllum sessilifolium (L.) O. Lang
Kahler Geißklee

Familie: Fabaceae
Habitus: 0,5–2 m hoher, vieltriebiger, aufrechter, buschiger, kahler Strauch, Triebe grün, in der Jugend rötlich.
Blätter: Wechselständig, 3-zählig, an blütentragenen Trieben mehr oder weniger sitzend, sonst auch gestielt, Blättchen 8–20 mm lang, das mittlere größer als die beiden seitlichen, breit-eiförmig bis breitelliptisch, lebhaft grün.
Blüten: Goldgelb, zu 1–12 in kurzen, endständigen Trauben, Fahne bis 11 mm lang, rundlich, Kiel mit stark aufwärts gekrümmter, schnabelförmiger Spitze, Kelch kurz-glockig, 2-lippig, April–Juni.
Früchte: 2,5–4 cm lange, am Grunde stark verschmälerte und gekrümmte Hülse.
Verbreitung: Spanien, S-Frankreich, Italien, N-Afrika, Gebüsche und sommergrüne Wälder, bis in die Bergstufe aufsteigend, nicht selten als Zierstrauch in Kultur.

Sommergrüne Laubgehölze

Cytisus multiflorus
(L'Hér. ex Aiton) Sweet
Spanischer Geißklee

Familie: Fabaceae
Habitus: 1–3 m hoher vieltriebiger, aufrechter Strauch, Zweige rutenförmig, weitbogig überhängend, 5-kantig, Triebe gestreift, anfangs seidig behaart.
Blätter: Wechselständig, zur Triebspitze hin einfach, sonst 3-zählig, sitzend oder sehr kurz gestielt, Blättchen bis 1 cm lang, linealisch-lanzettlich oder länglich, silbrigseidig behaart.
Blüten: Weiß, zu 1–3 in Büscheln entlang der Zweige, sehr zahlreich, Stiel 1 cm lang, Kelch röhrenförmig 5 mm lang, seidig behaart, Fahne 9–11 mm lang, Mai–Juni.
Früchte: Hülsen 1,5–2 cm lang, länglich, sehr flach, angedrückt behaart oder rauhaarig.
Verbreitung: NW- und Mittel-Spanien, N- und Mittel-Portugal, in lichten Wäldern, Heiden und auf Flußschotter, kalkfliehend.

Cytisus villosus Pourr.
Dreiblütiger Geißklee

Familie: Fabaceae
Habitus: 1–2 m hoher, aufrechter Strauch, Zweige 5-kantig, steif, ansteigend, an den Spitzen flaumhaarig.
Blätter: Wechselständig, 2–10 mm lang gestielt, 3-zählig, Blättchen 1,5–3 cm lang, das mittlere größer als die beiden seitlichen, länglich bis elliptisch, oberseits verkahlend, unterseits zottig behaart.
Blüten: Gelb, einzeln oder zu 2–3 auf 5–10 mm langen, behaarten Stielen in den oberen Blattachseln, einen langen, beblätterten, traubigen Blütenstand bildend, Fahne 15–18 mm lang, an der Basis rotbraun gestreift, kürzer als der kurz geschnäbelte Kiel, Kelch kurz-glockig, 2-lippig, behaart, März–Mai.
Früchte: 2–4,5 cm lange, lang behaarte, kahl werdende Hülse.
Verbreitung: S-Europa, NW-Afrika, in lichten Wäldern und Gebüschen, besonders auf saurem Gestein.

Sommergrüne Laubgehölze

Fraxinus ornus L.
Blumen-Esche

Familie: Oleaceae
Habitus: Bis 15 m hoher Baum, Stamm mit glatter, grauer Rinde, Endknospe grau bis braungrau.
Blätter: Gegenständig, unpaarig gefiedert, 10–25 cm lang, Blättchen meist 7, elliptisch bis eiförmig, 4,5–15 cm lang, oberseits dunkelgrün und kahl, unterseits heller und längs der Mittelrippe braunfilzig behaart.
Blüten: Weiß, duftend, mit tief 4-teiligem Kelch- und 2 oder 4 schmalen, bis 15 mm langen Kronblättern (bei den meisten anderen Eschen sind die Blüten unscheinbar, weil Kronblätter fehlen), in aufrechten bis überhängenden, vielblütigen, endständigen Rispen, Mai–Juni.
Früchte: Abgeflachte, 2,5–3,5 cm lange Nuss mit einseitigem, zungenförmigem Flügel.
Verbreitung: S-Europa, nördlich bis Kärnten, Steiermark, S-Tirol und Tessin, W- und S-Anatolien bis Syrien, an sonnigen, trockenen Hängen, vorwiegend in der Hügelstufe, meist auf kalkreichen Steinböden.
Allgemeines: Seit dem 15. Jahrh. wurde die Manna-Esche in S-Italien, seit dem 17. Jahrh. vor allem in N-Sizilien zur Gewinnung von Manna (nicht identisch mit dem in der Bibel erwähnten Manna) großflächig angebaut. Manna ist ein zunächst bräunlicher, an der Luft hart werdender, dann gelblich weißer, aus Rindeneinschnitten gewonnener Blutungssaft, der nur wenig Zucker, aber bis zu 75 % Mannit (süßlich schmeckender Alkohol mit honigähnlichem Duft) enthält. Manna wurde als leichtes Abführ- und Hustenmittel verwendet.

Im Mittelmeergebiet kommt auch eine der heimischen Esche ähnliche Art, die Schmalblättrige Esche, *F. angustifolia* Vahl, vor. Der 15–20 m hohe Baum hat kleine, braune Endknospen und schmal-lanzettliche, am Rand grob und scharf gesägte Blättchen.

Gossypium hirsutum L.
Behaarte Baumwolle

Familie: Malvaceae
Habitus: Bis 1,5 m hoher, in Baumwollkulturen 1-jährig gezogener, verholzender Strauch, Triebe behaart und mit schwarzen Öldrüsen besetzt.
Blätter: Wechselständig, lang gestielt, an der Basis herzförmig, mit 3–7 breit-eiförmigen, zugespitzten Lappen.
Blüten: Einzeln in den Blattachseln, weiß oder hellgelb, später rosa oder purpurfarben, bis 5 cm lang, 5-zählig, Kronblätter in der Knospenlage meist gedreht, August–September.
Früchte: 4–6 cm lange, trockene Kapsel, die 8–10 erbsengroßen Samen dicht mit bis zu 4 cm langen Haaren bedeckt.
Verbreitung: Ursprüngliche Heimat nicht sicher bekannt, heute in zahlreichen Ländern die am häufigsten angebaute Art zur Gewinnung von Baumwolle.
Allgemeines: Das fette Öl der Samen wird für technische Zwecke verwendet.

Hibiscus rosa-sinensis L.
Chinesischer Rosen-Eibisch

Familie: Malvaceae
Habitus: 3–5 m hoher Strauch.
Blätter: Wechselständig, eiförmig bis elliptisch, 6–10 cm lang, in der oberen Hälfte unregelmäßig grob gezähnt, oberseits glänzend grün, kahl.
Blüten: Lang gestielt, einzeln in den Blattachseln, 5-zählig, Krone 10–15 cm breit, mit ausgebreiteten Blütenblätter, bei der Art einfach und rosarot, bei Kulturformen einfach oder gefüllt, rot, orange, gelb und weiß oder mehrfarbig, auf einer weit herausragenden Griffelsäule 5 große, rote Narben und zahlreiche gelbe Staubblätter, April–September.
Früchte: 5-klappig aufspringende Kapsel.
Verbreitung: Ursprüngliche Heimat nicht bekannt, seit langem in allen tropischen, subtropischen und mediterranen Klimazonen als Zierstrauch in Kultur.
Allgemeines: Die Blüten sind Staatsblumen von Hawaii und Malaysia.

Sommergrüne Laubgehölze

Lavatera olbia L.
Südfranzösische Strauchmalve

Familie: Malvaceae
Habitus: Bis 2 m hoher, weichholziger Strauch, Zweige kurz steifhaarig.
Blätter: Wechselständig, 6–15 cm lang, 3- bis 5-lappig, Mittellappen etwas länger, die oberen Lappen länglich-eiförmig bis lanzettlich, spitz, oft schwach 3-lappig.
Blüten: Einzeln in den Blattachseln, kurz gestielt, an den Triebenden einen langen, ährenartigen Blütenstand bildend, Krone mit 5 1,5–3 cm langen, rosa bis purpurfarbenen Blütenblätter, die 3 am Grunde verwachsenen Außenkelchblätter eiförmig, zugespitzt, die Staubblätter zu einer Röhre verwachsen, März–Juni.
Früchte: Trockene Spaltfrüchte, die etwa 18 Teilfrüchte filzig oder rau behaart.
Verbreitung: Westliches Mittelmeergebiet, östlich bis Italien, Mittel- und S-Portugal, in Gebüschen, an Wegrändern und auf Schuttplätzen, oft als Zierstrauch in Kultur.

Lonicera etrusca Santi
Etruskisches Geißblatt

Familie: Caprifoliaceae
Habitus: Bis 4 m hoch windender Strauch, junge Triebe kahl, kastanienbraun.
Blätter: Gegenständig, die oberen Paare blühender Triebe an der Basis miteinander verwachsen, die anderen kurz gestielt, verkehrt-eiförmig bis breit-elliptisch, 3–8 cm lang, oberseits dunkelgrün und meist kahl, unterseits blaugrün und behaart.
Blüten: Gelblich weiß, außen oft etwas gerötet, später dunkelgelb, zu 7–8 in lang gestielten Ständen, Kronröhre sehr schlank, am Saum bis 2,5 cm breit, von den 5 Kronzipfeln bilden 4 die Oberlippe, einer die Unterlippe, Staubblätter weit herausragend, Mai–Juni.
Früchte: Rote, kugelige, 6 mm dicke, saftig-fleischige Beeren.
Verbreitung: Schweiz, S-Europa, Mittelmeergebiet, NW-Afrika, in Wäldern, Hecken und Macchien, in Gärten in mehreren Sorten in Kultur.

Sommergrüne Laubgehölze

Morus alba L.
Weißer Maulbeerbaum

Familie: Moraceae
Habitus: 10–15 m hoher, breitkroniger Baum.
Blätter: Wechselständig, breit-eiförmig, 6–19 cm lang, ungeteilt oder mit 3–5 Lappen, oberseits hellgrün, kahl oder nur schwach rau behaart, unterseits nur auf den Nerven behaart.
Blüten: Unscheinbar, hellgrün, in etwa 8–14 mm langen Köpfchen, Mai.
Früchte: Brombeerähnliche, weiße, hellrosa oder purpurviolette, süß, aber fade schmeckende, 1,5–2,5 cm lange Fruchtstände, zusammengesetzt aus zahlreichen, 1-samigen Steinfrüchtchen, die von der fleischig gewordenen Blütenhülle umgeben sind.
Verbreitung: N-Indien, Mittel-Asien bis China, seit dem 11. Jahrh. im Mittelmeergebiet als Futterpflanze für Seidenraupen kultiviert und in SO-Europa öfter eingebürgert.

Morus nigra L.
Schwarzer Maulbeerbaum

Familie: Moraceae
Habitus: Bis 15 m hoher, meist kurzstämmiger, breitkroniger Baum, Triebe behaart, braun werdend.
Blätter: Wechselständig, breit-eiförmig, 6–12(–20) cm lang, spitz oder kurz zugespitzt, Basis tief herzförmig, grob gesägt, oft 2- bis 3-lappig, oberseits glänzend dunkelgrün und sehr rau, unterseits heller und behaart.
Blüten: Hellgrün, männliche Kätzchen 2–2,5, weibliche 1–1,5 cm lang, Mai.
Früchte: Brombeerähnliche, 2–2,5 cm lange, purpurfarbene bis dunkelviolette, süße, saftige Fruchtstände.
Verbreitung: Vermutlich Vorderasien, seit Jahrhunderten in Kultur, in S-Europa und im Mittelmeergebiet eingebürgert.
Allgemeines: Aus den Früchten wurde im Mittelalter u.a. Maulbeerwein bereitet, die intensive Fruchtfarbe wurde zum „Schönen" von Rotwein verwendet.

Nicotiana glauca Graham
Blaugrüner Tabak

Familie: Solanaceae
Habitus: 2–6 m hoher, kahler, sparsam verzweigter, weichholziger, aufrechter, blaugrüner Strauch.
Blätter: Wechselständig, 5–25 cm lang, elliptisch bis lanzettlich oder oval, spitz, blaugrün, der lange Stiel nicht geflügelt.
Blüten: In lockeren, endständigen Rispen, gelb, Krone 2,5–4,5 cm lang, röhrenförmig, mit einem kurzen, stumpfen, 5-zipfeligen Saum, außen behaart, Kelch 10–15 mm lang, mit 5 3-eckigen, spitzen Zähnen, Staubblätter eingeschlossen, April–Oktober.
Früchte: Elliptische, 7–10 mm große Kapseln.
Verbreitung: Heimisch in Argentinien, Bolivien und Paraguay, im Mittelmeergebiet und in Portugal eingebürgert, an steinigen Plätzen, Mauern und Straßenrändern, auch als Zierpflanze in Kultur.

Ostrya carpinifolia Scop.
Gemeine Hopfenbuche

Familie: Betulaceae
Habitus: Bis 20 m hoher Baum oder nur mehrstämmiger Strauch.
Blätter: Wechselständig, 2-zeilig angeordnet, elliptisch bis oval, 5–12 cm lang, zugespitzt, Rand scharf und doppelt gesägt, mit grannenartigen Spitzen, oberseits dunkelgrün und spärlich behaart, unterseits blassgrün.
Blüten: 1-häusig, männliche Kätzchen schon im Sommer des Vorjahres ausgebildet, zur Blütezeit bis 12 cm lang und schlaff herabhängend, weibliche Kätzchen am Ende junger Triebe, zur Blüte bis 5 cm lang, April–Juni.
Früchte: In ährenähnlichen Ständen, die 1-samigen, 5 mm langen Nüsse von einer sackartigen Hülle umgeben.
Verbreitung: Östliches Mittelmeergebiet, in sommergrünen Laubmischwäldern der Flaumeichenstufe, an meist kalkreichen Hängen.

Paliurus spina-christi Mill.
Christdorn, Stechdorn

Familie: Rhamnaceae
Habitus: 2–3 m hoher, dorniger Strauch, Zweige zickzackförmig, teilweise überhängend.
Blätter: Wechselständig, dabei fast 2-zeilig gestellt, 3-nervig, 2–4 cm lang, schief-eiförmig, ganzrandig oder schwach gekerbt-gesägt, oberseits dunkelgrün, unterseits auf den Nerven behaart, von den beiden zu Dornen umgewandelten Nebenblättern der eine lang und gerade, der andere kürzer und gekrümmt.
Blüten: Unscheinbar, grünlich gelb, 5-zählig, etwa 2 mm breit, in kleinen, achselständigen Trauben, Mai–September.
Früchte: Hellbraun, 1,5–3 cm breit, ringsum mit einem häutigen, gewellten Flügelsaum.
Verbreitung: Mittelmeergebiet, Balkan, Transkaukasus, Iran, Himalaja, China, oft an trockenen Hängen, nicht selten als Heckenpflanze in Kultur.

Pistacia terebinthus L.
Terpentin-Pistazie

Familie: Anacardiaceae
Habitus: 2–6 m hoher, aromatischer Strauch oder Baum, Zweige kahl.
Blätter: Wechselständig, unpaarig gefiedert, 10–20 cm lang, Spindel ungeflügelt, die meist 7–9 Blättchen eiförmig-lanzettlich, 3–5 cm lang, vorne mit kleiner, aufgesetzter Spitze, ganzrandig, glänzendgrün.
Blüten: 2-häusig, männliche Rispen nur bis 10 cm lang, bräunlich, dafür weibliche 15–20 cm lang, bis 15 cm breit, grünlich, April–Juni.
Früchte: 5–7 mm dicke, anfangs rote, zur Reife bräunliche, fleischige Steinfrucht.
Verbreitung: Mittelmeergebiet, Portugal, in lichten Wäldern und Macchien, meist auf trockenen, steinigen Kalkböden.
Allgemeines: Aus den besonders ölreichen Samen wird das Echte Terebinthenöl gewonnen, das u.a. zum Einreiben und Inhalieren benutzt wird.

Platanus orientalis L.
Morgenländische Platane

Familie: Platanaceae
Habitus: Imposanter, bis 30 m hoher Baum mit breit ausladender Krone, Stamm oft kurz und dick, Borke löst sich in großen Platten ab.
Blätter: Wechselständig, lang gestielt, 15–30 cm breit, tief 5- bis 7-lappig, der mittlere Lappen ist länger als seine Basisbreite, Buchten fast bis zur Mittelrippe reichend, Lappen ganzrandig oder grob buchtig gezähnt, zuletzt kahl oder fast kahl.
Blüten: 1-häusig, unscheinbar, klein, 4-zählig, in eingeschlechtligen, langgestielten, hängenden, dichten, kugeligen Köpfchen, jeweils 3–6 an einer Achse, die weiblichen purpurrot gefärbt, April–Mai.
Früchte: 1-samige Nüsschen in 2–3 cm dicken, rundlichen Fruchtkugeln, die oft den Winter über am Baum hängen bleiben.
Verbreitung: Balkan, Kleinasien, W-Asien, östlich bis zum Himalaja, in Auenwäldern und an Flußufern, nicht selten in jahrhundertealten, stattlichen Exemplaren auf Dorf- und Stadtplätzen zu sehen.
Allgemeines: Schon im Altertum galt die Platane als schönster Baum des Orients. Eine berühmte Morgenländische Platane steht im kretischen Gortis, der ehemaligen römischen Hauptstadt Kretas. An diesem Platz soll unter einer Platane der griechische Obergott Zeus die erste Nacht mit der schönen Prinzessin Europa verbracht haben. Seit dieser Nacht trägt der (in Wirklichkeit nur sommergrüne) Baum der Legende nach auch im Winter grüne Blätter. Später gebar Europa dem Zeus drei Söhne. Nach einem von ihnen, Minos, wurde die gesamte, frühkretische Kulturepoche benannt. Der Mythos klingt bis heute nach, wenn junge Paare versuchen, unter dem Baum eine Liebesnacht zu verbringen oder junge Frauen die Blätter des Baumes verzehren.

Bei der in Mitteleuropa kultivierten Platane, *Plantanus × hispanica* Münchh., handelt es sich um eine Hybride zwischen der in N-Amerika heimischen *P. occidentalis* und *P. orientalis*.

Sommergrüne Laubgehölze

Prunus mahaleb L.
Steinweichsel

Familie: Rosaceae
Habitus: 3–10 m hoher, reich verzweigter, oft vom Boden an mehrstämmiger Baum, Krone breit ausladend, Triebe anfangs schwach drüsig behaart.
Blätter: Wechselständig, breit-eiförmig, bis rundlich, 3–8 cm lang, am Grunde abgerundet bis schwach herzförmig, kerbig gesägt, glänzend tiefgrün.
Blüten: Zu 4–10 in Trugdolden an wenigblättrigen Kurztrieben, weiß, 15 mm breit, duftend, 5-zählig, Staubblätter 20–30, Mai.
Früchte: Kugelig bis eiförmig, dunkelrot, zuletzt fast schwarz, 8–10 mm dick, nicht schmackhaft, meist etwas bitter.
Verbreitung: Mittel- und S-Europa, Kleinasien, Kaukasus, Turkestan, Mesopotamien, Syrien, Iran, in S-Europa eine Charakterart der Flaumeichen-Gesellschaften, in SO-Europa Charakterart der Steppenwälder auf Lößböden.

Pyrus spinosa Forssk.
Dornige Birne

Familie: Rosaceae
Habitus: Bis 6 m hoher, reich verzweigter, oft dorniger Baum oder Strauch, junge Triebe zottig behaart.
Blätter: Wechselständig, schmal-lanzettlich bis verkehrt-eiförmig, 2,5–8 cm lang, spitz oder stumpf, Basis meist keilförmig, ganzrandig oder etwas gekerbt, selten 3-lappig, anfangs schwach filzig behaart, später oberseits kahl und glänzend, unterseits bläulich.
Blüten: Weiß, 2–2,5 cm breit, 5-zählig, zu 8–12 in graufilzigen Trugdolden, Kronblätter elliptisch, an der Spitze meist ausgerandet, April–Mai.
Früchte: Kugelig bis kurz birnenförmig, 1,5–3 cm dick, gelblich braun.
Verbreitung: SO-Europa, Mittelmeergebiet, Kleinasien, in lichten Wäldern und Gebüschen, meist an trockenen, steinigen Plätzen.

Quercus cerris L.
Zerr-Eiche

Familie: Fagaceae
Habitus: Bis 30 m hoher, breitkroniger Baum, Borke dick, tief gefurcht, längsrissig, Zweige mit zahlreichen dunklen Korkwarzen, Knospen von 8–12 mm langen, fädigen Nebenblattschuppen umgeben.
Blätter: Derb, 8–13 cm lang, im Umriß sehr variabel, länglich-elliptisch bis schmal-länglich, mit gerundeten Buchten tief buchtig gelappt, oberseits tiefgrün, unterseits graugrün.
Blüten: Männliche Kätzchen bis 8 cm lang, weibliche Blüten zu 1–4 an einer kurz gestielten Blütenstandsachse, April.
Früchte: Eicheln 3–4 cm lang, erst im 2. Jahr reifend, bis knapp zur Hälfte vom Becher umgeben, dieser mit pfriemförmige, sparrig abstehenden, vorn eingekrümmten Schuppen.
Verbreitung: S-Europa und südliches Mitteleuropa bis Kleinasien und W-Asien.

Quercus frainetto Ten.
Ungarische Eiche

Familie: Fagaceae
Habitus: Bis 30 m hoher Baum, Krone anfangs breit-kegelförmig, im Alter breit und ausladend, Borke hellgrau, mit einem dichten Netzwerk tiefer Furchen.
Blätter: Verkehrt-eiförmig, 8–20 cm lang, vorne abgerundet, zur Basis verschmälert und geöhrt, auffallend tief gelappt, jederseits mit 6–10 länglichen Lappen, die Lappen an der Spitze meist 3-lappig und gezähnt, oberseits dunkelgrün und bald kahl, unterseits graugrün und sternhaarig, im Herbst lederbraun gefärbt.
Blüten: Weibliche Blüten zu 2–5 an einer Blütenstandsachse, Mai.
Früchte: Eicheln 2–2,5 cm lang, länglich-elliptisch, zu 2–5, fast sitzend, bis zu 1/3 von einem halbkugeligen Becher umgeben, dessen Schuppen angedrückt.
Verbreitung: Mittel- und S-Italien, Balkan, nördlich bis Ungarn, Rumänien und Kleinasien.

Quercus macrolepis Kotschy
Wallonen-Eiche, Arkadische Eiche

Familie: Fagaceae
Habitus: 15–25 m hoher, wintergrüner Baum, Borke dunkelbraun, feinrissig.
Blätter: Wechselständig, 6–12 cm lang, eiförmig bis eiförmig-lanzettlich, zugespitzt, Basis leicht herzförmig, jederseits mit 3–7, in eine Spitze auslaufenden, großen Zähnen, anfangs dicht graufilzig, später oberseits mehr oder weniger kahl.
Früchte: Eicheln eiförmig, 2,5–4 cm lang, 1,5–2 cm dick, an der Spitze etwas eingedrückt, bis über die Hälfte vom Fruchtbecher umgeben, dieser mit langen, abstehenden bis zurückgebogenen Schuppen.
Verbreitung: S-Italien, S-Balkan, Ägäis, W-Asien, stellenweise waldbildend.
Allgemeines: Die Wallonen-Eiche war einst ihres hohen Tanningehaltes wegen von wirtschaftlicher Bedeutung. Sie diente zum Gerben und Schwarzfärben von Leder und Stoffen.

Quercus pubescens Willd.
Flaum-Eiche

Familie: Fagaceae
Habitus: Bis 20 m hoher Baum, Borke dick, rau gefeldert, Triebe anfangs dicht flaumig-filzig behaart.
Blätter: Wechselständig, sehr variabel, meist verkehrt-eiförmig bis elliptisch, 5–15 cm lang, jederseits mit 4–8 abgerundeten, sehr unregelmäßig gestalteten Lappen, anfangs beiderseits flaumig behaart, später oberseits verkahlend und dunkelgrün, unterseits graugrün filzig behaart.
Blüten: Männliche Blüten in hängenden, büschelig gehäuften Kätzchen, weibliche Blüten zu 1–4, April–Mai.
Früchte: Eicheln 2,5–3,5 cm lang, länglich-eiförmig, zu 1/3–1/2 vom halbkugeligen Becher umgeben, Schuppen dicht angedrückt und filzig behaart.
Verbreitung: W-, Mittel- und S-Europa, Kleinasien, Kaukasus, Charakterbaum der sommergrünen, submediterranen Laubwaldstufe.

Quercus pyrenaica Willd.
Pyrenäen-Eiche, Spanische Eiche

Familie: Fagaceae
Habitus: 10–15(–30) m hoher, rundkroniger Baum oder buschiger Strauch, Stamm mit rissiger, braunschwarzer Borke, Zweige und Knospen gelblich grau filzig behaart.
Blätter: Verkehrt-eiförmig bis länglich, 6–15 cm lang, Spitze abgerundet, Basis abgerundet bis geöhrt, jederseits mit 5–7 tiefen Lappen, die Lappen länglich, vorne abgerundet oder spitz, manchmal gezähnt, oberseits anfangs behaart, zuletzt ziemlich kahl und dunkelgrün, unterseits gelblich filzig.
Blüten: Männliche Blüten sehr lang, weibliche zu 1–2 an einer Blütenstandsachse, Mai.
Früchte: Eicheln 1,5–3 cm lang, eiförmig, bis zu 1/2 vom Becher umgeben, dieser mit ziemlich locker anliegenden Schuppen.
Verbreitung: Pyrenäen, S-Frankreich, Marokko.

Retama monosperma (L.) Boiss.
Retama

Familie: Fabaceae
Habitus: Bis 3 m hoher, aufrechter, sparrig verzweigter, unbewehrter Strauch, Zweige überhängend, gefurcht, in der Jugend dicht seidig behaart.
Blätter: Einfach, linealisch-lanzettlich, 1,8 cm lang, seidig behaart, bald abfallend.
Blüten: Weiß, stark duftend, zu 5–15 in lockeren, 4–5 cm langen Trauben, bis 1,5 cm lang, Fahne rhombisch-eiförmig, behaart, Flügel länglich, stumpf, so lang oder kürzer als der spitze Kiel, Kelch 3,5 mm lang, urnenförmig bis glockig, kahl, April–Mai.
Früchte: Hülse bis 1,5 cm lang, mit kurzer, aufgesetzter Spitze, runzelig.
Verbreitung: SW-Spanien, S-Portugal, an sandigen Küsten, nicht selten als Zierstrauch in Kultur.
Allgemeines: *R. sphaerocarpa* (L.) Boiss. (O-Portugal, M- und S-Spanien, Marokko) hat kleine, gelbe Blüten.

Solanum sodomeum L.
Sodomsapfel

Familie: Solanaceae
Habitus: 0,5 bis 3 m hoher, sehr stacheliger, weichholziger Strauch, Zweige dick, spärlich sternhaarig, mit zahlreichen hellgelben, bis 1,5 cm langen Stacheln.
Blätter: Wechselständig, eiförmig, 5–13 (–18) cm lang, mit zahlreichen Stacheln, bis zur Mittelrippe mit abgerundeten, gewellten Lappen, fiedrig gelappt, oberseits spärlich, unterseits dichter sternhaarig,
Blüten: Bis zu 6 in Trugdolden, 5-zählig, Blütenkrone 2,5–3 cm breit, radförmig, hell malvenfarben mit dunkleren Adern, Mai–September.
Früchte: 2–3 cm dicke, rundliche, anfangs grün marmorierte, zur Reife glänzend gelbe bis braune, trockene, giftige Beeren.
Verbreitung: Ursprüngliche Heimat S-Afrika, in S-Europa und NW-Afrika eingebürgert, meist in Meeresnähe, an Sandstränden, Wegrändern und auf Schuttplätzen.

Spartium junceum L.
Pfriemenginster

Familie: Fabaceae
Habitus: 2–3 m hoher, ginsterartiger, lichtbedürftiger Strauch, Zweige fein gerieft, blaugrün.
Blätter: Einfach, kurzlebig, länglich-lanzettlich, 1,5–3 cm lang, blaugrün.
Blüten: In langen, lockeren, endständigen Trauben, stark duftend, 2–2,5 cm lang, Krone leuchtend gelb, Fahne groß, mehr oder weniger zurückgeschlagen, Flügel kürzer als der einwärts gekrümmte Kiel, April–Juni.
Früchte: 5–10 cm lange, schwarzbraune, stark abgeflachte Hülsen.
Verbreitung: SW-Europa, Mittelmeergebiet, Kanaren, in Macchien und Garigues, vorwiegend auf kalkhaltigen Böden, oft als Zierstrauch kultiviert.
Allgemeines: Der früher als Heilpflanze eingesetzte Pfriemenginster enthält das giftige Alkaloid Spartein. Aus den biegsamen Zweigen wurden Körbe gefertigt.

Sommergrüne Laubgehölze

Styrax officinalis L.
Echter Storaxbaum

Familie: Styracaceae
Habitus: 2–7 m hoher Baum oder Strauch mit sternhaarigen Zweigen.
Blätter: Wechselständig, breit-eiförmig bis länglich-eiförmig, 3–7 cm lang, ganzrandig, unterseits graugrün.
Blüten: Weiß, duftend, zu 3–6 an Kurztrieben, etwa 2 cm lang, glockig, mit sehr kurzer Kronröhe und 5–7 lanzettlichen Zipfeln, April–Mai.
Früchte: Kugelige, 1 cm dicke, ledrige, weißwollige Steinfrucht.
Verbreitung: Östliches Mittelmeergebiet, westlich bis M-Italien, in S-Frankreich eingebürgert, vorwiegend an Bach- und Flußufern, in lichten Wäldern und Gebüschen.
Allgemeines: Das balsamische Storaxharz wurde als Räuchermittel für rituelle Zwecke schon von Moses empfohlen, bis zum 18. Jahrh. war es außerdem als Heilmittel geschätzt.

Tamarix africana Poir.
Afrikanische Tamariske

Familie: Tamaricaceae
Habitus: Hoher Strauch oder mittelgroßer Baum mit dunkler Borke und schlanken, schwarz oder dunkel purpurfarben Zweigen, wie bei allen *Tamarix*-Arten fallen die letzten Seitentriebe mit den Blättern ab.
Blätter: Wechselständig, schuppenförmig, den Zweigen dicht anliegend und sich dachziegelig deckend, 1,5–5 mm lang, spitz, am Rand durchscheinend.
Blüten: Weiß oder blassrosa, 5-zählig, Kronblätter 2–3 mm lang, abfallend, in 3–6 cm langen, dichten, kätzchenartigen Trauben, meist an vorjährigen Zweigen in großen, rispenartigen Ständen, April–Juni.
Früchte: Kleine, sich 5-klappig öffnende Kapseln.
Verbreitung: SW-Europa, ostwärts bis S-Italien, Kanaren, Marokko, an Flußläufen, flachen Küsten und in Sanddünen, auch als Zierpflanze und Stadtstraßenbaum in Kultur.

Sommergrüne Laubgehölze

Tamarix gallica L.
Französische Tamariske

Familie: Tamaricaceae
Habitus: Hoher aufrechter, buschiger Strauch oder bis 10 m hoher Baum, Zweige dünn, aufrecht bis abstehend, braun oder purpurn gefärbt.
Blätter: Schuppenförmig, sich dachzieglig deckend, eiförmig-lanzettlich, blaugrün, mit häutigem Rand.
Blüten: Weiß, außen rosa getönt, 5-zählig, Kronblätter elliptisch oder elliptisch-eiförmig, abfallend, in dichten, zylindrischen, 3–5 cm langen Trauben, an diesjährigen Trieben zu großen, rispenartigen, aufrechten bis übergeneigten Ständen vereint, Juni–Oktober.
Früchte: Kleine, klappig aufspringende Kapseln.
Verbreitung: SW-Europa, Mittelmeergebiet, Marokko, Sahara, in den östlichen USA und in Kalifornien eingebürgert, häufig als Zierpflanze in Kultur.

Tamarix parviflora DC.
Kleinblütige Tamariske

Familie: Tamaricaceae
Habitus: Bis 5 m hoher Strauch, Zweige bogenförmig überhängend, braun bis purpurfarben, im Winter fast schwarz.
Blätter: Wechselständig, schuppenförmig, eiförmig, 3–5 mm lang, hellgrün, an der Basis halbstängelumfassend, die Spitze trockenhäutig.
Blüten: Rosa, 4-zählig, Kronblätter eiförmig-länglich, bis 2 mm lang, bleibend, in 2–4 cm langen, schmalen Trauben, seitlich an den vorjährigen Zweigen, März–April.
Früchte: Kleine Kapseln.
Verbreitung: Balkan, Ägäis, N-Afrika, in Hecken und an Flußufern, häufig als Zierpflanze kultiviert.
Allgemeines: Rosa gefärbte, 4-zählige Blüten und blaugrüne Blätter hat auch die im April–Mai blühende Art *T. tetrandra* Pall. (O-Balkan, Krim, W-Asien).

Vitex agnus-castus L.
Mönchspfeffer, Keuschbaum

Familie: Verbenaceae
Habitus: Bis 3 m hoher Strauch, Zweige 4kantig, graufilzig, gerieben aromatisch duftend.
Blätter: Gegenständig, handförmig geteilt, Blättchen 5–7, lanzettlich 1,5–10 cm lang, an beiden Enden verschmälert, ganzrandig oder mit einigen Zähnen, oberseits dunkelgrün und kahl, unterseits sehr dicht grau behaart.
Blüten: In bis 30 cm langen, schmal-kegelförmigen Rispen, die end- und achselständig an den jungen Zweigen erscheinen, Krone röhrig-trichterförmig, 8 mm lang, am schiefen Saum mit 5 abstehenden Lappen, hellviolett (bei fo. *alba* (West.) Rehd. weiß), duftend, Staubblätter 4, Kelch glockig, behaart, September–Oktober.
Früchte: Kugelige, 3–4 mm dicke, rötlich schwarze, 4-fächrige Steinfrüchte mit bleibendem Kelch.
Verbreitung: S-Europa, Mittelmeergebiet, W-Asien, im Sand oder Geröllschotter von Bächen und Flüssen und an Küsten, oft zusammen mit Oleander und Tamariskenarten, in N-Europa wohl schon lange vor dem 16. Jahrh. in Kultur.
Allgemeines: Der Keuschbaum ist seit dem Altertum ein Symbol für sexuelle Enthaltsamkeit, darauf deuten viele Volksnamen hin, z.B. die Bezeichnung Mönchspfeffer für die scharf schmeckenden Samen, die als Gewürz benutzt wurden. Die Wirkung als Anaphrodisiakum beruht vermutlich auf dem Gehalt an Pseudoindikanen.

Die insgesamt etwa 250 Arten der Gattung sind überwiegend in subtropischen und tropischen Regionen beheimat, nur wenige kommen in den gemäßigten Breiten vor.

Baumförmig wachsende Arten der Gattung liefern in S-Asien wertvolle Nutzhölzer, Gummi und Gerbstoffe. Andere Arten werden wegen der fleischigen, essbaren Früchte als Obstbaum kultiviert.

Nadelgehölze

Nadelgehölze, nicht ganz korrekt gelegentlich auch als Koniferen (Zapfenträger) bezeichnet, haben ihre Hauptverbreitung in der Borealen Nadelwaldzone, die sich rund um die gesamte nördliche Halbkugel zieht und so die mit Abstand größte Vegetationszone der Erde darstellt

In Mitteleuropa und in der mediterranen Zone haben die Nadelgehölze einen weit geringeren Anteil an der Vegetation als in der Borealen Nadelwaldzone. Insgesamt kommen im Mittelmeeraum nur Arten aus 6 Gattungen vor: *Abies, Cedrus, Cupressus, Juniperus, Pinus* und *Tetraclinis*.

Von den Kiefern sind zwei Arten vegetationsbestimmend, die Pinie, *Pinus pinea,* und die Aleppo-Kiefer, *Pinus halepensis.*

Die Pinie gehört mit ihrer unverwechselbaren Gestalt neben Ölbaum und Zypresse zu den Charakterbaumarten des Mittelmeergebietes. Ihre ursprüngliche Verbreitung läßt sich nicht mehr rekonstruieren, denn sie wird seit Jahrhunderten im ganzen Mittelmeergebiet unter anderem ihrer eßbaren Samen wegen gepflanzt.

Die Zypresse, *Cupressus sempervirens,* hat ihre natürliche Verbreitung von den hochmontanen Lagen des östlichen Mittelmeergebietes bis nach Vorderasien (Himalaja, N-Iran). Seit Jahrhunderten wird sie im gesamten Mittelmeerraum gepflanzt, sie ist untrennbar mit der Kulturlandschaft dieses Raumes verbunden.

Die mediterranen Tannenarten sind alle nur kleinräumig verbreitet, in montanen Lagen bilden sie meist lichte Wälder. Während im westlichen Mittelmeergebiet, in SW-Spanien, nur eine Tannenart, die Spanische Tanne, *Abies pinsapo,* vorkommt, finden sich im östlichen Mittelmeergebiet eine größere Anzahl von Arten. Neben den später beschriebenen Arten auch noch die Sizilien-Tanne, *Abies nebrodensis,* von der nur noch wenige Exemplare auf Sizilien vorkommen. Die heimische Weiß-Tanne, *Abies alba,* dringt in Begleitung der Buche bis in die Pyrenäen, den Apennin und die Gebirge der nördlichen und mitteren Balkanländer vor.

Die Atalas-Zeder, *Cedrus atlantica,* besiedelt in den humiden Zonen des Rifgebirges, des mittleren Atlas und des östlichen Hohen Atlas die höchsten Waldstufen. An ihrer oberen Verbreitungsgrenze, bei etwa 2 800 m, wird sie vom Weihrauch-Wacholder, *Juniperus thurifera,* an der unteren Verbreitungsgrenze, die stellenweise bis 1 350 m hinabreicht, durch die Stein-Eiche, *Quercus ilex* und den Zedern-Wacholder, *Juniperus oxycedrus,* abgelöst. Eine weitere Zedernart, die Libanon-Zeder, *Cedrus libani,* stockt in der subalpinen Stufe der östlichen Mediterraneis. Eine nur lokale Verbreitung hat die Zypern-Zeder, *Cedrus brevifolia*, sie kommt nur auf Zypern, u.a. im Zedernwald von Paphos, vor.

Als Zierbaum beggenet man im Mittelmeergebiet sehr häufig der Himalaja-Zeder, *Cedrus deodara*. Sie hat ihre Heimat im westlichen Himalaja und besticht als Zierpflanze durch ihren eleganten Habitus und die 6,5 cm langen, weichen, frisch- bis dunkelgrünen Nadeln.

Die lichtbedürftigen Wacholderarten der Mediterraneis besiedeln vorzugsweise Dünen und Felsheiden, Macchien und Garigues auf meist nährstoffarmen, basischen oder sauren Böden. Neben den beiden beschriebenen Arten kommen im mediterranen Raum noch der Griechische Wacholder, *Juniperus excelsa,* und der Stink-Wacholder, *Juniperus foetidissima,* vor.

85

Abies borisii-regis Mattf.
König-Boris-Tanne

Familie: Pinaceae
Habitus: Bis 30 m hoher, kegelförmig wachsender Baum, Triebe hellgelb, dicht und weich behaart, Knospen leicht harzig.
Nadeln: Dicht stehend, nach oben und zu den Seiten abstehend, auf der Zweigoberseite nicht gescheitelt, bis 3 cm lang, spitz bis fast stechend zugespitzt, mitunter abgerundet oder etwas ausgerandet, oberseits dunkelgrün, gefurcht und meist ohne Spaltöffnungslinien, unterseits mit 2 weißen Spaltöffnungsbändern.
Blüten: Wie bei allen Tannen 1-häusig, männliche Blüten einzeln, weibliche in zapfenähnlichen Ständen.
Zapfen: Kegelförmig bis zylindrisch, bis 15 cm lang, Schuppen 3–3,5 cm breit, Deckschuppen hervorragend und zurückgeschlagen.
Verbreitung: Gebirge in S-Bulgarien und NO-Griechenland, am Olymp in Thessalonien sowie auf der Insel Thasos.

Abies cephalonica Loudon
Griechische Tanne

Familie: Pinaceae
Habitus: 20–40 m hoher, breit-kegelförmiger Baum, Borke im Alter schuppig, dunkelgrau, längsrissig, Triebe glänzend hellbraun, Knospen eiförmig, stark harzig.
Nadeln: Meist nach allen Seiten vom Zweig abstehend, 1,5–3 cm lang, 2–2,5 mm breit, steif, scharf 1-spitzig, oberseits glänzend dunkelgrün, unterseits mit 2 weißen Spaltöffnungsbändern.
Blüten: Männliche Blüten purpurrot, weibliche Blütenstände grünlich gelb, Mai.
Zapfen: Zylindrisch, an beiden Enden etwas verschmälert, 10–16 cm lang, 3,5–4,5 cm dick, Schuppen 2,5–3,5 cm breit, Deckschuppen hervorragend und zurückgebogen.
Verbreitung: Griechenland: von Epiurus und Thessalien südlich bis zum Peloponnes, südöstlich bis Euboea, im Südteil des Pindus-Gebirges und auf dem Parnass.

Abies cilicica (Antoine et Kotschy) Carrière.
Cilicische Tanne

Familie: Pinaceae
Habitus: 20–30 m hoher, breit-kegelförmiger Baum, Borke aschgrau, tief gefurcht, graubraun, Triebe grau, Knospen kegelförmig bis zylindrisch, rotbraun, harzfrei.
Nadeln: Auf der Zweigoberseite fast gleichmäßig abstehend, unterseits meist unregelmäßig gescheitelt, am Grunde stark gedreht, 2,5–4 cm lang, fast starr, nicht stechend, oberseits glänzend dunkelgrün, an der Spitze zuweilen mit einigen Spaltöffnungslinien, unterseits mit 2 weißen Spaltöffungsbändern.
Blüten: Männliche Blüten rötlich gelb, weibliche Blütenstände grünlich, Mai.
Zapfen: Zylindrisch, 16–20 cm lang, 4–6 cm breit, Schuppen 4–5 cm breit, Deckschuppen verborgen.
Verbreitung: Kilikischer Taurus, Antitaurus, N-Syrien, Libanon, in Höhen zwischen 1 300 und 2 000 m waldbildend.

Abies marocana Trabut
Marokko-Tanne

Familie: Pinaceae
Habitus: 10–15 m hoher Baum, Krone schlank-kegelförmig, Äste nahezu waagerecht abstehend, Triebe graugelb, kahl, leicht gefurcht, Knospen eiförmig, harzig.
Nadeln: 10–15 mm lang, vorne spitz, dunkelgrün bis intensiv blau gefärbt, oberseits mit 2 Spaltöffnungslinien, unterseits 2 weiße Spaltöffnungsbänder.
Blüten: Männliche einzeln, weibliche in zapfenähnlichen Ständen.
Zapfen: Zylindrisch, an beiden Enden verschmälert, etwa 15 cm lang, 6 cm dick, hellbraun, Schuppen 2,8–3,5 cm lang, Deckschuppen nur halb so lang, verborgen.
Verbreitung: Rifgebirge in Marokko, in Höhen über 1 200 m, auf Muschelkalkböden.
Allgemeines: Eine sichere Unterscheidung zur ähnlichen Spanischen Tanne bieten die Harzgänge der Nadeln, sie liegen bei A. marocana nahe der Epidermis, bei A. pinsapo im Innern der Nadeln.

Abies numidica
de Lannoy ex Carrière
Algerien-Tanne, Numidische Tanne

Familie: Pinaceae
Habitus: 15–20 m hoher Baum mit dicht verzweigter, regelmäßig kegelförmiger Krone, Borke im Alter in kleinen, rundlichen Platten ablösend, Triebe gelblich braun oder braun, glänzend, kahl, Knospen groß, eiförmig, kaum harzig.
Nadeln: Auf der Zweigoberseite sehr dicht stehend, den Zweig verdeckend, auf- und auswärts gerichtet, 2–2,5 cm lang, 2,5 mm breit, stumpf abgerundet und zuweilen gekerbt, steif, am Grunde gedreht, oberseits tiefgrün und gefurcht, unterseits mit 2 weißen Spaltöffnungsbändern.
Blüten: Männliche einzeln, weibliche in zapfenförmigen Ständen.
Zapfen: Zylindrisch, 15–20 cm lang, 4–6 cm dick, Schuppen 3 cm breit, Deckschuppen verborgen.
Verbreitung: In den Barbor-Bergen in NO-Algerien.

Abies pinsapo Boiss.
Spanische Tanne

Familie: Pinaceae
Habitus: 20–30 m hoher Baum mit breitkegelförmiger Krone, Stamm im Alter mit schwarzgrauer Schuppenborke, Triebe zimtbraun, kahl, Knospen eiförmig, rotbraun, sehr harzig.
Nadeln: Dicht und fast gleichzeitig nach allen Seiten rechtwinklig abstehend, dick, starr, 1–2 cm lang, 1,5–2,5 mm breit, vorne stumpf, fast viereckig, am Grunde auffallend verbreitert, unterseits mit 2 weißlichen Spaltöffnungsbändern.
Blüten: Männliche Blüten dunkelrot, weibliche Blütenstände gelb, Mai.
Zapfen: Zylindrisch, 10–15 cm lang, 4–5 cm dick, Schuppen 3-eckig-keilförmig, Deckschuppen klein, verborgen.
Verbreitung: Gebirge von SO-Spanien: Sierra del Pindar bei Grazalema, Serrania de Ronda, Sierra Bermeja bei Estepona und Sierra des las Nieves.

Cedrus atlantica
(Endl.) Manetti ex Carrière
Atlas-Zeder

Familie: Pinaceae
Habitus: 30–40 m hoher, prachtvoller Baum, Krone anfangs locker, regelmäßig breit-kegelförmig, mit mehr oder wenigersteil ansteigenden Ästen und geradem oder seitwärts geneigtem Mitteltrieb, erst in hohem Alter unregelmäßig mit weit ausladenden Ästen und oft nahezu schirmförmiger Krone, Stamm bei alten Bäumen bis 6 m dick, mit dunkel- bis schwarzgrauer, längsrissiger Platten- oder Schuppenborke, Sproßsystem in Lang- und Kurztriebe gegliedert.
Nadeln: 20–25 mm lang, an Langtrieben entfernt schraubig, an Kurztrieben zu 40–50 rosettig stehend, im Querschnitt 3- bis 4-eckig, bläulich grün, auf allen Seiten mit Spaltöffnungsstreifen, auf den Unterseiten besonders deutlich.
Blüten: 1-häusig, an mehrjährigen Kurztrieben, männliche Blüten zylindrisch, 3–5 cm lang, blassgelb, aufrechtstehend, weibliche Blütenstände unscheinbar, 1 cm lang, grün bis rötlich, meist nur im oberen Kronenbereich, Oktober.
Zapfen: 5–7,5 cm lang, fassförmig, an der Spitze eingedellt, im 2. oder 3. Jahr reifend und am Baum zerfallend, Zapfenspindel stehen bleibend.
Verbreitung: Westliches N-Afrika, Rifgebirge, mittlerer und östlicher Hoher Atlas, hauptsächlich in Höhenlagen zwischen 1 500 und 2 600 m, bildet dort auf meist basischen, kalkreichen Böden lichte Bestände.
Allgemeines: In Kultur ist selten die natürliche Art, sondern meist die vegetativ vermehrte Form 'Glauca'. Sie ist in Mitteleuropa frosthärter als die Normalform und hat durch ihre blauen Nadeln einen höheren Schmuckwert.

Atlaszedernblattöl ist im Tumarol-Balsam enthalten, der zum Einreiben und Inhalieren bei katarrhalischen Erkrankungen der Atemwege eingesetzt wird.

Nadelgehölze

Cedrus libani A. Rich.
Libanon-Zeder

Familie: Pinaceae

Habitus: 25–35(–40) m hoher Baum, Krone anfangs breit-kegelförmig, im Alter abgeflacht, weit ausladend und teilweise schirmförmig, Stamm im Alter bis 3,5 m dick, mit längsrissiger bis gefelderter und schuppig abblätternder, dunkel- bis schwarzgrauer Borke, Gipfeltrieb gerade oder seitwärts gebogen, Sproßsystem in Lang- und Kurztriebe gegliedert.

Nadeln: 1,5–3,5 cm lang, 1–1,2 mm breit, im Querschnitt 3-eckig bis rhombisch, grün, mit Spaltöffnungen auf allen Seiten, an Langtrieben entfernt schraubig stehend, an Kurztrieben zu 10–20 rosettig genähert.

Blüten: 1-häusig, an mehrjährigen Kurztrieben, männliche Blüten blassgelb, zylindrisch, 3–5 cm lang, weibliche Blütenstände unscheinbar, Oktober.

Zapfen: 7,5–10 cm lang, 4–6 cm breit, faßförmig, am oberen Ende abgeflacht oder eingedellt, erst im 2. oder 3. Jahr reifend.

Verbreitung: Klein- und W-Asien: Hauptverbreitung im Kilikischen Taurus und Antitaurus, nördlichste Vorkommen im südwestlichen Zentralanatolien, Libanon, Syrien, in Höhen von 900 bis 2 100 m, oft bis zur Waldgrenze, in lichten Reinbeständen oder zusammen mit *Abies cilicica* und *Pinus nigra*.

Allgemeines: Zedernholz ist seit Jahrtausenden ein wertvolles Bauholz. Schon im alten Ägypten wurden importierte Zedern zum Bau von Tempeln und zur Anfertigung von Särgen benutzt. Mit Zedernharz wurden Leichen einbalsamiert.

Das Holz der Libanon-Zeder enthält ätherisches Öl mit Borneol, das, zusammen mit Menthol, Campher, Cineol und anderen ätherischen Ölen, Bestandteil des Bormelinbalsams ist.

Nahe verwandt ist die Zypern-Zeder, *Cedrus brevifolia* (Hook. f.) Henry, ein kleiner Baum mit sehr kurzen Nadeln, der nur auf Zypern vorkommt.

Cupressus sempervirens L.
Mittelmeer-Zypresse

Familie: Cupressaceae

Habitus: 20–30 m hoher Baum, Krone bei der Sorte 'Stricta' (der im Mittelmeergebiet am häufigsten gepflanzten Form) schmal säulenförmig, dicht geschlossen und lang zugespitzt, mit senkrecht aufsteigenden Ästen; die fo. *horizontalis* (Mill.) Voss baut mit mehr oder weniger waagerecht abstehenden Ästen aufgelockerte, breitere Kronen auf. Stamm mit dünner, dunkelgrauer, längsrissiger Rinde, die sich breitfaserig ablöst.

Blätter: Schuppenförmig, gegenständig, dunkelgrün, an Haupttrieben 2–5 mm lang, zugespitzt und etwas abstehend, an Seitentrieben 1 mm lang, vorne stumpf, dicht dachziegelig anliegend.

Blüten: 1-häusig, männliche und weibliche Blüten dicht zusammen an vorjährigen Zweigen, schon im Herbst angelegt und ungeschützt überwinternd, die zahlreichen männlichen Blüten 3–8 mm lang, gelblich grün, weibliche Blüten unscheinbar, blaugrün, 3–5 mm groß, März–April.

Zapfen: Eiförmig oder kugelig, 2–4 cm lang, 2–2,5 cm breit, mit 6–12 Schuppen, anfangs grün, sehr dicht schließend, zur Reife im März–Mai des 2. Jahres trocken, weit klaffend und die Samen entlassend.

Verbreitung: Östliches Mittelmeergebiet bis N-Persien: Peloponnes, auf Milos, Samos, Dodekanes, Kreta, Rhodos, Zypern, in Kleinasien, Libanon, Syrien, Persien, in Höhenlagen von 300–1 300 m z.T. Reinbestände bildend.

Allgemeines: Neben dem Ölbaum und der Pinie, gehört die Zypresse zu den charakteristischen, die Kulturlandschaft prägenden Bäumen des Mittelmeerraumes. Seit Jahrhunderten wird sie weit über ihr natürliches Areal hinaus gepflanzt, vor allem auf Friedhöfen, denn sie gilt mit ihrer dunklen Tracht als Symbol der Trauer, als immergrüner Baum gleichzeitig aber auch als Symbol des Lebens und der Ewigkeit. In Persien war die Zypresse Abbild der heiligen Feuerflamme.

Juniperus drupacea Labill.
Syrischer Wacholder

Familie: Cupressaceae
Habitus: Bis 12 m hoher, breit-kegel- oder säulenförmiger, im Freistand vom Boden an verzweigter Baum, Äste aufstrebend bis abstehend, Stamm mit aschgrauer Rinde.
Blätter: Zu 3 in Quirlen, alle nadelförmig, lanzettlich, steif, 15–25 mm lang, 3–4 mm breit, steif, vorne scharf zugespitzt, Basis am Trieb herablaufend, oben leicht rinnig, mit 2 weißen Spaltöffnungsbändern und grüner Mittelrippe, unterseits gekielt.
Blüten: 2-häusig, männliche Blüten zu mehreren kopfig an Kurztrieben, weibliche Blüten kugelig.
Zapfen: Die im 2. Jahr reifenden Beerenzapfen kugelig bis eirundlich, 15–25 mm dick, mit 6–9 fleischigen Schuppen, zur Reife braun, bläulich bereift, die 3 Samen meist zu einem Steinkern verwachsen.
Verbreitung: Gebirge von Griechenland, Kleinasien, Syrien.

Juniperus oxycedrus L.
Stech-Wacholder

Familie: Cupressaceae
Habitus: Bis 12 m hoher Baum oder Strauch, Krone unregelmäßig kegelförmig bis rundlich, Äste aufsteigend bis waagerecht abstehend, Rinde grau bis rotbraun, längstreifig, Triebe fast 3-kantig.
Blätter: Nadelförmig, zu 3 wirtelig gestellt, 12–18 mm lang, 1,5 mm breit, stechend zugespitzt, oberseits flach, mit zwei silbergrauen Spaltöffnungsbändern, unterseits grün und gekielt.
Blüten: 2-häusig, männliche Blüten 3,5–5 mm lang, gelb, weibliche Blüten unscheinbar, Februar–April.
Zapfen: Die im 2. Jahr reifenden Beerenzapfen fast kugelig, 9–15 mm dick, reif glänzend rotbraun.
Verbreitung: Mittelmeergebiet und Westasien bis zum Kaukasus, in Dünen und Felsheiden, in Macchien und Garigues.

Juniperus phoenicea L.
Phönizischer Wacholder

Familie: Cupressaceae
Habitus: 2–6 m hoher, dicht verzweigter Strauch oder sparriger Baum, Krone kegelförmig bis breit-gerundet, Rinde dunkel rotbraun, längsrissig.
Blätter: Schuppenförmig, gegenständig, 1–1,5 mm lang, dicht an Zweigen anliegend, gelb bis graugrün, auf dem Rücken mit einer hellen Drüsenfurche, Blätter junger Pflanzen nadelförmig, vom Trieb abstehend, 7–10 mm lang, außen mit zwei Spaltöffnungstreifen und heller Mittelrippe.
Blüten: Meist 1-häusig, männliche Blüten eiförmig, 3 mm lang, gelb, weibliche Blüten unscheinbar, Februar–März.
Zapfen: Beerenzapfen kugelig, 8–15 mm dick, gelb bis rotbraun, im 2. Jahr reifend.
Verbreitung: Kanarische Inseln, Mittelmeergebiet, NW-Afrika, in Wäldern, Macchien und Garigues, vor allem in Küstennähe.

Juniperus thurifera L.
Spanischer Wacholder

Familie: Cupressaceae
Habitus: Bis 15 m hoher, anfangs kegelförmiger, im Alter mehr oder weniger rundkroniger Baum mit weit abstehenden Ästen, Triebe streng aromatisch riechend.
Blätter: Teils schuppen-, teils nadelförmig, stets gegenständig, nadelförmige Blätter 2–4 mm lang, graugrün, oberseits mit weißem Spaltöffnungsband, unterseits grün, Schuppenblätter etwa 1,5 mm lang, meist mit der fiederförmigen Verzweigung in einer Ebene.
Blüten: 2-häusig.
Früchte: Beerenzapfen kugelig, 8 mm dick, mit 6 Schuppen, dunkelbraun, bereift, mit 2–4 eiförmigen, glänzend braunen Samen.
Verbreitung: Spanien, Pyrenäen, W-Alpen, Korsika, Mittelmeergebiet, N-Afrika, nicht selten durch Gewinnung von Brennholz bis zur Unkenntlichkeit verstümmelt.

Pinus halepensis Mill.
Aleppo-Kiefer

Familie: Pinaceae
Habitus: Bis 20 hoher, oft krummwüchsiger Baum, Krone anfangs licht und regelmäßig kegelförmig, später asymmetrisch gerundet oder fast schirmförmig, Stamm selten gerade, oft gedreht, mit silbergrauer bis rötlich brauner, mäßig dicker, längsrissiger Schuppenborke, Äste ansteigend, später waagerecht abstehend, Triebe 3–4 mm dick, olivgrün bis gelbbraun, schnell verkahlend, Knospen zugespitzt, ohne Harz.
Nadeln: Zu 2 stehend, 5–10 cm lang, 0,7–0,9 mm breit, im Querschnitt halbkreisförmig, gerade, weich, zugespitzt, fein gesägt, frischgrün.
Blüten: 1-häusig, männliche Blüten 1 cm lang, weibliche Blütenstände in Scheinquirlen zu 2–3, Mai.
Zapfen: Meist asymmetrisch, breit-eiförmig oder kegelförmig, 7–10 cm lang, 4–6 cm breit, grau bis rotbraun, matt glänzend, Schuppenschilde flach, Nabel kaum erhaben.
Verbreitung: Mittelmeergebiet, östlich bis Griechenland, oft waldbildend. Allerdings ist das Areal stark zersplittert. Vorkommen vor allem auf tiefgründigen, nährstoffarmen, mäßig feuchten Sandböden und flachgründigen Kalkböden, meist in Meeresnähe in wintermilder, ausgeglichener Klimalage, häufig für Aufforstungen von Dünen, Sandgebieten und Karstflächen verwendet.
Allgemeines: Nahe verwandt mit der Aleppo-Kiefer und oft nur als Unterart dieser betrachtet, ist die Bruttische Kiefer, *Pinus brutia* Ten. Sie unterscheidet sich von der Aleppo-Kiefer durch eine bessere Winterhärte, längere, 10–15 cm lange, dickere und dunklere Nadeln, durch dickere Jungtriebe, kurz gestielte Zapfen und größere Samen. Heimisch ist *Pinus brutia* auf Kreta und Zypern in Höhenlagen zwischen 700 und 1000 m sowie in den küstennahen Zonen von Kleinasien, Syrien und dem Libanon.

Pinus heldreichii H. Christ
(*P. leucodermis* Antoine)
Panzer-Kiefer

Familie: Pinaceae
Habitus: Bis 20 m hoher Baum, Krone bei jungen Bäumen kegelförmig, im Alter abgeflacht, Borke an jungen Bäumen fein und gleichmäßig schuppig, dunkelbraun, an älteren Stämmen hell aschgrau und in kleine, eckige Felder zerspringend, junge Triebe dick, bräunlich, meist grauweiß bereift, nach dem Abfallen der Triebe schlangenhautartig gefeldert, Knospen länglich-eiförmig bis zylindrisch, unterschiedlich lang zugespitzt, harzlos, Schuppen braun bis grauweiß, bei Trockenheit an den Spitzen frei.
Nadeln: Zu 2 stehend, 6–10 cm lang, steif, stechend, mehr oder weniger zum Zweig hin gekrümmt, glänzend dunkelgrün, beiderseits mit Spaltöffnungslinien.
Blüten: 1-häusig, männliche zylindrisch, 2,5–3 cm lang, purpurrot überlaufen, weibliche Blütenstände rötlich, etwa 1 cm groß, aufrecht, Mai–Juni.
Zapfen: Eiförmig, etwa 8 cm lang, anfangs dunkel- bis graublau, später stumpfbraun, Schuppen dünn, hellbraun, Schuppenschilder der unteren Schuppen meist pyramidenartig erhöht, Nabel mit aufrechtem oder gebogenem Dorn, Samen im 2. Jahr reifend.
Verbreitung: SO-Europa: Mitteljugoslawien, Albanien, N-Griechenland, SW-Bulgarien, S-Italien (Bascilicata, Kalabrien), an Steilhängen in Höhen zwischen 800 und 2000 m, meist auf Kalkverwitterungsböden, seltener auf Dolomit und Granit, häufig, auch in M-Europa, in Gärten, in Kultur.
Allgemeines: Nicht selten wird *P. heldreichii* unter dem Namen *P. leucodermis*, Schlangenhaut-Kiefer (Name bezieht sich auf schlangenhautartige Felderung der Triebe), geführt. Die früher übliche Trennung der beiden Arten ist der nicht genügend ausgeprägten Unterscheidungsmerkmale wegen nicht angebracht.

Pinus nigra Arnold
Schwarz-Kiefer

Familie: Pinaceae
Habitus: 30–40 m hoher Baum, Krone anfangs regelmäßig kegelförmig, später weit ausladend und abgeflacht, Stamm mit dicker, dunkelgrau- bis schwarzbrauner, grob gefurchter Schuppenborke, die sich in Platten löst und schöne Stammzeichnungen hinterläßt, Äste bogig ansteigend, junge Zweige dick, Knospen 10–15 mm lang, hellbraun, harzig, Knospenschuppen silbrigbraun gefranst.
Nadeln: Zu 2 stehend, 8–18 cm lang, steif, gerade oder gebogen, manchmal etwas gedreht, zugespitzt, im Querschnitt halbkreisförmig, Rand fein gesägt, dunkelgrün, auf beiden Seiten mit Spaltöffnungslinien.
Blüten: 1-häusig, männliche Blüten bis 3 cm lang, gelb, weibliche Blütenstände zu 1–4, 1 cm lang.
Zapfen: Eiförmig, fast sitzend, 4–10 cm lang, 2,5–3 cm breit, fast symmetrisch, glänzend gelblichbraun. Schuppen mehr oder weniger gekielt, Nabel dunkelbraun, meist mit kleinem Dorn.
Verbreitung: Die sehr vielgestaltige Art kommt in einem stark aufgegliederten Areal mit mehreren Unterarten vor: in Österreich, Alt-Jugoslawien und Griechenland subsp. *nigra*, Österreichische Schwarz-Kiefer; auf der Krim, der Balkan-Halbinsel und in Kleinasien subsp. *pallasiana* (Lamb.) Holmboe, Krim-Schwarz-Kiefer; in Slowenien und Kroatien subsp. *dalmatica* (Vis.) Franco, Dalmatinische Schwarz-Kiefer; in Mittel- und O-Spanien, den Pyrenäen und Cevennen subsp. *salzmanii* (Dun.) Franco, Pyrenäen-Schwarz-Kiefer; sowie in Korsika und Sizilien subsp. *laricio* (Poir.) Schneid., Korsische Schwarz-Kiefer; Vorkommen, oft bestandsbildend, meist in der montanen Zone, oft bis zur Waldgrenze, gern auf Kalkstein.
Allgemeines: In den Harzgängen befindet sich Harz, das durch Stammeinkerbungen austritt und in Behältern aufgefangen werden kann. Durch eine Wasserdampfdestillation läßt sich daraus Terpentinöl gewinnen.

Pinus pinaster Aiton
(*P. maritima* Lam.)
Strand-Kiefer

Familie: Pinaceae
Habitus: 20–30(–40) m hoher Baum, Krone anfangs regelmäßig kegelförmig, im Alter meist unregelmäßig und abgeflacht, Stamm meist geradschäftig, mit tief längsgefurchter, grau- bis rötlich brauner Schuppenborke, Äste aufsteigend bis waagerecht abstehend, Triebe meist kahl, olivgrün bis rötlich braun, Knospen spindelförmig bis zylindrisch, 1–3 cm lang, braun, ohne Harz.
Nadeln: Zu 2 stehend, 15–25 cm lang, 1,2–2 mm dick, im Querschnitt fast halbkreisförmig, steif, fast gerade, matt glänzend, dunkel- bis graugrün.
Blüten: 1-häusig, männliche Blüten etwa 1,5 cm lang, weibliche Blütenstände aufrecht, zu 1–6, April–Mai.
Zapfen: Fast sitzend, mehr oder weniger symmetrisch, sternförmig angeordnet, 10–20 cm lang, 6–9 cm breit, glänzend hellbraun, meist harzfrei, Nabel mit kurzem, dornartigem Fortsatz, leere Zapfen oft jahrelang geschlossen am Baum hängen bleibend, bis sie schließlich intakt zu Boden fallen.
Verbreitung: Im westlichen Mittelmeergebiet in einem stark zergliederten Areal: Iberische Halbinsel, SW- und S-Frankreich, Korsika, N-Sardinien, westliches Italien, Marokko, meist auf tiefgründigen, nährstoffarmen Sandböden oder auf Silikatgestein und Serpentin, bevorzugt in Meeresnähe, in ausgeglichener Klimalage, stellenweise bis in Höhen von 1000–1300 m ansteigend, meist waldbildend, aber auch in lichten Beständen, weit über das ursprüngliche Verbreitungsgebiet zur Festlegung von Dünen sowie zur Holz- und Terpentinölgewinnung angepflanzt, in großen, geschlossenen Beständen z.B. in den „Landes" in SW-Frankreich oder im „Pinhal do Rei" an der portugiesischen Atlantikküste westl. von Leiria. Der „Pinhal do Rei" geht auf eine von König Dinis (1261–1325) angeordnete Aufforstung zurück.

Pinus pinea L.
Pinie

Familie: Pinaceae

Habitus: 15–25 m hoher Baum, Krone in der Jugend breit-kegelförmig, im Alter sehr dicht, abgeflacht rundlich bis ausgesprochen schirmförmig, Stamm gerade und langschäftig, mit einer graubraunen, längsrissigen Schuppenborke, die sich in schmalen Platten löst und ornamental gezeichnete, rötlich gefärbte Stellen hinterläßt, Äste spitzwinklich ansteigend, später waagerecht ausgebreitet, Triebe dick, kahl, gerieft, Knospen zylindrisch, 6–15 mm lang, glänzend rotbraun, ohne Harz, Knospenschuppen silbrig gefranst.

Nadeln: Zu 2 stehend, 10–17 cm lang, 1,5–2 mm breit, im Querschnitt fast halbkreisförmig, gerade oder schwach gebogen, am Rand sehr fein gesägt, dunkelgrün, Spaltöffnungslinien gleichmäßig über die Oberfläche verteilt.

Blüten: 1-häusig, männliche Blüten gelb, walzenförmig, bis 1,5 cm lang, weibliche Blütenstände gelbgrün, meist einzeln, Mai–Juni.

Zapfen: Fast sitzend, eiförmig bis kugelig, 10–15 cm lang, 8–10 cm breit, glänzend gelb- mit rotbraun, mit dicken Zapfenschuppen, Samen 1,5–2 cm lang, rötlich braun bis schwarz, eßbar.

Verbreitung: Iberische Halbinsel, entlang der Mittelmeerküste von SO-Spanien bis zum westlichen Italien, von Albanien bis Kleinasien, südlich bis zum Libanon.

Das ursprüngliche Verbreitungsgebiet läßt sich nur schwer feststellen, weil die Pinie seit Jahrhunderten als Zierbaum und zur Gewinnung der eßbaren Samen (Pinienkerne, Pinioli) gepflanzt worden ist. Sie bildet meist in küstennahen Regionen auf tiefgründigen, feuchten, gut dränierten Kies- und Sandböden kleine, lichte Bestände oder ist mit Aleppo- und Strand-Kiefer vergesellschaftet.

Die Samen, als „Piniennüsse" bezeichnet, enthalten ein wohlschmeckendes Nährgewebe, das den Embryo umgibt. Sie sind in Frankreich als „pignes" im Handel.

Tetraclinis articulata
(Vahl) Mast.
Berberthuja, Gliederzypresse

Familie: Cupressaceae
Habitus: 5–8, gelegentlich 12–15 m hoher, langsam wachsender, an *Thuja* erinnernder Baum mit aufrechten Ästen und einer lockeren, oft mehrwipfeligen Krone. Die dicke, feuerresistete Borke ist auffällig in regelmäßige, eckige Felder gegliedert.
Blätter: Schuppenförmig, zu 4 in Quirlen stehend, die seitenständigen Blätter größer und die Flächenblätter teilweise überdeckend, Basis der Blätter lang angewachsen, die freien Spitzen schuppenförmig und spitz.
Blüten: 1-häusig, unscheinbar.
Zapfen: Einzeln, endständig, 4-kantig, 10–12 mm breit, hellbraun, mit 4 holzigen, dicken, 3-eckigen Schuppen, oben mit einem aufgesetztem Spitzchen. Die Schuppen klaffen zur Reife auseinander und entlassen geflügelte Samen.

Verbreitung: Hauptverbreitung in Marokko, von der atlantischen Küstenregion bis in submontane Lagen im Anti- und Hohen Atlas, außerdem vom marokkanischen Rifgebirge bis Algerien, kleinere Populationen auf Malta und in SO-Spanien. Die Berberthuja, auch Sandarak- oder Araarbaum genannt, löst in Gebieten mit größerer Sommertrockenheit die sonst weit verbreitete Stein-Eiche ab.
Allgemeines: Das harte, witterungsbeständige, polierfähige, aromatisch duftende Holz liefert mit den als Loupes bezeichneten Maserknollen, die bis 1 m dick werden können, ein begehrtes Möbelholz. In Marokko, vor allem in Agadir und Essaouira, werden aus dem dunklen, von den Händlern als Thuja bezeichneten Wurzelholz, Kunst- und Gebrauchsgegenstände gefertigt. Aus dem aromatisch duftenden Harz wurden Firnisse und Weihrauchmittel hergestellt. Durch starke Nutzung wurden viele Bestände weitgehend vernichtet und durch Gestrüpp der Zwerg-Palme, *Chamaerops humilis* L., ersetzt.

Zwerggehölze

Im Mittelmeergebiet ist die Zahl zwergig wachsender Gehölze deutlich höher als in Mitteleuropa. Als Zwerg- oder Kleingehölze werden verholzende Pflanzen bezeichnet, deren Wuchs die Höhe von 1,5 m nicht übersteigt. Gegenüber höherwachsenden Arten der gleichen oder verwandten Gattungen zeichnen sich Zwerggehölze vor allem durch eine Verkürzung der Internodien und damit der Zweiglänge aus. Es entwickeln sich deshalb oft sehr dicht verzweigte, buschige Pflanzen.

Zu Zwergwuchs an Gehölzen kommt es in der Regel aufgrund von erschwerten Wachstumsbedingungen. In Mitteleuropa finden wir Zwerggehölze vor allem in alpinen und hochalpinen Lagen, auf nährstoffarmen Sandböden von Heiden und auf nassen Moorböden. Im Mittelmeergebiet ist unter anderem die lang anhaltende, sommerliche Trockenheit bestimmter Standorte für die Entwicklung zum Zwergwuchs verantwortlich. Durch eine Verringerung ihrer Oberfläche haben sich zahlreiche Gehölze im Laufe ihrer Entwicklung diesen Bedingungen angepaßt.

Wir finden zwergwüchsige Gehölze im Mittelmeergebiet in den im vergangenen Kapitel beschriebenen Macchien, viel häufiger aber noch in den als **Garigue** bezeichneten Vegetationsformationen.

Abgesehen von wenigen natürlichen Ausbildungen ist auch die Garigue eine durch Axt, Brand und Beweidung herbeigeführte Degradationsstufe. Sie hat ihren Ausgang in den einst weit verbreiteten immergrünen Wäldern und führt über Macchie, Garigue und Grasfluren schließlich zu den stark degradierten Felsfluren.

Die Garigue ist eine kaum mehr als 1 m hohe, sehr vielgestaltige Zwergstrauchformation, die sich bei sehr geringen Niederschlägen bzw. an trockenen Standorten vor allem auf Kalkgestein bildet. Sie wird in Frankreich als Garigue, in Spanien als Tomillares, in Griechenland als Phrygana, auf Zypern als Trachiotis und in Israel als Batha bezeichnet.

Der Bestockungsgrad der verschiedenen Garigue-Formen wird oft ganz wesentlich durch Intensität und Art der Beweidung bestimmt. Er beträgt während der meisten Zeit des Jahres oft weniger als 50 %. Auf den meist flachgründigen Böden tritt oft der Fels zutage.

Die in verschiedenen Regionen in wechselnder floristischer Zusammensetzung auftretende Garigue kann durch das Auftreten zahlreicher Straucharten, Einjähriger, Geophyten und Orchideen sehr abwechslungsreich und bunt sein, man spricht dann von „gemischten Garigues". Hier können neben zahlreichen Zistrosen, *Cistus* sp., und Ginsterarten, Dorniger Bibernelle, *Sarcopoterium spinosum,* und Wolfsmilcharten, *Euphorbia acanthothamnos* und *E. spinosum,* auch der Mastixstrauch, *Pistatia lentiscus,* und Wacholderarten, *Juniperus phoenicea* und *J. oxycedrus,* auftreten.

Nicht selten werden Garigues aber durch die Dominanz weniger Straucharten bestimmt, die sich durch ihre Dornen, durch giftige oder bittere Inhaltsstoffe (ätherische Öle) dem Fraß der Weidetiere widersetzen konnten.

Typisch für diese Form der Garigue sind z.B. die großflächigen Vorkommen des Echten Thymian, *Thymus vulgaris,* in den Tomillares im Innern Spaniens oder die von der Zwerg-Palme, *Chamaerops humilis,* gebildeten Palmito-Formation der südwestmediterranen Küstengebiete.

Sehr weit verbreitet sind auch die durch Brände geförderten Zistrosen-Garigues mit verschiedenen *Cistus*-Arten.

Stellenweise werden Garigues von Lippenblütlern wie Rosmarin, *Rosmarinus officinalis,* und verschiedenen *Lavandula*-Arten geprägt. In den Phyrgana des östlichen Mittelmeerraumes können z.B. *Salvia fruticosa* und *Phlomis fruticosa* auf Kalk sowie verschiedene *Cistus*-Arten, *Sarcopoterium spinosum*, *Genista acanthoclada* oder *Erica manipuliflora* auf sauren Schieferböden dominieren.

Nicht wenige typische Zwergsträucher der Garigue, z.B. Lavendel, Rosmarin und Thymian, sind als Gewürzkräuter in Kultur. Sie werden im Kapitel Heil- und Gewürzpflanzen beschrieben.

Zu den Zwergsträuchern zählen auch die dornigen Kugelsträucher oder Dornpolster, die in den semiariden Gebieten des südlichen Mittelmeergebietes und vor allem des stärker kontinental geprägten Vorderen Orients stellenweise **Dornpolsterformationen** bilden. In subalpinen Lagen bilden sie eine eigene Höhenstufe, die nach dem Dorn-Tragant auch als Tragacanth-Stufe bezeichnet wird. Stellenweise haben sie an Fels- und Schotterstränden im Sprühbereich des Salzwassers sowie in den besonders stark dagradierten meeresnahen Felsheiden eine zweite ökologische Nische gefunden.

Dornpolster oder Igelpolster entstehen, wenn alle Äste des Zwergstrauches an der Wurzel entspringen, wie die Radien eines Kreises angeordnet sind und, bedingt durch gleiches Längenwachstum, einen halbkugeligen, meist dicht verzweigten Zwergstrauch aufbauen, bei dem u.a. Blattspindel, Fiederblätter oder Doldenstrahlen verdornen.

Ihre Hauptverbreitung und optimale Entwicklung finden Dornsträucher oberhalb der Waldgrenze in den trockenheißen Gebieten des südlichen Mittelmeergebietes (Atlas, Sierra Nevada, Sizilien, Kreta, Anatolien, Libanon). Das Klima dieser Gebiete ist durch eine hohe Strahlungsintensität, sehr geringe Niederschläge, eine mindestens viermonatige Sommerdürre und häufig auftretende starke Winde gekennzeichnet.

In den kompakten, halbkugeligen Wuchsformen wird die Windgeschwindigkeit stark reduziert, die Luftfeuchtigkeit dadurch erhöht. Als Wasserspeicher dient zusätzlich das in die Polster hineingewehte Feinmaterial.

In den Atlasländern dehnen sich Dornpolsterfluren in Höhen zwischen 2 000 (= obere Eichenwaldstufe) und 3 900 m aus. Auf Kreta erstreckt sich der subalpine Zwergstrauch-Gürtel oberhalb der Waldgrenze in der Höhenstufe zwischen 1 450 und 2 450 m.

Dornpolsterartige Wuchsformen haben sich innerhalb verschiedener Familien gleichartig entwickelt, z.B. bei den Schmetterlingsblütlern, den Kreuzblütern, den Nelken-, den Wolfsmilchgewächsen, den Korbblütern und den Bleiwurzgewächsen.

Bupleurum spinosum Gouan
Dorniges Hasenohr

Familie: Apiaceae
Habitus: Bis 30 cm hoher, verworren verzweigter, mehr oder weniger kugeliger, an der Basis verholzter Dornstrauch, obere, abgestorbene Sproßteile und die bleibenden Doldenstrahlen steif, spitz und stechend.
Blätter: Lineal-lanzettlich, an der Basis verschmälert, mit 3–5 parallelen Nerven, graugrün.
Blüten: Gelb, klein, die Blütenblätter mit umgerollter Spitze, in 2- bis 7-strahligen Dolden, jeweils meist 5 Hüll- und Hüllchenblätter, 2 mm lang, pfriemlich, 1nervig, Juli–August.
Früchte: 3–4,5 mm lang, eiförmig-länglich, gerippt.
Verbreitung: S- und O-Spanien, NW-Afrika, Felsfluren der Gebirge, oft bestandsbildend.
Allgemeines: Weitere, auch krautige oder 1-jährige Arten im Mittelmeergebiet.

Vinca major L.
Großes Immergrün

Familie: Apocynaceae
Habitus: Immergrüner, bis 1 m hoher Strauch, Zweige niederliegend bis aufsteigend.
Blätter: Gegenständig, 2,5–9 cm lang, meist eiförmig bis breit-eiförmig, am Rand bewimpert, glänzend dunkelgrün.
Blüten: Blauviolett, 3–5 cm breit, einzeln in den oberen Blattachseln, mit langer, trichterförmiger Röhre und flach ausgebreitetem, vorne schief gestutztem Saum, Kelchblätter 7–17 mm lang, schmal 3-eckig, Rand bewimpert, Mai–September.
Früchte: Schmal-zylindrische, hornförmig zugespitzte, paarige Balgfrüchte.
Verbreitung: S-Europa, westliches und mittleres Mittelmeergebiet, Kanaren, an schattigen und feuchten Plätzen, darüber hinaus oft angepflanzt und eingebürgert.
Allgemeines: *V. difformis* Pourr. (Westl. Mittelmeergebiet): Pflanze niedriger, Blüten blassblau, Kelchblätter kahl.

Asparagus acutifolius L.
Stechender Spargel

Familie: Asparagaceae
Habitus: 0,5 bis 2 m hoher, sparriger, oft wirr verzweigter Strauch, Zweige gestreift, weißlich oder grau, kletternd oder bogig überhängend.
Blätter: In den Achseln kleiner, schuppenförmiger Blättchen, (5–)10–30(–50) etwa gleichgroße, 2–8 mm lange, steife, stechende, blattartige Kurztriebe (Phyllokladien).
Blüten: Unscheinbar, gelblich grün, an den Knoten zu 4–12, Blütenstielchen 4–7 mm lang, Blütenhülle einfach, glockig, 6teilig, 3–4 mm lang, Juli–Oktober.
Früchte: Rote, zur Reife schwarze, 4,5–7,5 mm dicke Beeren mit 1–2 Samen.
Verbreitung: S-Europa, Mittelmeergebiet, in Wäldern, Macchien und Garigues.
Allgemeines: Die jungen, grünen Sprosse werden im Frühjahr als Wildspargel gesammelt und gegessen.

Asparagus albus L.
Weißstängeliger Spargel

Familie: Asparagaceae
Habitus: Bis 90 cm hoher, dorniger Strauch, Zweige überhängend, hin- und hergebogen, glatt oder nur schwach gerillt.
Blätter: Zu kräftigen, abstehenden, an der Basis sehr breiten, 5–12 mm langen Dornen umgebildet, in deren Achseln stehen Büscheln von 10–20 nicht stechenden und bald abfallenden, 5–25 mm langen, blattartigen Kurztrieben (Phyllokladien).
Blüten: Weiß, duftend, 3–6 mm lang gestielt, zu 6–15 in Büscheln an den Knoten, die einfache, 6-teilige, ausgebreitete Blütenhülle mit 2–3 mm langen Segmenten, August–Oktober.
Früchte: Beeren 4–7 mm dick, anfangs rot, zur Reife schwarz, mit 1–2 Samen.
Verbreitung: Westliches und zentrales Mittelmeergebiet, Portugal, in Hecken, Gebüschen, Macchien und Garigues.

Asparagus stipularis Forssk.
Schrecklicher Spargel

Familie: Asparagaceae
Habitus: 0,5–1 m hoher, buschiger, sparrig verzweigter, scheinbar blattloser Strauch, Zweige graugrün, gerillt, mit kräftigen, abstehenden, 1–5 cm langen, zu grünen, starren, stechenden Dornen umgebildeten Kurztrieben, einzeln oder an den Triebspitzen zu 2–3 nach allen Seiten abstehend.
Blätter: Zu 0–2 am Grunde der Kurztriebe, zu häutigen Schuppen reduziert.
Blüten: Zu 2–10(–20), ebenfalls am Grunde der Kurztriebe, kurz gestielt, Blütenhülle 6-teilig, 4–5 mm breit, gelblich bis violett, März–Mai und Juli–Oktober.
Früchte: Bläulich schwarze, 5–8 mm dicke Beeren mit 1–4 Samen.
Verbreitung: Südliches Mittelmeergebiet (fehlt in Frankreich), Kanaren, Korsika, Jugoslawien, Mittel- und S-Portugal.

Asteriscus maritimus (L.) Less.
Ausdauernder Strandstern

Familie: Asteraceae
Habitus: Bis 25 cm hoher, meist vielästiger, am Grunde verholzter, oft größere Flächen bedeckender, zur Blütezeit sehr auffälliger Zwergstrauch, Zweige aufsteigend bis aufrecht, rau behaart.
Blätter: Wechselständig, gestielt, länglich oder länglich-spatelförmig, bis 3 cm lang, 1-nervig, zottig behaart.
Blüten: Kräftig gelb, in einzelnen, endständigen, 3–4 cm breiten Köpfchen, die seitlichen Zungenblüten an der Spitze 3-zähnig, die Röhrenblüten walzlich, äußere Hüllblätter wie die oberen Laubblätter, etwa 1 cm lang, stumpf, innere Hüllblätter lanzettlich-linealisch, April–Juli.
Früchte: 1,5–2 mm lange Schließfrucht (Achäne), Haarkranz (Pappus) 1 mm lang.
Verbreitung: Westliches Mittelmeergebiet, Portugal, Kanaren, Griechenland, oft in küstennahen Felsfluren.

Helichrysum italicum
(Roth) G. Don
Italienische Strohblume

Familie: Asteraceae
Habitus: 20–50 cm hoher, aufrechter, aromatischer Halbstrauch, Zweige kantig.
Blätter: Wechselständig, 0,5–3 cm lang, schmal-linealisch, grün, Rand umgerollt, spärlich filzig oder schwach weißfilzig.
Blüten: In 1,5–8 cm breiten Doldentrauben, Blütenhülle zylindrisch bis schmalglockig, 2–4 mm breit, Röhrenblüten gelb, die goldgelben Hüllblätter dicht dachziegelig, die äußeren ledrig, die inneren schmaler und mindestens 5-mal so lang und drüsig, Mai–August.
Früchte: Achäne mit zerstreuten, glänzendweißen Drüsen.
Verbreitung: Mit mehreren Unterarten in S-Europa, NW-Afrika und Kleinasien, in Garigues und Felsfluren.
Allgemeines: Die Blätter geben Suppen und Schmorgerichten ein mildes Curryaroma.

Helichrysum stoechas
(L.) Moench
Gewöhnliche Imortelle

Familie: Asteraceae
Habitus: 10–50 cm hoher, streng aromatisch duftender Halbstrauch, Sprosse einfach oder verzweigt, weißfilzig.
Blätter: Wechselständig, sitzend, schmallinealisch bis linealisch-spatelförmig, 1–3 cm lang, am Rand umgerollt, weißfilzig bis -wollig.
Blüten: In 1,5–3 cm breiten, dichten Doldentrauben aus 4–6 mm breiten Blüten mit gelben Röhrenblüten und leuchtend hellgelben, drüsenlosen Hüllblättern in mehreren Reihen, April–Juni.
Früchte: Achäne mit zahlreichen, glänzendweißen Drüsen.
Verbreitung: In Garigues und trockenen Sand- und Felsküsten. Die subsp. *stoechas* von W-Jugoslawien westwärts, die subsp. *barrelieri* (Ten.) Nyman, Pflanze nicht oder kaum aromatisch duftend, von Sizilien bis zur Türkei.

Zwerggehölze

Inula candida (L.) Cass.
Reinweißer Alant

Familie: Asteraceae
Habitus: 15–40 cm hoher Zwergstrauch, Zweige abstehend bis aufsteigend, im oberen Teil abstehend verzweigt, ganze Pflanze sehr dicht angedrückt schneeweiß seidig behaart.
Blätter: Grundblätter 3–9 cm lang, meist lanzettlich, allmählich in den Blattstiel verschmälert, stumpf, ganzrandig.
Blüten: Köpfchen 8–9 mm breit, mit gelben Röhren- und Zungenblüten, Hüllblätter stumpf, stark zurückgebogen, 8–9 mm lang, länger als die Zungenblüten, Juli–August.
Früchte: 2 mm lange, behaarte Achäne, Haarkranz aus 10–15 Haaren.
Verbreitung: Griechenland, Kreta, oft an Felswänden.
Allgemeines: Ähnlich ist *I. verbascifolia* (Will.) Hauskn., Blätter weißwollig (nicht seidig) behaart, am Grunde kurz keilförmig, vorne oft spitz.

Phagnalon saxatile (L.) Cass.
Stein-Imortelle

Familie: Asteraceae
Habitus: Bis 60 cm hoher Strauch, Zweige aufsteigend oder aufrecht, wollig behaart.
Blätter: Wechselständig, linealisch bis linealisch-lanzettlich, 2,5–3,5 cm lang, oberseits grünlich und spärlich wollig behaart, unterseits dicht wollig behaart, Rand ausgenagt oder entfernt gezähnt, gelegentlich umgerollt.
Blüten: In einzeln stehenden, endständigen etwa 1 cm breiten, lang gestielten Köpfchen, Röhrenblüten gelblich, die häutigen, bräunlichen Hüllblätter linealisch-lanzettlich, spitz, am Rand wellig, die äußeren später abstehend und zurückgebogen, März–Juli.
Früchte: Zylindrische Achäne.
Verbreitung: Mittelmeerregion und SW-Europa, an steinigen, trockenen Plätzen.
Allgemeines: Bei *P. rupestre* (L.) DC. sind die eiförmigen bis 3-eckigen, stumpfen Hüllblätter dicht angedrückt.

Santolina chamaecyparissus L.
Graue Heiligenblume

Familie: Asteraceae
Habitus: 10–50 cm hoher, immergrüner, aromatischer Strauch, Zweige aufrecht bis ansteigend, grün- bis graufilzig.
Blätter: Wechselständig, 2–4 cm lang, fein fiederschnittig, die Segmente kurz und dicht, bis 2 mm lang, weißfilzig.
Blüten: Blütenköpfchen tiefgelb, 6–10 mm breit, Krone röhrig-glockig, mit etwas ausgebreitetem, 5-teiligem Saum, Hüllblätter in mehreren Reihen, sich dachzieglig deckend, meist filzig, Juli–August.
Früchte: 1–2 mm lange, kantige Nüßchen ohne Haarkranz.
Verbreitung: Westliches und mittleres Mittelmeergebiet, Pyrenäen bis NW-Italien, Schweiz, häufig als Zierstrauch in Kultur.
Allgemeines: *S. rosmarinifolia* L. (Iberische Halbinsel, S-Frankreich, NW-Afrika): Blätter entfernt warzig gezähnt bis kammartigfiedrig.

Senecio bicolor (Willd.) Tod.
Weißfilziges Greiskraut

Familie: Asteraceae
Habitus: 25–50(–100) cm hoher, reich verzweigter, dicht weißfilzig behaarter Strauch.
Blätter: Am Grunde der Triebe rosettig oder gehäuft stehend, 4–15 cm lang, eiförmig bis lanzettlich, gelappt bis tief fiederspaltig, mit mehr oder weniger tief buchtig gezähnten Fiedern, oberseits graugrün und spinnwebig, verkahlend, unterseits dicht weißfilzig.
Blüten: In Trugdolden aus zahlreichen kurz gestielten, 12–15 mm breiten Köpfchen, Röhrenblüten gelborange, umgeben von 10–13 hellgelben, 3–6 mm langen Zungenblüten und weißfilzigen Hüllblättern, Mai–August.
Früchte: Achänen mit kurzem Haarkranz.
Verbreitung: Mittelmeeregion, küstennahe, sandige und felsige Plätze, als Zierpflanze in verschiedenen Formen in Kultur.

Staehelina dubia L.
Zweifelhafte Strauchscharte

Familie: Asteraceae
Habitus: 20–40 cm hoher Halbstrauch, Zweige weißfilzig.
Blätter: Wechselständig, deutlich gestielt, 1,5–3,5 cm lang, linealisch-lanzettlich, Rand etwas umgerollt und gewellt-gezähnt, oberseits dunkelgrün, unterseits weißfilzig.
Blüten: Köpfchen sehr schmal, einzeln oder zu 2–4 in Trugdolden, endständig, die purpurfarbenen Röhrenblüten von einer 1,5–2 cm langen und 3–5 mm breiten Hülle umgeben, Hüllblätter dachziegelig angeordnet, außen kurz filzig, grün, mit rötlichen Spitzen, die inneren ganz rötlich überlaufen, später alle rötlich braun mit gelblichen Spitzen, Juni–Juli.
Früchte: 4–5 mm lange Achäne, der weiße Haarkranz mit verzweigten Borsten.
Verbreitung: SW-Europa, östlich bis Mittel-Italien, trockene, felsige und steinige Plätze.

Lithodora diffusa (Lag.) I. M. Johnst.
Ausgebreiteter Steinsame

Familie: Boraginaceae
Habitus: Zweige lang, niederliegend oder aufsteigend (bei subsp. *lusitanicus* (Samp.) P. Silva. et Rozeira), angedrückt und abstehend behaart.
Blätter: Wechselständig, linealisch bis länglich oder elliptisch, stumpf, 7–38 mm lang, beiderseits borstig behaart.
Blüten: Blau, selten purpurn, trichterförmig, mit langer Röhre und ausgebreiteten Kronzipfeln, außen spärlich bis dicht weiß behaart, März–April.
Früchte: Nüßchen hellbraun bis grau.
Verbreitung: SW-Europa, nordwärts bis NW-Frankreich, subsp. *lusitanicus* in Mittel- und S-Portugal, S-Spanien, Kiefernwälder, Hecken, Sandstrände, kalkmeidend.
Allgemeines: *L. hispidula* (Sibth. et SM.) Griseb. (östl. Mittelmeergebiet): Zweige kurz, aufrecht, Blätter bis 15 mm lang, verkehrt-eiförmig, Blüten blauviolett.

Alyssum spinosum L.
Dorniges Steinkraut

Familie: Brassicaceae
Habitus: 30–50 cm hoher, reich verzweigter, rundlicher Strauch, Blütenstandsachsen stechend verdornt.
Blätter: An sterilen Rosetten gehäuft und hier verkehrt eiförmig-spatelförmig, an blühenden Sprossen lineal-lanzettlich, alle dicht silbrig-schuppig.
Blüten: Weiß oder blassrosa bis hell purpurfarben, in kurzen, dichten Trauben, mit je 4 Kelch- und 4 kreuzweise angeordneten Kronblättern, die allmählich in den Nagel verschmälert sind, von den 6 Staubblättern 4 lang, 2 kurz, Staubfäden weder gezähnt noch geflügelt, Mai–Juni.
Früchte: Stark abgeflachte, 4–6 mm lange, verkehrt-eiförmige, breit geflügelte Schötchen.
Verbreitung: O- und S-Spanien, S-Frankreich, Algerien, Marokko, an trockenen, steinigen Plätzen.

Vella spinosa Boiss.
Vella-Igelpolster

Familie: Brassicaceae
Habitus: Sommergrüner, bis 1 m hoher und breiter, halbkugeliger, dicht und verworren verzweigter Polsterstrauch, Zweige zerstreut mit langen Haaren, am Ende gabelig verzweigt und in steifen Dornen endend.
Blätter: Sitzend, die unteren linealisch-lanzettlich, die oberen linealisch, alle borstig bewimpert.
Blüten: Zu 3–6 in Trauben, duftend, 4-zählig, mit aufrechten Kelchblätter, die 4 Kronblätter verkehrt-eiförmig, 4–6 mm lang, abstehend, lang in den Nagel verschmälert, gelb, mit violetten Nerven, Mai–Juni.
Früchte: Schötchen, das untere Segment 4,5–5,5 mm lang, kahl, 2-fächrig, das obere zugespitzt, in jedem Segment 1–2 Samen.
Verbreitung: Gebirge in S- und SO-Spanien, Sierra Nevada, auf Kalk in Dornpolsterformationen.

Zwerggehölze

Arthrocnemum glaucum (Del.) Ung.-Sternb.
Graue Gliedermelde

Familie: Chenopodiaceae
Habitus: Immergrüner, 0,3–1 m hoher Strauch, Zweige aus kahlen, fleischigen, zylindrischen, nicht verdickten Gliedern bestehend, anfangs graugrün, später hellgrau oder ockerfarben, verholzend.
Blätter: Schuppenförmig, kreuzweise gegenständig, stängelumfassend, dicht anliegend, ein Glied bildend, die beiden Glieder durch einen V-förmigen Einschnitt getrennt.
Blüten: Unscheinbar, in einem fruchtbaren Glied stehen jeweils 2-mal 3 kleine, etwa gleich große Blüten, die nach dem Herausfallen eine einfache Höhlung hinterlassen, Mai–September.
Früchte: Nüßchen mit schwarzen, warzigen Samen.
Verbreitung: Mittelmeergebiet, am Rand von Gewässern, in Salzmarschen, vorwiegend in Küstennähe.

Halimione portulacoides (L.) Aellen
Portulak-Salzmelde

Familie: Chenopodiaceae
Habitus: Niederliegender oder aufsteigender, 20–80 cm hoher, silbrig bemehlter Strauch.
Blätter: Die unteren gegenständig, sonst büschelig stehend, fleischig, länglich, elliptisch oder verkehrt-eiförmig, am Grunde keilförmig verschmälert.
Blüten: Unscheinbar, gelblich, eingeschlechtlich, in kleinen Knäueln, die zu endständigen, blattlosen, ährigen oder rispigen Ständen zusammenstehen, Blütenhülle der männlichen Blüten 5(–4)-teilig, häutig, weibliche Blüten mit 2 Vorblättern, Juli–Oktober.
Früchte: Nüßchen, die von den vergrößerten Vorblättern umgeben sind.
Verbreitung: Küsten des Mittelmeeres, des Schwarzen Meeres, des Atlantiks, der Nordsee, in Salzmarschen, an Sandstränden, auch auf Salzböden im Binnenland.

Cistus albidus L.
Weißliche Zistrose

Familie: Cistaceae
Habitus: Immergrüner, bis 1 m hoher, weißfilzig behaarter Strauch.
Blätter: Gegenständig, 2–5 cm lang, länglich bis elliptisch, mit 3 deutlichen, parallelen Nerven, abgerundet bis stumpf, sitzend und halbstängelumfassend.
Blüten: Hell rosalila, 4–6 cm breit, zu 1–7 auf kräftigen, 5–20 mm langen Stielen, Kelchblätter breit-eiförmig, dicht zottig behaart, Griffel so lang wie die Staubblätter, April–Juni.
Früchte: 5-fächrige, sich 5-klappig öffnende Kapseln.
Verbreitung: SW-Europa, N-Afrika, in Garigues, degradierten Macchien und lichten Wäldern, vorwiegend auf Kalk.
Allgemeines: *C. parviflorus* Lam. (östl. Mittelmeergebiet) hat 2–3 cm breite, blassrosa Blüten mit sitzender Narbe und 1–3 cm lange, undeutlich 3-nervige, graufilzige Blätter.

Cistus creticus L.
Kretische Zistrose

Familie: Cistaceae
Habitus: Immergrüner, 0,5–1 m hoher, gedrungener Strauch.
Blätter: Gegenständig, 1,5–2,5(–5) cm lang, sitzend, eiförmig, graugrün, fiedernervig, Nerven oberseits vertieft.
Blüten: Purpurfarben rot oder dunkelrosa, 5–6 cm breit, zu 3–5, lang zugespitzt, Dezember–Juni.
Früchte: Fächrige Kapseln.
Verbreitung: S-Europa, Mittelmeergebiet, in offenen Wäldern und Macchien.
Allgemeines: Bei subsp. *creticus* Blätter drüsig-klebig, am Rand gewellt, grün, junge Zweige und Blütenstiele oft mit Drüsenhaaren, Geruch harzig-aromatisch, bei subsp. *eriocephalus* (Viv.) Greuter et Burdet Blätter weniger drüsig, kaum klebrig, am Rand mehr oder weniger glatt, Stängel, Blütenstiele und Kelch oft mit langer, weißer Behaarung, Geruch mehr oder weniger krautig.

Cistus ladanifer L.
Lack-Zistrose

Familie: Cistaceae
Habitus: Immergrüner, bis 2,5 m hoher, stark drüsig-klebriger, aromatisch duftender Strauch.
Blätter: Gegenständig, 4–8(–12) cm lang, fast sitzend, linealisch-lanzettlich, von der Basis an bis auf 1/3 der Blattlänge 3-nervig, oberseits glänzend dunkelgrün und kahl, unterseits dicht weißfilzig.
Blüten: Weiß, mit auffälligem, dunkel- oder braunrotem Fleck am Grund der Blütenblätter, 7–10 cm breit, einzeln an kurzen Seitenzweigen, Griffel sehr kurz, April–Juni.
Früchte: 6- bis 10-fächrige Kapseln.
Verbreitung: SW-Europa, N-Afrika, Kanaren, in offenen Wäldern und Macchien.
Allemeines: Die fo. *latifolius* Duveau (Portugal) unterscheidet sich von der Art durch kleinere Blätter. Außerdem fehlt meist der Basalfleck auf den Blütenblättern.

Cistus laurifolius L.
Lorbeerblättrige Zistrose

Familie: Cistaceae
Habitus: Immergrüner, bis 1,5 m hoher, aufrechter Strauch, junge Zweige flaumig behaart und drüsig-klebrig.
Blätter: Gegenständig, 3–8(–9) cm lang, kurz gestielt, eiförmig oder eiförmig-lanzettlich, 3-nervig, oberseits dunkelgrün und kahl, unterseits dicht weißfilzig behaart.
Blüten: Weiß, 5–6 cm breit, lang gestielt, zu 4–8 in doldenähnlichen Ständen, Griffel sehr kurz, Kelchblätter 3, Juni–August.
Früchte: 5-fächrige Kapsel.
Verbreitung: SW-Europa, Mittel-Italien, östliches Mittelmeergebiet, in offenen Wäldern und Macchien.
Allgemeines: *C. clusii* Dunal (S-Spanien bis SO-Italien) hat weiße, 2–3 cm breite Blüten und 1nervige, 1–2,5 cm lange, am Rand eingerollte, oberseits dunkelgrüne, unterseits weißfilzig behaarte Blätter.

Cistus monspeliensis L.
Montpellier-Zistrose

Familie: Cistaceae
Habitus: Immergrüner, bis 1 m hoher, kompakter, stark aromatisch duftender Strauch, in den oberen Teilen drüsig-klebrig.
Blätter: Gegenständig, sitzend, am Grunde kaum verschmälert, 3-nervig, 1,5–5 cm lang, linealisch-lanzettlich oder linealisch, am Rand umgerollt, oberseits dunkelgrün (im Hochsommer braun), runzelig und spärlich behaart, unterseits dicht sternhaarig-filzig.
Blüten: Weiß, 2–3 cm breit, zu 2–8 in einseitswendigen Ständen, Griffel sehr kurz, April–Juni.
Früchte: 5-fächrige Kapsel.
Verbreitung: S-Europa, Mittelmeergebiet, NW-Afrika, Kanaren, in Garigues und Macchien, auf saurem Substrat, oft großflächig auftretend, vor allem nach Waldbränden.

Cistus salviifolius L.
Salbeiblättrige Zistrose

Familie: Cistaceae
Habitus: Immergrüner, bis 1 m hoher, dicht verzweigter, aromatisch duftender, aber nicht klebriger, graugrüner Strauch, junge Triebe sternhaarig.
Blätter: Gegenständig, gestielt, fiedernervig, 1–4 cm lang, eiförmig oder elliptisch, an der Basis abgerundet oder keilförmig, oberseits graugrün, rau und runzelig, unten heller, beiderseits sternhaarig.
Blüten: Weiß, 3–5 cm breit, Blütenblätter an der Basis oft mit gelbem Fleck, einzeln oder bis zu 4 in seitenständigen Wickeln, Griffel sehr kurz, April–Juni.
Früchte: Behaarte Kapseln.
Verbreitung: Mittelmeergebiet, östlich bis zum Kaukasus, in Hartlaubwäldern, Macchien und Garigues, kalkmeidend.
Allgemeines: *C. populifolius* L. hat grüne, glatte Blätter und 4–6 cm breite, weiße Blüten, heimisch auf der Iberischen Halbinsel, in Frankreich und Marokko.

Fumana arabica (L.) Spach
Arabisches Nadelröschen

Familie: Cistaceae
Habitus: 10–30 cm hoher, niederliegender oder aufsteigender Zwergstrauch.
Blätter: Wechselständig, ziemlich gleichmäßig verteilt und gleich lang, 5–12 mm lang, länglich-elliptisch, meist flach, grün oder anfangs gräulich, drüsig behaart bis verkahlend.
Blüten: Gelb, 1–1,5 cm breit, zu 1–7 traubig an den Zweigenden, die beiden äußeren Kelchblätter kleiner und schmaler als die inneren, die häutig und genervt sind, März–Juni.
Früchte: 3-klappige, 6–8 mm lange Kapsel.
Verbreitung: S-Europa, von Sardinien und Sizilien ostwärts, SW-Asien, N-Afrika, Garigues, Felsfluren, Macchien, besonders auf Kalk.
Allgemeines: Alle *Fumana*-Arten sind zierliche Zwergsträucher mit kleinen, teilweise nadelförmigen, meist wechselständigen Blättern und gelben Blüten.

Halimium lasianthum (Lam.) Spach
Gelbe Zistrose

Familie: Cistaceae
Habitus: Immergrüner, aufrechter oder niederliegender, 30–70 cm hoher, graufilziger Strauch.
Blätter: Gegenständig, 0,5–4 cm lang, 3nervig, kurz gestielt oder sitzend, länglich bis eiförmig-lanzettlich, spitz oder stumpf, oberseits dunkelgrün, unterseits weißfilzig oder beiderseits weiß-sternhaarig.
Blüten: Goldgelb, 4–5 cm breit, an der Basis der 5 Blütenblätter nicht gefleckt oder bei subsp. *formosum* (Curtis) Heyw. mit auffälligem, dunkelrotem Fleck, Kelchblätter 3, April–Juni.
Früchte: 3-klappig aufspringende Kapseln.
Verbreitung: S-Spanien, S-Portugal.
Allgemeines: *H. halimifolium* (L.) Willk. (westl. Mittelmeergebiet) unterscheidet sich von allen anderen, überwiegend gelbblühenden Arten durch die 5 schildförmig beschuppten Kelchblätter.

Helianthemum apenninum
(L.) Mill.
Apennin-Sonnenröschen

Familie: Cistaceae
Habitus: Immergrüner, locker aufgebauter, an der Basis vieltriebiger, niederliegend-aufrechter, bis 50 cm hoher, weichtriebiger Halbstrauch, Sprosse weiß bis grau behaart.
Blätter: Gegenständig, 0,8–3 cm lang, linealisch oder linealisch-länglich, am Rand mehr oder weniger stark umgerollt, oberseits grün oder grau- bis weißfilzig, unterseits dicht sternhaarig bis weißfilzig.
Blüten: Weiß, mit einem gelben Basalfleck, bis 2,8 cm breit, 5-zählig, zu 3–10 in traubenähnlichen Ständen, Kelchblätter 7–10 mm lang, unterseits behaart.
Früchte: 3-klappige, eiförmige Kapseln mit bleibendem Kelch.
Verbreitung: S- und W-Europa, nördlich bis Mittel-Deutschland, Mittelmeergebiet, Kleinasien, NW-Afrika.

Helianthemum croceum
(Desf.) Pers.
Gelbes Sonnenröschen

Familie: Cistaceae
Habitus: 5–30 cm hoher, sehr variabler, mehr oder weniger rasenartig wachsender Strauch, Sprosse niederliegend bis aufrecht.
Blätter: Gegenständig, 0,5–2 cm lang, rundlich bis linealisch-lanzettlich, fleischig, Rand flach oder mehr oder weniger stark zurückgerollt, meist beiderseits sternhaarig-filzig, Nebenblätter länger als der Blattstiel.
Blüten: Orangegelb, leuchtendgelb oder weiß, 2 cm breit, zu 3–15 in trugdoldigen Ständen, Kelchblätter zwischen den Rippen sternhaarig-filzig, auf den Rippen deutlich sternhaarig-filzig oder rauhaarig, Mai–Juni.
Früchte: 3-fächrige Kapseln mit bleibendem Kelch.
Verbreitung: Westliches Mittelmeergebiet, Portugal, in Gebüschen, lichten Wäldern und an Berghängen.

Zwerggehölze

Helianthemum lavandulifolium Mill.
Lavendelblättriges Sonnenröschen

Familie: Cistaceae
Habitus: 10–50 cm hoher, aufrechter, dicht graufilzig behaarter Halbstrauch.
Blätter: Gegenständig, linealisch-lanzettlich, 1–5 cm lang, am Rande umgerollt, oberseits graugrün, angedrückt behaart, unterseits weißfilzig, Nebenblätter schmal-linealisch, gelegentlich hinfällig.
Blüten: Sehr zahlreich, 1,5–2 cm breit, gelb, in 3- bis 5-fach gabelig verzweigten Ständen, Blütenstandsäste anfangs schneckenförmig eingerollt, später gestreckt, Kelchblätter bewimpert, die beiden äußeren schmal-lanzettlich, die 3 inneren eiförmig-lanzettlich und viel länger, März–Juni.
Früchte: Kapseln kürzer als der Kelch.
Verbreitung: Mittelmeergebiet, Garigues, Felsfluren, lichte Wälder, vorwiegend auf Kalk.

Cneorum tricoccon L.
Zwergölbaum, Zeiland

Familie: Cneoraceae
Habitus: Immergrüner, 0,3–1,3 m hoher, aufrechter, gabelig verzweigter Strauch.
Blätter: Wechselständig, sitzend, ledrig, 1–3 cm lang, länglich, vorne stumpf mit aufgesetzter Spitze, an der Basis verschmälert.
Blüten: Zwittrig, klein, unscheinbar, kurz gestielt, 3- bis 4-teilig, einzeln oder zu 2–3 in den oberen Blattachseln, Kelchblätter etwa 1 mm lang, eiförmig, bleibend, Kronblätter etwa 5 mm lang, gelblich, März–Juni.
Früchte: Auffällig, steinfruchtartig, mit meist 3 von einem Mittelsäulchen sich lösenden, 2-fächrigen, 5 mm großen, kugeligen, roten, zur Reife schwarzen Teilfrüchtchen.
Verbreitung: Westliches Mittelmeergebiet, von Spanien bis Mittel-Italien, in Macchien und immergrünen Wäldern, meist auf steinigen Kalkböden.

Ephedra distacha L.
Gemeines Meerträubel

Familie: Ephedraceae
Habitus: 20–50(–100) cm hoher, niederliegend-aufsteigender Strauch mit unterirdischen Ausläufern, Zweige blau- oder dunkelgrün, schachtelhalmartig, ziemlich steif, fein gestreift, Internodien 1,5–5 cm lang, gerade oder gebogen.
Blätter: Schuppenartig, 2 mm lang, in der Mitte des Strauches auf dem Rücken grün, seitlich trockenhäutig und weißlich grau.
Blüten: 2-häusig, unscheinbar, grünlich, männliche Blütenstände sitzend oder gestielt, eiförmig-länglich, mit 4–8 Paar Blüten, weibliche Blüten 2-blütig und meist von 3 Hochblattpaaren umgeben, März–Juni.
Früchte: 6–7 mm dick, kugelig, beerenartig, rot.
Verbreitung: S-Europa, nördlich bis N-Frankreich, S-Slowakei, Mittel-Ukraine sowie S- und O-Rußland bis Mittel-Asien.

Ephedra major Host
Großes Meerträubel

Familie: Ephedraceae
Habitus: Aufrechter oder aufstrebender, 1–2 m hoher Strauch, Zweige graugrün, rau (subsp. *major*) oder ganz glatt (subsp. *procera*), Mark rotbraun.
Blätter: Bis 3 cm lang, vollständig häutig, alte Blattscheiden dunkelbraun.
Blüten: Männliche Blütenstände sitzend, mit 2–4 Paar Blüten, weibliche Blütenstände kurz gestielt, 1-blütig, meist mit 2 Paar Brakteen.
Früchte: 5–7 mm dick, rot oder gelb, Samen eiförmig.
Verbreitung: Makronesien, Spanien, Mittelmeergebiet, W-Asien.
Allgemeines: Häufig im Mittelmeergebiet und S-Portugal auch *E. fragilis* Desf., ein niederliegender oder bis 5 m hoch kletternder, dicht verzweigter Strauch mit biegsamen, dunkelgrünen Zweigen, bis 2 mm langen Blättern und 8–9 mm langen, roten Früchten.

Erica umbellata L.
Dolden-Heide

Familie: Ericaceae
Habitus: Immergrüner, 30–70 cm hoher Strauch, Zweige aufrecht oder aufsteigend, junge Triebe fein behaart.
Blätter: Meist zu 3 in Quirlen, linealisch, 4 mm lang.
Blüten: Zu 3–6 in Dolden an den Triebenden, Krone eirundlich-krugförmig, 4 mm lang, rot oder rosa, Saumzipfel breit, Staubblätter herausragend, Staubbeutel bis zur Mitte gespalten, März–Juni.
Früchte: Vielsamige, 4-klappige Kapsel.
Verbreitung: Spanien, Portugal, Marokko.
Allgemeines: Neben den strauchförmigen *Erica*-Arten (siehe Kapitel Immergrüne Laubgehölze) kommen im Mittelmeergebiet auch einige niedrig bleibende Arten vor. *Erica erigena* R. Ross (SW-Frankreich, Portugal, Spanien): etwa 1 m hoher Strauch, Blätter zu 4 in Quirlen, Blüten im März–Mai, rosarot, zu 1–2 achselständig an den Enden der vorjährigen Zweige.

Euphorbia acanthothamnos
Heldr. et Sart. ex Boiss.
Dornbusch-Wolfsmilch

Familie: Euphorbiaceae
Habitus: Niedriger, 20–60 cm hoher, dichte, halbkugelige Polster bildender, dicht und sparrig verzweigter, stark dorniger Strauch, vorjährige Zweige und Doldenstrahlen steif, bleibend und stechend.
Blätter: Elliptisch, 0,5–2 cm lang, frischgrün, Hüllblätter am Grunde des Blütenstandes wie die Stängelblätter.
Blüten: Dolden meist 3-strahlig, Strahlen häufig 2- bis 3-mal gegabelt, Tragblätter gelblich, verkehrt-eiförmig, Honigdrüsen fast kreis- oder eiförmig, März–Mai.
Früchte: 3–4 mm große Kapsel mit kurzen, zylindrischen Warzen.
Verbreitung: Griechenland mit umliegenden Inseln, W-Anatolien, Phrygana, Igelpolsterheiden, Felsfluren, degradierte Eichen- und Zypressenwälder, von der Ebene bis 2 000 m ansteigend.

Euphorbia dendroides L.
Baumartige Wolfsmilch

Familie: Euphorbiaceae
Habitus: 0,5–2(–3) m hoher, kahler, halbkugeliger Busch oder kleiner Baum mit armdicken Stämmchen und kräftigen Zweigen, Verzweigung regelmäßig gabelig.
Blätter: Länglich-lanzettlich, 2,5 cm lang, vom Herbst bis Mai vorhanden, bei Trockenheit abfallend, Hüllblätter am Grunde des Blütenstandes etwas breiter und kürzer.
Blüten: In 5- bis 8(–10-)strahligen Dolden, Honigdrüsen rundlich, unregelmäßig gelappt, April–Juni.
Früchte: Fruchtkapseln 5–6 mm lang, seitlich zusammengedrückt, glatt, grau.
Verbreitung: Lokal im ganzen Mittelmeergebiet, auf Felsen in Küstennähe, in Macchien, Garigues, Felsfluren, auf nährstoffreichem Rotlehm, nicht selten bestandsbildend.
Allgemeines: Auffällige, unverwechselbare Art.

Euphorbia spinosa L.
Dornige Wolfsmilch

Familie: Euphorbiaceae
Habitus: Bis 30 cm hoher, reich verzweigter, kugeliger Dornstrauch, abgestorbene Doldenstrahlen mehr oder weniger bleibend, starr, aber nicht stechend.
Blätter: 5–15(–20) mm lang, lanzettlich oder linealisch-lanzettlich, ganzrandig, blaugrün, Hüllblätter verkehrt-eiförmig, etwa so lang, aber viel breiter als die Laubblätter.
Blüten: Dolden mit 1–5 Strahlen und je einer Scheinblüte, die von gelben, eiförmigen oder verkehrt-eiförmigen Tragblättern umgeben sind, April–Juni.
Früchte: Kapseln 3–4 mm lang, mit langen, kegelförmigen Warzen.
Verbreitung: Mittelmeerregion, von Frankreich bis Albanien, Garigues, steinige Hänge, kalkliebend.

Anthyllis barba-jovis L.
Jupiters Bart

Familie: Fabaceaae
Habitus: Immergrüner, 0,5–1,5 m hoher, aufstrebender, locker verzweigter, silbrig erscheinender Strauch.
Blätter: Wechselständig, unpaarig gefiedert, Blättchen (9–)13–19, schmal-elliptisch bis schmal verkehrt-eiförmig, oberseits locker grün-seidig, unterseits dicht silbrig-seidig behaart.
Blüten: In dichten, endständigen Köpfchen aus mehr als 10 blassgelben, 9–10 mm langen Blüten, Blütenstand wird von einem in fingerförmige Abschnitte geteilten Hochblatt getragen, Kelch 4–6 mm lang, röhrig-glockig, mit 5 langen, 3-eckigen Zähnen, die kürzer sind als die weißlich behaarte Röhre, April–Juni.
Früchte: 1-samige Hülsen.
Verbreitung: Mittelmeergebiet, von O-Spanien bis N-Jugoslawien, an steinig-felsigen Standorten in Küstennähe, oft als Zierstrauch in Kultur.

Anthyllis cytisoides L.
Ruten-Wundklee

Familie: Fabaceae
Habitus: Bis 1 m hoher, straff aufrechter, dornenloser Strauch, Zweige rutenförmig, wie die Blätter weiß- oder graufilzig.
Blätter: Die unteren einfach, die oberen 3zählig, Endblättchen schmal-elliptisch, viel größer ist als die beiden seitlichen.
Blüten: Einzeln oder zu 2–3 in den Achseln von einfachen, elliptischen bis eiförmigen, zugespitzten Tragblättern, einen langen, ährenähnlichen Blütenstand bildend, Krone 5–8 mm lang, blassgelb, Kelch zottig behaart, 4,5–7 mm lang, mit 5 gleichen Zähnen, die kürzer sind als die Kronröhre, März–Juni.
Früchte: Hülsen 1-samig, kahl.
Verbreitung: Spanien, Balearen, S-Frankreich, NW-Afrika, Garigues, besonders in Küstennähe.
Allgemeines: *A. terniflora* (Lag.) Pau (Spanien, Marokko) unterscheidet sich durch ungeteilte Blätter.

Anthyllis hermanniae L.
Hermannia-Wundklee

Familie: Fabaceae
Habitus: Bis 50 cm hoher, dicht und sparrig verzweigter Strauch, Zweige gedreht, die Spitzen in Dornen endend, grauweiß behaart.
Blätter: Wechselständig, einfach oder 3zählig, Blättchen bis 1 cm lang, länglich-spatelförmig oder länglich verkehrt-eiförmig, am Rand zurückgerollt, beiderseits seidig behaart.
Blüten: Einzeln oder bis zu 2–8 in den Blattachseln, einen langen, unterbrochenen Blütenstand bildend, Blütenkrone gelb, 5–9 mm lang, gekrümmt, Kelch 3–5 mm, mit 5 etwa gleich langen Zähnen, diese kürzer als die seidig behaarte Kelchröhre, April–Mai.
Früchte: 1-samige, 5 mm lange, eiförmige, kahle Hülsen.
Verbreitung: Mittelmeergebiet, fehlt auf der Iberischen Halbinsel und in Frankreich, an sonnigen, trockenen Plätzen.

Astragalus angustifolius Lam.
Schmalblättriger Tragant

Familie: Fabaceae
Habitus: Bis 20 cm hoher, dichte, dornige Polster bildender Strauch.
Blätter: Wechselständig, paarig gefiedert, 2,5–6 cm lang, die Spindel in einen Dorn endend, Blättchen zu 6–10 Paaren, schmal-elliptisch bis linealisch, 2–7 mm lang, spitz bis stumpflich, beiderseits dicht mit angedrückten Haaren bedeckt.
Blüten: Zu 3–12 in Trauben, Fahne 13–23 mm, weiß, Kiel gelegentlich purpurfarben, Mai–Juni.
Früchte: 10–15 mm lange, trockene, länglich-lanzettliche, 3-kantige Hülse.
Verbreitung: Balkanhalbinsel, Thasos, Kreta, Igelpolsterheiden auf trockenen Felshängen in supalpinen Lagen.
Allgemeines: Ähnlich ist *A. massiliensis* (Mill.) Lam., die in Küstengarigues von SW-Europa vorkommt. Die Blüten von *A. sempervirens* Lam. (Gebirge von S-Europa) sind weiß bis purpurfarben, selten gelb.

Zwerggehölze

Bituminaria bituminosa (L.) C. H. Sirt. (Psoralea bituminosa L.)
Asphaltklee

Familie: Fabaceae
Habitus: Ausdauernd, 20–100 cm hoch, mehr oder weniger dicht anliegend behaart, auffällig nach Teer riechend, Stängel an der Basis verholzt.
Blätter: 3-zählig, lang gestielt, Blättchen 1–6 cm lang, linealisch-lanzettlich bis eiförmig, ganzrandig, drüsig punktiert.
Blüten: Zu 3–7 in langgestielten Köpfchen, Krone 10–15 mm lang, blauviolett bis weiß, Kelch ungleich 5-zähnig, April–August.
Früchte: 1-samige Hülse mit 6–10 mm langem, schwertförmigem Schnabel.
Verbreitung: Mittelmeergebiet, Kanaren, Arabien, Brachland, Ruderalstellen, Sandküsten, Garigues.
Allgemeines: var. *palaestina* (Gouan) R. Jahn: Pflanze hochwüchsig, am Grunde verholzt, Blätter groß, Blütenköpfchen groß, reichblütig.

Coronilla emerus L.
Strauchige Kronwicke

Familie: Fabaceae
Habitus: Winter- oder sommergrüner, 1 (–2) m hoher Strauch, Zweige grün, kantig.
Blätter: Wechselständig, unpaarig gefiedert, 2,5–6 cm lang, Blättchen 5–9, verkehrt-eiförmig, 1–2 cm lang, oberseits smaragdgrün, unterseits leicht blaugrün.
Blüten: Zu 2–5 in gestielten Dolden, nickend, gelb, duftend, Fahne 14–22 mm lang, oft rot gezeichnet, Nagel der Kronblätter 2- bis 3-mal so lang wie der rötlich grüne Kelch, April–Juni.
Früchte: 5–10 cm lange, gerade, mehr oder weniger walzliche Hülsen mit 3–12 nur wenig eingeschnürten Gliedern.
Verbreitung: Mittel- und SO-Europa, bis S-Norwegen und O-Spanien, Kleinasien, Syrien, N-Afrika, in lichten Wäldern und an Waldrändern, häufig als Zierstrauch.
Allgemeines: *C. valentina* L. (Mittelmeergebiet): Blättchen 5–15, Nagel der Kronbätter etwa so lang wie der Kelch.

Coronilla juncea L.
Binsenartige Kronwicke

Familie: Fabaceae
Habitus: 20–100 cm hoher Strauch mit grünen, binsenartigen, gefurchten Zweigen und langen Internodien.
Blätter: Wechselständig, unpaarig gefiedert, hinfällig, die 3–7 Blättchen fleischig, 5–25 mm lang, linealisch oder länglich.
Blüten: Zu 5–12 in Köpfchen, Fahne 5–12 mm lang, gelb, April–Juni.
Früchte: 1–5 cm lange, schwach 4-kantige, nur wenig gekrümmte, kaum gegliederte Hülsen mit 2–11 Segmenten.
Verbreitung: Westliches Mittelmeergebiet bis W-Jugoslawien und S-Portugal, vor allem in Küstengarigues.
Allgemeines: C. vaginalis Lam.: Bis 50 cm hoher Strauch, Blättchen zu 5–13, 4–10 mm lang, verkehrt-eiförmig bis fast rundlich, Blüten gelb, zu 4–10 in Köpfchen, Gebirge von Mittel-Europa bis Italien, Jugoslawien und Albanien.

Erinacea anthyllis Link
Igelginster

Familie: Fabaceae
Habitus: Bis 30 cm hoher, halbkugeliger, dichter, sommergrüner Zwergstrauch, Zweige sparrig, starr, mit Dornenspitzen, anfangs seidig behaart.
Blätter: Gegenständig oder die oberen wechselständig, an den Triebenden gehäuft, bald abfallend, meist einfach, gelegentlich 3-zählig, kurz gestielt, schmal länglich-lanzettlich, 6–12 mm lang, seidig behaart.
Blüten: Zu 1–3 kurz gestielt, in den oberen Blattachseln, violettblau, etwa 2,5 cm lang, Fahne an der Basis leicht geöhrt, Kelch 2-lippig, bleibend, röhrig, aufgeblasen, Mai–Juni.
Früchte: Schmal-längliche, trockene Hülsen mit 4–6 Samen.
Verbreitung: Gebirge in S-Frankreich, Korsika, Spanien, Algerien, Tunesien, an sonnigen, trockenen, steinigen Hängen, meist auf Kalkböden.

Genista aspalathoides Lam.
Aspalathusähnlicher Ginster

Familie: Fabaceae
Habitus: Dicht verzweigter, polsterbildender Strauch, die Zweige in Dornen endend.
Blätter: Meist 3-zählig, Blättchen 3–12 mm lang, schmal verkehrt-lanzettlich, an den Rändern eingerollt, beiderseits kurz grau behaart.
Blüten: Einzeln oder zu mehreren in den Achseln von Hochblättern, zu lockeren Trauben vereint, Kelch 2-lippig, 5–6 mm lang, seidig behaart, Lippen länger als die Kelchröhre, Fahne gelb, 10–12 mm lang, wie der Kiel breit-eiförmig, beide spärlich bis dicht behaart, Ende Juni bis Anfang Juli.
Früchte: Hülsen schmal-länglich, seidig behaart.
Verbreitung: Sizilien.
Allgemeines: Einen ähnlichen Habitus hat G. acanthoclada DC., heimisch im östlichen Mittelmeergebiet.

Genista hispanica L.
Spanischer Ginster

Familie: Fabaceae
Habitus: Bis 50 cm hoher, niederliegender bis aufrechter, sehr dicht verzweigter, mehr oder weniger rundlicher Strauch mit achselständigen Dornen.
Blätter: Einfach, sitzend, 6–10 mm lang, lanzettlich bis verkehrt-lanzettlich, unterseits dicht angedrückt behaart, nur an blühenden Zweigen vorhanden.
Blüten: Zu 2–12 in endständigen, aufrechten Köpfchen, goldgelb, Fahne breit-eiförmig, schwach ausgerandet, kahl, Kiel behaart, Kelch wie bei allen Genista-Arten 2-lippig, Juni–Juli.
Früchte: Hülsen länglich, spitz, mehr oder weniger stark behaart.
Verbreitung: N-Spanien, S-Frankreich.
Allgemeines: Im gleichen Gebiet verbreitet ist auch G. scorpius (L.) DC.: Blüten sitzen unmittelbar auf den achselständigen Dornen oder an Kurztrieben, die den Dornen entspringen.

Genista horrida (Vahl) DC.
Abschreckender Ginster

Familie: Fabaceae
Habitus: 30–60 cm hoher, dicht verzweigter, starrer, kissenartig wachsender Strauch, Triebe kahl, später starr und stechend.
Blätter: Gegenständig, 3-zählig, Blättchen 4–9 mm lang, schmal-lanzettlich, gefaltet, oberseits kahl, unterseits seidig behaart.
Blüten: Meist zu 2, gegenständig, gelb, Kelch 7–12 mm lang, spärlich seidig behaart, Fahne 12–16 mm lang, kahl oder spärlich seidig behaart, Juni–September.
Früchte: Hülsen 9–14 mm lang, zottig behaart.
Verbreitung: Südliches Mittel-Frankreich, N-Spanien (Pyrenäen), an Kalkfelsen und steinigen Hängen.
Allgemeines: Nahe verwandt sind *G. boissieri* Spach: Blüten gelegentlich zu 4; und *C. lusitanica* (L.) Rothm.: Blüten zu 3–9 in endständigen Büscheln.

Genista lydia Boiss.
Lydischer Ginster

Familie: Fabaceae
Habitus: Bis 1 m hoher, niederliegender bis aufrechter, unbewehrter Strauch, Zweige bogig abwärts gekrümmt, graugrün, oft bläulich bereift, 4-kantig, nicht geflügelt, unbewehrt, aber mit etwas dorniger Spitze.
Blätter: Wechselständig, einfach, linealisch-lanzettlich oder linealisch-länglich, spitz, 3–10 mm lang, ganzrandig, fast kahl.
Blüten: Goldgelb, zu wenigen in kurzen, dichtblütigen Trauben an seitenständigen Trieben, Kelch 3,5–5 mm lang, kahl, die Lippen so lang wie die Röhre, Fahne 10–12 mm lang, breit-eiförmig, Mai–Juni.
Früchte: Hülsen etwa 2,5 cm lang, flach, kahl.
Verbreitung: Östlicher Teil der Balkanhalbinsel, Bulgarien, Griechenland, Jugoslawien, Türkei, häufig als Zierstrauch in Kultur.

Genista sylvestris Scop.
Wald-Ginster

Familie: Fabaceae
Habitus: Niederliegender, dicht verzweigter, bis 20 cm hoher, horniger oder unbedornter Strauch, nichtblühende Zweige meist mit einfachen oder verzweigten, achselständigen Dornen, junge Triebe seidig behaart.
Blätter: Einfach, sitzend, bis 2 cm lang, schmal-länglich oder elliptisch, unterseits schwach flaumhaarig.
Blüten: An diesjährigen Trieben, in langen, lockeren, endständigen Trauben, goldgelb, Kelch 5–7 mm lang, spärlich seidig behaart, Fahne 7–8 mm lang, 3-eckig, die Basis schwach herzförmig, Nagel weniger als 2 mm lang, Mai–Juni.
Früchte: 6 mm lange, eiförmig-zugespitzte, spärlich seidig behaarte Hülse mit 1–2 Samen.
Verbreitung: Küstenbereiche von Albanien und Jugoslawien bis S- und M-Italien, auf flachgründigen, trockenen Böden.

Ononis aragonensis Asso
Aragon-Hauhechel

Familie: Fabaceae
Habitus: 15–30 cm hoher, niederliegend-aufrechter, lockerer, sommergrüner Strauch, Zweige oft stark gewunden, dicht behaart, dazwischen vereinzelt kurze Drüsenhaare.
Blätter: Wechselständig, 3-zählig, Blättchen ledrig, 4–10 mm lang, elliptisch bis fast rundlich, vorne stumpf oder ausgerandet.
Blüten: Gelb, in langen, lockeren, endständigen Rispen, Fahne 12–18 mm lang, Mai–Juni.
Früchte: Hülsen 7–8 mm lang, mit 1–2 dunkel grünlich braunen, 3–4 mm dicken Samen.
Verbreitung: Pyrenäen, O- und S-Spanien.
Allgemeines: Von den verholzenden, zwergstrauchigen Arten der Gattung haben auch *O. crispa* L., *O. minutissima* L., *O. speciosa* Lag. und *O. stricta* Gouan gelbe Blüten.

Ononis spinosa L.
Dornige Hauhechel

Familie: Fabaceae
Habitus: 0,8–1 m hoher, aufrechter oder aufstrebender, mindestens im unteren Bereich dorniger, ätherische Öle enthaltender Strauch, Zweige mehr oder weniger stark behaart und spärlich drüsig.
Blätter: Meist 3-zählig, dicht drüsig behaart, die Blättchen sehr unterschiedlich geformt, das mittlere Blättchen mindestens doppelt so lang wie breit.
Blüten: Zu 1–3 an Kurztrieben in den Blattachseln an den Triebenden, die dadurch zu mäßig dichten Trauben werden, Krone 6–20 mm lang, rosarot oder hell rotviolet, Mai–Juni
Früchte: Hülsen 6–10 mm lang, 1- oder mehrsamig, Samen 2 mm lang, braun oder schwärzlich.
Verbreitung: W-, Mittel- und S-Europa, Mittelmeergebiet, N-Afrika, Vorder- und M-Asien, in Halbtrockenrasen und auf extensiv genutzten Weiden.

Ulex europaeus L.
Stechginster

Familie: Fabaceae
Habitus: 0,5–2 m hoher, dicht verzweigter, sehr dorniger Strauch, Zweige gerillt, grau bis rötlich braun behaart.
Blätter: Zu 5–10 mm langen, meist weichen Phyllodien reduziert, in deren Achseln starre, meist verzweigte, 12–25 mm lange, etwas gerillte Dornen.
Blüten: Einzeln oder zu 2 in den Achseln ungeteilter, schuppenförmiger, 2–7 mm breiter Blättchen an den Zweigenden, gelb, 1,5–2 cm lang, Fahne und Flügel etwas länger als das Schiffchen, April–Juni.
Früchte: Behaarte, 1–2 cm lange Hülsen.
Verbreitung: W-Europa, NW-Deutschland bis Italien, sonst häufig kultiviert und eingebürgert, in Garigues und lichten Wäldern, vorwiegend auf sauren Böden.
Allgemeines: Einige weitere *Ulex*-Arten mit meist kleineren Blüten sind nur lokal verbreitet.

Globularia alypum L.
Strauchige Kugelblume

Familie: Globulariaceae
Habitus: Immergrüner, reich verzweigter, 0,2–1 m hoher Strauch, Zweige aufrecht, bis zum Blütenstand beblättert, Triebe und Blätter mit zahlreichen Kalksekretionen.
Blätter: Ledrig, verkehrt lanzettlich-spatelig, stachelspitzig oder 3-zähnig, an alten Zweigen büschelig stehend.
Blüten: Blau, duftend, in kugeligen, 10–25 mm breiten Köpfchen, umgeben von dachziegelig angeordneten, breit-eiförmigen, bewimperten Hochblättern, Einzelblüten röhrenförmig, mit kurzer, 2-zähniger Oberlippe und 3-zipfeliger Unterlippe, Kelchzähne lang bewimpert, die 4 Staubblätter weit hervorragend, Oktober–April.
Früchte: Nüßchen, vom bleibenden Kelch eingeschlossen.
Verbreitung: Mittelmeergebiet, Garigues, Felsfluren, Straßenböschungen.

Hypericum androsaemum L.
Mannsblut

Familie: Guttiferae
Habitus: Sommergrüner, 30–70 cm hoher, aufrechter Strauch, Triebe 2-kantig.
Blätter: Gegenständig, sitzend, 4–15 cm lang, breit-eiförmig bis eiförmig-länglich, abgerundet, Basis keil- bis herzförmig, oberseits stumpfgrün, unterseits weißlich, mit dunklen Drüsen.
Blüten: Zu 1–11 in endständigen Büscheln, goldgelb, 5-zählig, Kelchblätter zurückgeschlagen, bleibend, Kronblätter 6–12 mm lang, verkehrt-eiförmig, die zahlreichen Staubblätter in freien Bündeln, kürzer als die Kronblätter, Juni–September.
Früchte: Beerenartig, 8–10 mm dick, breit zylindrisch-ellipsoid bis rundlich, fleischig, anfangs rötlich, später schwarz.
Verbreitung: W- und S-Europa, Mittelmeergebiet, Kleinasien, Kaukasus, Algerien, Tunesien, an feuchten oder schattigen Plätzen.

Hypericum hircinum L.
Bocks-Johanniskraut

Familie: Guttiferae
Habitus: Immergrüner, 30–100 cm hoher Strauch, Zweige braunrot, 2-kantig,
Blätter: Gegenständig, 2–6,5 cm lang, schmal-lanzettlich oder breit-eiförmig, beim Zerreiben oft mit Bocksgeruch.
Blüten: Zu 1–8 in Trugdolden, gelb, Kronblätter 10–18 mm lang, verkehrt-lanzettlich bis schmal verkehrt-eiförmig, Staubblätter zu 5 Bündeln vereinigt, über die Kronblätter hinausragend, Griffel 3 bis 5mal so lang wie der Fruchtknoten, Juni–August.
Früchte: Rote oder grüne, 8–13 mm lange, ellipsoide oder fast zylindrische Kapseln.
Verbreitung: Mittelmeergebiet, in W-Europa eingebürgert, an Fluß- und Bachufern, Quellen und in Auenwäldern.
Allgemeines: *H. empetrifolium* Will. (östl. Mittelmeergebiet): Blätter 2–12 mm lang, zu 3 in Quirlen, Blüten 12–18 mm breit, in Rispen, Zymen oder einzeln.

Lavandula dentata L.
Gezähnter Lavendel

Familie: Lamiaceae
Habitus: Immergrüner, aufrechter, bis 1m hoher, reich verzweigter, aromatisch duftender, graufilziger Strauch.
Blätter: Gegenständig, länglich-linealisch bis lanzettlich, 1,5–3,5 cm lang, mit stumpfen Lappen kerbig gezähnt bis kammartig gefiedert, oberseits graugrün, unterseits graufilzig.
Blüten: In 2,5–5 cm langen, dichten Ständen aus 6- bis 10-blütigen Scheinquirlen, die oberen Hochblätter 8–15 mm lang, eiförmig, zugespitzt, auffällig purpurfarben, ohne Blüten in den Achseln, die 2-lippige Krone dunkel purpurfarben, 8 mm lang, Kelch 5–6 mm lang, 13-nervig, April–Juni.
Früchte: Nüßchen.
Verbreitung: S- und O-Spanien, Balearen, NW-Afrika, in Garigues.
Allgemeines: *L. angustifolia* L. siehe Kapitel Heil- und Gewürzpflanzen.

Lavandula multifida L.
Fiederblättriger Lavendel

Familie: Lamiaceae
Habitus: 0,5–1 m hoher, straff aufrechter Halbstrauch, Zweige graufilzig, z.T. auch langhaarig.
Blätter: Gegenständig, grün, meist doppelt fiederschnittig, spärlich behaart.
Blüten: Blauviolett, bis 12 mm lang, in 2-blütigen Quirlen, in langgestielten, 2–7 cm langen, gelegentlich an der Basis verzweigten, ährenartigen Ständen, ohne ausgeprägten Duft, Kelch 15 mm lang, 15-nervig, März–Juni.
Früchte: Nüßchen.
Verbreitung: Iberische Halbinsel, S-Italien, Sizilien, N-Afrika, Kanaren, Garigues, Felsfluren, Brachland.
Allgemeines: *L. lanata* Boiss. (endemisch in den Gebirgen Spaniens): Bis 1 m hoher Strauch, Stängel und Blätter bleibend weißfilzig, Blätter 3–5 cm lang, linealisch, Blüten 8–10 mm lang, lila, in 4–10 cm langen Ähren, Kelch 8nervig.

Lavandula stoechas L.
Schopf-Lavendel

Familie: Lamiaceae
Habitus: Immergrüner, 0,3–1 m hoher, aufrechter Strauch.
Blätter: Gegenständig, 1–4 cm lang, linealisch bis länglich-lanzettlich, ganzrandig, am Rand umgerollt, beiderseits graufilzig.
Blüten: In gestielten, 2–3 cm langen, dichten Scheinähren aus 6- bis 10-blütigen Quirlen, die in den Achseln von 4–8 mm langen, rhombisch-herzförmigen, filzigen Hochblättern stehen, die ganze Scheinähre wird überragt von den oberen, auffälligen, 1–5 cm langen, länglich verkehrt-eiförmigen, purpurfarbenen bis blauvioletten Hochblättern, Blütenkrone 2-lippig, 6–8 mm lang, dunkelviolett gefärbt, Kelch 4–6 mm lang, 13-nervig.
Früchte: Nüßchen.
Verbreitung: Mittelmeergebiet, Portugal, Garigues, lichte Macchien und Kiefernwälder, auf Silikatgestein.

Micromeria croatica
(Pers.) Schott
Kroatische Bergminze

Familie: Lamiaceae
Habitus: 10–20 cm hoher Strauch mit ansteigenden, meist unverzweigten, dicht abstehend, behaarten Sprossen.
Blätter: Gegenständig, bis 12 mm lang, breit-eiförmig, ganzrandig, kahl oder unterseits spärlich behaart.
Blüten: In ährenartigen Ständen aus kurz gestielten Quirlen mit bis zu 12 2-lippigen, bis 15 mm langen, violetten Blüten, Kelch 15-adrig, innen wollig behaart, Mai–Juli.
Früchte: Klausenfrüchte mit 4 Nüßchen.
Verbreitung: Jugoslawien.
Allgemeines: *M. graeca* (L.) Benth. ex Rchb. (Mittelmeergebiet, S- und M-Portugal): Blüten 6–13 mm lang, hell purpurfarben, zu 8–16 in Quirlen; *M. nervosa* (Desf.) Benth. (südl. Mittelmeergebiet): Blüten 4–6 mm lang, purpurfarben, zu 4–20 in Quirlen, Kelch lang und dicht abstehend behaart.

Phlomis fruticosa L.
Strauchnessel, Jerusalemsalvie

Familie: Lamiaceae
Habitus: Immergrüner, bis 1,3 m hoher, weiß- oder graugelb-filziger Strauch.
Blätter: Gegenständig, 3–9 cm lang, eiförmig-lanzettlich, ganzrandig oder schwach gekerbt, ledrig, oberseits durch eingesenkte Nerven runzelig, kurz sternhaarig, unterseits weißlich sternhaarig, Stiel bis 4 cm lang.
Blüten: Zu 14–36 in 1–3 weit auseinanderstehenden Scheinquirlen, Vorblätter meist lanzettlich, stumpf, sitzend oder gestielt, Hochblätter 1–2 cm lang, verkehrt-eiförmig oder breit-lanzettlich, sternhaarig-filzig, Krone 2,3–3,5 cm lang, Oberlippe helmartig, zur 3-lappigen, ausgebreiteten Unterlippe herabgebogen, goldgelb, März–Juni.
Früchte: Nüßchen kahl oder behaart.
Verbreitung: Mittelmeerregion, westwärts bis Sardinien, an trocken, steinigen Plätzen, oft als Zierstrauch gepflanzt.

Phlomis lychnitis L.
Filziges Brandkraut

Familie: Lamiaceae
Habitus: Immergrüner, aufrechter, bis 65 cm hoher, sternhaarig-filziger Strauch.
Blätter: Gegenständig, 5–11 cm lang, linealisch, schmal-elliptisch oder spatelförmig, in einen undeutlichen Blattstiel verschmälert, oberseits runzelig mit eingesenkten Nerven, unterseits weißfilzig.
Blüten: In langen, endständigen Ständen aus weit entfernt stehenden Scheinquirlen mit je 4–6 Blüten in den Achseln von 2 sitzenden, breit-eiförmigen oder rhombischen, stachelspitzigen Hochblättern, Blütenkrone 2–3 cm lang, gelb, mit helmförmiger, behaarter Ober- und 3-lappiger Unterlippe, Mai–Juni.
Früchte: Nüßchen 3-kantig, kahl.
Verbreitung: Iberische Halbinsel, Frankreich, in Grasfluren und Garigues.
Allgemeines: *P. cretica* C. Presl (Griechenland, Kreta, Rhodos): bis 40 cm hoch, Blüten gelb, zu 14–30 in Scheinquirlen.

Prasium majus L.
Großer Klippenziest

Familie: Lamiaceae
Habitus: Immergrüner, 0,5–1 m hoher, unregelmäßig verzweigter, nicht selten kletternder, kahler oder spärlich behaarter Strauch.
Blätter: Gegenständig, lang gestielt, 2–5 cm lang, eiförmig, zugespitzt, Rand gesägt oder gekerbt, am Grunde herzförmig oder gestutzt, oberseits glänzend dunkelgrün.
Blüten: Zu 1–2 in Quirlen, weiß oder blasslila, 17–23 mm lang, Oberlippe gewölbt, Unterlippe 3-teilig mit breitem Mittelabschnitt, in der Kronröhre ein Ring aus schuppenförmigen Haaren, Kelch 10-nervig, schwach 2-lippig, mit 5 kurz begrannten Zipfeln, zur Reifezeit bis auf 25 mm vergrößert, Februar–Juni.
Früchte: Steinfruchtartige, saftige Klausen.
Verbreitung: Mittelmeergebiet, Kanaren, Wälder, Macchien, Sanddünen, oft im Schutz größerer Sträucher.

Salvia fruticosa Mill.
Griechischer Salbei

Familie: Lamiaceae
Habitus: Reich verzweigter, 0,5–1,5 m hoher, aufrechter Strauch, Zweige drüsig behaart bis angedrückt weißfilzig.
Blätter: Eiförmig oder lanzettlich bis verkehrt-länglich, 5 cm lang, einfach oder mit 1–2 Paar eiförmigen Seitenabschnitten und großem, länglich-elliptischen Endabschnitt, oberseits etwas rau, unterseits weißfilzig.
Blüten: Zu 2–8 in Quirlen, Krone 16–25 mm lang, lila oder rosa, selten weiß, Kelch glockig, gezähnt, zur Fruchtzeit nicht auswachsend, März–Mai.
Früchte: Achäne aus 4 Nüßchen.
Verbreitung: Westl. und östl. Mittelmeergebiet, Anatolien, lichte Wälder, Phrygana, Olivenhaine, auf Kalk.
Allgemeines: Verholzende Arten sind auch *S. lavandulifolia* Vahl. (Spanien, S-Frankreich, N-Afrika) und *S. triloba* L. f. (östl. Mittelmeergebiet, S-Italien, Sizilien).

Satureja thymbra L.
Thymbra-Bergminze

Familie: Lamiaceae
Habitus: 10–40 cm hoher, reich verzweigter, halbkugeliger, aromatischer Strauch, Zweige grau behaart.
Blätter: Sitzend, 7–12 mm lang, länglich bis verkehrt-eiförmig, spitz, gefaltet, kurz borstig behaart und drüsig punktiert.
Blüten: In entfernt stehenden, dichten, kugeligen, armblütigen Scheinquirlen, die 2-lippige Krone mit 3-lappiger Unterlippe, rosa oder rötlich purpurfarben, 8–12 mm lang, Kelch 4–7 mm lang, 19-nervig, die 5 nahezu gleichen Kelchzähne zugespitzt, außen mit langen, weißen, abstehenden Haaren, Tragblätter länglich oder lanzettlich, etwa so lang wie die Kelchblätter und diese verdeckend, April–Mai.
Früchte: Achäne aus 4 Nüßchen.
Verbreitung: S-Ägäis, S-Küste von Sardinien, Garigues, vorwiegend auf Kalk.
Allgemeines: *S. montana* siehe Kapitel Heil- und Gewürzpflanzen.

Sideritis syriaca L.
Syrisches Gliedkraut

Familie: Lamiaceae
Habitus: 50–100 cm hoher, grau- oder weißwollig behaarter Halbstrauch.
Blätter: Untere 1–6 cm lang, länglich bis schmal verkehrt-eiförmig, ganzrandig, gekerbt oder gesägt, obere bis 8 cm lang.
Blüten: Zu je 6–10 in 5–20 meist entfernten Quirlen, Krone 10–15 mm lang, gelb, alle Kelchzähne gleich, Tragblätter ganzrandig, breit-eiförmig bis fast kreisförmig, mit deutlicher Spitze, die mittleren höchstens so lang wie die Blüten, Juni–August.
Früchte: Achäne mit 4 Nüßchen.
Verbreitung: Sizilien bis zur Krim, in Igelposterheiden, steinige Berghänge.
Allgemeines: *S. curvidens* Stapf (S-Balkan, Ägäis): Pflanze krautig, Blätter elliptisch-rhombisch, in der oberen Hälfte gekerbt, Krone 7–10 mm, gelb, purpurn oder weiß.
S. incana L. (Spanien): halbstrauchig, bis 60 cm hoch, Blätter bis 4 cm lang, linealisch, weißfilzig, Blüten gelb oder rosa.

Teucrium fruticans L.
Strauchiger Gamander

Familie: Lamiaceae
Habitus: Immergrüner, 0,3–1,5 m hoher, reich verzweigter Strauch, Zweige 4-kantig, weißfilzig.
Blätter: Gegenständig, bis 2,2 cm lang, kurz gestielt, lanzettlich bis eiförmig, stumpf, ganzrandig, flach, oberseits verkahlend und dann glänzend dunkelgrün, unterseits bleibend weiß- oder rötlich filzig.
Blüten: Gestielt, zu 2 in den oberen Blattachseln, insgesamt einen länglich, traubigen Blütenstand bildend, Krone blassblau bis lila, 1,5–2,5 cm lang, ohne Oberlippe, Unterlippe 5-lappig, mit lang ausgezogenem Mittellappen, Staubfäden weit herausragend, Kelch kurz glockig, außen weißfilzig, Februar–Juni.
Früchte: Nüßchen 4 mm lang, verkehrt-eiförmig, netzartig.
Verbreitung: Küstengebiete im westlichen Mittelmeergebiet, Portugal, Adriatische Inseln, häufig als Zierstrauch gepflanzt.

Teucrium polium L.
Marienkraut, Polei-Gamander

Familie: Lamiaceae
Habitus: Bis 45 cm hoher, vieltriebiger Halbstrauch, Zweige aufrecht oder ansteigend, weiß, grünlich oder golden filzig behaart.
Blätter: Gegenständig oder gebüschelt, sehr kurz gestielt, 7–27 mm lang, linealisch bis verkehrt-lanzettlich, flach oder Rand eingerollt.
Blüten: In dichten Köpfchen über blattähnlichen, gekerbten oder ganzrandigen Hochblättern, Krone weiß oder gelb bis rosa und purpurfarben, bis 8 mm lang, Oberlippe fehlend, Unterlippe 5-lappig, Kelch 3–5 mm lang, die 5 gleichen Zähne dicht behaart, April–Juni.
Früchte: Klausenfrüchte.
Verbreitung: subsp. *aureum* (Schreb.) Arcang. (mit goldener Behaarung) Gebirge im westlichen Mittelmeergebiet; subsp. *polium* in S-, Mittel- und O-Spanien, S-Frankreich, N-Afrika.

Thymus capitatus
(L.) Hoffm. et Link
Kopfiger Thymian

Familie: Lamiaceae
Habitus: Stark aromatisch duftender, 20–50(–150) cm hoher, buschiger Zwergstrauch mit ansteigenden bis aufrechten, weißfilzigen Zweigen.
Blätter: Schmal linealisch-lanzettlich, spitz, fast 3-kantig, Rand glatt, an der Basis spärlich gewimpert, an Langtrieben 6–10 mm lang, in der trockenen Jahreszeit abfallend, in deren Achseln Büscheln von kleinen, bleibenden Blättern.
Blüten: In dichten, länglich-kegelförmigen Köpfchen, Hochblätter 6 mm lang, grünlich, eiförmig bis lanzettlich, gewimpert, Blütenkrone rosarot, bis 10 mm lang, Mai–September.
Früchte: Klausenfrüchte mit 4 Nüßchen.
Verbreitung: Mittelmeergebiet, Portugal, vor allem in Garigues.
Allgemeines: Blätter sind, zusammen mit anderen Labiaten, Bestandteil von Oregano.

Zwerggehölze

Thymus longicaulis C. Presl.
Langstängeliger Thymian

Familie: Lamiaceae
Habitus: Niedriger Strauch mit kriechenden, nur wenig verholzenden Sprossen, blühende Sprosse dünn, meist nicht mehr als 10 cm hoch.
Blätter: Gegenständig, linealisch-lanzettlich bis elliptisch, krautig, manchmal fleischig, während der trockenen Jahreszeit oft abfallend, Mittelnerv mehr oder weniger undeutlich, an der Basis gewimpert.
Blüten: In ziemlich kompakten, endständigen Köpfchen über blattähnlichen Hochblättern, Krone purpurn, Kelch bis 3,5 mm lang, glockig, 2-lippig, April–Juni.
Früchte: Klausenfrüchte mit 4 Nüßchen.
Verbreitung: S-Europa, von der Türkei, Griechenland und Bulgarien westwärts bis SO-Frankreich, in Garigues.
Allgemeines: *T. longiflorus* Boiss. (SO-Spanien): Blüten purpurn, bis 15 mm lang, an den Zweigenden in bis 2,5 cm langen, dichten, kopfigen Ständen.

Thymus mastichiana L.
Portugiesischer Thymian

Familie: Lamiaceae
Habitus: Locker aufgebauter, bis 20 cm hoher Zwergstrauch mit aufrechten Zweigen und blattachselständigen Seitenzweigen.
Blätter: Schmal-eiförmig bis elliptisch-lanzettlich, 8–10 mm lang, oft mehr oder weniger fein gekerbt, unterseits filzig bis nahezu kahl.
Blüten: In lockeren, rundlichen, 1–2 cm breiten Köpfchen, die graugrünen Hochblätter wie die Laubblätter, Kronblätter weißlich, alle Kelchzähne lang bewimpert, sie geben dem Blütenstand ein fedriges Aussehen, Juni.
Früchte: Klausenfrüchte mit 4 Nüßchen.
Verbreitung: Spanien und Portugal.
Allgemeines: *T. tomentosus* Willd. (S-Portugal und SW-Spanien) unterscheidet sich durch 5 mm lange, ganzrandige Blätter und kleinere, dichtere Blütenköpfchen, Hochblätter von den Laubblättern verschieden.

Thymus villosus L.
Zottiger Thymian

Familie: Lamiaceae
Habitus: Dichte Polster bildender, 10–15 cm hoher Zwergstrauch, Zweige aufsteigend bis aufrecht, mit Seitenzweigen in den Blattachseln.
Blätter: 7–10 mm lang, linealisch bis verkehrt-lanzettlich, filzig behaart und bewimpert, Rand umgerollt.
Blüten: In bis 4 cm langen, länglich-kegelförmigen Ständen, Hochblätter bis 2 cm lang, eiförmig, spärlich gezähnt bis seicht gelappt, ledrig, purpurn gefärbt, die unteren oft nur grünlich, Krone 6–10 cm lang, purpurfarben, Kelch 4–6 mm lang, mit zylindrischer Röhre, die oberen Zähne lanzettlich, Juni.
Früchte: Klausenfrüchte mit 4 Nüßchen.
Verbreitung: SW-Spanien, S-Portugal.
Allgemeines: *T. cephalotos* L. (S-Portugal) unterscheidet sich durch die längere Blütenkrone und die auschließlich purpurn gefärbten, ganzrandigen Hochblätter.

Lavatera maritima Gouan
Strand-Strauchmalve

Familie: Malvaceae
Habitus: 0,3–1,2 m hoher, aufrechter Strauch, Triebe und Blätter dicht weißfilzig-sternhaarig, Zweige kahl, grau, runzelig.
Blätter: Wechselständig, im Umriß nahezu rundlich, 7–8 cm breit, oft kleiner, am Grunde gestutzt, meist leicht 5-lappig.
Blüten: Einzeln oder in Paaren, blassrosa oder bläulich rosa, die 5 Kronblätter 1,5–3 cm lang, an der Basis meist purpurn gefärbt, Außenkelch mit 3 fast freien Abschnitten, kürzer als die 3-eckig-eiförmigen, zugespitzten, sich zur Fruchtzeit vergrößernden Kelchblätter, Februar–Mai.
Früchte: Spaltfrucht mit 9–13 kahlen, scharfkantigen Teilfrüchten.
Verbreitung: Westliches Mittelmeergebiet, östlich bis Italien, Felsfluren, besonders in Küstennähe.
Allgemeines: *L. oblongifolia* Boiss. (S-Spanien): Pflanze gelblich flockig-filzig, Blätter eiförmig-lanzettlich, nicht gelappt.

Plantago sempervirens Crantz
Immergrüner Wegerich

Familie: Plantaginaceae
Habitus: Immergrüner, bis 40 cm hoher, meist reich verzweigter Strauch, Triebe kurz behaart, dicht beblättert.
Blätter: Quirlständig, bis 6 cm lang, linealisch oder linealisch-pfriemförmig, ganzrandig bis entfernt gezähnt.
Blüten: In 0,5–1,5 cm langen, lang gestielten Ähren aus 5–12 gelblichen Blüten, Kronröhre trockenhäutig, 4-zipfelig, 4–5 mm lang, Juni–Juli.
Früchte: 4–5 mm lange Deckelkapsel.
Verbreitung: SW-Europa, ostwärts bis Mittel-Italien, an trockenen Plätzen.
Allgemeines: Eine verholzende Art ist auch die in S-Europa und NW-Afrika heimische *P. subulata* L., ein polsterbildender Zwergstrauch, dessen verzweigte Äste dichte Blattrosetten tragen, Blätter schmal-linealisch, 3-kantig, Blüten unscheinbar, in dichten, 1–5 cm langen, walzigen Ähren.

Limoniastrum monopetalum (L.) Boiss.
Strauch-Strandflieder

Familie: Plumbaginaceae
Habitus: Immergrüner, 0,5–1,2 m hoher, reich verzweigter Strauch mit Salzdrüsen.
Blätter: 2–3(–8) cm lang, fleischig, bereift, verkehrt-lanzettlich bis linealisch-spatelförmig, am Grunde in eine stängelumfassende Scheide verbreitet.
Blüten: Zu 1–2 an den kurzen Seitenachsen 5–10 cm langer Ähren, deren Achsen leicht zerbrechen, Blütenkrone 1–2 cm breit, rosa, trocken violett, Kronröhre etwa so lang wie die 5 Kronzipfel, der 5-zähnige Kelch wird von 3 sich dachziegelig deckenden Hochblättern umgeben, Juni–August.
Früchte: Trockene, 1-samige, zusammengedrückte, ellipsoide Kapsel.
Verbreitung: Mittelmeergebiet (fehlt auf der Balkanhalbinsel), Kreta, Portugal, N-Afrika, an Sandstränden und in Salzsümpfen, auch als Zierpflanze in Kultur.

Polygonum equisetiforme Sibth. et Sm.
Schachtelhalm-Knöterich

Familie: Polygonaceae
Habitus: Schachtelhalmartiger, 30–100 cm hoher Zwergstrauch mit einem kräftigen, holzigen, schwärzlichen Wurzelstock, Triebe schlank, stark verzweigt.
Blätter: Wechselständig, 2–4 cm lang, länglich oder linealisch, Rand wellig und umgebogen, bald abfallend, Nebenblattscheiden häutig, unten bräunlich, viel kürzer als die verlängerten Stängelabschnitte.
Blüten: Klein, rosa oder weiß, zu 2–3 in den Achseln kleiner Tragblätter des oberen Sproßbereiches, die 5 Kronblätter breit-elliptisch, bis 4 mm lang, Juni–Oktober.
Früchte: Glänzende, braune, bis 2,5 mm lange Nuss.
Verbreitung: Mittelmeergebiet bis W-Asien, N-Afrika, Ruderalstellen, Olivenhaine, Sandküsten.
Allgemeines: Im Mittelmeergebiet kommen auch krautige, ausdauernde Arten vor.

Sarcopoterium spinosum (L.) Spach
Dornige Bibernelle

Familie: Rosaceae
Habitus: Bis 60 cm hoher, reich verzweigter, halbkugeliger Strauch, Zweige dicht graufilzig, Seitentriebe blattlos, mit dorniger Spitze.
Blätter: Wechselständig, unpaarig gefiedert, die 9–15 Blättchen klein, eiförmig, oft fein gesägt, unterseits dicht behaart, bald abfallend.
Blüten: In 3 cm großen Köpfchen, Blütenblätter fehlend, die oberen Blüten meist weiblich mit auffälligen roten, fedrigen Narben, die unteren männlich mit 10–30 langen, gelben Staubblättern, Blütenbecher röhrig-krugförmig, März–Mai.
Früchte: 2 Nüßchen (Samen) sind in einem fleischig gewordenen, rötlich gefärbten Blütenbecher eingeschlossen.
Verbreitung: Östliches Mittelmeergebiet, westlich bis Sardinien, trockene Plätze, in Garigues oft große Bestände bildend.

Ruscus aculeatus L.
Mäusedorn

Familie: Ruscaceae
Habitus: Immergrüner, 10–100 cm hoher, Strauch, Triebe starr, stielrund, verzweigt.
Blätter: In den Achseln schuppenartiger Blätter dunkelgrüne, starre, ledrige, blattartig verbreiterte, 1–4(–6) cm lange, zugespitzte Flachsprosse (Phyllocladien).
Blüten: 1-häusig, klein, unscheinbar, weiß, einzeln oder zu wenigen büschelig in der Achsel eines kleinen Hochblattes auf der Oberseite der Flachsprosse, Blütenhülle einfach, 6-teilig, die Segmente 4–5 mm lang, Februar–April.
Früchte: Leuchtend korallenrote, etwa 1,5 cm dicke, rote Beeren.
Verbreitung: W-, S- und südliches Mittel-Europa, Mittelmeergebiet, Schwarzes Meer, immer- und sommergrüne Wälder, Macchien, häufig als Zierpflanze in Kultur.
Allgemeines: Abgeschnittene Flachsproße behalten lange ihre Farbe, sie werden deshalb oft in Trockensträußen verarbeitet.

Ruscus hypoglossum L.
Hadernblatt

Familie: Ruscaceae
Habitus: Halbstrauchig, 20–40 cm hoch, Triebe unverzweigt.
Blätter: Flachsprosse schmal-lanzettlich, glänzend, 7–11 cm lang, 3–4 cm breit, nicht stechend.
Blüten: 2-häusig, gelblich, Röhre violett, zu 3–5 in den Achseln blattartiger Hochblätter, auf der Oberseite der Flachsprosse, März–April.
Früchte: Kugelig, rot, 1 cm dick.
Verbreitung: N-Italien, Österreich, Tschechien bis Krim, N-Anatolien, schattige Wälder.
Allgemeines: *R. hypophyllum* L. (W-Mittelmeergebiet, Sizilien, Madeira, in Kreta eingebürgert): 20–30 cm hoch, Triebe kantig, meist unverzweigt, Flachsprosse elliptisch, 3,5–7 cm lang, lang zugespitzt, nicht stechend, Blüten im Mai–Juni, 1-häusig, zu 5–6 auf der Unterseite der Flachsprosse, die roten Beeren bis 2 cm dick.

Osyris alba L.
Honigduftender Rutenstrauch

Familie: Santalaceae
Habitus: 0,4–1,2 m hoher Strauch, Zweige rutenförmig, anfangs kantig.
Blätter: Immergrün, ledrig, linealisch-lanzettlich, 1–2 cm lang, nur mit einem deutlichem Mittelnerv.
Blüten: 2-häusig, unscheinbar, duftend, grünlich gelb, Blütenhülle einfach, 3-teilig, männliche Blüten zu mehreren, weibliche Blüten einzeln, April–August.
Früchte: 5–7 mm dicke, rote, fleischige Steinfrüchte.
Verbreitung: Vom Mittelmeergebiet bis in die wärmsten Teile M-Europas, steinige, trockene Hänge, bis in die subalpine Stufe.
Allgemeines: *Osyris*-Arten wachsen als Schmarotzer auf den Wurzeln verschiedener Pflanzen. *O. quadripartita* Salzm. ex Decne. (südwestl. Mittelmeergebiet, östl. bis zu den Balearen, Kanaren) ist ein bis 2,4 m hoher Strauch mit breiteren Blätter und gefiederter Nervatur.

Daphne gnidium L.
Herbst-Seidelbast

Familie: Thymelaeaceae
Habitus: Immergrüner, 0,5–1,5 m hoher, in allen Teilen giftiger Strauch, die schlanken, biegsamen, braunen Zweige dicht beblättert, junge Triebe schwach flaumhaarig
Blätter: Wechselständig, 2–5 cm lang, derb, linealisch bis verkehrt eiförmig-länglich, lang zugespitzt, blaugrün, oberseits kahl, unterseits warzig.
Blüten: Duftend, cremeweiß, 4-zählig, zu wenigen in Büscheln, die an den Trieben den zwischen den Blättern stehen, Blütenhülle einfach, Blütenbecher 2,5–4 mm lang, wie die Blütenstiele zottig behaart, Juni–Oktober.
Früchte: 1-samige, eiförmige, fleischige, leuchtend rote, später schwärzliche Steinfrüchte.
Verbreitung: Portugal, S-Europa, Mittelmeergebiet, Kanaren, in Macchien und lichten Wäldern.

Daphne laureola L.
Lorbeer-Seidelbast

Familie: Thymelaeaceae
Habitus: Immergrüner, 0,5–1 m hoher, kahler Strauch, Zweige meist bogig aufsteigend, Triebe grünlich.
Blätter: Wechselständig, oft an den Zweigenden gehäuft, 3–12 cm lang, ledrig, verkehrt-eiförmig bis verkehrt-lanzettlich, oberseits glänzend dunkelgrün, unterseits etwas heller.
Blüten: Gelblich grün, schwach duftend, zu 5–10 in kurzen, sitzenden bis kurz gestielten, achselständigen Trauben an vorjährigen Zweigen, Blütenblätter eiförmig, spitz, etwa 1/3 so lang wie der Blütenbecher, Februar–Mai.
Früchte: Eiförmig, schwarz.
Verbreitung: W-, Mittel- und S-Europa, Mittelmeergebiet, N-Afrika.
Allgemeines: Die Unterart subsp. *philippi* (Gren.) Rouy unterscheidet sich durch einen niedrigeren, mehr oder weniger niederliegenden Wuchs.

Daphne oleoides Schreb.
Ölbaumähnlicher Seidelbast

Familie: Thymelaeaceae
Habitus: Immergrüner, 15–60 cm hoher Strauch mit zahlreichen mehr oder weniger aufrechten Zweigen.
Blätter: Wechselständig, 1–4,5 cm lang, verkehrt-eiförmig bis verkehrt-lanzettlich, länglich oder elliptisch, stumpf oder spitz, ledrig, anfangs meist mehr oder weniger zottig behaart, später meist kahl werdend.
Blüten: Duftend, weiß oder cremefarben, zu 3–6 in fast sitzenden, endständigen Köpfchen, Blütenblätter schmal 3-eckig, zugespitzt, Mai–Juni.
Früchte: Rot, behaart, bis zur Reife im Blütenbecher eingeschlossen.
Verbreitung: Gebirge in S-Europa, Algerien, Kleinasien, Afghanistan, Himalaja, in Bergwäldern und Igelposterheiden.
Allgemeines: Ostmediterran verbreitet ist auch *D. gnidioides* Jaub. et Spach, Blüten weiß oder rosa.

Daphne sericea Vahl
Berg-Seidelbast

Familie: Thymelaeaceae
Habitus: Immergrüner, bis 30–100 (–150) cm hoher Strauch, Zweige aufrecht oder niederliegend, junge Triebe behaart.
Blätter: Wechselständig, 2–6 cm lang, länglich verkehrt-eiförmig, spitz oder stumpf, oberseits fast kahl und glänzend, unterseits dicht anliegend weiß behaart.
Blüten: Stark duftend, zu 5–15 in endständigen Köpfchen, Blütenblätter rosa, 4–6 mm lang, eiförmig oder breit-3-eckig, stumpf oder spitz, Blütenbecher 6–8 mm lang, dicht weiß behaart, Mai–Juni.
Früchte: Rötlich braun.
Verbreitung: Mittleres und östliches Mittelmeergebiet, in lichten Wäldern, vor allem in höheren Lagen, auf Kalk.
Allgemeines: Bei *D. jasminea* Sm., heimisch in SO-Griechenland, stehen die außen meist purpurnen, innen weißen oder auch hellgelben Blüten zu 2(–3) in Knäueln.

Thymelaea hirsuta (L.) Endl.
Behaarte Spatzenzunge

Familie: Thymelaeaceae
Habitus: 0,4–1 m hoher, buschig wachsender Strauch, Zweige aufsteigend oder überhängend, Triebe weißfilzig.
Blätter: Schuppenförmig, 3–8 mm lang, eiförmig, stängelumfassend, dachziegelig angeordnet, etwas fleischig, unterseits glänzend dunkelgrün, kahl, oberseits weißfilzig.
Blüten: Zu 2–5 in Knäueln in den Blattachseln, 4-zählig, gelblich, 4–5 mm breit, zwittrig oder eingeschlechtlig, Oktober–Mai.
Früchte: Trockene Steinfrucht, von der Blütenhülle eingeschlossen.
Verbreitung: Mittelmeergebiet, Garigues, Brachland, Sandküsten.
Allgemeines: *T. tartonraira* (L.) All. (S-Europa, Kleinasien, NW-Afrika): Blätter flach, abstehend, ledrig, 10–18 mm lang, verkehrt-eiförmig bis schmal-länglich, beiderseits dicht seidenhaarig.

Krautige Pflanzen

Obwohl sehr umfangreich, kann dieses Kapitel nur eine Auswahl der krautigen Pflanzen im Mittelmeergebiet beschreiben.

Zu Beginn stehen die Farn- und Sporenpflanzen, die blütenlosen Pflanzen also, deren Vermehrung sich durch Sporen vollzieht, die in besonderen Behältnissen, den Sporangien, gebildet werden. Den blütenlosen Pflanzen stehen die Blütenpflanzen gegenüber. Die Blütenpflanzen werden eingeteilt in zwei- und einkeimblättrige Pflanzen. Zunächst werden, in alphabetischer Reihenfolge der Familiennamen, die zweikeimblättrigen Pflanzen behandelt. Sie machen den Hauptanteil dieses Kapitels aus. Es folgen die einkeimblättrigen Pflanzen. Zu ihnen gehören Knollen- und Zwiebelpflanzen, Gräser und Binsen und schließlich auch Orchideen.

Krautige Pflanzen kommen in allen Lebensgemeinschaften des Mittelmeerraumes vor, vom Küstenbereich bis in die höchsten Berglagen, in den von Bäumen oder Sträuchern beherrschten Vegetationszonen ebenso wie in den mehr oder weniger gehölzfreien Sand- und Felsküsten, den Gras- und Felsfluren, den Salzmarschen der Küstenregion oder im Kulturland.

Im unmittelbaren **Küstenbereich** entwickelt sich an den oft sandigen Stränden meist nur eine lockere Pflanzengemeinschaft aus anspruchslosen, zum Teil sukkulenten ein- oder mehrjährigen Kräutern, Zwiebelpflanzen oder verschiedenen Gräsern. Die ausgleichende Wirkung des Mittelmeeres im unmittelbaren Küstenbereich, die im Vergleich zum Binnenland höhere Luftfeuchtigkeit und niedrigere Temperaturen im Sommer, haben zur Folge, daß hier auch Arten vorkommen, denen man an mitteleuropäischen Küsten begegnen kann. Erst auf den schon seit längerer Zeit festliegenden Graudünen siedeln sich dann auch Halbsträucher, später höhere Laub- und Nadelgehölze an.

Hinter den Stranddünen bilden sich an verlandenden Lagunen mit mehr oder weniger salzhaltigem Wasser **Salzmarschen**, die nur von wenigen, oft sukkulenten Spezialisten besiedelt werden können und die deshalb meist sehr artenarm sind.

Die **Gras-** und **Felsfluren** des Mittelmeerraumes sind meist die Endstufen einer Degradation von Macchien und Garigues. Aus den trockenen Grasfluren entstehen durch die Abspülung der Feinerde, besonders über Kalkgestein, die Felsfluren. Eine Fülle verschiedener ein-, zwei- oder mehrjähriger Blütenpflanzen prägt hier, besonders zur Hauptblütezeit im Frühjahr, das Gesicht der Landschaft. Zur Haupturlaubszeit im Sommer zeigt sich die Vegetation oft gelb und braun vertrocknet.

In den Grasfluren dominieren naturgemäß verschiedene Gräser. In den beweideten Felsfluren und Steintriften finden wir oft die gleichen Arten wie an offenen Stellen der Garigue. Die eigentlichen Felspflanzen wachsen dort, wo Mangel an Wasser und Feinerde das Aufkommen von Bäumen und Sträuchern verhindert.

Charakterpflanze des mediterranen **Kulturlandes** ist der Ölbaum, sein Vorkommen markiert die Grenzen der Mediterraneis. Alte Ölbaumbestände bilden oft lichte Haine. Wird zwischen ihnen kein Acker- oder Gemüsebau betrieben und bleibt der Boden brach liegen, kann sich hier eine artenreiche Vegetation entwickeln, in der unter anderem zahlreiche Geophyten und Orchideen vorkommen.

Selaginella denticulata (L.) Link
Gezähnter Moosfarn

Familie: Selaginellaceae
Habitus: Kleine, 5–15 cm hohe, moosartige, reich verzweigte, Polster bildende Farnpflanze mit abgeflachten, niederliegenden bis aufsteigenden, beblätterten Sprossen.
Blätter: Frischgrün, ungeteilt, 1-nervig, in 4 Reihen stehend, 2 Reihen kleinere, dem Sproß anliegende Blättchen werden jeweils von 1 Reihe größerer, abstehender Blättchen flankiert, diese sind bis 2,5 mm lang, breit-eiförmig, zugespitzt und am Rand sehr fein gesägt.
Sporangien: Sporenblätter an der Spitze der Sprosse zu ährenartigen Ständen (auch Blüten genannt) vereint. Sie tragen am Grunde der Blätter die weiblichen Makro- und die männlichen Mikrosporangien, Sporenreife im März–August.
Verbreitung: S-Europa, Mittelmeergebiet, Portugal, Madeira, Kanaren, an frischen, schattigen Plätzen, stellenweise nur zerstreut vorkommend.

Adiantum capillus-veneris L.
Frauenhaarfarn

Familie: Adiantaceae
Habitus: Ausdauernde Farnpflanze mit kriechenden Rhizomen.
Blätter: Ausdauernd, oval-länglich, doppelt gefiedert, bis 40 cm lang, Fiedern wechselständig, an der Basis wieder verzweigt, Fiederblättchen haarfein gestielt, 3 cm lang, Außenrand flach gerundet, tief fächerförmig eingeschnitten.
Sporangien: Sori an den Spitzen der Lappen, Schleierchen durch braune, die Sori bedeckende, schleierartig zurückgeschlagene Randlappen dargestellt, Sporenreife Juni–September.
Verbreitung: Von der Iberischen Halbinsel nördlich bis Irland, östlich bis zur Krim, an schattigen, feuchten, oft überrieselten Kalkfelsen.
Allgemeines: Auch alle anderen Arten der Gattung sind Feuchtigkeit liebende Schattenfarne.

Cheilanthes pteridioides (Reichard) C. Chr.
Wohlriechener Felsfarn

Familie: Adiantaceae
Habitus: Bis 15 cm hohe, nach Cumarin duftende Farnpflanze mit büschelig stehenden Wedeln.
Blätter: Spreite eiförmig oder länglich-lanzettlich, doppelt gefiedert, die untersten Fiedern nochmals fiederschnittig, mit 1–3 mm großen, länglichen oder fast rundlichen, gekerbten Endabschnitten, Stiel so lang wie die Spreite, glänzend rotbraun, mehr oder weniger beschuppt.
Sporangien: Sori teilweise vom umgebogenen Blattrand bedeckt, Sporenreife Februar–September.
Verbreitung: S-Europa, Mittelmeergebiet, N-Afrika, W-Asien, NW-Himalaja, in sonnigen, trockenen Felsspalten.
Allgemeines: *C. hispanica* Mett. (westl. Mittelmeergebiet): Pflanze nicht duftend, Blattstiel schwärzlich, Blattunterseite drüsig behaart.

Asplenium onopteris L.
Spitzer Streifenfarn

Familie: Aspleniaceae
Habitus: Farnpflanze mit kurzen, kriechenden oder aufsteigenden Rhizomen.
Blätter: Überwinternd, 10–50 cm lang, dunkelgrün, ledrig, im Umriß 3-eckig-eiförmig, 2- bis 3-fach gefiedert, Blattspitze und Fiederenden geschwänzt verlängert, Fiedern meist nach unten umgekrümmt, Endabschnitte lanzettlich bis lineal, mit spitzen, fast grannenartigen Zähnen, am Grunde keilförmig verschmälert, Stiel etwa so lang wie die Blattspreite, rotbraun, am Grunde verdickt.
Sporangien: Sori nahe der Mittelrippen, Schleierchen in der Form der Sori, Sporenreife März–Juni.
Verbreitung: S-, W- und Teile von Mitteleuropa, oft am schattigen Fuß von Felsen, meist auf Silikatgestein.
Allgemeines: Die Gattung ist mit rund 700 terrestischen und epiphytischen Arten weltweit verbreitet.

Ceterach officinarum Willd.
Schriftfarn, Milzfarn

Familie: Aspleniaceae
Habitus: Farnpflanze mit kurzen, kriechenden Rhizomen, diese von schwarzen Spreuhaaren bedeckt.
Blätter: Überwinternd, dickledrig, dunkelgrün, bis 25 cm lang, länglich, fast bis zur Mittelrippe in 6–12 wechselständige, 3-eckig-rundliche Lappen eingeschnitten, vorne stumpf und seicht gelappt, oberseits kahl, unterseits mit dicht anliegender, goldbrauner, glänzender, am Rande wimpernartiger Beschuppung, die die Nervatur verdeckt, Blattstiel kurz, Blätter bei sommerlicher Trockenheit zusammengerollt.
Sporangien: Sori länglich bis linealisch, Schleierchen verkümmert, Sporenreife im Mai–Juni.
Verbreitung: Mittelmeergebiet, W- und M-Europa, Kaukasus, Vorderasien bis W-Himalaja, in sonnigen Fels- und Mauerspalten.

Polypodium australe Fée
Gesägter Tüpfelfarn

Familie: Polypodiaceae
Habitus: Wintergrüne Farnpflanze mit oberirdischen oder flach im Boden kriechenden Rhizomen, Rhizomschuppen linealisch-lanzettlich, 5–11 mm lang, Austrieb der jungen Blätter im Herbst.
Blätter: Bis 50 cm lang oder länger, eiförmig bis 3-eckig-eiförmig, bis fast zur Mittelrippe fiedrig geteilt, Fiedern schmal-lanzettlich, mehr oder weniger stark gekerbt-gesägt, Seitennerven 3- bis 4-mal gegabelt.
Sporangien: In je einer Reihe auf beiden Seiten der Hauptnerven auf der Unterseite der Fiederblätter, Sori elliptisch, Sporenreife im Winter.
Verbreitung: S- und W-Europa, nordwärts bis Irland, am Fuß von Felsen, an schattigen, feuchten Plätzen.
Allgemeines: *P. vulgaris* L., Engelsüß, ist in fast ganz Europa verbreitet, Neubildung der eiförmigen oder eiförmig-lanzettlichen Blätter im Frühsommer.

Farne

Acanthus mollis L.
Weicher Akanthus

Familie: Acanthaceae
Habitus: Ausdauernd, bis 100 cm hoch, aufrecht, Stängel einfach.
Blätter: Basalblätter bis 60 cm lang, eiförmig, stark gebuchtet bis fiederlappig, die Lappen gezähnt, aber unbedornt, an ihrer Basis nicht verschmälert, an den Nerven und am Blattrand bewimpert.
Blüten: In langen, endständigen Ähren, in den Achseln etwa 4 cm langer, meist kahler Tragblätter, Krone 3,5–5 cm lang, zygomorph, 1-lippig, mit kurzer Röhre und 3-lippiger Unterlippe, weißlich, purpurfarben geadert, Kelch 4–5 cm lang, kahl, Mai–Juni.
Früchte: Kapseln, Samen sitzen an kleinen, hakenförmigen Auswüchsen.
Verbreitung: Westl. und mittleres Mittelmeergebiet, Portugal, an schattigen Plätzen, oft in Schuttfluren.
Allgemeines: *A. spinosus* L. hat dornig gezähnte Laub- und Tragblätter.

Carpobrotus acinaciformis (L.) Bolus
Rote Mittagsblume, Hottentottenfeige

Familie: Aizoaceae
Habitus: Ausdauernd, sukkulent, niederliegend, dichte, breite Matten bildend.
Blätter: Gegenständig, fleischig, 5–8 cm lang, plötzlich in eine kurze Spitze verschmälert, an der oberen Kante glatt.
Blüten: Einzeln, 10–12 cm breit, mit zahlreichen leuchtend karminroten Kronblättern und gelben Staubblättern, März–Juni.
Früchte: Fleischige Beeren.
Verbreitung: S-Afrika, im Mittelmeer-Gebiet eingebürgert, als Zierpflanze in Küstennähe und zur Befestigung von Hängen und Dünen angepflanzt.
Allgemeines: Bei *C. edulis* (L.) N. E. Br. sind die Kronblätter der 6–9 cm breiten Blüten gelblich rosa oder hellpurpurn gefärbt. Die Blätter sind gleichmäßig 3-eckig. Die fleischigen Früchte sind essbar.

Mesembryanthemum crystallinum L.
Eiskraut

Familie: Aizoaceae
Habitus: 1-jährig, sukkulent, mehr oder weniger niederliegend, breite Matten bildend.
Blätter: Fleischig, bis 12 cm lang, spatelförmig oder breit-eiförmig, flach oder etwas gewellt, dicht mit glitzernden, mit Wasser gefüllten Epidermispapillen besetzt.
Blüten: Nahezu sitzend, 2–3 cm breit, die zahlreichen weißlich oder blassrosa Kronblätter sehr schmal, länger als die Kelchblätter, März–Juli.
Früchte: 5-klappige Kapseln.
Verbreitung: Heimisch in S-Afrika, im Mittelmeergebiet häufig an Sandstränden, auf Küstenfelsen und in Salzsteppen, stellenweise als spinatartiges Gemüse in Kultur.
Allgemeines: Bei *M. nodiflorum* L. sind die weißlichen oder gelblichen Kronblätter kürzer als die Kelchblätter.

Ammi majus L.
Große Knorpelmöhre

Familie: Apiaceae
Habitus: 1-jährig, 0,3–1 m hoch, Stängel aufrecht, verzweigt, fein gerillt.
Blätter: Einfach oder 2- bis 3-fach gefiedert, die Abschnitte lanzettlich bis linealisch, knorpelig gezähnt.
Blüten: In lang gestielten Dolden, Doldenstrahlen 15–30(-60), abstehend, die meist 3-teiligen Hüllblätter viel kürzer als die Doldenstrahlen, die 5 Kronblätter weiß, ungleich 2-lappig, Juni–September.
Früchte: Trockene Spaltfrüchte, 1,5–2 mm lang, mit dünnen Rippen.
Verbreitung: Mittelmeergebiet, Kanaren, östlich bis in den Iran, Kultur- und Brachland, Olivenhaine, Ruderalstellen.
Allgemeines: *A. visnaga* (L.) Lam. (Mittelmeergebiet, Portugal, Vorderasien): Doldenstrahlen bis 150, zur Fruchtzeit dick, starr, verholzt und nestartig zusammengezogen. Sie werden zur Herstellung von Zahnstochern verwendet.

Crithmum maritimum L.
Meerfenchel

Familie: Apiaceae
Habitus: Ausdauernd, 10–60 cm hoch, Stängel, kahl, am Grunde verholzend.
Blätter: Wechselständig, stängelumfassend, fleischig, blaugrün, im Umriß 3-eckig, 1- bis 2-fach gefiedert, die Abschnitte linealisch, zugespitzt, 1–7 cm lang.
Blüten: Dolden mit 6–30 kräftigen Strahlen, Hüll- und Hüllchenblätter 3-eckig bis schmal-lanzettlich, später zurückgeschlagen, die 5 Kronblätter unscheinbar, gelbgrün, an der Spitze eingerollt, Juli–Oktober.
Früchte: 3–6 mm lang, eiförmig-länglich kräftig gerippt, gelblich bis rötlich.
Verbreitung: Felsige Küsten im Bereich des Spritzwassers, von Portugal bis Schottland, Kanaren, Madeira, Mittelmeergebiet, Schwarzes Meer
Allgemeines: Die Blätter werden gelegentlich noch als Gewürz verwendet oder zu Salat gegeben.

Eryngium amethystinum L.
Stahlblauer Mannstreu

Familie: Apiaceae
Habitus: Ausdauernd, 30–70 cm hoch.
Blätter: Grundblätter meist ausdauernd, ledrig, verkehrt-eiförmig, 10–15 cm lang, doppelt fiederschnittig, Abschnitte linealisch-lanzettlich, dornig gezähnt.
Blüten: Blütenstand bläulich, mit 1–2 cm breiten, rundlichen Köpfchen, überragt von 5–9 linealisch-lanzettlichen, 2–5 cm langen Hüllblätter, die am Rand 1–4 Paar kleine Dornen tragen, Juli–Oktober.
Früchte: 4–5 mm lang, häutig beschuppt.
Verbreitung: Italien, Sizilien, Balkan, Ägäis, Garigues, Fels- und Grasfluren.
Allgemeines: *E. bourgatii* Gouan (Spanien, Pyrenäen): Hüllblätter zu 10–15, 2–5 cm lang; *E. dilatatum* Lam. (Spanien, Portugal): Hüllblätter zu 5–10, 1–2 cm lang; *E. creticum* Lam. (Balkan und Ägäis): Grundblätter früh absterbend, Blütenstand mit sehr vielen Köpfchen, Hüllblätter zu 5–7, 1–3 cm lang.

Eryngium maritimum L.
Stranddistel

Familie: Apiaceae
Habitus: Ausdauernd, 15–60 cm hoch, blaugrün bereift, Stängel kräftig, oben verzweigt, einen halbkugeligen Busch bildend.
Blätter: Gestielt, fast rundlich, 4–10 cm breit, ledrig, 3- bis 5-lappig, Rand buchtig gezähnt, mit kräftigen Dornen, obere Blätter mit breitem Grund sitzend, weniger geteilt.
Blüten: Blütenstand bläulich, Köpfchen zahlreich, fast rundlich, 1,5–3 cm breit, Blüten von 12 mm langen, 3-spitzigen Spreublättern überragt, Hüllblätter zu 4–7, elliptisch bis verkehrt-eiförmig, 2–4 cm lang, breit dornig gezähnt, Juni–September.
Früchte: 15 mm lang, dicht mit zugespitzten Schuppen besetzt.
Verbreitung: Sandige Meeresküsten von Europa, Mittelmeergebiet. An der atlantischen Küste der USA eingebürgert.

Ferula communis L.
Riesenfenchel

Familie: Apiaceae
Habitus: Ausdauernd, 1–5 m hoch, Stängel kräftig, gefurcht.
Blätter: Grundblätter 40–60 cm lang, 3- bis 6fach fiederschnittig, die Abschnitte 1,5–5 cm lang, linealisch, nicht eingerollt, bei subsp. *communis* 0,3–0,8 mm breit, beiderseits grün, dünn, bei subsp. *glauca* (L.) Rouy et E. G. Camus, breiter und dicker, die obersten Blattscheiden sehr groß, aufgeblasen, den jungen Blütenstand einschließend.
Blüten: Enddolden mit 20–40 Strahlen, Seitendolden lang gestielt, unfruchtbar, Hüllblätter fehlend, April–Juni.
Früchte: 15 mm lang, seitlich geflügelt.
Verbreitung: Mittelmeergebiet, Brachland, Ruderalstellen, felsige Hänge.
Allgemeines: *F. tingitana* L. (O- und S-Spanien, Marokko bis Cyrenaica, Chios, Rhodos, Syrien): Blattabschnitte bis 1 cm lang, Ränder deutlich umgerollt.

Scandix pecten-veneris L.
Echter Venuskamm

Familie: Apiaceae
Habitus: 1-jährig, 10–50 cm hoch, aufsteigend oder aufrecht, Stängel verzweigt, fein gerillt, abstehend behaart.
Blätter: Eiförmig-länglich, bis 8 cm lang, 2- bis 4-fach gefiedert, Abschnitte linealisch.
Blüten: Dolden mit 1–3 Strahlen, Kronblätter weiß, die äußeren oft etwas vergrößert, Hülle fehlend, Hüllchenblätter meist 3-spaltig, April–Juli.
Früchte: 1,5–8 cm lang, mit kräftigem, stark zusammengedrücktem, an den Rändern borstig behaartem Schnabel, deutlich vom samentragenden Teil abgesetzt.
Verbreitung: Mittelmeergebiet, W- und M-Europa, Garigues, Olivenhaine, Äcker, Ruderalstellen.
Allgemeines: *S. australis* L. (S-Europa): Frucht 15–40 mm lang, Schnabel nur schwach zusammengedrückt, nicht deutlich abgesetzt, äußere Kronblätter manchmal auffällig strahlig.

Smyrnium olusatrum L.
Pferde-Eppich

Familie: Apiaceae
Habitus: 2-jährig, 0,5–1,5 m hoch, kahl, Stängel kräftig, im Alter hohl, obere Zweige oft gegenständig.
Blätter: Grundblätter bis 30 cm lang, im Umriß 3-eckig, 2- bis 4-fach 3-zählig oder gefiedert, Abschnitte breit- bis schmalelliptisch, 6–7,5 cm lang, Stängelblätter kleiner, nicht stängelumfassend.
Blüten: Dolden meist mit 7–15 Strahlen, Kronblätter gelb, Hüll- und Hüllchenblätter klein, wenige, manchmal fehlend, Januar–April.
Früchte: 7–8 mm, Rippen am Rücken hervorstehend.
Verbreitung: S-Europa bis NW-Frankreich, feuchte, schattige Ruderalstellen, Fels- und Mauerfüße.
Allgemeines: *S. rotundifolium* Mill. (von Korsika und Sardinien ostwärts): obere Zweige und die runden Blätter wechselständig, ganzrandig oder leicht gekerbt.

Tordylium apulum L.
Echter Zirmet

Familie: Apiaceae
Habitus: 1-jährig, 20–50 cm hoch, behaart.
Blätter: Einfach gefiedert, Abschnitte der unteren Blätter rundlich-eiförmig, eingeschnitten gekerbt, die der oberen linealisch und ganzrandig.
Blüten: Dolden mit 3–8 Strahlen, Randblüten mit einem vergrößertem, tief 2-lappigem, weißem Kronblatt, Hüll- und Hüllchenblätter pfriemlich, kurz, April–Juni.
Früchte: Teilfrüchte 7–10 mm, kreisförmig, mit weichblasigen Haaren und weißlichem, gekerbtem, wulstigem Rand.
Verbreitung: Mittelmeergebiet, Garigues, Kultur- und Brachland, Ruderalstellen.
Allgemeines: *T. officinale* L. (Italien, Balkan, Ägäis): Doldenstrahlen 8–14, Randblüten mit 2 asymmetrisch 2-lappigen Kronblättern; *T. maximum* L. (S- und südl. M-Europa): Doldenstrahlen 5–15, Randblüten mit 2–3 asymmetrischen, 2-lappigen Kronblättern.

Arisarum vulgare O. Targ. Tozz.
Krummstab

Familie: Araceae
Habitus: Ausdauernd, 20–40 cm hoch, mit eiförmiger Knolle.
Blätter: Grundständig, Stiel lang, purpurn gefleckt, Spreite 4–15 cm lang, eiförmig-pfeilförmig.
Blüte: Schaft purpurfleckig, Hochblatt des Blütenstandes (Spatha) 3–5 cm lang, am Grunde zu einer braunviolett gestreiften, 2–35 mm langen Röhre verwachsen, der obere Teil kapuzenförmig nach vorne gekrümmt, vorne abgerundet oder spitzlich, Blütenkolben (Spadix) gekrümmt, herausragend, unten mit 4–6 weiblichen, darüber etwa 20 männlichen Blüten, sterile Blüten fehlend, der obere, blütenlose Teil grünlich, Oktober–Mai.
Früchte: Grünliche Beeren.
Verbreitung: Mit mehreren Unterarten im Mittelmeergebiet, Kanaren, schattige Stellen in Garigues, Macchien, Wäldern, Brachland.

Arum italicum Mill.
Italienischer Aronstab

Familie: Araceae
Habitus: Ausdauernd, 20–70 cm hoch, mit unterirdischer Knolle.
Blätter: Im Spätherbst erscheinend, lang gestielt, Spreite 15–35 cm lang, pfeil- oder spießförmig, oft weiß geadert.
Blüten: Eingeschlechtlich, mit sterilen Blüten unter und über den männlichen, das nackte Endstück meist gelb gefärbt, Hochblatt 15–40 cm lang, am Grunde auf 3,5–8 cm röhrenförmig eingerollt, Spitze übergeneigt, grünlich gelb bis weiß, März–Mai.
Früchte: Rote Beeren.
Verbreitung: S- und W-Europa, Mittelmeergebiet, Kanaren, Gebüsche, Hecken.
Allgemeines: *A. creticum* Boiss. et Heldr.: Spatha hellgelb, Anhängsel des Blütenkolbens sattgelb, 6–12 cm lang, süßlich riechend; *A. idaeum* Gand.: Spatha milchweiß, 5–8 cm lang, Anhängsel des Blütenkolbens 2,5–4 cm lang, schwarzpurpurn, geruchlos.

Dracunculus vulgaris Schott
Gewöhnliche Schlangenwurz

Familie: Araceae
Habitus: Ausdauernd, 0,6–1,2 m hoch, zur Blütezeit mit starkem Aasgeruch.
Blätter: Die purpurn gefleckte Scheide des langen Stieles den Schaft des Blütenstandes einhüllend, Blattspreite 10–20 cm lang, gefingert, mit 9–13 schmal-lanzettlichen, oft weiß gefleckten Segmenten.
Blüten: Hochblatt 20–50 cm lang, außen grünlich, innen tiefbraun-purpur, unterer Teil eingerollt, oben fast flach, mit welligem Rand, Blütenkolben fleischig, mit langem, blütenlosem, dunkelpurpurnem Endteil, das die Spatha überragt, männliche und weibliche Blüten nur durch wenige unfruchtbare Blüten getrennt, April–Juni.
Früchte: Orangerote Beeren.
Verbreitung: Östl. und mittl. Mittelmeergebiet bis Bulgarien, in S- und SO-Spanien eingebürgert, Wälder, schattige Ruderalstellen.

Aristolochia rotunda L.
Rundknollige Pfeifenblume

Familie: Aristolochiaceae
Habitus: Ausdauernd, aufrecht oder niederliegend, bis 60 cm hoch, verkahlend, Stängel einfach oder verzweigt, mit unterirdischer, kugeliger oder ovaler Knolle.
Blätter: Eiförmig-rundlich, 2–7(–9) cm lang, fast sitzend und stängelumfassend, stumpfgrün, durch tiefliegende Nervatur runzelig.
Blüten: Einzeln in den Blattachseln, 3–5 cm lang, Kronröhre gelbgrün, mehr oder weniger gerade, unten bauchig erweitert, der Saum dunkel braunrot, gelb gestreift, lang ausgezogen, vorne stumpf oder ausgerandet, April–Juni.
Früchte: Kapseln kugelig, 1–2 cm lang.
Verbreitung: S-Europa, in Wäldern, an Waldrändern und Hecken, auch in kultiviertem Land.
Allgemeines: Im Mittelmeergebiet kommen zahlreiche weitere, oft nur kleinräumig verbreitete Arten vor.

Cynanchum acutum L.
Lianen-Schwalbenwurz

Familie: Asclepiadaceae
Habitus: Ausdauernd, Stängel an der Basis verholzend, windend, 1–3 m hoch, Milchsaft führend, kahl, giftig.
Blätter: Gegenständig, dünn, gestielt, 2–15 cm lang, spießförmig, am Grunde mit weiter, herzförmiger Stielbucht.
Blüten: Duftend, in end- oder achselständigen, gestielten, wenig- oder reichblütigen Trugdolden, Krone 8–12 mm breit, in der Knospe gedreht, weiß oder rosa, mit 5 abstehenden, 5 mm langen Zipfeln und einer kleinen, 10-teiligen Nebenkrone, Kelch 5-zipfelig, Juni–September.
Früchte: Meist einzeln stehende, bis 8 cm lange, glatte Balgkapseln, Samen mit langen, seidigen Haaren, die als Flugorgan dienen.
Verbreitung: Mittelmeergebiet, Kanaren, östlich bis Zentral-Asien, vorwiegend in Küstennähe in Gebüschen und Hecken und an Flußufern.

Blütenpflanzen

Vincetoxicum hirundinaria Medik.
Gewöhnliche Schwalbenwurz

Familie: Asclepiadaceae
Habitus: Ausdauernd, bis 120 cm hoch, aufrecht oder leicht windend, sehr variabel.
Blätter: Gegenständig, kurz gestielt, 6–10 cm lang, breit-eiförmig bis eiförmig-lanzettlich, spitz, mehr oder weniger flaumig behaart.
Blüten: In kleinen, achselständigen Trugdolden aus 6–8 Blüten, Krone weiß oder gelb, 5-zipfelig, 3–10 mm breit, mit einer kleinen, aus den Anhängseln der Staubblätter gebildeten Nebenkrone, Juni–September.
Früchte: Balgkapseln zu 2 stehend, etwa 6 cm lang, glatt, die Samen mit einem weißen Haarschopf.
Verbreitung: Mit mehreren Unterarten in fast ganz Europa, N-Afrika, Kaukasus, östlich bis zum Himalaja und Altai, in Gras- und Schuttfluren und an Waldrändern.

Achillea ageratum L.
Lederbalsam-Schafgarbe

Familie: Asteraceae
Habitus: Ausdauernd, 10–80 cm hoch, nach Kampfer riechend, aufrecht, Stängel an der Basis verholzend, einfach oder verzweigt, rauhaarig.
Blätter: Wechselständig, bis 5 cm lang, schmal verkehrt-eiförmig, grob gesägt, kahl bis rauhaarig, drüsig punktiert, Basalblätter mehr oder weniger gefiedert.
Blüten: In endständigen, bis 15 cm breiten Trugdolden, gelb, Köpfchen sehr klein, Hüllblätter in wenigen Reihen, die äußeren 2 mm lang, mit häutigem Rand, Köpfchenboden gewölbt, die 4–5 Zungenblüten 1,5–2 mm lang, April–Oktober.
Früchte: Achäne ohne Haarkranz.
Verbreitung: Westliches Mittelmeergebiet, Portugal, Italien, Wegränder, Ödland, an feuchten Plätzen.
Allgemeines: Im Gebiet auch andere, weiß, gelb oder rosa blühende, krautige oder verholzende Arten.

Anacyclus clavatus (Desf.) Pers.
Keulen-Bertram

Familie: Asteraceae
Habitus: 1-jährig, 10–60 cm hoch, meist vom Grunde an verzweigt, Stängel aufsteigend, meist zottig behaart.
Blätter: Länglich, 3–10 cm lang, 2- bis 3-fach gefiedert, Fiedern linealisch, 4–7 mm lang, fein bespitzt.
Blüten: Einzeln, Köpfchenstiele zur Fruchtzeit keulig verdickt, die gelben Röhrenblüten 4–17 mm, die weißen Zungenblüten 4–7 mm lang, Spreublätter verkehrt-eiförmig, Hüllblätter grün, lanzettlich, spitz, weiß oder purpurn umrandet, Mai–Juli.
Früchte: 3–4 mm lange Achäne ohne Haarkranz.
Verbreitung: S-Europa, NW-Afrika, Kleinasien, auf Brach- und Kulturland.
Allgemeines: Bei *A. radiatus* Loisel. sind die Zungenblüten gelb, die inneren Hüllblätter haben große, gefranste Anhängsel.

Anthemis rigida Boiss. ex Heldr.
Kretische Kamille

Familie: Asteraceae
Habitus: 1-jährig, 3–15 cm hoch, behaart, Stängel zahlreich, ausgebreitet, unverzweigt.
Blätter: Wechselständig, länglich, 1- bis 2-fach gefiedert, Fiedern linealisch bis spatelig, spitz oder stumpf.
Blüten: Klein, 3–9 mm breit, einzeln, Köpfchenstiele zur Fruchtzeit verdickt und zurückgebogen, Zungenblüten fehlend oder unfruchtbar (bei subsp. *liguliflora* (Halacsy) Greuter vorhanden und weißlich, auf der Außenseite mit rosa Streifen) Röhrenblüten gelb, Spreublätter häutig, lanzettlich bis verkehrt eiförmig-keilförmig, Hüllblätter alle spitz, ohne oder mit sehr schmalem Hautrand, März–Mai.
Früchte: Achänen ohne Haarkranz.
Verbreitung: Östliches Mittelmeergebiet, Ägäis, Sand- und Felsküsten, Igelpolsterheiden, Pionierstandorte, bis in Höhen von 1 600 (– 2 200) m.

Anthemis tomentosa L.
Filzige Hundskamille

Familie: Asteraceae
Habitus: 1-jährig, niederliegend bis aufsteigend oder mehr oder weniger aufrecht, verzweigt, Mitteltrieb kürzer als die seitlichen, weißfilzig-wollig behaart.
Blätter: Eiförmig-länglich, 2–5 cm lang, 1- bis 2-fach gefiedert, die Abschnitte ei- bis keilförmig, obere Blätter einfach gefiedert, die obersten meist ungeteilt und an der Spitze gezähnt.
Blüten: Köpfchen einzeln an später verdickten Stielen, 1,5–3,7 mm breit, Röhrenblüten gelb, Zungenblüten weiß, 5–10 mm lang, Spreublätter durchsichtig, vekehrt-lanzettlich, zugespitzt, Hüllblätter stark behaart, die inneren mit häutigem Rand, März–Juni.
Früchte: 1,5–2 mm lang, Haarkranz fehlend.
Verbreitung: S-Europa, westlich bis Italien und Sizilien, Kleinasien, Sandküsten, Brachland.

Asteriscus aquaticus (L.) Less.
Einjähriger Sandstern

Familie: Asteraceae
Habitus: 1-jährig, 10–40 cm hoch, aromatisch duftend, Stängel einfach oder im oberen Bereich verzweigt.
Blätter: Verkehrt-lanzettlich bis länglich-spatelig, 4–6 cm lang, die unteren gestielt, die oberen halbstängelumfassend, behaart.
Blüten: Einzeln, fast sitzend, 1,5–3 cm breit, Zungenblüten schwefelgelb, ziemlich kurz, an der Spitze 3-zähnig, Röhrenblüten walzlich, viel kürzer als die äußeren, ledrigen Hüllblätter mit ihrer langen, stumpfen, blattähnlichen Spitze, innere Hüllblätter eiförmig, ledrig, mit oder ohne kurze, grüne Spitze, April–August.
Früchte: Bis 2 mm lange, seidig behaarte Achäne mit einem Kranz lanzettlicher Schuppen.
Verbreitung: Mittelmeergebiet, Kanaren, küstennahe, feuchte, sandige Böden, Ödland.

Bellis annua L.
Einjähriges Gänseblümchen

Familie: Asteraceae
Habitus: 1-jährig, 3–12 cm hoch, ohne deutliche Blattrosette, Stängel an der Basis verzweigt und beblättert.
Blätter: Zungen- bis spatelförmig, bis 2,5 cm lang, ganzrandig oder kerbig gesägt.
Blüten: Einzeln, endständig, 5–15 mm breit, Hüllblätter 2-reihig, Zungenblüten weiß, unterseits rot überlaufen, weiblich, Röhrenblüten gelb, zwittrig, Februar–Juni.
Früchte: Achäne ohne Haarkranz.
Verbreitung: Mittelmeergebiet, Kanaren, an zeitweise feuchten Plätzen.
Allgemeines: *B. sylvestris* Civillo: 10–30 cm hohe, ausdauernde Pflanze mit grundständiger Blattrosette, Blätter 3–18 cm lang, schmal verkehrt-eiförmig, 3-nervig, die 2–4 cm breiten Blüten auf kräftigen Stielen, die weißen Zungenblüten beiderseits purpurn überlaufen, im ganzen Mittelmeergebiet in Wiesen, Gebüschen und lichten Wäldern.

Calendula arvensis L.
Acker-Ringelblume

Familie: Asteraceae
Habitus: 1-jährig, aromatisch duftend, bis 30 cm hoch, flaumig behaart, Stängel gewöhnlich verzweigt.
Blätter: Länglich-lanzettlich, bis 8 cm lang, ganzrandig bis entfernt gezähnt.
Blüten: In endständigen, 1–2 cm großen Köpfchen, Zungenblüten orange bis goldgelb, bis 18 mm lang, weniger als doppelt so lang wie die Hüllblätter, April–Oktober.
Früchte: In 3 Formen: außen gekrümmte, stachelige Klettenfrüchte (Verbreitung durch Tiere), dazwischen Früchte mit seitlichen Flügeln (Windverbreitung), innen schmale, raupenähnliche Ringelfrüchte, die der Pflanze ihren deutschen Namen gaben.
Verbreitung: Mittelmeergebiet, östlich bis zum Iran, Kanaren, Brach- und Kulturland.
Allgemeines: Die großblumige *C. officinalis* L. wird im Kapitel Heil- und Gewürzpflanzen behandelt.

Carduncellus caeruleus
(L.) Presl.
Blaue Färberdistel

Familie: Asteraceae
Habitus: Ausdauernd, 30–60 cm hoch, wollig-spinnwebenartig behaart bis kahl, Stängel aufrecht, meist einfach, mit mindestens 10 Blättern.
Blätter: Wechelständig, ledrig, glänzend, vielgestaltig, untere gestielt, leierförmig-fiederschnittig oder länglich-lanzettlich, obere halbstängelumfassend und eiförmig-lanzettlich, alle grob gezähnt, die Zähne mit grannenartiger, stechender Spitze.
Blüten: Meist nur 1 endständiges, 3 cm breites Köpfchen, alle Blüten röhrig, 5-lappig, blau, äußere Hüllblätter blattähnlich, dornig gezähnt, innere gleich lang oder kürzer, drüsig, mit häutigen, gefransten Anhängseln, Mai–Juli.
Früchte: 6 mm lange Achäne mit 1,5- bis 2mal so langem, weißem Haarkranz.
Verbreitung: S-Europa, N-Afrika, Kanaren, Garigues, Brachland, Weiden.

Cynara cardunculus L.
Kardone, Cardy,
Wilde Artischocke

Familie: Asteraceae
Habitus: Ausdauernde, bis 2 m hohe, distelartige, wollig behaarte Staude, Stängel dick, fleischig, gefurcht.
Blätter: Bis 50 cm lang und 35 cm breit, derb, fiederspaltig, die Abschnitte eiförmig bis linealisch-lanzettlich, an der Spitze mit 15–35 mm langen, starren, gelblichen Dornen, untere Blätter gestielt, die oberen sitzend, kräftig grün, oberseits kurzfilzig, unterseits weißfilzig behaart.
Blüten: Köpfchen einzeln, 4,5–6 cm lang, 4–5,5 cm breit, eiförmig-rundlich, Blüten blau, lila oder weißlich, Hüllblätter eiförmig-lanzettlich, an der Spitze dornig, August–September.
Früchte: 6–8 mm lange Achäne mit 2,5–4 mm langen, fedrigen Pappusborsten.
Verbreitung: Südl. und westl. Mittelmeergebiet, S-Portugal, in Argentinien und Chile eingebürgert.

Allgemeines: Die Kardone war in Ägypten bereits im 4. Jahrh. v. Chr. in Kultur, um 1650 war sie auch in der englischen und französischen Küche bekannt. Anbau in geringem Umfang in Spanien, der französischen Provence und in N-Italien.

Bei der Kardone haben die Blütenköpfe keinen fleischigen Blütenboden. Deshalb werden nicht die Blütenköpfe gegessen, sondern, wie bei Bleichsellerie, die langen, gebleichten, fleischigen Blattstiele, von denen die faserige Haut abgezogen wird. Die Stängel müssen relativ lange kochen. Dem Kochwasser wird Zitronensaft beigegeben, die Stängel schmecken dann kaum noch bitter. Vor der Ernte, etwa ab Ende August, werden die Stängel gebleicht, indem man die Pflanzen teilweise zurückschneidet und den Rest mindestens 2–3 Wochen lang in Stroh oder schwarze Folie einpackt. In Kultur ist heute vor allem die Gemüse-Artischocke, *Cynara scolymus* (rechtes Bild), die vermutlich aus der Kardone entstanden ist.

Carlina corymbosa L.
Ebensträußige Eberwurz

Familie: Asteraceae
Habitus: Ausdauernd, 10–90 cm hoch, steif aufrecht, reich verzweigt, kahl oder schwach spinnenwebig-filzig.
Blätter: Länglich-lanzettlich, bis 8 cm lang, sitzend, starr, gewellt, grob stachelig gezähnt bis fiederteilig, die oberen stängelumfassend.
Blüten: Köpfchen einzeln, mit Hülle bis 4 cm breit. alle Blüten röhrig, gelb, innere Hüllblätter bei Trockenheit ausgebreitet, goldgelb, 10–16 mm lang, Zungenblüten vortäuschend, äußere Hüllblätter so lang oder etwas länger als die inneren, Juni–September.
Früchte: Behaarte Achäne mit gelblichem, fedrigem Haarkranz.
Verbreitung: Mit 2 Unterarten im ganzen Mittelmeergebiet, Brachland, lichte Wälder, Gebüsche, trockene Weiden.
Allgemeines: Weitere Arten siehe Kapitel Heil- und Gewürzpflanzen.

Catananche caerulea L.
Blaue Rasselblume

Familie: Asteraceae
Habitus: Ausdauernd, 20–70 cm hoch, steif aufrecht, schwach verzweigt, anliegend behaart.
Blätter: Nahezu alle grundständig, 20–30 cm lang, linealisch, 3-nervig, ganzrandig oder mit 2–4 Zähnen.
Blüten: Köpfchen einzeln auf langen, schuppig beblätterten Stielen, nur aus bis 2 cm langen, blauen (selten weiß oder rosa) Zungenblüten bestehend, Hüllblätter locker dachziegelig, eiförmig, plötzlich zugespitzt, silberhäutig, Mai–September.
Früchte: 5-kantige Achäne mit 5–7 spitz-eiförmigen Schuppen.
Verbreitung: Westliches Mittelmeergebiet, östlich bis NW-Italien, gelegentlich als Zierpflanze in Kultur, fehlt in Korsika und Sardinien, Garigues, lichte Wälder, besonders auf Kalk.
Allgemeines: *C. lutea* L.: 1-jährig, bis 40 cm hoch, mit gelben Zungenblüten.

Centaurea calcitrapa L.
Stern-Flockenblume

Familie: Asteraceae
Habitus: 2-jährig, 0,2–1 m hoch, vom Boden an sparrig verzweigt, rau behaart, Stängel aufsteigend oder aufrecht.
Blätter: Anfangs grauwollig, später grün, drüsig und rau behaart, die grundständigen fiederspaltig, bis 8 cm lang, Abschnitte bis 2,5 cm lang, spitz, entfernt gesägt, zur Blütezeit vertrocknet, Stängelblätter sitzend, die obersten lanzettlich bis spießförmig.
Blüten: In end- und achselständigen, sitzenden, von Blättern umgebenen Köpfchen, purpurn, Randblüten nicht strahlig, Hülle walzlich-eiförmig, 6–8 mm breit, Anhängsel der Hüllblätter mit einem kräftigen, 14–25 mm langen Enddorn, Juli–September.
Früchte: Achäne ohne Haarkranz.
Verbreitung: Mittelmeergebiet, Kanaren, SW-Asien, Kultur- und Brachland, Wegränder.

Centaurea solstitialis L.
Sonnwend-Flockenblume

Familie: Asteraceae
Habitus: 1- bis 2-jährig, 20–80 cm hoch, sparrig verzweigt, Stängel geflügelt.
Blätter: Grundblätter leierförmig bis fiederspaltig, mit 3–4 größeren Abschnitten, angedrückt filzig behaart, zur Blütezeit vertrocknet, obere linealisch-lanzettlich, ganzrandig, stachelspitzig.
Blüten: Köpfchen bis 15 mm breit, einzeln an den Enden der Äste, hellgelb, nicht drüsig, Randblüten nicht strahlig, Hülle 7–12 mm breit, Enddorn des Anhängsels 12–25 mm lang, mit 2–3 Paar Seitendornen, Juli–September.
Früchte: 2–3 mm lange Achäne mit bis 5 mm langem Haarkranz.
Verbreitung: Mittelmeergebiet, SW-Asien, Kulturland, Brachland, Schuttplätze.
Allgemeines: Bei *C. idaea* Boiss. et Heldr. Grundblätter zur Blütezeit vorhanden, mit dichter, spinnwebiger Behaarung, Blüten gelblich, drüsig, endemisch auf Kreta.

Centaurea sphaerocephala L.
Kugelkopf-Flockenblume

Familie: Asteraceae
Habitus: Ausdauernd, 5–70 cm hoch, Stängel niederliegend bis aufrecht, einfach oder verzweigt, bis unter das Blütenköpfchen beblättert.
Blätter: Spinnweben-wollig bis rauhaarig, dornig bespitzt, bis 8 cm lang, die unteren gestielt und leiderförmig gefiedert, die oberen ganzrandig oder gezähnt, oft geöhrt und halbstängelumfassend.
Blüten: Zu 12–35 mm breiten, blütenähnlichen Köpfchen zusammengefaßt, Blüten purpurn, alle röhrig, 5-zipfelig, die äußeren steril und vergrößert, die Hüllschuppen dachig, mit 3–13 rötlich braunen, zurückgeschlagenen Stacheln, April–Juni.
Früchte: Bis 4,5 mm lange Achäne, Haarkranz borstig.
Verbreitung: Westliches Mittelmeergebiet, Portugal, vor allem auf küstennahen Sandböden und Weiden.

Chamaemelum mixtum (L.) All.
Gemischte Kamille

Familie: Asteraceae
Habitus: 1-jährig, bis 60 cm hoch, aromatisch duftend, locker behaart.
Blätter: Länglich, untere 1- bis 2-fach fiederschnittig, obere 1-fach fiederteilig.
Blüten: Köpfchen einzeln, mit weißen, 10 mm langen, meist zurückgeschlagenen, sterilen Zungenblüten, Röhrenblüten gelb, zwittrig, Köpfchenboden zur Fruchtzeit stark verlängert, Spreuschuppen lanzettlich, spitz, Mai–September.
Früchte: Verkehrt-eiförmig, glatt, kahl.
Verbreitung: Mittelmeergebiet, SW-Europa, Äcker, trockene Ruderalstellen, Straßenränder, Sandküsten.
Allgemeines: *C. nobile* (L.) All.: Die Römische Kamille ist eine alte Arzneipflanze, die heute auch flächenmäßig angebaut wird. Die medizinische Verwendung beruht auf der antibiotischen Wirkung von Sesquiterpen-Laktonen.

Chrysanthemum coronarium L.
Kronen-Wucherblume

Familie: Asteraceae
Habitus: 1-jährig, aromatisch duftend, 30–80 cm hoch, aufrecht, reich verzweigt und beblättert, kahl.
Blätter: Länglich bis verkehrt-eiförmig, halbstängelumfassend, 2-fach fiederteilig, die Abschnitte lanzettlich, zugespitzt.
Blüten: Köpfchen einzeln, 3–6 cm breit, Röhrenblüten gelb, Köpfchenboden gewölbt, ohne Spreublätter, Zungenblüten bei subsp. *coronarium* goldgelb, bei subsp. *discolor* außen hellgelb, Hüllblätter eiförmig, mit braunem, außen durchscheinendem, häutigem Rand, März–September.
Früchte: Achäne ohne Haarkranz, die Früchte der Zungenblüten 3-kantig.
Verbreitung: Mittelmeergebiet, Mittel- und S-Portugal, Kanaren, auf Kultur- und Brachland oft große Flächen bedeckend, Ruderalstellen, Olivenhaine, nicht selten als Kulturpflanze verwildert.

Chrysanthemum segetum L.
Saat-Wucherblume

Familie: Asteraceae
Habitus: 1-jährig, aufrecht, 20-60 cm hoch, etwas fleischig, kahl, blaugrün, Stängel einfach oder wenig verzweigt, reich beblättert.
Blätter: Länglich bis verkehrt-eiförmig, etwas dicklich, tief eingeschnitten gezähnt oder fiederspaltig, die oberen fast ungeteilt und halbstängelumfassend.
Blüten: Köpfchen einzeln, 2–5 cm breit, Röhren- und Zungenblüten dunkelgelb, Blütenboden ohne Spreublätter. Hüllblätter eiförmig, hellgrün, der häutige Rand hellbraun, dieser bei den inneren Hüllblättern verbreitert, Juni–August.
Früchte: Achäne ohne Haarkranz, die der Zungenblüten mit 2 seitlichen Flügeln.
Verbreitung: Ägäis, SW-Asien, in W- und N-Europa, Deutschland sowie N-Afrika eingebürgert, Äcker, Weinberge, Olivenhaine, Brachland, meist auf Silikatböden.

Cladanthus arabicus (L.) Cass.
Astblume

Familie: Asteraceae
Habitus: 1-jährig, 40–70 cm hoch, aufrecht, streng riechend, schwach flaumhaarige, Stängel gabelig verzweigt.
Blätter: Wechselständig, 2–3 cm lang, 1- bis 2-fach gefiedert, die Abschnitte linealisch, obere Blätter in Quirlen.
Blüten: Köpfchen einzeln, an den Zweigenden der Gabelungen, meist zwischen 5 Seitensprossen sitzend, gelb, Zungenblüten in 1–2 Reihen, weiblich oder geschlechtslos, Röhrenblüten zwittrig, Spreublätter in halber Höhe mit einer behaarten Querleiste, Hüllblätter eiförmig-länglich, 7–10 mm breit, mit breitem, trockenhäutigem Rand, Juli–Oktober.
Früchte: Eiförmig-längliche Achäne, Haarkranz fehlend.
Verbreitung: S-Spanien, N-Afrika, Kulturland und andere offene Flächen.

Conyza bonariensis (L.) Cronquist
Krauser Katzenschweif

Familie: Asteraceae
Habitus: 1-jährig, 10–60 cm hoch, Stängel aufrecht, schlank, behaart.
Blätter: Verkehrt-lanzettlich, bis 10 cm lang, 1-nervig, graugrün, mehr oder weniger dicht behaart, ganzrandig, manchmal gezähnt.
Blüten: Köpfchen zahlreich, 5–10 mm breit, meist 50- bis 120-blütig, die endständige Blütenrispe von schräg aufwärts gerichteten Seitenästen überragt, Zungenblüten nicht länger als 0,5 mm, Hülle meist behaart, oft rötlich überlaufen, äußere Blüten röhrig, radiär, Juni–September.
Früchte: Achäne mit 4,5–5,5 mm langem Haarkranz.
Verbreitung: Ursprünglich in Amerika, im ganzen Mittelmeergebiet eingebürgert, Kultur- und Brachland, Ruderalflächen in Siedlungsnähe mit ausreichender Bodenfeuchtigkeit im Sommer.

Crepis rubra L.
Roter Pippau

Familie: Asteraceae
Habitus: 1-jährig, 4–40 cm hoch, ein- bis vielstängelig.
Blätter: Die der Grundrosette verkehrtlanzettlich, schrotsägeförmig gezähnt, oben am Stängel nur Schuppenblätter.
Blüten: Köpfchen zu 1–2, etwa 3 cm breit, nur mit Zungenblüten, diese rosa oder weiß, Hülle 7–11 mm lang, Hüllblätter undeutlich 2-reihig, äußere bleich oder häutig, kahl oder flaumig, innere doppelt so lang, mit zahlreichen Drüsenhaaren, April–Juni.
Früchte: Achäne dunkelbraun, gerippt, geschnäbelt, Haarkranz schneeweiß.
Verbreitung: S-Italien, Balkan, Kreta, frisches bis feuchtes Brach- und Kulturland, Ruderalflächen.
Allgemeines: *C. albida* Vill. (felsige Plätze im westlichen Mittelmeergebiet) ist eine ausdauernde Art mit grob gezähnten, bis 8 cm langen Blättern und gelben Blüten.

Inula viscosa (L.) Aiton
Klebriger Alant

Familie: Asteraceae
Habitus: Ausdauernd, 0,5–1,3 m hoch, aromatisch duftend, drüsig-klebrig, Stängel aufrecht, einfach oder verzweigt, am Grunde verholzt, dicht beblättert.
Blätter: Untere länglich-lanzettlich, 3–7 cm lang, ganzrandig bis entfernt gezähnt, obere halbstängelumfassend.
Blüten: Blütenstand beblättert, lang-rispigen, vielblumig, die 1,5 cm breiten Köpfchen mit gelborangen Scheiben- und 10–12 mm langen, gelben Zungenblüten, die die Hüllblätter deutlich überragen August–November.
Früchte: 2 mm lange, behaarte, am Ende plötzlich zusammengezogene Achäne, Pappushaare nahe am Grunde verwachsen.
Verbreitung: Mittelmeergebiet, N-Afrika, Kanaren, Wegränder, Brachland, Garigues, felsige Plätze, nicht selten bestandsbildend.

Doronicum orientale Hoffm.
Östliche Gemswurz

Familie: Asteraceae
Habitus: Ausdauernd, 20–60 cm hoch, Wurzelstock knotig verdickt, die Schuppen seidig behaart.
Blätter: Grundblätter rosettig, lang gestielt, rundlich-eiförmig, am Grunde herzförmig, Rand unregelmäßig gezähnt oder gekerbt, Stängelblätter 1–2(–3), stängelumfassend.
Blüten: Köpfchen einzeln endständig, lang gestielt, 2,5–6 cm breit, Röhren- und die schmalen Zungenblüten gelb, Hüllblätter lineal-lanzettlich, gewimpert, April–Juni.
Früchte: Achäne 10-rippig, Haarkranz fehlend.
Verbreitung: Ungarn, SO-Europa, Kleinasien, Kaukasus, sommergrüne Wälder.
Allgemeines: Sehr ähnlich ist *D. columnae* Ten. (O-Alpen bis Apennin, Balkan, Kleinasien): Wurzelstock kahl oder spärlich behaart, Stängelblätter zu 3–4.

Echinops ritro L.
Ritro-Kugeldistel

Familie: Asteraceae
Habitus: Ausdauernd, 20–70 cm hoch, aufrecht, Stängel nicht oder wenig verzweigt,
Blätter: Elliptisch, 1- bis 2-fach gefiedert, Lappen linealisch-lanzettlich, stachelig gezähnt, Rand umgerollt, ledrig, oberseits kahl, drüsenhaarig oder spinnwebig, unterseits weißfilzig.
Blüten: Die 1-blütigen Köpfchen mit ihren röhrenförmigen Blüten zu 3,5–4,5 cm breiten, kugeligen, blauvioletten Blütenständen gehäuft, Hülle 12–17 mm lang, Hüllblätter 3-reihig, lang zugespitzt, grob gewimpert, außen am Grunde mit weißen Borsten, Juli–September.
Früchte: Achäne 4–5 mm lang, Haarkranz kürzer, aus verzweigten Borsten.
Verbreitung: S-, SO- und O- Europa, O-Rußland, Kleinasien, Felsfluren und Trockenrasen, auch als Zierpflanze in Kultur.

Echinops spinosissimus Turra
Drüsenhaarige Kugeldistel

Familie: Asteraceae
Habitus: Ausdauernd, 0,5–1,5 m hoch, steif, dornig, Stängel dicht weißfilzig, mehr oder weniger dicht mit purpurlichen Drüsenborsten und -haaren bedeckt.
Blätter: Eiförmig-lanzettlich, meist 2-fach fiederschnittig, die Abschnitte schmallinealisch bis linealisch-lanzettlich, fast bis auf sehr lange, gelbe Dornen reduziert, oberseits dicht mit gelben Drüsen besetzt.
Blüten: Köpfchen nur mit röhrenförmigen Blüten, 3,5–5,5 cm breit, grünlich blau oder grünlich, Hülle 15–25 mm lang, grünlich, mittlere Hüllblätter lang zugespitzt oder kurz-dornig, die Köpfchen überragend, Juni–September.
Früchte: Achäne, die Borsten des Haarkranzes an der Basis verbunden.
Verbreitung: Mit mehreren Unterarten im östlichen Mittelmeergebiet, Brachland, Garigues, Sandküsten.

Galactites tomentosa (L.) Moench
Milchfleckdistel

Familie: Asteraceae
Habitus: 1- oder 2-jährig, distelartig, 0,1–1 m hoch, nur im oberen Teil verzweigt, Stängel weißfilzig.
Blätter: Weiß geadert oder gefleckt, unterseits weißfilzig, Rand mit 1,5–6 mm langen Dornen, untere rosettig, verkehrt-lanzettlich, gesägt, obere fiederteilig.
Blüten: Blütenköpfchen nur mit röhrenförmigen Blüten, 1–1,5 cm breit, rosa, lila oder selten weißlich, die äußeren Blüten viel länger, lebhafter gefärbt, unfruchtbar und als Schauapparat dienend, Hülle glockig, fein spinnwebig behaart, Hüllblätter 3-eckig, in eine 1 cm lange grünliche Stachelspitze auslaufend, April–August.
Früchte: Achäne, 3–5 mm lang, Haarkranz 3- bis 4-mal so lang.
Verbreitung: S-Europa, NW-Afrika, Kanaren, Ruderalflächen, Brachland, Viehweiden, Wegränder.

Hyoseris radiata L.
Strahliger Schweinssalat

Familie: Asteraceae
Habitus: Ausdauernde, 10–40 cm hohe, löwenzahnähnliche Rosettenpflanze.
Blätter: Alle grundständig, lang gestielt, 5–25 cm lang, Rand gleichmäßig schrotsägeförmig, jederseits 7–8 Abschnitte.
Blüten: Köpfchen einzeln auf blattlosen, 6–40 cm langen Stielen, 1,5 cm breit, mit 20–60 gelben, 1,5 cm langen Zungenblüten, Hülle zylindrisch-glockig, aus 6–8 grünen, lanzettlichen Schuppen, außen wenige, kürzere Schuppen, Januar–Dezember.
Früchte: 8–10 mm lange, braune Achäne, Haarkranz steif, gelblich.
Verbreitung: Mittelmeergebiet, Kanaren, Gras- und Felsfluren, Ödland.
Allgemeines: *H. scabra* L.: 1-jährige Pflanze, Blütenköpfchen an kürzeren, niederliegenden oder aufsteigenden, unter dem 8- bis 15-blütigen Köpfchen verdickten Stängeln.

Blütenpflanzen

Inula helenium L.
Echter Alant

Familie: Asteraceae
Habitus: Ausdauernd, 0,6–2 m hoch, aufrecht, robust, filzig behaart.
Blätter: Die unteren 40–70 cm lang, eiförmig-elliptisch, die oberen stängelumfassend, unterseits graufilzig behaart.
Blüten: Köpfchen sehr groß, gelb, in lockeren Trugdolden, Köpfchenboden 1,5–2 cm breit, Strahlenblüten 3–4 cm lang, Hüllblätter dachziegelartig, außen samtig-filzig, Juli–Oktober.
Früchte: Achäne mit 3 cm langem Haarkranz.
Verbreitung: Vermutlich Mittelasien, in ganz Europa verwildert und eingebürgert.
Allgemeines: Der Echte Alant wurde bereits im Römischen Reich als Heil- und Nahrungspflanze angebaut. Die Rhizome wurden in verschiedener Weise zubereitet. Alant ist auch heute noch bei Verdauungsschwierigkeiten ein bewährtes Hausmittel.

Lactuca perennis L.
Ausdauernder Lattich

Familie: Asteraceae
Habitus: Ausdauernd, 30–90 cm hoch, aufrecht, kahl, blaugrün, im oberen Bereich verzweigt.
Blätter: Grundblätter bis 30 cm lang, fiedrig geteilt, die Abschnitte lanzettlich, ganzrandig oder gezähnt, Stängelblätter nach oben zunehmend kürzer.
Blüten: Köpfchen zu 12–20 in lockeren Trugdolden an aufsteigenden Ästen, nur Zungenblüten, diese blau bis blauviolett, 2–2,5 cm lang, Hülle zylindrisch, bis 2 cm lang, mit dachigen Schuppen, April–Juni.
Früchte: Geschnäbelte, dunkelblaue, bis 1,5 cm lange Achäne, Haarkranz weiß.
Verbreitung: Mitteleuropa bis S-Spanien, S-Italien und SW-Bulgarien, Felsen, Mauern und andere trockene Plätze, kalkliebend.
Allgemeines: *L. serriola* L. ist vielleicht die Ausgangsform des als Salat bekannten Gartenlattichs, *L. sativa* L.

Lonas annua (L.) Vines et Druce
Lonas

Familie: Asteraceae
Habitus: 1-jährig, 10–30 cm hoch, aufrecht, buschig verzweigt, kahl, Stängel kräftig, rötlich.
Blätter: Untere 3-fach fiederschnittig, die Abschnitte mehr oder weniger gezähnt, obere fiederschnittig, die Abschnitte linealisch, zugespitzt, sitzend oder kurz gestielt.
Blüten: Köpfchen ziemlich klein, in dichten endständigen Trugdolden, nur aus gleichgestalteten, gelben Scheibenblüten bestehend, Hülle aus mehreren Reihen bestehend, Hüllblätter mit häutigem Rand, August–Oktober.
Früchte: Prismaförmige Achäne mit 5 deutlichen Rippen, der Haarkranz ein trockenhäutiges, zerschlitztes Becherchen.
Verbreitung: NW-Afrika, Sizilien, S-Italien, an trockenen Plätzen.
Allgemeines: Die Gattung umfaßt nur diese Art.

Notobasis syriaca (L.) Cass.
Syrische Kratzdistel

Familie: Asteraceae
Habitus: 1-jährig, 0,3–1,5 m hoch, distelartig, im oberen Teil meist verzweigt, bläulich grün.
Blätter: Basisblätter krautig, gestielt, elliptisch, gezähnt oder gelappt, oberseits fast kahl, weiß geadert, unterseits spärlich grau spinnwebig, Stängelblätter ledrig, lanzettlich oder länglich-lanzettlich, gefiedert, mit breiten Öhrchen sitzend, die oberen fast bis auf kräftige, steife Dornen reduziert.
Blüten: Köpfchen einzeln oder zu mehreren, die purpurnen Röhrenblüten von 17–23 mm langen, kurz bedornten, spinnwebig behaarten Hüllblättern umgeben, April–Juni.
Früchte: 5–6 mm lange, dunkelbraune Achäne, Haarkranz fedrig, 13–15 mm lang.
Verbreitung: Mittelmeergebiet, Kanaren, SW-Asien, Kultur- und trockenes Brachland, Wegränder.

Blütenpflanzen

Onopordum bracteatum
Boiss. et Heldr.
Eselsdistel

Familie: Asteraceae
Habitus: 2-jährig, 0,8–1,8 m hoch, distelartig, Stängel gelblich bis weiß, mit bis zu 13 mm langen Dornen breit geflügelt.
Blätter: Bis 30 cm lang, länglich-lanzettlich, sitzend, gefiedert, die 10–12 Paar Fiedern handförmig gelappt bis gezähnt.
Blüten: Köpfchen endständig gehäuft, 5–7 cm breit, Krone 3–4 mm breit, purpurn, Hüllblätter plötzlich in einen Enddorn verschmälert, mit lanzettlichen Abschnitten, Juni–August.
Früchte: Achäne 5–6 mm lang, braun, Haarkranz bis 10 mm lang.
Verbreitung: Südliche Balkanhalbinsel, Ägäis, meist im Gebirge, kalkreiche Felsfluren, Ruderalstellen, Sandküsten.
Allgemeines: Bei subsp. *bracteatum* Pflanze weißwollig behaart, Stängel verkahlend; bei subsp. *creticum* Franco Pflanze gräulich grün, nicht wollig behaart.

Otanthus maritimus
(L.) Hoffmanns et Link
Schneeweiße Strand-Filzblume

Familie: Asteraceae
Habitus: Ausdauernd, am Grunde etwas verholzend, 10–50 cm hoch, rasig wachsend, aromatisch duftend, ganze Pflanze dicht weißfilzig behaart.
Blätter: Mit breiter Basis sitzend, länglich oder spatelförmig, 5–17 mm lang, ganzrandig oder fein gekerbt-gesägt.
Blüten: Köpfchen kugelig, 8–10 mm breit, kurz gestielt, zu wenigen in endständigen Trugdolden, nur aus gelben Röhrenblüten bestehend, Blütenboden mit Spreublättern, Hüllblätter breit-elliptisch, bis 3 mm lang, dachziegelartig angeordnet, dicht weißfilzig, Juni–September.
Früchte: Achäne braun, drüsig, gerippt, 4 mm lang, von einer dicken, korkigen, bleibenden Blütenbasis umgeben, Haarkranz fehlend.
Verbreitung: Sandstrände, vom Mittelmeer und Atlantik nördlich bis Irland.

Pallenis spinosa (L.) Cass.
Stechendes Sternauge

Familie: Asteraceae
Habitus: 2-jährig, 10–60 cm hoch, aufrecht, im oberen Teil meist verzweigt, Hauptachse von den Seitensprossen überragt, abstehend weich behaart.
Blätter: Wechselständig, schmal-elliptisch, bis 7,5 cm lang, untere gestielt, obere halbstängelumfassend, bis 4 cm lang, stachelspitzig.
Blüten: In lang gestielten, etwa 2,5 cm breiten, endständigen Köpfchen, äußere Hüllblätter blattähnlich, sternförmig ausgebreitet, 1,5–3,5 cm lang, stechend, innere viel kleiner, Zungenblüten in 2 Reihen, kürzer als die äußeren Hüllblätter, Röhrenblüten orangegelb, oft rot gezeichnet, tief 3-zähnig, April–August.
Früchte: 2 mm lange Achäne mit kurzem Haarkranz.
Verbreitung: Gesamtes Mittelmeergebiet, Kanaren, trockenes steiniges Brachland, Wegränder.

Ptilostemon casabonae
(L.) Greuter
Kratzdistel

Familie: Asteraceae
Habitus: Ausdauernd, 0,4–1(1,5) m hoch, unverzweigt, distelartig, Stängel spärlich spinnwebig behaart bis kahl.
Blätter: Lanzettlich bis linealisch-lanzettlich, ganzrandig oder ganz leicht gebuchtet, Blattrand mit 5–15 mm langen Dornen, zu 2–4(–7) aus einer Ansatzstelle.
Blüten: Die 15–25 mm breiten Köpfchen fast sitzend, in ährenartigen Ständen, alle Blüten röhrenförmig, purpurn, 18–22 mm lang, Hüllblätter in mehreren Reihen, mit langer, stechender Spitze, Juli–September.
Früchte: 3–4 mm lange Achäne, Haarkranz 13–18 mm lang.
Verbreitung: Westliches Mittelmeergebiet.
Allgemeines: *P. hispanicus* (Lam.) Greut. (S-Spanien): Blüten in einer endständigen Trugdolde; *P. afer* (Jacq.) Greut. (Balkanhalbinsel, Kleinasien): Blätter fiederspaltig mit 2- bis 3-teiligen Abschnitten.

Pulicaria odora (L.) Rchb.
Duftendes Flohkraut

Familie: Asteraceae
Habitus: Ausdauernd, mit verdicktem Wurzelstock, Stängel 20–70 cm hoch, zottig oder wollig behaart.
Blätter: Grundblätter eiförmig bis eiförmig-lanzettlich, kurz gestielt, zur Blütezeit noch grün, aromatisch duftend, Stängelblätter länglich-lanzettlich, halbstängelumfassend, Rand drüsig gezähnt, oberseits grün, rau, unterseits grauwollig.
Blüten: Köpfchen einzeln oder zu wenigen, 2–3 cm breit, lang gestielt, Zungenblüten zahlreich, strahlig, goldgelb, etwa 8 mm länger als die linealischen, lang zugespitzten Hüllblätter, Mai–Juli.
Früchte: Haarkranz aus 10–12 Haaren.
Verbreitung: Mittelmeergebiet, Portugal, lichte Wälder, Macchien, Garigues, kalkmeidend.
Allgemeines: *P. dysenterica* (L.) Bernh.: Blütenköpfchen zahlreich, Basalblätter zur Blütezeit verwelkt.

Reichardia tingitana (L.) Roth
Tanger-Reichardie

Familie: Asteraceae
Habitus: 1-jährig bis ausdauernd, 5–40 cm hoch, mit Milchsaft.
Blätter: Kahl, glatt bis dicht weiß papillös, die der Grundrosette 2–17 cm lang, lanzettlich, stumpf oder spitz, gezähnt oder fiederspaltig, Stiel kurz, breit geflügelt, Stängelblätter 1–6, sitzend, stängelumfassend.
Blüten: Köpfchen einzeln oder zu wenigen, 2–2,5 cm breit, lang gestielt, Stiel am Ende verdickt, nur Zungenblüten ausgebildet, diese bis 20 mm lang, gelb an der Basis purpurn, Hüllblätter 10–15 mm lang, eiförmig, stumpf oder spitz, kahl, mit breitem, häutigem Rand, in mehreren Reihen, April–Mai.
Früchte: Geriefte, runzelige Achäne mit schneeweißem Haarkranz.
Verbreitung: Südliches Mittelmeergebiet, Kanaren, SW-Asien, sandiges Ödland, an Felsen, in Küstennähe.

Scolymus hispanicus L.
Spanische Golddistel

Familie: Asteraceae
Habitus: 2- oder mehrjährig, 20–120 cm hoch, aufrecht, meist verzweigt, distelartig, mit Milchsaft, Stängel mehr oder weniger spinnwebig-flaumig behaart, unterbrochen dornig geflügelt.
Blätter: Untere gestielt, tief fiederteilig, bis 12 cm lang, grün, weich, Stängelblätter starr, buchtig-fiederteilig, die Abschnitte dornig gezähnt.
Blüten: Köpfchen end- und achselständig, 1–2 cm breit, goldgelb, nur Zungenblüten ausgebildet, diese von 3 dornig gezähnten Hochblättern umgeben und überragt, Hülle etwa 2 cm lang, Hüllblätter pfriemlich, kahl, Mai–Juli.
Früchte: 5 mm lange, eiförmig zusammengedrückte Achäne, Haarkranz aus 2–4 kurzen Borsten.
Verbreitung: Mittelmeergebiet, Kanaren, sandiges, trockenes Brachland, Schuttplätze, Wegränder.

Tanacetum cinerariifolium (Trevir.) Sch. Bip.
Dalmatinische Insektenblume

Familie: Asteraceae
Habitus: Ausdauernd, 15–45 cm hoch, seidig silbergrau behaart.
Blätter: Doppelt gefiedert, drüsig punktiert, 10–20 cm lang, lanzettlich bis länglich, die Abschnitte schmal-lanzettlich.
Blüten: Köpfchen einzeln, 12–18 mm breit, Scheibenblüten gelb, Zungenblüten weiß, 8–12 mm lang, Juni–Juli.
Früchte: Gerippte, 3,5 mm lange Achäne, Haarkranz unregelmäßig gelappt.
Verbreitung: Dalmatien, Albanien.
Allgemeines: Im 19. Jahrh. wurde die insektizide Wirkung der Art entdeckt. Das aus Blütenköpfchen gewonnene Pulver wurde in Form von Aerosolspray und Salben angewendet, vor allem im 2. Weltkrieg. „Pyrethrum" ist auch noch heute von Bedeutung, vor allem wegen der großen Wirkungsbreite und geringen Gefährlichkeit gegenüber Warmblütlern.

Tolpis barbata (L.) Gaertn.
Bärtiges Christusauge

Familie: Asteraceae
Habitus: 1-jährig, 6–90 cm hoch, aufrecht, behaart, Stängel einfach oder verzweigt, Seitensprosse dann den Hauptsproß überragend.
Blätter: Meist grundständig, 2–10 cm lang, linealisch-lanzettlich bis breit-eiförmig, ganzrandig bis kerbig gezähnt oder tief geteilt, obere Blätter kleiner werdend.
Blüten: Köpfchen einzeln oder zu mehreren an verdickten Stielen, 1–1,5 cm breit, gelb, nur Zugenblüten ausgebildet, äußere Hüllblätter fadenförmig, mindestens so lang wie die inneren, April–Juni.
Früchte: Achänen mit kurzem Haarkranz, die inneren auch mit langen Haaren.
Verbreitung: S-Europa, Mittelmeergebiet, trockene, steinige Ruderalstellen, Garigues, kalkmeidend.
Allgemeines: Bei *T. virgata* Bertol. äußere Hüllblätter kürzer als die inneren, alle Früchte mit langem Haarkranz.

Tragopogon porrifolius L.
Roter Bocksbart

Familie: Asteraceae
Habitus: 2-jährig, 0,2–1,2 m hoch, kahl oder leicht flockig behaart.
Blätter: Grasartig, breit-linealisch, am Grunde verbreitert, 10–15 cm lang, parallelnervig.
Blüten: Köpfchen einzeln, endständig, an stark verdickten Stielen, 6–7 cm breit, nur Zungenblüten ausgebildet, diese braunviolett, bis 2,5 cm lang, Hüllblätter linealisch, meist zu 8, April–Juni.
Früchte: Geschnäbelte Achäne, Haarkranz fedrig, kürzer als die Frucht.
Verbreitung: Mittelmeergebiet, Kanaren, Brachland, Grasfluren.
Allgemeines: Die zylindrische Wurzel wird, ähnlich der Schwarzwurzel, als Gemüse verzehrt. *T. hybridus* L. (Mittelmeer, Kanaren, SW-Asien): 1-jährige, 20–60 cm hohe, kahle Pflanze mit 6–8 cm langen Blättern und rosa bis lila Zungenblüten.

Urospermum dalechampii
(L.) Scop. ex F. W. Schmidt
Weichhaariges Schwefelkölbchen

Familie: Asteraceae
Habitus: Ausdauernd, 25–40 cm hoch, behaart.
Blätter: Meist grundständig, 5–19 cm lang, schrotsägeförmig gefiedert, Stängelblätter kleiner, meist ungeteilt.
Blüten: Köpfchen zu 1–3 endständig, bis 5 cm breit, nur bis 2 cm lange Zungenblüten ausgebildet, schwefelgelb, oft rot gestreift, die inneren kürzer und dunkler, Hüllblätter in einer Reihe zu 7–8, lanzettlich, 1,5–2,5 cm lang, weich behaart, am Grunde verwachsen, April–August.
Früchte: Achäne schwarz, geschnäbelt, mit fedrigen, schwach rotbraunen Haaren.
Verbreitung: Westliches Mittelmeergebiet, östlich bis Jugoslawien.
Allgemeines: *U. picroides* (L.) Scop. ex F. W. Schmidt: Pflanze 1-jährig, Blätter rau behaart, Köpfchen 4 cm breit, hellgelb, Hüllblätter steif, borstig behaart.

Xanthium spinosum L.
Dornige Spitzklette

Familie: Asteraceae
Habitus: 1-jährig, 0,1–1,5 m hoch, aufrecht, an der Basis sparrig verzweigt, Stängel am Ansatz des Blattstieles mit 1–2 kräftigen, 3-teiligen, gelben Dornen.
Blätter: Wechselständig, länglich-rhombisch, tief 3-lappig, Mittellappen verlängert, oberseits bis auf die grauen Hauptnerven dunkelgrün, unterseits weiß- bis graufilzig.
Blüten: Männliche an den Zweigenden in kleinen, unscheinbaren Köpfchen, weibliche achselständig, 2-blütig, in die mit gekrümmten Dornen besetzte Blütenachse eingesenkt, August–Oktober.
Früchte: Köpfchen zur Reife 10–12 mm lang, an der Spitze mit 2 geraden, ungleich langen Schnäbeln.
Verbreitung: Gemäßigtes S-Amerika, in Mittel- und S-Europa sowie in N-Afrika und N-Amerika eingebürgert, Brachland, Ruderalstellen.

Xanthium strumarium L. subsp. italicum (Moretti) D. Löve
Gewöhnliche Spitzklette

Familie: Asteraceae
Habitus: 1-jährig, 0,2–1 m hoch, aufrecht, meist von der Basis an reich verzweigt, aromatisch duftend, Stängel mit violetten Flecken.
Blätter: Breit-eiförmig bis 3-eckig, ungeteilt, oder 3-lappig, die langen Blattstiele dunkelrot, an der Basis herz- oder keilförmig, beiderseits grün, kurz behaart.
Blüten: Köpfchen eingeschlechtlich, männliche und weibliche übereinander in achselständigen Büscheln, die weiblichen 2-blütig, in die eiförmige, mit geraden oder gekrümmten Stacheln besetzte Blütenachse eingesenkt, Juli–September.
Früchte: Köpfchen zur Reife gelb oder braun, bis 3,5 cm lang, die 5–6 mm langen, steifen Dornen nicht stechend.
Verbreitung: Herkunft unbekannt, vor allem in S-Europa eingebürgert, Ruderalstellen, Sandstrände, Flußufer.

Alkanna orientalis (L.) Boiss.
Orientalische Alkanna

Familie: Boraginaceae
Habitus: Ausdauernd, 30–50(–80) cm hoch, aufrecht oder aufsteigend, drüsigborstig behaart.
Blätter: Die unteren 10–15 cm lang, lanzettlich bis länglich-lanzettlich, die oberen länglich bis eiförmig-lanzettlich, am Rand gewellt und buchtig ausgerandet.
Blüten: In anfangs dichten, zur Fruchtzeit lockeren Wickeln, die Tragblätter etwa so lang wie der 6–8 mm lange, drüsige Kelch, Krone röhrenförmig, gelb, am 5-zipfeligen, trichterförmigen Saum 9–12 mm breit, Mai–Juni.
Früchte: Kleine, warzige Nüßchen.
Verbreitung: S-Griechenland, an steinigen Plätzen.
Allgemeines: Auf der Balkanhalbinsel kommen weitere gelbblühende Arten vor, im westlichen Mittelmeergebiet nur *A. lutea* DC. als 1-jährige, drüsig behaarte Pflanze, mit 5–7 mm breiten Blüten.

Alkanna tuberculata (Forssk.) Meikle
Färber-Alkanna

Familie: Boraginaceae
Habitus: Ausdauernd, 10–30 cm hoch, niederliegend oder aufsteigend, grauhaarig, drüsenlos.
Blätter: Die unteren gestielt, linealisch-lanzettlich, 6–15 cm lang, die oberen sitzend, an der Basis herzförmig.
Blüten: In anfangs dichten, zur Reife stark verlängerten Wickeln, die Tragblätter kaum länger als der tief 4-teilige, 4–5 mm lange Kelch, Krone tiefblau, röhrenförmig, Röhre nicht länger als der Kelch, außen kahl, am breit-trichterförmigen Saum 7–8 mm breit, April–Juni.
Früchte: Kleine, warzige Nüßchen.
Verbreitung: Mittelmeergebiet, nördlich bis in die Slowakei, auf Brachäckern, an Straßenrändern, an Sand- und Felsküsten.
Allgemeines: Der aus der Wurzelrinde gewonnene rote Farbstoff, das Alkannin, wurde früher zum Färben von Salben und alkoholischen Getränken verwendet.

Anchusa azurea Mill.
Italienische Ochsenzunge

Familie: Boraginaceae
Habitus: Ausdauernd, 20–150 cm hoch, aufrecht, im oberen Bereich reich verzweigt, dicht mit weißen, abstehenden, steifen Borsten besetzt.
Blätter: Lanzettlich, die unteren 10–30 cm lang, in einen Stiel verschmälert, die oberen sitzend.
Blüten: In zu großen Rispen vereinten Wickeln, Krone violett bis tiefblau, röhrenförmig, der 5-zipfelige Saum flach ausgebreitet, 10–15 mm breit, Schlundschuppen herausragend und gebärtet, Kronröhre 6–10 mm lang, etwa so lang wie der bis zum Grunde geteilte Kelch, Tragblätter kürzer als der Kelch, April–August.
Früchte: 3-kantige, runzelige oder feinwarzige Nüßchen.
Verbreitung: S- und südliches Mittel-Europa, Mittelmeergebiet, N-Afrika bis Iran, auf Kultur- und Brachland.

Blütenpflanzen

Cerinthe major L.
Große Wachsblume

Familie: Boraginaceae
Habitus: 1-jährig, 30–50 cm hoch, aufrecht, fast kahl, blaugrün.
Blätter: Grundblätter ei- bis spatelförmig, kurz gestielt, am Rande bewimpert, oft weiß gefleckt, die oberen länglich-eiförmig, stängelumfassend.
Blüten: In endständigen, nickenden Wickeln, die eiförmigen Tragblätter oft rotviolett überlaufen, Krone röhrig, gerade, 3 cm lang, 8 mm breit, mehr als doppelt so lang wie der Kelch, gelb, oft an der Basis violett überlaufen oder ganz schmutzig-violett, Kronzipfel an den Spitzen scharf zurückgebogen, Mai–Juni.
Früchte: Nüßchen schwärzlich, kahl.
Verbreitung: Mittelmeergebiet, Portugal, Kultur-, Brachland, Ruderalstellen.
Allgemeines: Bei *C. retora* Sm. ist die blassgelbe Blütenkrone nach oben gekrümmt, die Spitzen der Kronzipfel sind violett gefärbt.

Echium creticum L.
Kretischer Natternkopf

Familie: Boraginaceae
Habitus: 2-jährig, 20–90 cm hoch, aufrecht, steifhaarig-borstig.
Blätter: Grundblätter oval oder länglich-lanzettlich, 8–18 cm lang, eine Rosette bildend, etwas steifhaarig, Stängelblätter sitzend.
Blüten: In rispigen, mehr oder weniger verzweigten Ständen, Krone 1,5–4 cm lang, mit schiefem Saum, außen fein behaart, bleibend purpurrot oder später bläulich purpurn oder blau, Staubblätter 1–2, herausragend, April–Juni.
Früchte: Eiförmige, runzelige Nüßchen.
Verbreitung: Westliches Mittelmeergebiet, S-Portugal, oft in Straßennähe.
Allgemeines: In der Ägäis ist *E. angustifolium* Mill. verbreitet. Die graubostige Pflanze hat schmal-lanzettliche Blätter und 16–22 mm lange, rote oder rötlich-purpurne Blüten mit 4–5 herausragenden Staubblättern.

Echium italicum L.
Italienischer Natternkopf

Familie: Boraginaceae
Habitus: 2-jährig, aufrecht, 0,3–1 m hoch, reich verzweigt, meist mit einer einzelnen, dominanten Hauptachse, dicht mit abstehenden, weißlichen bis gelblichen Borsten besetzt.
Blätter: Grundblätter lanzettlich, 20–35 cm lang, am Grunde verschmälert, Stängelblätter sitzend.
Blüte: In ährenartigen oder verzweigten, kegelförmigen Ständen, Krone weißlich, fleischfarben oder blassblau, schmal-trichterförmig, 10–12 mm lang, am Saum schief, außen fein behaart, die 4–5 Staubblätter weit aus der Krone herausragend, der 6–7 mm lange Kelch fast bis zum Grunde in schmal-lanzettliche Zipfel geteilt, April–August.
Früchte: Nüßchen graubraun.
Verbreitung: S-Europa, Mittelmeergebiet, SW-Asien, Kultur- und Brachland, Weiden, Ruderalstellen.

Echium plantagineum L.
Wegerichblättriger Natternkopf

Familie: Boraginaceae
Habitus: 1- oder 2-jährig, 20–60 cm hoch, aufrecht, meist verzweigt, weichborstig behaart, Stängel kantig.
Blätter: Die der Grundrosette eiförmig, lang gestielt, 5–14 cm lang, bläulich grün, borstig behaart, Stängelblätter länglich-lanzettlich, halbstängelumfassend.
Blüten: In verzweigten Ständen, Krone blau, 18–30 mm lang, breit-trichterförmig, mit schiefem Saum, Außenrand und Nerven behaart, Kelch 7–10 mm lang, tief zerteilt, mit linealischen Abschnitten, die 2 Staubblätter herausragend, April–Juni.
Früchte: Nüßchen dicht warzig.
Verbreitung: S- und W-Europa, NW-Afrika, sandige Plätze, Brachland, Wegränder.
Allgemeines: *E. vulgare* L. (Europa, Kleinasien, NW-Afrika): Pflanze 2-jährig, Grundblätter lanzettlich, rauhaarig, Blütenkrone 10–19 mm lang, die 4–5 Staubblätter weit herausragend.

Blütenpflanzen

Heliotropium europaeum L.
Europäische Sonnenwende

Familie: Boraginaceae
Habitus: 1-jährig, 5–40 cm hoch, weichhaarig, grün bis grau, Stängel niederliegend-aufsteigend oder aufrecht, verzweigt.
Blätter: Wechselständig, lang gestielt, elliptisch bis lanzettlich, bis 5,5 cm lang.
Blüten: In einfachen oder gegabelten, anfangs eingerollten, später verlängerten, reichblütigen Wickeln, ohne Duft. Krone weiß, breit-trichterförmig, 2–5 mm lang, Saum 2–4 mm breit, meist mit Zähnen zwischen den Lippen, die 5 Staubblätter nicht herausragend, Mai–November.
Früchte: Nüßchen runzelig, kahl oder behaart.
Verbreitung: Mittelmeergebiet, S-Europa, Äcker, Gärten, Tritt- und Ruderalstellen, Brachland, Kiesstrände.
Allgemeines: Duftende Blüten hat *H. hirsutissimum* Grauer aus dem östlichen Mediterrangebiet.

Lithospermum purpurocaeruleum (L.)
Blauroter Steinsame

Familie: Boraginaceae
Habitus: Ausdauernd, mit langen, niederliegenden, wurzelnden, behaarten Sprossen, blühende Sprosse aufrecht stehend, 15–70 cm hoch.
Blätter: Wechselständig, lanzettlich, 3,5–8 cm lang, die unteren in einen kurzen Stiel verschmälert, die oberen sitzend, ganzrandig, anliegend behaart.
Blüten: In endständigen, gedrängten Wickeln, die von laubblattähnlichen Hochblättern umgeben sind, Krone anfangs hell purpurn, dann azurblau, trichterförmig, 5-lappig, 14–19 mm lang, außen behaart, Kelch borstig, spitzzipfelig, 6–8,5 cm lang, April–Juni.
Früchte: Nüßchen bis 5 mm lang, glänzend, weiß.
Verbreitung: M- und S-Europa, Kleinasien, Iran, Gebirgsstufe der submediterranen, sommergrünen Eichenwälder.

Onosma graecum Boiss.
Griechische Lotwurz

Familie: Boraginaceae
Habitus: 2-jährig, 15–40 cm hoch, aufrecht, polsterförmig wachsend, Stängel zahlreich, einfach, wie die Blätter und der Kelch dicht mit ungeteilten Borstenhaaren besetzt.
Blätter: Lanzettlich, bis 7 cm lang,
Blüten: Nickend, in wenig verzweigten Ständen, Krone 15–18 mm lang, anfangs gelb, später orange oder bräunlich oder violett werdend, Kelch rotbraun, zur Blütezeit 12 mm, zur Fruchtzeit 15–16 mm lang, fast bis zum Grunde in 5 schmale Zipfel geteilt, April–Juni.
Früchte: Nüßchen höckerig.
Verbreitung: Östliches Mittelmeergebiet, felsige Phrygana.
Allgemeines: *O. erectum* Sm. (östl. Mittelmeergebiet), Pflanze dichtrasig wachsend, am Grunde verholzt, dicht mit sternhaarigen Borsten besetzt, Blüten 22–28 mm lang, dunkelgelb.

Aubrieta deltoidea (L.) DC.
Gemeines Blaukissen

Familie: Brassicaceae
Habitus: Ausdauernd, dichte bis lockere Polster bildend, 5–20 cm hoch.
Blätter: Wechselständig, linealisch-spatelförmig bis verkehrt-eiförmig oder rhombisch, ganzrandig oder mit 1–3 Paar Zähnen.
Blüten: In lockeren, wenigblütigen Trauben, die 4 genagelten Kronblätter rötlich purpur bis violett, 12–28 mm lang, Platte rundlich, Blütentrauben die Blätter weit überragend, April–Juni.
Früchte: 6–16 mm lange, sternhaarige und borstige Schoten.
Verbreitung: Sizilien, Balkan bis Kleinasien, Ägäis, in SW- und W-Europa eingebürgert, Kalkfelsen und Schutthalden.
Allgemeines: *A. columna* Guss.: Blätter breit verkehrt-eiförmig, Blüten rotviolett, Kronblätter 11–18 mm lang, Blütentrauben nur wenig oberhalb der Blätter, Schoten nur mit Sternhaaren.

Cakile maritima Scop.
Europäischer Meersenf

Familie: Brassicaceae
Habitus: 1-jährig, 15–60 cm hoch, reich verzweigt, niederliegend oder aufsteigend.
Blätter: Wechselständig, etwas fleischig, kahl, graugrün, sehr variabel, ungeteilt bis fiederschnittig.
Blüten: In endständigen, zur Fruchtzeit verlängerten, tragblattlosen Trauben, duftend, 4-zählig, Kronblätter 4–14 mm lang, genagelt, violett, seltener weiß, Mai–Oktober.
Früchte: Bis 2,5 cm lange, spießförmige Schoten, die sich quer in 2 1-samige Glieder teilen, das untere Glied unfruchtbar und zu einem dicken Stiel ausgebildet, am Ende mit 2 deutlichen seitlichen Vorsprüngen.
Verbreitung: Mit 4 Unterarten an den Küsten (Spülsäumen) des Mittelmeergebietes und von W- und N-Europa, subsp. *aegyptica* (Willd.) Nyman: fast im ganzen Mittelmeergebiet.

Cheiranthus cheiri L.
Goldlack

Familie: Brassicaceae
Habitus: Ausdauernd, bis 90 cm hoch, aufrecht, verzweigt.
Blätter: Wechselständig, lanzettlich, die unteren 2–10 cm lang, allmählich in den Stiel verschmälert, ganzrandig oder schwach gezähnt, besonders unterseits mit angedrückten, 2-schenkeligen Haaren.
Blüten: Duftend, in dichten Trauben, goldgelb, bei den zahlreichen Kultursorten auch orange, braunrot oder purpurn, die 4 Kronblätter 1,5–2,5 cm lang, vorne gestutzt oder ausgerandet, März–Juni.
Früchte: 2,5–7,5 cm lange Schoten.
Verbreitung: S-Griechenland, östliches Mittelmeergebiet, in M-, W- und S-Europa eingebürgert.
Allgemeines: Schon im altrömischen Reich als Zierpflanze und Altarblume in Kultur. Das in der Pflanze vorhandene Glykosid Cheinranthin findet als Herzmittel eine medizinische Verwendung.

Iberis pruitii Tineo
Pruits Schleifenblume

Familie: Brassicaceae
Habitus: Ausdauernd, bis 15 cm hoch, Polster bildend.
Blätter: Ziemlich fleischig, wechselständig, bis 3 cm lang, ganzrandig oder vorne mit wenigen Zähnen, die unteren mehr oder weniger spatelförmig bis verkehrteiförmig.
Blüten: In dichten, endständigen, gedrängten Trauben, die 4 Kronblätter weiß bis schwach lila, die beiden äußeren länger als die inneren, Mai–August.
Früchte: Flache, 6–8 mm breite, breit geflügelte Schoten mit 3-eckigen Spitzen.
Verbreitung: Mittelmeergebiet, felsige Standorte im Hochgebirge.
Allgemeines: Auch die bei uns häufig kultivierte *I. sempervirens* L. stammt aus dem Mittelmeergebiet: immergrüner, niederliegender, 10–25 cm hoher Zwergstrauch, Blätter dick, länglich-spatelförmig, Blüten weiß, in endständigen Trauben.

Lobularia maritima (L.) Desv.
Strandkresse, Duftsteinrich

Familie: Brassicaceae
Habitus: Ausdauernd, 10–40 cm hoch, Stängel aufsteigend oder aufrecht, am Grunde reich verzweigt.
Blätter: Linealisch bis lanzettlich, bis 3 cm lang, zugespitzt oder stumpf, durch angedrückte, gabelige Haare graugrün.
Blüten: In endständigen, kopfigen, später verlängerten Trauben, weiß bis rosa, nach Honig duftend, die 4 Kronblätter etwa 3 mm lang, kreisförmig, die 4 Kelchblätter purpurn überlaufen, April–September.
Früchte: 2–3,4 cm lange, eiförmige, spitze, gewölbte, 2-samige Schoten, die Samen scharf schmeckend.
Verbreitung: Azoren, Kanaren, Mittelmeergebiet, S-Europa, an trockenen, sonnigen Plätzen, Fels- und Sandküsten, auch als Zierpflanze in Kultur.
Allgemeines: *L. lybica* (Viv.) Webb. et Benth., ähnlich, aber 1-jährig, jedes Fach mit 4–5 Samen, südl. Mittelmeergebiet.

Matthiola fruticulosa (L.) Maire
Trübe Levkoje

Familie: Brassicaceae
Habitus: Ausdauernd, vielgestaltig, 10–60 cm hoch, Stängel am Grunde verholzend, dicht weißfilzig bis spärlich behaart.
Blätter: Meist am Grunde rosettig, linealisch, fiederspaltig oder ungeteilt, Stängelblätter locker verteilt, ungeteilt.
Blüten: In lockeren Trauben, 4 Kronblätter, violett, rostfarben oder auch gelblich, 12–28 mm lang, gewellt, Kelchblätter 6–14 mm lang, aufrecht, April–Juli.
Früchte: 2,5–12 cm lange, kurz gestielte, zylindrische, drüsenlose oder drüsig behaarte Schote, am Ende mit oder ohne 2–3 mm lange, gerade Hörner.
Verbreitung: S-Europa, Mittelmeergebiet, Garigues, Felsfluren, Sandböden.
Allgemeines: Sehr ähnlich, aber 1-jährig ist *M. longipetala* (Vent.) DC. (östl. Mittelmeergebiet, N-Afrika): Blüten gelb bis purpurrot, Hörner der Schoten (1–)2–10 mm.

Matthiola incana (L.) R. Br.
Aschgraue Levkoje

Familie: Brassicaceae
Habitus: Ausdauernd, Stängel an der Basis verholzend, 10–80 cm hoch, aufrecht.
Blätter: Schmal-lanzettlich oder seltener verkehrt-eiförmig, meist ganzrandig, fast kahl bis grauweiß behaart und bestäubt.
Blüten: In lockeren, endständigen Trauben, duftend, die 4 genagelten Kronblätter rundlich, 2–3 cm breit, purpurn, rosa oder weiß, Kelchblätter 9–15 mm lang, Mai–August.
Früchte: Schoten 4,5–16 cm lang, aufrecht, mit winzigen Drüsenhaaren.
Verbreitung: S- und W-Europa, Mittelmeergebiet, Kleinasien, Kanaren, auf Kreta eingebürgert, Felsküsten, alte Mauern.
Allgemeines: *M. incana* ist als Zierpflanze schon seit dem 16. Jahrh. in Kultur. Die Züchtungen sind sehr formenreich und zeichnen sich u.a. durch unterschiedliche Blütezeiten aus.

Matthiola sinuata (L.) R. Br.
Strand-Levkoje

Familie: Brassicaceae
Habitus: Meist 2-jährig, Stängel am Grunde verholzend, 8–60 cm hoch, dicht weißfilzig-wollig behaart.
Blätter: Grundblätter buchtig gezähnt bis fiederspaltig, die Lappen länglich, abgerundet, obere Stängelblätter ganzrandig.
Blüten: In lockeren, endständigen Trauben, die 4 Kronblätter blasspurpurn, 17–25 mm lang, Kelchblätter aufrecht, 8–12 mm lang, die seitlichen sackförmig ausgebuchtet, April–September.
Früchte: Schoten 5–15 cm lang, mit großen, auffälligen, schwärzlichen oder gelblichen Drüsen, am Ende ohne deutliche Hörner.
Verbreitung: S- und W-Europa, NW-Afrika, Fels- und Sandküsten.
Allgemeines: *M. tricuspidata* (L.) R. Br.: 1-jährige, grauhaarige Pflanze, Blätter mit abgerundeten Seitenlappen, Blüten purpurn, Kronblätter 15–22 cm lang.

Moricandia arvensis (L.) DC.
Acker-Moricandie

Familie: Brassicaceae
Habitus: Ausdauernd, aber kurzlebig, bis 65 cm hoch, aufrecht, verzweigt, kahl.
Blätter: Wechselständig, etwas fleischig, blaugrün, die unteren 5 cm lang, verkehrt-eiförmig, geschweift gezähnt, die oberen ganzrandig, herzförmig, stängelumfassend.
Blüten: Zu 10–20 in langen, endständigen, tragblattlosen Trauben, die 4 Kronblätter etwa 2 cm lang, violettpurpurn, Kelchblätter aufrecht, März–Juni.
Früchte: Schoten 3–8 cm lang, schmal, 4-kantig zusammengedrückt, Samen braun, etwa 1 mm groß, 2-reihig angeordnet.
Verbreitung: Mittelmeergebiet, Sahara, Felsen, Brachland, kalkliebend.
Allgemeines: *M. longirostris* Pomel (S-Italien, Sizilien): ähnlich, aber Trauben mit mehr Blüten und Früchte bis 12 cm lang; *M. foetida* Bourg. ex Coss (S- und SO-Spanien): Blüten weißlich, zu 5–12 in Trauben, Hülsen 4–6 cm lang.

Morisia monanthos
(Viv.) Asch.
Einblütiges Erdschötchen

Familie: Brassicaceae
Habitus: Ausdauernde, deutlich behaarte Rosettenpflanze mit verdicktem, basalem Sproß.
Blätter: Im Umriß länglich-lanzettlich, löwenzahnartig-fiederteilig, mit 3-eckigen Abschnitten, glänzend dunkelgrün.
Blüten: Einzeln an 5–25 mm langen, aufrechten, zur Fruchtzeit zurückgebogenen Stielen, die 4 Kronblätter goldgelb, mit schmalem Nagel und rundlicher, flach ausgebreiteter Platte, die 4 Kelchblätter schräg aufrecht, Mai–Juli.
Früchte: Bis 1 cm lange, behaarte Schoten, durch eine Einschnürung in 2 ungleich große Segmente gegliedert, das obere mit 3–5(–12), das untere mit 1–2 Samen.
Verbreitung: Zentrales Mittelmeergebiet, Korsika, Sardinien, an sandigen und felsigen Plätzen.

Campanula pyramidalis L.
Pyramiden-Glockenblume

Familie: Campanulaceae
Habitus: 2-jährig oder ausdauernd, stattlich, 0,3–1,5 m hoch, steif aufrecht, kahl.
Blätter: Grundblätter lang gestielt, eiförmig-länglich, an der Basis fast herzförmig, am Rand drüsig gekerbt-gezähnt, Stängelblätter allmählich kürzer gestielt, an der Basis schwach herzförmig oder verschmälert.
Blüten: Zu 1–3 in den Achseln der oberen, lanzettlichen, tragblattähnlichen Blätter, einen langen, schlanken, reichblütigen Blütenstand bildend, Krone hell blauviolett, selten weiß, weit-glockig, bis 3 cm breit, fast bis zur Mitte in 5 3-eckig-spitze Abschnitte geteilt, die 5 schmal 3-eckigen Kelchzipfel viel kürzer als die Krone, Juli–Oktober
Früchte: Aufrechte, nahe der Basis aufspringende Kapsel.
Verbreitung: N-Italien, NW-Balkan, in Felsfluren, an Mauern und Wegrändern.

Campanula ramosissima Siebt. et Sm.
Vielzweigige Glockenblume

Familie: Campanulaceae
Habitus: 1-jährig, aufrecht, bis 0,4 m, einfach oder verzweigt, borstig behaart.
Blätter: Wechsel- bis gegenständig, die basalen gestielt und verkehrt eiförmig bis spatelförmig, gekerbt, die oberen klein und sitzend.
Blüten: Einzeln, aufrecht, lang gestielt, Krone weitglockig bis radförmig, 5-zählig, Kronblätter verwachsen, violett oder hellblau, im Zentrum auch weiß, Kelchblätter lineal-lanzettlich, weich behaart, März–Juni.
Früchte: 5 mm lange Kapsel.
Verbreitung: Östliches Mittelmeergebiet, Griechenland, Kreta.
Allgemeines: Im Mittelmeergebiet kommt nicht selten auch *C. erinus* L., die Erinusblättrige Glockenblume vor: Blüten zu 1–3 in achsel- und endständigen Büscheln, hellblau, oft pinkfarben bis weiß.

Campanula versicolor Andr.
Verschiedenfarbige Glockenblume

Familie: Campanulaceae
Habitus: Ausdauernd, 20–40 cm hoch, kahl, Stängel kräftig, aufsteigend oder aufrecht, einfach oder verzweigt, sehr formenreiche Art.
Blätter: Ledrig, Grundblätter lang gestielt, ei- oder herzförmig, gekerbt oder gezähnt, obere Stängelblätter am Grunde keilförmig und fast sitzend.
Blüten: Zahlreich, gebüschelt, einen dichten, kompakten, endständigen Blütenstand bildend, Krone fahlblau bis lila, innen am Grunde dunkelviolett, trichterförmig, 1,5–2,5 cm lang, 3 cm breit, mit 5 ausgebreiteten, 3-eckigen, zurückgebogenen Zipfeln, Kelchzipfel schmal-lanzettlich, Juni–September.
Früchte: Aufrechte Kapseln.
Verbreitung: Balkan, westlich bis SO-Italien, meist auf Kalkfelsen, bis in die Bergstufe aufsteigend.

Blütenpflanzen

Trachelium caeruleum L.
Blaues Halskraut

Familie: Campanulaceae
Habitus: Ausdauernd, 0,3–1 m hoch, aufrecht, Stängel am Grunde verholzt, zur Spitze hin verzweigt, oft rötlich.
Blätter: Bis auf die obersten kurz gestielt, eiförmig bis breit-lanzettlich, bis 7,5 cm lang, spitz, ungleich doppelt gesägt und fein bewimpert.
Blüten: Sehr zahlreich, klein, violettblau, selten weiß, schwach duftend, in lockeren, endständigen, 7–10 cm breiten Trugdolden, Kronröhre schmal, 6–8 mm lang, die 5 Kronzipfel stumpf, eiförmig-lanzettlich, abstehend, Kelchabschnitte pfriemlich, ohne Anhängsel, Griffel weit aus der Krone herausragend.
Früchte: Fast kugelige, eckige, häutige Kapseln.
Verbreitung: Westliches Mittelmeergebiet, Portugal, N-Afrika, an schattigen und feuchten Plätzen, an Felsen und Mauern, nicht selten als Zierpflanze in Kultur.

Trachelium jacquinii
(Sieber) Boiss.
Griechisches Halskraut

Familie: Campanulaceae
Habitus: Ausdauernd, 10–35 cm hoch, kahl oder kurz behaart, Stängel bis zum Blütenstand beblättert.
Blätter: Ledrig, 2,5–5 cm lang, länglich bis eiförmig, gekerbt oder gesägt, nur die unteren kurz gestielt, die übrigen sitzend.
Blüten: In dichten, endständigen Trugdolden, Krone blauviolett, röhrig, Röhre wie die Kronzipfel 5 mm lang, Griffel weit aus der Krone herausragend, Mai–August.
Früchte: Ei- bis kreiselförmige Kapseln.
Verbreitung: Gebirge von S-Bulgarien, Griechenland, Ägäis, oft in Felsspalten, in Höhen zwischen 1100 und 2200 m.
Allgemeines: *T. rumelianum* Hampe (Bulgarien, Mazedonien) ist eine niederliegende Staude mit lilablauen, röhrig-glockigen Blüten in dichten, kugeligen, endständigen Trugdolden.

Sambucus ebulus L.
Zwerg-Holunder

Familie: Caprifoliaceae
Habitus: Ausdauernd, 0,5–1 m hoch, mit starkem, unangenehmem Geruch, Stängel kräftig, aufrecht, krautig, gefurcht, nicht verzweigt.
Blätter: Gegenständig, unpaarig gefiedert, Blättchen 3–13, 5–16 cm lang, länglich oder länglich-lanzettlich, zugespitzt, scharf gesägt, Nebenblätter laubblattartig.
Blüten: In endständigen, 5–16 cm breiten, flachen Trugdolden, Krone 5-zählig, radförmig, weiß, die 5 Staubbeutel rot, später schwarz, Juli–August.
Früchte: Schwarze, glänzende, kugelige, beerenartige Steinfrüchte mit 3–5 runzeligen, 3-kantigen Nüsschen.
Verbreitung: Europa, Mittelmeergebiet, N-Afrika, W-Asien. Vorderasien, in sommergrünen, submediterranen Wäldern, auf nährstoffreichen Böden, an Straßenrändern, Ufern von Flüssen und Kanälen.

Dianthus petraeus
Waldst. et Kit.
Geröll-Nelke

Familie: Caryophyllaceae
Habitus: Ausdauernd, bis 30 cm hoch, meist lockere Rasen bildend, grün oder bläulich.
Blätter: Von der Mitte an verschmälert, mit stechender Spitze, meist mit 3 erhabenen Nerven, Stängelblätter in 2–5 Paaren.
Blüten: Weiß, die 5 Kronblätter lang genagelt, mit ausgebreiteter, 4–10 mm langer, vielspaltig eingeschnittener, kahler oder leicht gebärteter, gezähnter oder fast ganzrandiger Platte, Kelch 2–3 cm lang, mit oft 4 kurzen, elliptischen bis ovalen, zugespitzen Außenkelchblättern, Juni–August.
Früchte: Kapseln, die sich vom Scheitel her öffnen.
Verbreitung: Balkan, W- und Mittel-Rumänien, in Fels- und Grasfluren, var. *noeanus* (Boiss.) Tutin in Bulgarien.
Allgemeines: Im Gebiet zahlreiche weitere, meist lokal verbreitete Arten.

Drypis spinosa L.
Dornnelke

Familie: Caryophyllaceae
Habitus: Ausdauernd, Polster bildend, reich verzweigt, Stängel 4-kantig, spröde.
Blätter: Gegenständig, sitzend, lanzettlich, starr und stechend, oberseits rinnig, blassgrün.
Blüten: In doldigen Ständen, die von dornig gezähnten Hüllblättern umgeben sind, Blüten klein, Kronblätter 5, weiß oder rosa, 2-lappig, lang genagelt, Staubblätter bläulich; bei subsp. *spinosa* sind die Kronblätter bis zum Grunde gespalten, die äußeren Hüllblätter überragen die Blüten weit; bei der subsp. *jacquiniana* Murb. et Wettst. ex Murb. sind die Kronblätter bis zur Hälfte gespalten, die Hüllblätter überragen die Blüten kaum, Juni–September.
Früchte: Kleine Kapseln.
Verbreitung: subsp. *spinosa*: Gebirge von M-Italien bis Griechenland; subsp. *jacquiniana*: Sand- und Felsküsten von NO-Italien bis NW- und W-Jugoslawien.

Paronychia argentea Lam.
Silber-Mauermiere

Familie: Caryophyllaceae
Habitus: Ausdauernd, 5–30 cm hoch, niederliegend, stark verzweigt, Matten bildend.
Blätter: Gegenständig. eiförmig bis lanzettlich, 4–8(–20) mm lang, spitz, ganzrandig, Rand kurz bewimpert.
Blüten: In den Blattachseln meist über 8 mm breite, gut abgesetzte Blütenbüschel, mit 4–6 mm langen, spitz-eiförmigen, trocken-silberhäutigen Tragblättern, die die unscheinbare Blütenhülle bedecken, Kronblätter fehlend, die 5 Kelchblätter schmal verkehrt-eiförmig, mit trockenem Rand und aufgesetzter Spitze, April–Juni.
Früchte: 1-samige Kapsel.
Verbreitung: S-Europa, Mittelmeergebiet, gefestigte Dünen, Grasfluren, meist auf Sand.
Allgemeines: Die Gattung ist mit mehreren Arten im Mittelmeergebiet verbreitet.

Petrorhagia velutina
(Guss.) P. W. Ball et Heyw.
Samt-Felsennelke

Familie: Caryophyllaceae
Habitus: 1-jährig, 10–50 cm hoch, Stängel aufrecht, meist unverzweigt, vor allem am Grunde drüsig-flaumig, selten kahl.
Blätter: Die der Grundrosette lineal-lanzettlich, Stängelblätter linealisch, paarweise stehend, am Grunde verbunden, Blattscheide über 2-mal länger als breit.
Blüten: In endständigen, köpfchenartig zusammengezogenen, mehrblütigen Ständen, von hellbraunen, trockenhäutigen, eiförmigen, spitzen Hochblättern umgeben, Kronblätter rosa oder purpurn, mit langem Nagel und 2-lappiger, waagerecht abstehender Platte, Kelch zylindrisch, mit 5 sehr kurzen Zähnen, März–April.
Früchte: Vierzähnige Kapsel, Samen mit zylindrischen Warzen.
Verbreitung: Mittelmeergebiet, Kanaren, Garigues, Schutthalden, offene Sandböden, Weinberge, Brachäcker.

Silene colorata Poir.
Farbiges Leimkraut

Familie: Caryophyllaceae
Habitus: 1-jährig, niederliegend bis aufsteigend, verzweigt, 10–50 cm hoch, fein behaart.
Blätter: Gegenständig, linealisch bis eiförmig-spatelförmig.
Blüten: Einzeln, endständig oder in den oberen Blattachseln, die 5 Kronblätter kräftig rosa oder weiß, über dem Kelch radförmig ausgebreitet, 1–2 cm lang, tief geteilt, Kelch zylindrisch, 11–13 mm lang, 10-nervig, mit stumpfen, dicht bewimperten Zähnen, zur Fruchtzeit breit-keulenförmig, April–Juni.
Früchte: 7–9 mm lange, 6-zähnige, Kapsel, Samen nierenförmig, mit einer tiefen Rinne zwischen 2 gewellten Flügeln.
Verbreitung: Mittelmeergebiet, Kanaren, trockene Wiesen, Sandstrände, Kulturland.
Allgemeines: Die ähnliche *S. sericea* All. hat schmale, spitze Kelchzähne und ungeflügelte Samen.

Silene conica L.
Kegel-Leimkraut

Familie: Caryophyllaceae
Habitus: 1-jährig, 10–50 cm hoch, kurz behaart, verzweigt, aufsteigend oder aufrecht.
Blätter: Sitzend, gegenständig, lanzettlich.
Blüten: Zu 5–30 in endständigen, gabelig verzweigten, beblätterten Ständen, die 5 Kronblätter über dem Kelch radförmig ausgebreitet, meist rosa, seltener weiß, 13–20 mm lang, ausgerandet oder 2-spaltig, Kelch 8–18 mm lang, 30-nervig, kegelig bis eiförmig, zur Fruchtzeit kugelig aufgeblasen, mit langen, schmalen, spitzen Zähnen, April–Juni.
Früchte: 6-zähnige, 7–12 mm lange Kapseln.
Verbreitung: Mit mehreren Unterarten im Mittelmeergebiet, Kanaren, SO-Europa, SW-Asien, an sandigen, trockenen Plätzen, in Strandnähe und im Binnenland.
Allgemeines: Zahlreiche weitere Arten im Mittelmeergebiet.

Salsola kali L.
Kali-Salzkraut

Familie: Chenopodiaceae
Habitus: Fleischig, 1-jährig, bis 1 m hoch, stark verzweigt, Sprosse hellgrün oder gelblich.
Blätter: Linealisch-pfriemlich, 1–4 cm lang, stachelspitzig, am Grunde verbreitert und mit häutigem Rand.
Blüten: Zu 1–3 in den Blattachseln, Blütenhülle einfach, die 5 eiförmigen, zugespitzten Hüllblätter bis zur Basis getrennt, am Rücken meist geflügelt, die 2 langen Vorblätter eiförmig 3-eckig, starr und in einen langen, hellen Dorn auslaufend, Juli–Oktober.
Früchte: Kleine Nuss.
Verbreitung: Europa, N-Afrika, Kanaren, Asien, Sandküsten und Schuttplätze.
Allgemeines: Früher wurde aus veraschten Pflanzen Pottasche und Soda hergestellt, junge Sprosse und Blätter können als Gemüse verwendet werden, junge Blätter von S. soda L. als Salat.

Tuberaria guttata (L.) Fourr.
Geflecktes Sandröschen

Familie: Cistaceae
Habitus: Zierlich, 1-jährig, 5–30 cm hoch, zottig behaart.
Blätter: Die rosettig stehenden Grundblätter zur Blütezeit oft schon vertrocknet, Stängelblätter gegenständig, die unteren breit- bis schmal-elliptisch oder verkehrt-eiförmig, die oberen schmaler.
Blüten: Zu 1–2, lang und dünn gestielt, 1–2 cm breit, die 5 Kronblätter hellgelb bis weiß, innen an der Basis dunkelbraun gefleckt, Kelchblätter lang behaart, schwarz gefleckt, die 2 äußeren viel kleiner als die inneren, März–Juni.
Früchte: 3-klappige, kahle Kapsel.
Verbreitung: Mittelmeergebiet, W-Europa, Kanaren, Garigues, sonnige, trockene, sandige Plätze.
Allgemeines: *T. lignosa* (Sweet.) Samp. ist eine verholzende Art mit gelben, ungefleckten, 3 cm breiten Blüten, heimisch im westlichen Mittelmeergebiet.

Calystegia soldanella (L.) R. Br. ex Roem. et Schütt
Strand-Zaunwinde

Familie: Convolvulaceae
Habitus: Ausdauernd, im Sand kriechend, nicht windend, kahl, mit weißem Milchsaft, Sprosse 0,5–1 m lang.
Blätter: Lang gestielt, nierenförmig, etwas fleischig, 1- bis 2-mal breiter als lang.
Blüten: Einzeln in den Blattachseln, trichterförmig, 3–5 cm breit, rosa mit weißen Streifen, die 5 Kronblätter verwachsen, Staubblätter 20–30, 2 blattartige, eiförmige Tragblätter, den Kelch teilweise verdeckend (bei *Convolvulus* fehlen Tragblätter), April–Oktober.
Früchte: 2-fächrige Kapseln.
Verbreitung: Küsten von S-, W- und NW-Europa, N-Afrika, S- und westliches N-Amerika, O-Asien, Australien.
Allgemeines: *C. sepium* (L.) R. Br., ein Kosmopolit der gemäßigten Zonen, hat windende Stängel, spitze Blätter mit herz- oder pfeilförmigem Grund und weiße Blüten.

Blütenpflanzen 195

Convolvulus althaeoides L.
Eibischblättrige Winde

Familie: Convolvulaceae
Habitus: Ausdauernd, niederliegend oder windend, oft mit bräunlicher, abstehender (subsp. *altheoides*) oder anliegender (subsp. *tenuissimus* (Sibth. et Sm.) Stace) Behaarung, Stängel bis 1 m lang.
Blätter: Wechselständig, gestielt, herzförmig, 2–3 cm lang, untere gekerbt-gelappt, die oberen unregelmäßig seicht gelappt mit breiten Abschnitten bei subsp. *tenuissimus* tief gelappt mit schmalen Abschnitten.
Blüten: Zu 1–3 an achselständigen, bis 6 cm langen Stielen, breit-trichterförmig, 2,5–4 cm lang, rosa, innen am Grunde dunkler, äußere Kelchblätter 8–10 mm, bei subsp. *tenuissimus* 4–7 mm lang, April–Juni.
Früchte: Kahle Kapsel.
Verbreitung: S-Europa, Mittelmeergebiet, Makronesien, Kultur- und Brachland, trockene Weiden, Wegränder.

Convolvulus cantabrica L.
Kantabrische Winde

Familie: Convolvulaceae
Habitus: Ausdauernd, Stängel am Grunde verholzend, aufsteigend oder aufrecht.
Blätter: Die grundständigen spatelförmig-länglich, in den Stiel verschmälert, die oberen länglich-lanzettlich, sitzend.
Blüten: Blütenstände lang gestielt, die 1–3(–7) Blüten jeweils auf einem kurzem, mit 3 Vorblättern versehenem Stiel, Krone rosa, trichterförmig, 1,5–2,5 cm lang, die Falten außen seidig behaart, Kronzipfel zottig behaart, Mai–Juni.
Früchte: Kapseln behaart.
Verbreitung: Süd- und südliches Mitteleuropa, Mittelmeergebiet, Anatolien, Kaukasus, Iran, Garigues, Macchien, Grasfluren, Wegränder.
Allgemeines: Am Grunde verholzte Sprosse hat auch *C. sabatinus* Viv. (NW-Italien, Sizilien, NW-Afrika, an trockenen Kalkfelsen): Blüten rosa bis blau, innen zur Basis hin dunkler.

Convolvulus tricolor L.
Dreifarbige Trichter-Winde

Familie: Convolvulaceae
Habitus: Meist 1-jährig, 20–60 cm hoch, Stängel aufsteigend bis aufrecht, im oberen Bereich dicht behaart.
Blätter: Wechselständig, sitzend, verkehrt-eiförmig bis länglich, 1,5–4 cm lang, stumpf, meist behaart.
Blüten: Einzeln an 2,5 cm langen Stielen in den Achseln der oberen Blätter, Krone breit-trichterförmig, 1,5–4 cm lang, 3-farbig, am Grunde gelb, in der Mitte weiß, Rand azurblau, Kelchblätter krautig, deutlich 2-teilig, lang behaart, März–Juni.
Früchte: Behaarte Kapseln.
Verbreitung: Mittelmeergebiet, Portugal, NW-Afrika, Kultur- und Brachland, Wegränder, oft als Zierpflanze in Kultur.
Allgemeines: *C. lineatus* L.: Pflanze vollständig angedrückt seidig behaart, Blätter mit verbreitertem, häutigem Grund, Blüten 2–3 cm breit, rosa, außen mit 5 seidig behaarten Linien.

Sedum sediforme (Jacq.) Pau
Nizza-Fetthenne

Familie: Crassulaceae
Habitus: Ausdauernd, an der Basis verholzend, 25–60 cm hoch, verkahlend, blühende Sprosse aufsteigend, 25–60 cm hoch, nichtblühende kürzer.
Blätter: Wechselständig, fleischig, 1–2 cm lang, länglich bis schmal-elliptisch, oberseits etwas abgeflacht, an nichtblühenden Sprossen dicht dachziegelig, leicht blaugrün.
Blüten: In gehäuften, reichblütigen, vor der Blüte aufrechten Wickeln, Äste zur Fruchtzeit stark zurückgebogen, Blüten sehr zahlreich, kurz gestielt, Kronblätter zu 5–8, grünlich weiß bis gelblich, 4–7 mm lang, abstehend, leicht rinnig, Staubblätter 10–16, Mai–August.
Früchte: Mehrsamige, aufrecht stehende, fahlgelbe bis grünlich weiße Balgfrüchte.
Verbreitung: Mittelmeergebiet, Portugal, Spanien bis M-Frankreich, Kleinasien, Zypern, Libanon, Felsfluren und Garigues.

Umbilicus rupestris
(Salisb.) Dandy
Venusnabel

Familie: Crassulaceae
Habitus: Ausdauernd, 20–50 cm hoch, kahl, mit verdicktem Wurzelstock.
Blätter: Grundblätter fleischig, schildförmig, Blattstiel an der vertieften Blattmitte ansitzend, Rand gekerbt, Stängelblätter nierenförmig bis linealisch.
Blüten: In gestreckten Trauben, mehr als die Hälfte des Stängels einnehmend, Blüten an 3–9 mm langen Stielen hängend, Kronblätter zu einer Röhre verwachsen, 6–10 mm lang, grünlich weiß oder strohfarben, gelegentlich rosa überlaufen, Mai–Juni.
Früchte: Kleine Balgfrüchte.
Verbreitung: S- und W-Europa, nördlich bis Schottland, NW-Afrika, Kleinasien, feuchte Mauern und Felsspalten.
Allgemeines: Bei *U. horizontalis* (Guss.) DC. Stängel nicht mehr als bis zur Hälfte mit abstehenden Blüten besetzt.

Citrullus colocynthis
(L.) Schrad.
Bitterapfel, Koloquinthe

Familie: Cucurbitaceae
Habitus: Ausdauernde, 30–50 cm hohe, niederliegende oder mit Ranken kletternde, rau behaarte Wüstenpflanze.
Blätter: Gestielt, 3–12 cm lang, 3- bis 5fach handförmig gelappt.
Blüten: Eingeschlechtlich, einzeln in den Blattachseln, 5-zählig, Krone grünlich gelb, fast bis zur Basis geteilt, die Abschnitte bis 5 mm lang, Juni–August.
Früchte: Kugelig, 4–12 cm dick, gelb oder marmoriert, Fruchtfleisch trocken, bitter und angenehm riechend.
Verbreitung: Kanaren, südliches Mittelmeergebiet, Sahara bis Arabien, Vorderasien bis Indien, sandige Böden, besonders in Küstennähe.
Allgemeines: Getrocknete Früchte haben eine stark abführende Wirkung. Die ölhaltigen Samen werden gelegentlich gegessen oder zu Brennöl verarbeitet.

Ecballium elaterium (L.) Rich.
Spritzgurke

Familie: Cucurbitaceae
Habitus: Ausdauernd, niederliegend, rau behaart, Sprosse fleischig.
Blätter: Lang gestielt, herzförmig bis 3eckig, 4–10 cm lang, gezähnt und gewellt, selten seicht gelappt.
Blüten: Eingeschlechtlich, weibliche einzeln in den Blattachseln, männliche in Trauben, 5-zählig, Krone trichterförmig, tief geteilt, blassgelb, April–September.
Früchte: Gurkenförmig, grün, bis 5 cm lang, rau behaart, sehr bitter; zur Reifezeit löst sich die Frucht bei leichtester Berührung vom Stiel und schleudert die Samen und den flüssigen, hautreizenden Inhalt meterweit fort.
Verbreitung: S-Europa, Mittelmeergebiet, Kleinasien, Syrien, Brachland, Schuttplätze.
Allgemeines: Das Fruchtmus enthält das Glykosid Elaterin, es wird seit dem Altertum offizinell genutzt.

Euphorbia characias L.
Palisaden-Wolfsmilch

Familie: Euphorbiaceae
Habitus: Ausdauernd, an der Basis etwas verholzend, 0,3–0,8(–1,8) m hoch, Milchsaft führend, Stängel kräftig, aufrecht, unverzweigt, meist behaart, im zweiten Jahr blühend.
Blätter: Im oberen Teil der Stängel dicht gedrängt, teilweise abwärts geneigt, verkehrt-lanzettlich bis linealisch, bis 13 cm lang, ganzrandig.
Blüten: In langen Ständen aus 10- bis 20(–40)-strahligen End-Trugdolden und 13–40 blattachselständigen Strahlen, Hochblätter am Grunde der Nebendolden auf 1/2–2/3 verwachsen, Tragblätter zwischen männlichen und weiblichen Blüten vorhanden, Honigdrüsen mit dunkelrotbraunem Anhängsel, Februar–Juni.
Früchte: 3-fächrige, behaarte Kapsel.
Verbreitung: Gesamtes Mittelmeergebiet, degradierte Wälder, Garigues, Brachland, Ruderalstellen.

Blütenpflanzen

Euphorbia lathyris L.
Spring-Wolfsmilch

Familie: Euphorbiaceae
Habitus: 2-jährig, 0,4–1 m hoch, steif aufrecht, Stängel kahl, bläulich bereift, anfangs dicht beblättert, später unten kahl.
Blätter: Regelmäßig kreuzgegenständig, sitzend, linealisch, die oberen lanzettlich, zugespitzt, bläulich bereift.
Blüten: In 2- bis 4-strahligen Trugdolden, Hochblätter breit-lanzettlich, grün, Hüllblätter mit hellgelben, 2-hörnigen Drüsen, Mai–Juni.
Früchte: 3-fächrige Kapsel.
Verbreitung: In S-, W- und Mittel-Europa, ursprünglich wohl nur im östlichen und mittleren Mittelmeergebiet und in W-Asien.
Allgemeines: Seit dem Mittelalter auch nördlich der Alpen als offizinelle Pflanze in Kultur. Der milchige Saft der Pflanze gilt als Hautkrebs erregend. Die Samen enthalten das giftige Euphorbiaöl, das nicht mehr als Abführmittel eingesetzt wird.

Euphorbia myrsinites L.
Myrten-Wolfsmilch

Familie: Euphorbiaceae
Habitus: Ausdauernd, fleischig, blaugrün, bis 40 cm hoch, Stängel kräftig, einfach, niederliegend oder aufsteigend, dicht beblättert.
Blätter: Verkehrt-eiförmig bis spatelig, bis 1 cm lang, vorn zugespitzt.
Blüten: Blütenstand doldenartig, endständig, 5- bis 12-strahlig, deren Hüllblätter bis 16 mm lang, breit-eiförmig bis rundlich, mit aufgesetzter Spitze, Doldenstrahlen einfach oder doppelt gabelig verzweigt, Scheinblüten becherförmig, gelblich-grün, Honigdrüsen mit kurzen, verbreiterten Hörnern, März–August.
Früchte: Kapseln 3-fächrig, kahl, glatt oder mit wenigen Warzen, die 3 Samen groß und etwas runzelig.
Verbreitung: Balearen bis Krim und Kleinasien, Felsdriften, Garigues, Wegränder, lichte Wälder, als Zierpflanze in Kultur.

Euphorbia paralias L.
Strand-Wolfsmilch

Familie: Euphorbiaceae
Habitus: Ausdauernd, 20–70 cm hoch, steif aufrecht, am Grunde verzweigt, Stängel blaugrün, etwas fleischig, an der Basis verholzend.
Blätter: Sehr zahlreich, dachziegelig angeordnet, länglich-elliptisch, 0,3–3 cm lang, die oberen eiförmig, ledrig-fleischig, blaugrün, ganzrandig.
Blüten: Blütenstand doldenartig, 3- bis 6-strahlig, endständig über den bis zu 9 blattachselständigen Seitenästen, Hüllblätter eiförmig, Tragblätter nierenförmig, Honigdrüsen ausgerandet, mit kurzen Höckern, Mai–September.
Früchte: Kapseln 4,5–6 mm breit, kahl, mit feinen Warzen, Samen glatt, 2,5–3,5 mm dick.
Verbreitung: Kies- und Sandstrände des Mittelmeeres, des Schwarzen Meeres und W-Europas (Niederlande bis Italien) und der Kanaren.

Euphorbia peplis L.
Sumpfquendel-Wolfsmilch

Familie: Euphorbiaceae
Habitus: 1-jährig, etwas fleischig, kahl, bis 40 cm hoch weit ausgebreitet, mit niederliegenden, rotbraunen Sprossen.
Blätter: Gegenständig, kurz gestielt, 0,5–1,5 cm lang, eiförmig bis länglich-sichelförmig, asymmetrisch, vorne abgestumpf oder ausgerandet, blaugrün.
Blüten: Scheinblüten einzeln in den Blattachseln, Honigdrüsen halbrund, rötlich braun, mit kleinen Anhängseln, Hochblätter eiförmig, Mai–Oktober.
Früchte: Kahle, 3–5 mm große Kapsel.
Verbreitung: Küsten des Mittelmeergebietes, der Kanaren, des Schwarzen und Kaspischen Meeres, bevorzugt Sandstrände, selten im Binnenland.
Allgemeines: *E. chamaesype* L. (Mittelmeergebiet, S- und Z- Rußland, SW-Asien): 1jährig, 5–30 cm hoch, Blätter sehr klein, eiförmig oder rundlich, Honigdrüsen rundlich.

Blütenpflanzen

Anthyllis tetraphylla L.
Blasen-Wundklee

Familie: Fabaceae
Habitus: 1-jährig, niederliegend, Stängel bis 50 cm lang, behaart.
Blätter: Unpaarig gefiedert, Blättchen 1–5, Endblättchen deutlich größer als die übrigen, verkehrt-eiförmig, bis 2,5 cm lang.
Blüten: Zu 1–7 büschelig gehäuft, blattachselständig, Krone hellgelb, das Schiffchen an der Spitze häufig rot gefärbt, Kelch nur wenig kürzer als die Blüte, mit 5 fast gleich langen Zähnen, zur Fruchtzeit bis 12 mm breit aufgeblasen, dicht seidig behaart, März–Juni.
Früchte: 2-samige, zwischen den Samen eingeschnürte Hülsen.
Verbreitung: Mittelmeergebiet, Garigues, Brachland, Olivenhaine.
Allgemeines: Wird auch unter den Namen *Physanthyllis tetraphylla* (L.) Boiss. und *Tripodion tetraphyllum* (L.) Fourr. beschrieben.

Anthyllis vulneraria L.
Echter Wundklee

Familie: Fabaceae
Habitus: 1-jährige bis ausdauernde Pflanze, 10–40 cm hoch, aufsteigend bis aufrecht, angedrückt seidig behaart.
Blätter: Die unteren gestielt, gefiedert, mit auffallend großem, 5–7 cm langem End- und 1–5 kleineren Fiederblättchen, die auch fehlen können, (Blätter dann lang gestielt und schmal-eiförmig), Stängelblätter mit vergrößertem Endblättchen und beiderseits 1–5 Seitenfiedern.
Blüten: Zu 10–30 in den Achseln fingrig geteilter Hochblätter, Krone 1–2 cm lang, gelb, rot, purpurn, orange, weißlich oder mehrfarbig, Kelch bauchig erweitert, mit 5 ungleich langen Zähnen, März–Juli.
Früchte: 1(–2)-samige Hülsen.
Verbreitung: Mit 30 Unterarten in Europa, Vorderasien, N-Afrika, südlich bis zur Sahara und nach Abessinien, in Garigues, in Gras- und Felsfluren, auf Lehmflächen, Brachland.

Astragalus lusitanicus Lam.
Portugiesischer Tragant

Familie: Fabaceae
Habitus: Ausdauernd, 30–70 cm hoch, aufrecht, Stängel kräftig, gerippt.
Blätter: Unpaarig gefiedert, 8–18 cm lang, Blättchen in 8–10 Paaren, verkehrt länglich-lanzettlich bis elliptisch, angedrückt filzig-seidig behaart.
Blüten: In dichten, vielblütigen, länglichen, gestielten Trauben, Stiel 1/4–1/3 so lang wie die Blätter, Krone weiß, Fahne 20–35 mm lang, Kelch glockig, gezähnt, 10–15 mm lang, Februar–Mai.
Früchte: 5–7 cm lange, rötlich braune bis schwärzliche Hülsen.
Verbreitung: subsp. *lusitanicus* in Portugal, SW-Spanien und NW-Afrika, die abgebildete subsp. *orientalis* Chater et Meikle vom Peloponnes bis SW-Asien, trockene, steinige Hänge.
Allgemeines: Zahlreiche weitere 1-jährige, ausdauernde oder verholzende Arten im Mittelmeergebiet.

Astragalus monspessulanus L.
Montpellier-Tragant

Familie: Fabaceae
Habitus: Ausdauernd, Stängel an der Basis verholzend, grau behaart.
Blätter: Paarig gefiedert, 7–20 cm lang, in basalen Rosetten, Blättchen 20–40, 5–10 mm lang, fast rundlich bis verkehrt-länglich, stumpf, oberseits kahl, unterseits spärlich angedrückt behaart.
Blüten: Zu 7–30 in dichten, eiförmigen oder länglichen, lang gestielten Trauben, Blütenkrone bei subsp. *monspessulanus* purpurviolett, selten weiß, bei subsp. *illyricus* (Bernh.) Chater rot oder fleischfarben, Fahne bis 3 cm, ganzrandig oder ausgerandet, Kelch röhrig, bis 1,5 cm lang, April–Juni.
Früchte: Hülsen bis 4,5 cm lang, linealisch, zylindrisch, spitz.
Verbreitung: Spanien, Pyrenäen, S-Alpen bis Balkan, W-Ukraine, Mittelmeergebiet, N-Afrika; subsp. *illyricus*: Balkanhalbinsel bis Triest.

Blütenpflanzen

Galega officinalis L.
Geißraute

Familie: Fabaceae
Habitus: Ausdauernd, 0,3–1,2 m hoch.
Blätter: Unpaarig gefiedert, Blättchen 9–17, 1,5–5 cm lang, länglich, elliptisch oder lanzettlich, vorne spitz oder stumpf, mit aufgesetzter Spitze, kahl oder unterseits behaart.
Blüten: In langen, schlanken, achselständigen Trauben, Krone 10–15 mm lang, weiß oder hellblau, Juni–August.
Früchte: Hülsen 2–5 cm lang.
Verbreitung: O-, Mittel- und S-Europa, Kleinasien, Vorderasien, Mittelmeergebiet, Algerien, in Kultur als Heil-, Zier- und Gründüngungspflanze.
Allgemeines: Die Pflanze enthält mehrere Alkaloide, Saponine und Chromsalze. Sie wurde früher in der Volksmedizin u.a. als harntreibendes und die Milchsekretion steigerndes Mittel eingesetzt, in der Homöopathie heute bei Milchmangel stillender Mütter.

Hedysarum coronarium L.
Kronen-Süßklee, Italienischer Hahnenkopf

Familie: Fabaceae
Habitus: 2-jährige bis ausdauernde Pflanze, 30–60 cm hoch, zerstreut behaart.
Blätter: Unpaarig gefiedert, die 5–11 Blättchen 15–35 mm lang, elliptisch bis verkehrt eiförmig-rundlich.
Blüten: Zu 10–35 einen lang gestielten, auffälligen, traubigen Blütenstand bildend, Krone 12–15 mm lang, karmin- bis purpurrot, Kelch spärlich oder dicht behaart, April–Mai.
Früchte: Flache Hülse mit 2–4 scheibenförmigen, meist dornigen Gliedern.
Verbreitung: Westl. und mittl. Mittelmeergebiet, als Futterpflanze angebaut und stellenweise eingebürgert.
Allgemeines: *H. spinosissimum* L. (Mittelmeergebiet, Garigues und Grasländer): 1jährig, zierlich, Blüten weiß bis blassrosa, Hülse eingeschnürt, wollig behaart und mit hakig gekrümmten Stacheln.

Hippocrepis unisiliquosa L.
Einhülsiger Hufeisenklee

Familie: Fabaceae
Habitus: 1-jährig, niederliegend bis aufsteigend, 5–40 cm hoch.
Blätter: Paarig gefeidert, Fiedern 14–30, linealisch bis verkehrt-eiförmig, 2–12 mm lang.
Blüten: Meist einzeln, selten zu 2–3, kurz gestielt oder fast sitzend in den oberen Blattachseln, gelb, 4–7 mm groß, Fahne rundlich, am Grunde gestutzt, Kelchzähne spitz, kahl, März–Juni.
Früchte: Hülsen, 1,5–4 cm lang, seitlich zusammengedrückt, wenig gekrümmt, mit hufeisenförmigen Einschnürungen.
Verbreitung: Mittelmeergebiet, SW-Asien, Kultur- und Brachland, Garigues.
Allgemeines: 1-jährig sind auch: *H. multisiliquosa* L.: Blüten 5–8 mm lang, zu 2–6 in Köpfchen, gestielt, Hülsen 2–4 cm lang; *H. ciliata* Willd.: Blüten 3–5 mm lang, ebenfalls zu 2–6, Hülsen 1,5–2,5 cm lang, bei beiden Arten gekrümmt.

Hymenocarpos circinnatus (L.) Savi
Pfennigklee

Familie: Fabaceae
Habitus: 1-jährig, 10–50 cm hoch, Stängel niederliegend oder aufsteigend, dicht abstehend weich behaart.
Blätter: Untere einfach, verkehrt eiförmig-länglich, obere mit 2–4 Fiederpaaren und größerem Endblättchen.
Blüten: Zu 2–8 in gestielten Köpfchen, Krone gelb, 5–7 mm lang, Kelch glockig, 5–6 mm lang, die schmal-linealischen Zipfel viel länger als die Röhre, März–Mai.
Früchte: Hülsen flach, nierenförmig, 10–15 mm breit, der äußere Rand geflügelt und oft gezähnt.
Verbreitung: Mittelmeergebiet, westwärts bis SO-Frankreich, fehlt auf der Iberischen Halbinsel und den Kanaren, Garigues, Schutthänge, Sandküsten, Weinberge, Olivenhaine, Brachland.

Lathyrus clymenum L.
Purpur-Platterbse

Familie: Fabaceae
Habitus: 1-jährig, 0,3–1 m hoch, kahl, rankend Stängel geflügelt.
Blätter: Die unteren bis auf den geflügelten Blattstiel und -spindel zurückgebildet, die oberen gefiedert, die 2–4 Blättchenpaare 2–6 cm lang, linealisch bis elliptisch oder lanzettlich, breiter als die geflügelte Blattspindel.
Blüten: Zu 1–5 an einem langen Stiel, Krone 15–20 mm lang, Flügel violett, Fahne purpurrot, ausgerandet, Kelchzähne gleich lang, März–Juni.
Früchte: 3–7 cm lange, kahle, braune Hülsen mit gefurchter Rückennaht.
Verbreitung: Mittelmeergebiet, Kanaren, Brach- und Kulturland, früher als Futterpflanze angebaut.
Allgemeines: Ähnlich ist *L. articulatus* L.: Blättchen schmaler, Flügel weiß oder rosa, Fahne bespitzt, Rückennaht der Hülse nicht gefurcht.

Lathyrus latifolius L.
Breitblättrige Platterbse, Staudenwicke

Familie: Fabaceae
Habitus: Ausdauernd, 0,6–3 m hoch, Stängel breit geflügelt, niederliegend, aufsteigend oder rankend.
Blätter: Alle nur mit 1 Fiederpaar, Blättchen linealisch bis eiförmig oder elliptisch-rundlich, 4–15 cm lang, 5-nervig, Blattstiel geflügelt, Nebenblätter 3–6 cm lang, lanzettlich bis eiförmig oder halbspießförmig, mehr als halb so breit wie der Stängel.
Blüten: Zu 5–15 in Trauben, Krone 2–3 cm lang, karminrot, Kelchzähne ungleich lang, Mai–August.
Früchte: 5–11 cm lange, glatte, braune Hülsen.
Verbreitung: Mittel- und S-Europa, bis N-Frankreich, Mittelmeergebiet, in Deutschland, Belgien und England eingebürgert, Grasfluren, Wegränder, Gebüsche, auch als Zierpflanze in Kultur.

Lathyrus ochrus (L.) DC.
Flügel-Platterbse

Familie: Fabaceae
Habitus: 1-jährig, 20–60 cm hoch, kletternd, kahl, blaugrün, Stängel geflügelt.
Blätter: Mit blattartig verbreitertem, eiförmigem Blattstiel, untere und mittlere mit 3 einfachen Ranken, die oberen mit bis zu 2 Paar eiförmiger Fiederblättchen.
Blüten: Zu 1–2, Krone 16–18 mm lang, blassgelb, Kelchzähne ungleich lang, etwa so lang wie die Röhre, März–Juni.
Früchte: 4–6 cm lange Hülse, Rückennaht mit 2 Flügeln.
Verbreitung: S-Europa, Mittelmeergebiet, Kulturland, besonders in Getreidefeldern.
Allgemeines: *L. aphaca* L. (Mittelmeergebiet, Kanaren, SW-Asien): Pflanze 1-jährig, Stängel 4-kantig, ohne Flügel, Blätter bestehen nur aus einer einfachen oder verzweigten Ranke, die beiden geöhrten, eiförmigen Nebenblätter bis 5 cm lang, Blüten meist einzeln, hellgelb.

Lotus creticus L.
Kreta-Hornklee

Familie: Fabaceae
Habitus: Ausdauernd, 30–60 cm hoch, Stängel niederliegend oder aufrecht, an der Basis verholzend, behaart.
Blätter: 5-zählig, die beiden unteren Blättchen nebenblattartig an die Stiele gedrückt und von den anderen abgesetzt, die oberen verkehrt-eiförmig, 7–18 mm lang, dicht silbrig behaart.
Blüten: Zu 3–6 in einer Traube, Kelch 7,5–9 mm, glockig oder leicht 2-lippig, Krone 12–18 mm, lebhaft gelb, Fahne ganzrandig, Schiffchen mit langem, geradem, purpurnem Nabel, März–Juni.
Früchte: Hülsen bis 4 cm lang, zylindrisch.
Verbreitung: Mittelmeergebiet, Portugal, vorwiegend an Sandstränden.
Algemeines: Ähnlich ist *L. cytisoides* L.: Blätter nicht silbrig behaart, Schiffchen mit kurzem, gebogenem Schnabel, Fahne ausgerandet, Vorkommen meist an Felsküsten.

Blütenpflanzen 207

Lotus edulis L.
Essbarer Hornklee

Familie: Fabaceae
Habitus: 1-jährig, Stängel niederliegend bis aufsteigend, 10–50 cm hoch, spärlich flaumig behaart.
Blätter: 5-zählig, 5–16 mm lang, verkehrt-eiförmig bis länglich, die beiden unteren nebenblattartig, von den 3 übrigen abgesetzt, kleiner und spitz.
Blüten: Zu 1–3 in Köpfchen, dieses am Grunde mit einem 3-zähligen, sitzenden Tragblatt, Stiele 2- bis 4-mal länger als die Tragblätter, Krone 10–16 mm lang, gelb, Kelch mit 5 fast gleichen, linealisch-lanzettlichen Zähnen, die länger sind als die Kelchröhre, Februar–Juni.
Früchte: Hülsen 2–4 cm lang, anfangs fleischig, gekrümmt, auf der Rückseite tief gefurcht, Schnabel kurz, gebogen, Samen gerunzelt.
Verbreitung: Mittelmeergebiet, S-Portugal, Garigues, trockenes Brachland, Weinberge, Sand- und Felsküsten.

Lupinus angustifolius L.
Schmalblättrige Lupine

Familie: Fabaceae
Habitus: 1-jährig, Stängel 20–80 cm hoch, aufrecht, kurz behaart.
Blätter: Gefingert, Blättchen 5–9, linealisch bis linealisch-spatelförmig, abgerundet, 1–5 cm lang, oberseits kahl, unterseits zerstreut wollig behaart.
Blüten: Oberhalb der Blätter in 10–20 cm langen Trauben, wechselständig, Krone 11–13 mm, Fahne blau, oft purpurn getönt, Flügel so lang wie das blassblaue, an der Spitze oft dunkelviolett gefärbte Schiffchen, Kelch 2-lippig, April–Juni.
Früchte: Hülsen 4–5 cm lang, gelb bis schwarz.
Verbreitung: S-Europa, Mittelmeergebiet, Portugal, Kultur- und Brachland, Garigues, sandige, saure Böden.
Allgemeines: Ebenfalls blaue, aber quirlständige Blüten haben *L. varius* L. und *L. micranthus* Guss., beide im Mittelmeergebiet verbreitet.

Lupinus luteus L.
Gelbe Lupine

Familie: Fabaceae
Habitus: 1-jährig, Stängel 25–80 cm hoch, behaart.
Blätter: Gefingert, die 7–9 Blättchen 4–6 cm lang, verkehrt-eiförmig bis länglich, stachelspitzig, spärlich zottig behaart, Nebenblätter der unteren Blätter bis 8 mm, pfriemlich, die der oberen bis 3 cm lang, linealisch bis verkehrt-eiförmig.
Blüten: Duftend, in 5–16 cm langen Trauben, regelmäßig quirlständig, leuchtend gelb, Flügel zusammenneigend, Schiffchen schnabelförmig, Kelch 2-lippig, Oberlippe 2-teilig, Juni–September.
Früchte: Hülsen 4–5 cm lang, dicht zottig behaart, schwarz, die 4–6 Samen schwarz-weiß marmoriert.
Verbreitung: Iberische Halbinsel, Italien und westmediterrane Inseln, leichte, saure Böden, häufig als Futter- und Gründüngungspflanze kultiviert und eingebürgert.

Medicago arabica (L.) Huds.
Arabischer Schneckenklee

Familie: Fabaceae
Habitus: 1-jährig, 10–50 cm hoch, kahl oder zerstreut behaart, Stängel niederliegend, kantig.
Blätter: 3-zählig, gestielt, Teilblättchen verkehrt-herzförmig, am Grunde keilförmig, zur Spitze hin gezähnelt, in der Mitte meist mit auffallendem, dunklem Fleck.
Blüten: Zu 1–6 in kurz gestielten Trauben, Krone gelb, 1–7 mm lang, Flügel kürzer als das Schiffchen, beide von der Fahne überragt, März–Juli.
Früchte: 5–6 mm dick, fast rundlich, an beiden Enden abgeflacht, kahl, braun, meist mit bis 4 mm langen Stacheln und 3–7 Windungen, undeutlich netznervig.
Verbreitung: Mittelmeergebiet, NW-Europa bis zur Krim, Kultur- und Brachland.
Allgemeines: Zahlreiche ähnliche, oft 1-jährige Arten im Mittelmeergebiet, alle kenntlich an ihren schneckenartig gewundenen Früchten.

Medicago marina L.
Strand-Schneckenklee

Familie: Fabaceae
Habitus: Ausdauernd, 20–50 cm hoch, in allen Teilen dicht silberweiß behaart, Stängeln kriechend bis aufsteigend.
Blätter: 3-zählig, gestielt, Teilblättchen verkehrt-eiförmig, am Grunde keilförmig, zur Spitze hin gezähnt, Nebenblätter eiförmig, ganzrandig oder gezähnt, 4–10 mm lang.
Blüten: Zu 5–12 in gestielten Köpfchen, Krone 7–10 mm lang, schwefel- bis goldgelb, Fahne länger als Flügel und Schiffchen, April–Juni.
Früchte: 5–7 mm dick, mit 2–3 Windungen schneckenartig gedreht, in der Mitte mit einem Loch, auf dem Rücken mit 2 Reihen kurzer, kegeliger Stacheln, die aus der dichten Behaarung herausragen.
Verbreitung: Küsten vom Mittelmeer und Schwarzem Meer, Atlantikküste nördlich bis zur Bretagne, Kanaren, Sandstrände und Dünen.

Melilotus indicus (L.) All.
Indischer Steinklee

Familie: Fabaceae
Habitus: 1-jährig, niederliegend-aufsteigend, 8–20(–60) cm hoch.
Blätter: 3-zählig, Blättchen lanzettlich-länglich, Nebenblätter der mittleren Blätter ganzrandig oder am Grunde gezähnelt.
Blüten: Zu 10–60 in 8–20 mm langen, dichten Trauben, Krone 2–3 mm lang, hellgelb, Flügel und Schiffchen gleich, kürzer als die Fahne, März–Juli.
Früchte: Hülsen 1,5–3 mm lang, fast kugelig, deutlich netznervig, kahl, anfangs weißlichgrau.
Verbreitung: Mittelmeergebiet und SW-Europa, eingebürgert in Mittel- und NW-Europa, Äcker, Brachland, Weinberge, Flußbetten, offene, feuchte Ruderalstellen, Ufer, Sanddünen, auch auf salzhaltigen Böden.
Allgemeines: 1-jährig und gelbblühend ist u.a. auch *M. sulcatus* Desf.: Blüten zu 6–24 in 10–15 mm langen Trauben, Fahne kürzer als der Kiel, Hülsen rundlich.

Onobrychis viciifolia Scop.
Futter-Esparsette

Familie: Fabaceae
Habitus: Ausdauernd, 10–80 cm hoch, fast kahl bis behaart.
Blätter: Unpaarig gefiedert, die 6–14 Paar Fiedern 10–35 mm lang, meist eiförmig bis länglich.
Blüten: Bis zu 9 in aufrechten Trauben, Krone 10–14 mm lang, rosa, dunkelpurpurn geadert, Flügel kürzer als der Kelch, deshalb scheinbar fehlend, Mai–Juni.
Früchte: 6–8 mm dicke, abgeflachte Hülse, Zähne an der Naht etwa 1 mm.
Verbreitung: Ursprüngliche Heimat unbekannt, seit langem als Futterpflanze angebaut und in vielen Teilen Europas eingebürgert.
Allgemeines: *O. caput-galli* (L.) Lam. (Mittelmeergebiet, außer Balearen, Korsika und Sardinien): 1-jährig, Fiederblättchen in 4–7 Paaren, Blüten 5–8 mm lang, purpurn, Randzähne der halbkreisförmigen Hülsen 5–7 mm lang.

Ononis natrix L.
Gelbe Hauhechel

Familie: Fabaceae
Habitus: Ausdauernd, 20–60 cm hoch, dicht drüsig und klebrig behaart, reich verzweigt, Stängel aufsteigend bis aufrecht, an der Basis verholzend.
Blätter: Lang gestielt, die obersten einfach, sonst 3-teilig, Teilblättchen 12–30 mm lang, schmal-lanzettlich bis eiförmig, Nebenblätter kürzer als der Blattstiel.
Blüten: Einzeln oder zu 2–3 auf langen Stielen, in den Achseln der oberen Blätter, eine lange, beblätterte Traube bildend, Krone 6–20 mm, gelb, rot oder violett geadert, Fahne fast kreisrund, viel länger als Schiffchen und Flügel, Kelchzähne 2- bis 4-mal so lang wie die Röhre, April–Juli.
Früchte: Hülsen 10–25 mm lang, zusammengedrückt, behaart.
Verbreitung: Mittelmeergebiet, N-Afrika, S- und W-Europa, trockene, steinige Böden, gern auf Kalk.

Scorpiurus muricatus L.
Skorpionsschwanz

Familie: Fabaceaea
Habitus: 1-jährig, 5–60 cm hoch, Stängel niederliegend bis aufsteigend, mehr oder weniger behaart.
Blätter: Einfach, spatelig, lang in den Stiel verschmälert, mit 3–5 parallelen Nerven.
Blüten: Zu (1–)2–5 in langgestielten Dolden, Krone gelb, 5–10 mm lang, Kelch glockig, mit 5 gleichartigen Zähnen, April–Juni.
Früchte: Hülsen spiralig gedreht, auf den äußeren Rippen oft Höcker oder Stacheln, Samen halbmondförmig.
Verbreitung: Mittelmeergebiet, Kanaren, SW-Asien, Garigues, Brachland, Ruderalstellen, Äcker, Sand- und Felsküsten.
Allgemeines: Bei var. *muricatus* Rippen der Früchte glatt oder mit kurzen, kegelförmigen Warzen, bei var. *subvillosus* (L.) Lam., Hülsen dicht mit langen Stacheln besetzt, bei var. *sulcatus* (L.) Lam., Hülsen locker mit kurzen Stacheln besetzt.

Tetragonolobus purpureus Moench
Echte Spargelerbse

Familie: Fabaceae
Habitus: 1-jährig, 10–40 cm hoch, abstehend weich behaart.
Blätter: 3-zählig, Blättchen 8–30 mm lang, breit verkehrt-eiförmig bis rhombisch, Nebenblätter eiförmig, zugespitzt.
Blüten: Einzeln oder zu 2, Krone 15–22 mm lang, scharlachrot, am Grunde mit einem 3-teiligen, sitzenden Hochblatt, Fahne etwas ausgerandet, gekielt, Kelchzipfel dicht bewimpert, März–Juni.
Früchte: Hülsen 3–9 cm lang, mit 4 gewellten, 2–4 mm breiten Flügeln.
Verbreitung: Mittelmeergebiet, S-Europa, Transkaukasus, Äcker, Olivenhaine, Brachland, Ruderalstellen, Garigues, früher als Futterpflanze und der essbaren Früchte wegen gelegentlich angebaut.
Allgemeines: *T. requienii* (Mauri ex Sanguin.) Sanguin. (Mittelmeergebiet, S-Portugal) Blüten gelb, rot oder 2-farbig.

Trifolium stellatum L.
Stern-Klee

Familie: Fabaceae
Habitus: 1-jährig, 5–25 cm hoch, abstehend weich behaart, Stängel einfach oder vom Grunde an verzweigt.
Blätter: 3-zählig, lang gestielt, Blättchen 8–12 mm lang, verkehrt-herzförmig, zur Spitze gezähnt, Nebenblätter groß, eiförmig, häutig, gezähnt, grünnervig.
Blüten: In rundlichen oder eiförmigen, 15–25 mm breiten, 3–10 cm lang gestielten Köpfchen, Krone unscheinbar, rosa, 8–12 mm lang, kaum länger als der außen seidig behaarte, 10-nervige, schmal-glockige Kelch, auffällig die lang zugespitzten, aufrechten, schmal-lanzettlichen, 3-nervigen Kelchzähne, März–Juni.
Früchte: 1-samige Hülsen mit bleibendem Kelch, Kelchzähne sternförmig abstehend, innen rotbraun gefärbt.
Verbreitung; Mittelmeergebiet, Kanaren, SW-Asien, Kulturland, offene Stellen in Garigues, Wegränder.

Trifolium tomentosum L.
Filziger Klee

Familie: Fabaceae
Habitus: 1-jährig, 5–15 cm hoch, am Grunde verzweigt, niederliegend.
Blätter: 3-zählig, gestielt, Teilblättchen verkehrt-eiförmig, am Grunde keilförmig, scharf gezähnt.
Blüten: In blattachselständigen, fast sitzenden, kugeligen, 6–9 mm breiten, zur Fruchtzeit auf 7–14 mm blasig vergrößerten Köpfchen, Krone rosa, gedreht (Fahne zeigt nach unten, das Schiffchen nach oben), Fahne 3–4 mm lang, Kelch 2-lippig, Röhre weißfilzig, zur Fruchtzeit mit stark aufgeblasener, netzadriger Oberlippe, März–Juni.
Früchte: 1-samige, häutige Hülse.
Verbreitung: Mittelmeergebiet, Kanaren, SW-Asien, Grasfluren, Wegränder.
Allgemeines: Ähnlich ist *T. resupinatum* L. (S-Europa): Blütenköpfchen dicker, Fahne 5–7 mm lang, Kelch zur Fruchtzeit mehr zugespitzt, deutlich gezähnt.

Trifolium uniflorum L.
Einblütiger Klee

Familie: Fabaceae
Habitus: Ausdauernd, mit verholzter Pfahlwurzel, polsterbildend, Stängel 2–6 cm lang.
Blätter: 3-zählig, lang gestielt, Teilblättchen 1–7 cm lang, rundlich bis eiförmig, stumpf bis spitz, kahl oder angedrückt behaart, Nebenblätter häutig, breit 3-eckig, mit langer, pfriemlicher Spitze.
Blüten: Zu 1–3 blattachselständig, Krone 12–25 mm lang, weiß oder purpurn, Fahne nach oben gekrümmt, meist länger als Flügel und Schiffchen, Kelchzähne mehr oder weniger gleich lang, schmallanzettlich, kürzer als die Röhre, März–Mai.
Früchte: Linealische, spitze, behaarte, nur wenig aus dem Kelch hervorragende Hülsen mit 3–10 Samen.
Verbreitung: Östliches Mittelmeergebiet, westlich bis nach Sizilien, trockene Garigues, Lehmflächen, Felsen.

Vicia hybrida L.
Bastard-Wicke

Familie: Fabaceae
Habitus: 1-jährig, 20–60 cm hoch, niederliegend, aufsteigend oder kletternd, weich behaart oder fast kahl.
Blätter: Gefiedert, Fiedern zu 3–8 Paaren, Rachis in einer Ranke endend, Blättchen länglich oder verkehrt eiförmig-elliptisch, an der Spitze ausgerandet oder stumpf, mit aufgesetzter Spitze.
Blüten: Einzeln in den oberen Blattachseln, kurz gestielt, Krone 18–30 mm lang, blassgelb, gelegentlich purpurn geadert, Fahne auf dem Rücken flaumig behaart, Kelchzähne ungleich lang, April–Juni.
Früchte: Hülsen flach, 2,5–4 cm lang, bräunlich, behaart, 8–10 Samen.
Verbreitung: Mittelmeergebiet bis SW-Asien, Grasfluren, Kultur- und Brachland.
Allgemeines: *V. lutea* L. (Mittelmeergebiet, W-Europa): Blätter mit 3–10 länglich-linealischen Fiederpaaren, Blüten blassgelb, oft purpurn geadert, 20–25 mm lang.

Frankenia laevis L.
Frankenie

Familie: Frankeniaceae
Habitus: Ausdauernd, reich verzweigt, Matten bildend, am Grunde verholzt, Stängel niederliegend, bis 40 cm lang, mehr oder weniger behaart.
Blätter: Gegenständig, linealisch-lanzettlich, 2–5 mm lang, am Rand umgerollt, graugrün, oberseits kahl, unterseits behaart, gelegentlich weiß verkrustet.
Blüten: Rosa, am Grunde gelb, 4–6 mm, sitzend, im oberen Teil der Stängel verteilt, einzeln oder zu wenigen gehäuft, April–Juni.
Früchte: Im bleibenden Kelch eingeschlossene Kapsel.
Verbreitung: Westliches Mittelmeergebiet bis SO-Italien, W-Europa, Kanaren, meeresnahe Sandböden, Salzsümpfe.
Allgemeines: *F. thymifolia* Desf. (Spanien, NW-Afrika): Blüten purpurn, Blätter nadelartig, 2 – 3,5 cm lang, Rand eingerollt, ganz mit einer weißen Kruste bedeckt.

Fumaria capreolata L.
Rankender Erdrauch

Familie: Fumariaceae
Habitus: 1-jährig, 0,2–1 m hoch, kahl, blaugrün, Stängel niederliegend bis aufrecht, zum Teil kletternd.
Blätter: Wechselständig, doppelt gefiedert, Endabschnitte länglich oder eiförmig, unregelmäßig gekerbt.
Blüten: Bis zu 20 in lockeren, lang gestielten Trauben, von den 4 10–14 mm langen Kronblättern das obere gespornt, weißlich oder rosa, vorne dunkel purpurrot, Kelchblätter 2, hinfällig, 4–6 mm lang, Mai–September.
Früchte: Kugelig, 2–2,5 mm, glatt, an gekrümmten Stielen.
Verbreitung: Mittelmeergebiet, W-Europa, Mauern, steinige Ruderalstellen, Äcker, Schuttplätze.
Allgemeines: *F. officinalis* L. (Europa, Mittelmeergebiet, W- und gem. Asien): Blüten purpurrot, bis zu etwa 50 in 10–45 cm langen Trauben.

Hypecoum procumbens L.
Niederliegende Lappenblume

Familie: Fumariaceae
Habitus: 1-jährig, 5–15 cm hoch, kahl, graugrün, Stängel ausgebreitet.
Blätter: Wechselständig, 5–15 cm lang, 2-fach gefiedert, Fiedern linealisch bis lanzettlich.
Blüten: Zu wenigen in endständigen Trugdolden, Krone gelb, 1,5 cm breit, die 4 Kronblätter 3-zipfelig, die seitlichen Zipfel der 2 äußeren, größeren Kronblätter kürzer als der mittlere, März–Juni.
Früchte: 4–6 cm lange, aufrechte, gebogene Schoten, Querwände kaum verdickt.
Verbreitung: Mittelmeergebiet, S-Europa, ältere Sanddünen, sandige Ruderalstellen.
Allgemeines: *H. imberbe* Sibth. et Sm. (Mittelmeergebiet, S-Europa): Blüten orangegelb, Seitenzipfel der beiden äußeren Kronblätter so lang oder länger als der mittlere; *H. pendulum* L. (Mittelmeergebiet, SW-Asien): Blüten blassgelb, die äußeren Kronblätter ganzrandig.

Blackstonia perfoliata (L.) Huds.
Durchwachsenblättriger Bitterling

Familie: Gentianaceae
Habitus: 1-jährig, aufrecht, 10–60 cm hoch, einfach oder im Blütenstand verzweigt.
Blätter: Die der gut entwickelten Grundrosette eiförmig, am Grunde abgestumpft, Stängelblätter gegenständig, eiförmig-3-eckig, spitz zulaufend, am Grunde kaum verschmälert, mit der ganzen Breite verwachsen.
Blüten: Gelb, 8–15(–35) mm breit, in doldentraubigen Ständen, Krone mit kurzer Röhre und 6–8(–12) ausgebreiteten, in der Knospe gedrehten Zipfeln, Kelch tief in 6–12 schmale Abschnitte geteilt, Mai–September.
Früchte: Aufspringende Kapseln.
Verbreitung: Mittelmeergebiet, Kanaren, W- und Mittel-Europa, küstennahes Brachland, feuchte Plätze in Wäldern, Macchien, an Wegrändern, besonders auf Sand.

Erodium malacoides (L.) L'Hér.
Malvenblättriger Reiherschnabel

Familie: Geraniaceae
Habitus: 1- bis 2-jährig, 10–60 cm hoch, Stängel ausgebreitet bis aufrecht, mit zurückgebogenen oder drüsigen Haaren.
Blätter: Gegenständig, gestielt, eiförmig bis länglich, 2–10 cm lang, am Grunde herzförmig, ungeteilt bis fiederspaltig, Abschnitte breiter als lang, unregelmäßig gekerbt.
Blüten: Zu 3–10 in Dolden an langen, drüsig behaarten Stielen über eiförmig-rundlichen, weißlichen Hochblättern, Krone rosa, mit 5 nicht ausgerandeten, 5–9 mm langen Kronblättern, Kelchblätter 5–7 mm lang, drüsig behaart, Februar–Juni.
Früchte: Teilfrüchte 5 mm lang, weiß oder bräunlich behaart.
Verbreitung: Mittelmeergebiet, Kanaren, SW-Asien, Garigues, offene Felder, sandige Ufer, Felsen, Olivenhaine.

Ajuga chamaepitys (L.) Schreb.
Gelber Günsel

Familie: Lamiaceae
Habitus: Formenreiche Art, 1- bis 2-jährig oder ausdauernd, 5–20 cm hoch, aromatisch duftend, Stängel niederliegend bis aufsteigend, kahl bis dicht behaart.
Blätter: Dicht gedrängt, tief 3-teilig, Abschnitte breit-linealisch, gelegentlich 3-spaltig, 1–2 cm lang.
Blüten: Zu 1–2 blattachselständig, Krone 18–25 mm lang, gelb mit roter oder purpurner Zeichnung, selten ganz purpurn, Oberlippe viel kürzer als die 3-lappige Unterlippe, Kronröhre innen mit Haarring, März–Oktober.
Früchte: Achäne mit 4 Nüßchen.
Verbreitung: Europa, Mittelmeergebiet, N-Afrika bis Kleinasien, Unkrautfluren der Weinberge und Äcker, Trockenrasen.
Allgemeines: *A. iva* (L.) Schreb. (Mittelmeergebiet, Kanaren): Pflanze rasig wachsend, am Grunde verholzt, Blüten zu 2–4, purpurn, rosa oder gelb.

Ballota acetabulosa (L.) Benth.
Napf-Schwarznessel

Familie: Lamiaceae
Habitus: Ausdauernd, an der Basis verholzend, 30–80 cm hoch, Stängel mit einfachen, sternförmigen und drüsigen Haaren.
Blätter: Gegenständig, fast rundlich, bis 5 cm lang, kerbig gesägt, oberseits stark runzelig, nur jung dicht wollig behaart.
Blüten: Zu 6–12 in blattachselständigen, genäherten Scheinquirlen, Krone 1–18 mm, weiß mit purpurner Zeichnung, Kronröhre innen mit Haarring, Oberlippe ausgerandet, Unterlippe 3-spaltig, ausgebreitet, Kelch etwa 1,5 mm lang, sich auffällig zu einem bis 2 cm breiten Trichter öffnend, April–Juni.
Früchte: Achäne, zusammengesetzt aus 4 rundlichen Nüßchen.
Verbreitung: Östliches Mittelmeergebiet, Griechenland, Kreta, Kalkfelsen, Schuttfluren, Ruderalstellen.

Lamium moschatum Mill.
Moschus-Taubnessel

Familie: Lamiaceae
Habitus: 1-jährig, 10–60 cm hoch.
Blätter: Gegenständig, gestielt, ei- bis kreis- oder herzförmig, 1,5–7 cm lang, gekerbt bis grob kerbig gesägt.
Blüten: In zahlreichen, vielblütigen Scheinquirlen, Krone weiß, 2-lippig, 12–25 mm lang, Kronröhre an der Basis gebogen, 10 mm lang, kürzer als der Kelch, Oberlippe helmförmig, mehr oder weniger ganzrandig, außen behaart, Unterlippe mit deutlichen, stumpf 3-eckigen Seitenlappen, Tragblätter oft rosa oder weiß gefleckt, Februar–Mai.
Früchte: Klausenfrüchte mit 4 Nüßchen.
Verbreitung: Östliches Mittelmeergebiet, Ägäis, O-Balkan, Ruderalstellen, Ackerränder, Mauern, Kalkschutt.
Allgemeines: *L. garganicum* L. (östl. u zentrales Mittelmeergebiet): Blüten rosa bis purpurn, selten weiß, Kronröhre gerade, viel länger als der Kelch.

Marrubium incanum Desr.
Adriatischer Andorn

Familie: Lamiaceae
Habitus: Ausdauernd, 20–60 cm hoch, Stängel weißfilzig, am Grunde verholzend.
Blätter: Gegenständig, länglich-eiförmig, am Grunde keilförmig, Rand gekerbt-gesägt, oberseits graugrün, unterseits weißlich.
Blüten: In dichten, reichblütigen, entfernt stehenden Scheinquirlen, mit zahlreichen pfriemlichen Vorblättern, Krone weiß, außen behaart, etwas länger als der Kelch, Oberlippe flach, 2-spaltig, Unterlippe 3-lappig, Kelch 10-rippig, sternhaarig-filzig, die 5 Zähne später sternförmig ausgebreitet, Juni–August.
Früchte: Achäne mit 4 Nüßchen.
Verbreitung: Italien, Sizilien, W-Balkan, Felstriften, Garigues, Weide- und Brachland.
Allgemeines: *M. vulgare* L. (W-Europa bis Himalaja, Mittelmeergebiet, N-Afrika, Kanaren): Blätter breit -ei- bis kreisförmig.

Phlomis samia L.
Samos-Brandkraut

Familie: Lamiaceae
Habitus: Ausdauernd, aufrecht, bis 1 m hoch, sternhaarig-filzig und drüsig behaart, Stängel 4-kantig.
Blätter: Gegenständig, 8–23 cm lang, lanzettlich-eiförmig, ziemlich dick, runzelig, am Rand gekerbt bis gesägt.
Blüten: Zu 12–20 in Scheinquirlen, anfangs gelblich, zuletzt rötlich, Krone 30–35 mm lang, Oberlippe helmförmig, Unterlippe 3-lappig, Kelch 18–25 mm, mit pfriemlichen Zähnen, Juni–September.
Früchte: Achäne mit 4 Nüßchen.
Verbreitung: Griechenland, Kleinasien, Garigues, Grasfluren.
Allgemeines: *P. grandiflora* H.S.Thomps. (östl. Mittelmeergebiet): Bis 2 m hoch, Blüten gelb, in vielblütigen Scheinquirlen, Krone 30–40 mm lang; *P. herba-venti* L. (Mittelmeergebiet, Portugal): Blätter lanzettlich oder eiförmig, Blüten zu 2–14, purpurrosa. (Siehe auch Kapitel Zwerggehölze).

Salvia grandiflora Etl.
Großblütiger Salbei

Familie: Lamiaceae
Habitus: Ausdauernd, bis 100 cm hoch, Stängel aufrecht oder aufsteigend, im oberen Teil beblättert.
Blätter: Gegenständig, lang gestielt, bis 6,5 cm breit, eiförmig oder länglich, an der Basis abgerundet oder herzförmig, runzelig, mehr oder weniger behaart.
Blüten: Zu 4–10 in Scheinquirlen, Krone bis 35 mm, lila, rosa oder violettblau, selten weiß, Oberlippe 2-, Unterlippe 3-lappig, Kelch 10–15 mm, oft rötlich purpurn gefärbt, April–Juli.
Früchte: Achäne mit 4 Nüßchen.
Verbreitung: Mittel- und S-Balkan, Krim, Türkei, Zypern, N-Afrika, steinige Hänge.
Allgemeines: Ähnlich ist *S. officinalis* L. (siehe Kapitel Heil- und Gewürzpflanzen). *S. candelabrum* Boiss. (S-Spanien): bis 1 m hoher Strauch oder Halbstrauch, Blätter bis 9 cm lang, lanzettlich oder elliptisch, Blüten bis 4 cm breit, blau oder violett.

Salvia sclarea L.
Muskateller-Salbei

Familie: Lamiaceae
Habitus: 2-jährig, bis 30–90 m hoch, Stängel verzweigt, behaart.
Blätter: Breit-eiförmig, 7–18 cm lang, am Grunde abgerundet oder herzförmig, unregelmäßig gekerbt-gesägt, runzelig, gerieben nach Muskateller duftend.
Blüten: Zu jeweils 4–6 in mehreren übereinanderstehenden Scheinquirlen, Krone 2–2,8 cm, Oberlippe sichelförmig, abgestutzt bis kaum ausgerandet, hellblau, hell purpurviolett oder rosa, Unterlippe 3-lappig, gelblich, Juni–Juli.
Früchte: Klausenfrüchte mit 4 Nüßchen.
Verbreitung: S-Europa, Mittelmeergebiet, Vorderasien, trockene Hänge.
Allgemeines: Der Inhaltsstoff Sclareol wird zur Herstellung vom Ambroxan verwendet, einem Duftstoff, der in der Kosmetik- und Waschmittelindustrie verarbeitet wird. Hauptanbauländer sind Frankreich, Italien und die Schweiz.

Salvia verbenaca L.
Eisenkraut-Salbei

Familie: Lamiaceae
Habitus: Ausdauernd, 10–80 cm hoch, Stängel oberwärts mehr oder weniger beblättert, sehr formenreiche Art.
Blätter: Lang gestielt, die unteren rosettig, eiförmig bis länglich, 5–10 cm lang, fiederspaltig, mit breiten Abschnitten, oberseits runzelig, schmutziggrün, Tragblätter grün, in der Knospe nicht dachziegelig.
Blüten: Zu 6–10 in Scheinquirlen, einen lockeren oder dichteren, häufig verzweigten, ährigen Blütenstand bildend, Krone hellblau bis violett, 6–15 mm, 2-lippig, Staubblätter kaum aus der Kronröhre herausragend, Kelch glockig, Nerven hervortretend, lang weiß behaart, Februar–Juni.
Früchte: Lang behaarte Achänen.
Verbreitung: Mittelmeergebiet, W-Europa, Kanaren, trockene Weiden, Brach- und Kulturland, Ruderalstellen.

Scutellaria orientalis L.
Orientalisches Helmkraut

Familie: Lamiaceae
Habitus: Ausdauernd, bis 30 cm hoch, niederliegend, spärlich filzig behaart.
Blätter: Eiförmig-länglich bis breit-eiförmig, 0,5–2 cm lang, tief gekerbt-gesägt bis fiederteilig, oberseits dunkelgrün und behaart, unterseits graufilzig.
Blüten: Zu 2 in Paaren, Krone 2-lippig, 1,5–3 cm lang, gelb, selten rosa, Unterlippe oft rötlich, Kronröhre glockig, Tragblätter 5–12 cm lang, eiförmig bis lanzettlich, etwas trockenhäutig, purpurn oder gelblich grün, Juni–September.
Früchte: Klausenfrüchte mit 4 Nüßchen.
Verbreitung: SO-Europa, Albanien bis zur Krim, Gebirge von SO-Spanien, trockene, steinige Plätze, meist auf Kalk.
Allgemeines: *S. rubicunda* Hornem. (S-Balkan, M- und S-Italien, Sizilien): Blüten 12–15 mm lang, purpurlich bis bläulich, Unterlippe weißlich, Kelch mit zahlreichen langen, weißen Haaren.

Blütenpflanzen

Sideritis scordioides L.
Gliedkraut

Familie: Lamiaceae
Habitus: Ausdauernd, bis 30 cm hoch, filzig behaart.
Blätter: Gegenständig, linealisch-lanzettlich bis verkehrt-eiförmig, 0,7–3 cm lang, gesägt oder gekerbt.
Blüten: Zu je 6 in Scheinquirlen, in 3–10 cm langen Ähren, untere Tragblätter 6–15 mm lang, eiförmig-herzförmig, meist eingeschnitten gezähnt, Krone 2-lippig, 8–10 mm lang, gelb, manchmal purpurlich getönt, Kelch 6–9 mm lang, innen mit einem Haarring, Juni–Juli.
Früchte: Klausenfrüchte mit 4 Nüßchen.
Verbreitung: S-Frankreich, Mittel- und O-Spanien, trockene, kalkreiche Hänge.
Allgemeines: S. romana L. (W- und Mittel-Mittelmeergebiet, Portugal): 1-jährig, Blüten weiß, gelb oder purpurn; S. montana L. (Mittelmeergebiet, SW-Afrika): 1-jährig, Blüten gelb oder schwarzbraun mit gelber Unterlippe.

Stachys cretica L.
Kretischer Ziest

Familie: Lamiaceae
Habitus: Ausdauernd, 20–80 cm hoch, Stängel meist einfach.
Blätter: Gegenständig, länglich-eiförmig bis eiförmig, 3–10 cm lang, am Grunde meist mehr oder weniger keilförmig, fein gekerbt, oberseits graugrünfilzig, unterseits dicht grau- oder weißfilzig.
Blüten: In vielblütigen, dichten Scheinquirlen in den Achseln der oberen Blätter, Vorblätter linealisch-lanzettlich, Krone 1–2 cm lang, 2-lippig, rot, behaart, Kelch mit 5 begrannten Zähnen, Mai–Juli.
Früchte: Klausenfrüchte mit 4 Nüßchen.
Verbreitung: S-Europa, von S-Frankreich östlich bis SW-Asien, Garigues, Olivenhaine, trockene Ruderalstellen.
Allgemeines: S. byzantina K. Koch stammt aus SO-Europa und ist eine häufig kultivierte Zierpflanze mit dicken, dicht weißwollig behaarten Blättern und purpurrosa Blüten.

Linum flavum L.
Gelber Lein

Familie: Linaceae
Habitus: Ausdauernd, an der Basis verholzend, 20–40 cm hoch, kahl, Stängel zahlreich, schräg-aufrecht.
Blätter: Wechselständig, sitzend, 2–3,5 cm lang, die unteren spatelförmig, die oberen lanzettlich.
Blüten: Zu 25–40 in verzweigten Ständen, 5-zählig, gelb, Kronblätter 2 cm lang, verkehrt-eiförmig, Kelchblätter lanzettlich, 3-nervig, 5–8 mm lang, zugespitzt, Staubblätter 5, Juni–Juli.
Früchte: Kleine, 10-klappige Kapseln.
Verbreitung: Mittel- und SO-Europa, nördlich bis Mittel-Rußland.
Allgemeines: *L. maritimum* L. (Mittelmeergebiet, Salzsümpfe in Küstennähe) hat ebenfalls gelbe Blüten mit 8–15 mm langen Kronblättern. Gelbblütig sind auch die 1-jährigen *L. strictum* L. (Blätter oft eingerollt) und *L. trigynum* L. (Blätter glatt), beide mit 4–6 mm langen Kronblättern.

Linum narbonense L.
Narbonne-Lein

Familie: Linaceae
Habitus: Ausdauernd, bis 50 cm hoch, kahl, Stängel aufrecht oder aufsteigend.
Blätter: Wechselständig, linealisch oder lanzettlich 1–5 cm lang, lang zugespitzt, mit 1–3(–5) Nerven.
Blüten: Blau, Kronblätter frei, 2,5- bis 3-mal so lang wie die 10–14 mm langen, lanzettlichen, lang zugespitzten Kelchblätter, verschiedene Blütentypen mit unterschiedlich langen Griffeln, Mai–Juni.
Früchte: 6–9 mm lange Kapseln.
Verbreitung: W- und Mittel-Mittelmeergebiet, N-Spanien, NO-Portugal.
Allgemeines: *L. suffruticosum* L. (Spanien, subsp. *salsoloides* (Lam.) Rouy von M-Spanien bis NW-Italien): Blüten weiß oder zartrosa, an der Basis violett, Pflanze mit zahlreichen kurzen, nichtblühenden, an der Basis verholzenden Stängeln, Blätter 1nervig, rau behaart, Ränder fein gesägt, stark eingerollt.

Lythrum junceum Banks et Sol.
Binsenartiger Weiderich

Familie: Lythraceae
Habitus: Meist ausdauernd, 20–70 cm hoch, kahl, Stängel kantig, niederliegend oder aufsteigend.
Blätter: Meist wechselständig, sitzend, verkehrt-eiförmig bis verkehrt-lanzettlich, 1–2 cm lang.
Blüten: Einzeln in den Blattachseln, Krone 5–6 mm lang, 6teilig, dunkelrosa bis purpurn, Achsenbecher 12-zähnig, gleichmäßig verschmälert, am Grunde rot gefleckt, 3 Blütenformen mit unterschiedlicher Griffellänge, Staubblätter 12, in 2 verschieden langen Reihen, April–September.
Früchte: 2-klappige Kapseln.
Verbreitung: SW-Europa, Mittelmeergebiet, sumpfige Stellen, Flußufer, Gräben, Quellen.
Allgemeines: *L. flexuosum* Lag. (Mittel-Spanien): ähnlich, aber 1-jährig, kleiner und mit einfarbigem Achsenbecher.

Hibiscus trionum L.
Stunden-Eibisch

Familie: Malvaceae
Habitus: 1-jährig 10–60 cm hoch, niederliegend bis aufrecht, verzweigt, borstig behaart.
Blätter: Bis auf die untersten mehr oder weniger tief in 3(–5) länglich-lanzettliche, fiederspaltige Abschnitte geteilt.
Blüten: Einzeln und lang gestielt in den Blattachseln, nur vormittags geöffnet, Außenkelch aus 10–13 schmal-linealischen, borstig bewimperten Blättchen, Innenkelch etwa doppelt so lang, 5-zipfelig, Nerven dunkelviolett, steif behaart, die 5 Kronblätter 2–3 cm lang, blassgelb, am Grunde mit einem dunkel violetten Fleck, Juni–September.
Früchte: Im aufgeblasenen Kelch eingeschlossene Kapseln.
Verbreitung: SO- und O-Mitteleuropa, W- und Mittel-Asien, N-, O- und S-Afrika, im Mittelmeergebiet eingebürgert, Brach- und Kulturland, an feuchten Plätzen.

Lavatera arborea L.
Baumförmige Strauchmalve

Familie: Malvaceae
Habitus: 2-jährig, im unteren Teil verholzend, aufrecht, verzweigt, 1–3 m hoch, jüngere Teile sternhaarig-filzig.
Blätter: Wechselständig, lang gestielt, rundlich, bis 20 cm breit, am Grunde herzförmig, mit 5–7 kurzen, breiten Lappen, unterseits graufilzig.
Blüten: Zu 2–7 in Büscheln, die Stiele kürzer als das Tragblatt, Kronblätter 1,5–2 cm lang, lila, Adern und Grund purpurn, Kelchblätter spitz 3-eckig, etwa 4 mm lang, von einem etwa doppelt so langen, 3blättrigen, am Grunde verwachsenen Außenkelch umgeben, April–Juni.
Früchte: Vom aufgeblasenen Kelch umgebene Kapseln aus 6–8 kantigen, kahlen oder behaarten Teilfrüchten.
Verbreitung: Küsten von W-Europa, dem Mittelmeergebiet und Kanaren, Strandfelsen, Schuttplätze, häufig als Zierpflanze in Kultur.

Lavatera cretica L.
Kretische Strauchmalve

Familie: Malvaceae
Habitus: 1- bis 2-jährig, 0,2–1,5 m hoch, aufrecht oder aufsteigend, sternhaarig.
Blätter: Die unteren lang gestielt, rundlich, bis 20 cm breit, am Grunde herzförmig, mit 5–7 kurzen, rundlichen, gesägt-gekerbten Lappen, beiderseits behaart.
Blüten: Zu 2–8 büschelig in den Blattachseln, die Stiele unterschiedlich lang, aber kürzer als die Tragblätter, die 5 Blütenblätter 8–15 mm lang, rosa oder blasslila, dunkler gestreift, vorne tief ausgerandet, Kelchblätter 6–8 mm lang, breit 3eckig-eiförmig, zugespitzt, der Außenkelch aus 3 breit-eiförmigen Blättchen, März–Juni.
Früchte: Kapseln aus 7–12 glatten oder leicht gerippten Teilfrüchtchen.
Verbreitung: Mittelmeergebiet, W-Europa, nördlich bis SW-England, Kanaren, Schuttplätze, Brachland, Wegränder, Sanddünen.

Malope trifida Cav.
Malope

Familie: Malvaceae
Habitus: 1-jährig, aufrecht, bis 1,5 m hoch, weitgehend kahl, Stängel kräftig, unverzweigt.
Blätter: Wechselständig, lang gestielt, bis 10 cm lang, gekerbt oder stumpf gezähnt, die unteren rundlich und ungeteilt, die oberen dagegen mit 3–5 breit 3-eckigen Lappen.
Blüten: Einzeln an langen Stielen in den Blattachseln, Außenkelchblätter frei, rundlich-herzförmig, 12–15 mm lang, zur Fruchtzeit bis 30 mm lang, Kelchblätter lanzettlich bis eiförmig, Kronblätter 3,6–6 cm lang, tief purpurrot, dunkler gestreift, Juni–Juli.
Früchte: Kapseln, zusammengesetzt aus zahlreichen, 1-samigen, kahlen, runzeligen Teilfrüchtchen.
Verbreitung: SW-Spanien und südliches M-Portugal (sehr lokal), häufig als Zierpflanze in Kultur und eingebürgert.

Mirabilis jalapa L.
Wunderblume

Familie: Nyctaginaceae
Habitus: Ausdauernd, kahl, 0,5–1 m hoch, Stängel zahlreich, dicklich, aufsteigend, an den Knoten verdickt.
Blätter: Gegenständig, gestielt, eiförmig-lanzettlich, bis 15 cm lang zugespitzt, herzförmig oder gestutzt.
Blüten: In achselständigen Büscheln, an den Sproßenden gehäuft, duftend vom späten Nachmittag bis zum nächsten Morgen geöffnet, Krone trompetenförmig, mit 3 cm langer Röhre und flachem, bis 5 cm breitem, faltigem Saum, rot, rosa, gelb, weiß oder bunt, Mai–Dezember.
Früchte: Zitronenförmig, rippig-warzig, schwarz, 1 cm lang, von dem ausgewachsenen Kelch umhüllt.
Verbreitung: Ursprünglich im westlichen tropischen Amerika, im Mittelmeergebiet als Zierpflanze kultiviert und in Gartennähe an Ruderalstellen auftretend, aber unbeständig.

Cistanche phelypaea
(L.) Cout.
Gelbe Cistanche

Familie: Orobanchaceae
Habitus: Ausdauernd, blattgrünlos und 0,2–1 m hoch, auf den Wurzeln von strauchigen Gänsefußarten (z.B. *Atriplex halimus*, *Suaeda vera*) schmarotzend, kahl, Stängel aufrecht, einfach, kräftig, gelb.
Blätter: Eiförmig-lanzettlich, stumpf, braun, Rand häutig, mehr oder weniger gezähnt.
Blüten: In dichten, 10–20 cm langen Ähren, Krone leuchtend gelb, 3–6 cm lang, Röhre gebogen und plötzlich erweitert, Lappen abstehend, eiförmig-rundlich, jede Blüte mit einem 15–20 mm langen, unregelmäßig gekerbten Tragblatt, Tragblättchen eiförmig-lanzettlich, etwas kürzer als der Kelch, März–Mai.
Früchte: 12 mm lange Kapseln.
Verbreitung: S-Spanien, S-Portugal, Kreta, N-Afrika, Kanaren, salzige Stellen am Meer oder landeinwärts.

Orobanche crenata Forssk.
Sommerwurz

Familie: Orobanchaceae
Habitus: 1-jährig, 20–50 cm hoch, blattgrünlos, auf den Wurzeln von Leguminosen schmarotzend, Stängel dick, an der Basis geschwollen, gelblich, wollig behaart.
Blätter: Linealisch-lanzettlich, 12–25 mm lang.
Blüten: In vielblütigen, mehr oder weniger dichten, 20–40 cm langen Ähren, Krone 2–3 cm lang, fast kahl, weiß, blau oder violett geadert, Narbe weiß, violett oder dunkel purpur, März–Juli.
Früchte: 10–12 mm lange Kapseln.
Verbreitung: S-Europa, Mittelmeergebiet, Garigues, Äcker.
Allgemeines: *O. ramosa* L. (S. und südl. M-Europa, Mittelmeergebiet, Kanaren, SW-Asien): auf einer Vielzahl von Wirtspflanzen, besonders auf Hanf und Tabak, schmarotzende Art, Blütenkrone weißlich, zur Mündung hin meist blau oder violett.

Oxalis pes-caprae L.
Niedriger Sauerklee

Familie: Oxalidaceae
Habitus: Ausdauernde, 5–15 cm hohe Rosettenpflanze mit unterirdischen Brutzwiebeln an einem brüchigen Erdsproß.
Blätter: Kleeblattartig, lang gestielt, bis zu 20 in einer Rosette, Teilblättchen verkehrtherzförmig, tief ausgerandet.
Blüten: Zu 6–12 in Dolden, Krone trichterförmig, die 5 Kronblätter 20–15 mm lang, zitronengelb, Dezember–Mai.
Früchte: Kapseln werden nur selten ausgebildet.
Verbreitung: S-Afrika, im Mittelmeergebiet, W-Europa und Kanaren eingebürgert, Olivenhaine, Weinberge, Ruderalstellen, auch schattige Wälder.
Allgemeines: Von den 3 Blütenformen mit unterschiedlich langen Griffeln und Staubblättern kommt nur 1 Form im Gebiet vor, deshalb ist eine Befruchtung nicht möglich, Ausbreitung nur durch Brutknöllchen.

Paeonia peregrina Mill.
Fremde Pfingstrose

Familie: Paeoniaceae
Habitus: Ausdauernd, bis 90 cm hoch, mit verholztem Wurzelstock.
Blätter: Groß, doppelt 3-zählig, Blättchen am Rand kerbig eingeschnitten, oberseits glänzend grün, in den Furchen der Hauptnerven eine feine Haarlinie.
Blüten: Becherförmig, 7–11 cm breit, tief karminrot, die zahlreichen Staubbeutel gelb, April–Mai.
Früchte: Behaarte Balgfrüchte.
Verbreitung: Italien, Balkan, S-Rumänien, Kleinasien, Laubwälder.
Allgemeines: *P. mascula* (L.) Mill.: Blätter meist mit 9 Abschnitten, Blättchen breit, ganzrandig, unterseits flaumig-filzig, Blüten 8–14 cm breit, purpurn. *P. officinalis* L.: untere Blätter ledrig, doppelt 3-zählig, Blättchen 30 und mehr, in zahlreiche längliche oder elliptische Abschnitte eingeschnitten, oberseits kahl, unterseits dicht filzig, Blüten bis 13 cm breit, rot.

Glaucium flavum Crantz
Gelber Hornmohn

Familie: Papaveraceae
Habitus: Ausdauernd oder 2-jährig, graugrün, spärlich behaart, mit gelbem Milchsaft, Stängel reich verzweigt.
Blätter: Grundblätter 15–35 cm lang, leierförmig, fiedrig gelappt, obere Blätter kleiner, mehr oder weniger ganzrandig, stängelumfassend.
Blüten: Einzeln, end- oder achselständig, Kronblätter 4, gelb, 3–4 cm lang, breit verkehrt-eiförmig, April–September.
Früchte: 10–30 cm lange, krumme Kapseln, von weißen Knötchen rau.
Verbreitung: S- und W-Europa, Mittelmeergebiet, Schwarzes Meer, Irak, Ägypten, Sand- und Felsküsten, Ruderalstellen, Straßenränder.
Allgemeines: *G. corniculatum* (L.) Rudolph: 1(–2)-jährig, Blüten orangegelb bis scharlachrot, selten gelb, in der Mitte meist mit violettem Fleck, Kapseln mit steifen Haaren, Knötchen fehlend.

Phytolacca americana L.
Kermesbeere

Familie: Phytolaccaceae
Habitus: Ausdauernd, nur an der Basis verholzend, 1–3,5 m hoch, Stängel gabelig verzweigt, fleischig, oft rot überlaufen.
Blätter: Wechselständig, kurz gestielt, eiförmig-lanzettlich, 10–40 cm lang.
Blüten: In reichblütigen, zur Fruchtzeit überhängenden, 10–15 cm langen Trauben, Blütenhülle einfach, 5-zählig, grünlich weiß, 2,5 cm lang, Juli–Oktober.
Früchte: Beerenartig, gedrängt stehend, meist 10-rippig, schwarzpurpurn.
Verbreitung: N-Amerika, in S-Europa und N-Afrika eingebürgert, schattige Ruderalstellen.
Allgemeines: Der dunkelrote Saft der Beeren wurde früher hauptsächlich zum Färben (Schönen) des Rotweines verwendet. Frische Wurzeln und Beeren dienen auch als Abführ- und Brechreiz erregendes Mittel. Außer dem Fruchtfleisch sind alle Pflanzenteile giftig.

Plantago afra L.
Flohsamen-Wegerich

Familie: Plantaginaceae
Habitus: 1-jährig, 10–40 cm hoch, mit gegenständigen, beblätterten Sprossen verzweigt, oberwärts stark drüsig behaart.
Blätter: Gegenständig, sitzend, linealisch-lanzettlich, 3–8 cm lang, ganzrandig oder entfernt gezähnt.
Blüten: Unscheinbar, in den oberen Blattachseln in eiförmigen bis rundlichen Köpfchen, Tragblätter eiförmig bis lanzettlich, 3,5–8 mm lang, alle gleich lang, Kronröhre bis 4 mm lang, April–Juni.
Früchte: Kapseln mit 2–3 mm langen, kahnförmigen, dunkel rotbraunen Samen.
Verbreitung: Mittelmeergebiet, Kanaren, SW-Asien, ältere Sanddünen, Äcker, Ruderalstellen, Garigues, stellenweise angebaut.
Allgemeines: Die stark schleimhaltigen „Flohsamen" werden als mildes Abführmittel verwendet, aber auch zum Appretieren von Stoffen.

Plantago lagopus L.
Hasenfuß-Wegerich

Familie: Plantaginaceae
Habitus: 1-jährig, 10–40 cm hoch, selten mit 10(–20) cm langem Stängel und wechselständigen Blättern.
Blätter: Meist in einer grundständigen Rosette, lanzettlich, bis 30 cm lang, meist entfernt gezähnt, kahl oder behaart.
Blüten: Unscheinbar, auf langen Stielen in eiförmigen bis länglichen Ähren, Tragblätter und Kelch lang zottig behaart, die Ähre dadurch behaart erscheinend, Kronblätter mit 4 lang zugespitzten, oft behaarten Zipfeln, Februar–August.
Früchte: Kleine Kapseln.
Verbreitung: Mittelmeergebiet, Kanaren, SW-Asien, trockene Sand- und Felsküsten, Garigues, Ruderalstellen.
Allgemeines: Auch der in Mitteleuropa heimische Spitz-Wegerich, *P. lanceolata* L., kommt im Mittelmeergebiet vor: Pflanze ausdauernd, Tragblätter der Blüten kahl oder nur kurzhaarig.

Limonium sinuatum (L.) Mill
Geflügelter Strandflieder

Familie: Plumbaginaceae
Habitus: Ausdauernd, 15–40 cm hoch, Stängel aufrecht, mit 4 gewellten Flügelleisten, die an den Knoten in je 3 1–8 mm lange, linealisch-lanzettliche Anhängsel auslaufen.
Blätter: Alle in einer grundständigen Rosette, buchtig-fiederschnittig, 3–15 cm lang, rau behaart.
Blüten: In 2- bis 3-blütigen Ährchen, davon 7–8 zu dichten Ähren zusammengefaßt, Kronblätter klein, gelblich weiß, hinfällig, Kelch 10–14 mm lang, mit blauviolettem, gefältetem, papierartigem Saum, April–September.
Früchte: Im Kelch eingeschlossene Nuss.
Verbreitung: Mittelmeergebiet, Kanaren, Sand- und Felsküsten, auch an salzigen Stellen im Binnenland.
Allgemeines: *L. angustifolium* (Tausch) Degen: Blätter lanzettlich-spatelförmig, Blüten in großen, lockeren Ständen.

Plumbago europaea L.
Europäische Bleiwurz

Familie: Plumbaginaceae
Habitus: Ausdauernd, 0,3–1 m hoch, aufrecht, abstehend reich verzweigt, Stängel gefurcht.
Blätter: Wechselständig, 5–8 cm lang, die unteren lang gestielt und eiförmig, die mittleren verkehrt lanzettlich-spatelig, geöhrt, stängelumfassend, gewellt, drüsig gezähnt, unterseits mehlig.
Blüten: Zahlreich, violett oder rosa, in ährenartigen Ständen, Kronröhre schmal, ca. 12 mm lang, der 5-lappige Saum radförmig ausgebreitet, Kelch 5-zähnig, 5–7 mm lang, auf den Rippen große, auffallende Stieldrüsen, die Zähne 3-eckig, die 5 Staubblätter nicht mit der Krone verwachsen. Juli–Oktober.
Früchte: Im bleibenden, dünnhäutigen, sich 5-klappig öffenden Kelch eingeschlossene Nuss.
Verbreitung: S-Europa, Mittelmeergebiet, Ruderalstellen, Brachland, Wegränder.

Blütenpflanzen

Polygala flavescens DC.
Gelbe Kreuzblume

Familie: Polygalaceae
Habitus: Ausdauernd, 15–40 cm hoch, Stängel aufsteigend bis aufrecht.
Blätter: Wechselständig, die unteren verkehrt-eiförmig, bis 1,5 cm lang, die oberen lanzettlich bis linealisch-lanzettlich, bis 3 cm lang, kahl, ganzrandig.
Blüten: Zu 12–25 in endständigen Ähren, Krone gelb, 6 mm lang, die 3 Kronblätter an der Basis röhrig verwachsen, die 5 Kelchblätter sehr unterschiedlich, die beiden seitlichen flügelartig, bis 9 mm lang, zur Blütezeit gelb, später vergrünend, April–Juni.
Früchte: 6–7 mm lange Kapseln, kürzer als die Flügel.
Verbreitung: Italien, trockene Wiesen.
Allgemeines: *P. nicaeensis* Risso ex Koch (S- und O-Europa, N-Afrika): Rosa, selten blaue oder weiße Blüten zu 8–40 in 3–15 cm langen, lockeren Trauben, 2 der 5 Kelchblätter blumenblattartig, 8–9 mm.

Polygonum maritimum L.
Strand-Knöterich

Familie: Polygonaceae
Habitus: Ausdauernd, mit verholztem Wurzelstock, niederliegend, Stängel sparrig verzweigt, 10–50 cm breit.
Blätter: Immergrün, sitzend, eiförmig bis lanzettlich, bis 2,5 cm lang, am Rand meist umgerollt, graugrün, die röhrig ausgebildeten Nebenblattscheiden (Ochrea) unterseits rotbraun, oberseits durchscheinend silbrig, tief zerschlitzt, mit 8–12 kräftigen, verzweigten Nerven.
Blüten: Rosa oder weißlich, 3–4 mm breit, zu 1–4 in den Achseln von Laubblättern, Blütenhülle einfach, 5-teilig, April–Oktober.
Früchte: 4–6 mm dicke, 3-kantige, glänzendbraune Nüsschen.
Verbreitung: Küsten des Mittelmeeres, des Schwarzen Meeres und des Atlantiks, nördlich bis zu den Kanalinseln, südlich bis zu den Kanaren, Sanddünen, Kiesstrände, Spülsäume.

Rumex bucephalophorus L.
Stierkopf-Ampfer

Familie: Polygonaceae
Habitus: 1-jährig, mit dünner Pfahlwurzel, bis 40 cm hoch, formenreiche Art, Stängel entweder kräftig, einzeln oder zu wenigen, oder dünn, zahlreich und bogig aufsteigend.
Blätter: Wechselständig, 1–2 cm lang, gestielt, spatelig oder eiförmig-lanzettlich.
Blüten: Klein, unscheinbar, meist zu 2–3 ährenartig in den Achseln von Nebenblattscheiden, März–September.
Früchte: Fruchtstiele zurückgebogen und meist 2-gestaltig: einige schlank, rund und sehr kurz, andere länger und keulig verbreitert, die inneren Blütenhüllblätter zur Fruchtzeit stark vergrößert und die Nuss umschließend, beiderseits mit 3–4 deutlichen Zähnen und einer kleinen Schwiele.
Verbreitung: Mittelmeergebiet, Kanaren, sandige und felsige Pionierstandorte, Sandküsten, Brachland, Olivenhaine.

Anagallis monellii L.
Leinblättriger Gauchheil

Familie: Primulaceae
Habitus: Ausdauernd, 10–50 cm hoch, Stängel stielrund, aufsteigend oder aufrecht, am Grund verholzend.
Blätter: Gegenständig, sitzend, linealisch-lanzettlich oder elliptisch, in den Blattachseln oft kleine sterile Triebe.
Blüten: In den oberen Blattachseln auf 2–5 cm langen Stielen, Krone 1 cm breit, die 5 Kronblätter radförmig ausgebreitet, meist leuchtend blau, z.T. am Grunde rot oder ganz rot, April–Oktober.
Früchte: Rundliche Kapseln.
Verbreitung: Iberische Halbinsel, Sardinien, Sizilien, NW-Afrika, Brach- und Kulturland, Wegränder.
Allgemeines: *A. foemia* Mill.: Pflanze 1- oder 2-jährig, Stängel 4-kantig, Blüten stets blau.

Cyclamen hederifolium Aiton
Neapolitanisches Alpenveilchen

Familie: Primulaceae
Habitus: Ausdauernd, Erdknolle 3–15 cm breit, oben und seitlich wurzelnd.
Blätter: Im Herbst nach den Blüten erscheinend, grundständig, gestielt, länglich-herzförmig, 4–10 cm lang, oft gelappt oder 5- bis 9-eckig, Rand unregelmäßig gezähnt, schwach knorpelig.
Blüten: Blassrosa oder weiß, Kronlappen etwa 2 cm lang, zurückgeschlagen, am Grunde geöhrt, am Schlund purpurn gefleckt, August–November.
Früchte: Kapsel, Fruchtstiel von der Spitze her aufgerollt.
Verbreitung: S-Europa, von Frankreich und der Schweiz bis Bulgarien, sommergrüne Wälder, bis in die Bergstufe aufsteigend.
Allgemeines: *C. graecum* Link. (Griechenland, Ägäis): Blätter selten mit Lappen oder Ecken, Blattrand verdickt, gezähnt, Blüte im Spätherbst, Fruchtstiel von der Mitte oder von unten her aufgerollt.

Cyclamen repandum Sibth. et Sm.
Geschweiftblättriges Alpenveilchen

Familie: Primulaceae
Habitus: Ausdauernd, Erdknolle behaart, 1,5–3,5 cm breit, unterseits bewurzelt.
Blätter: Breit-herzförmig, 4–10 cm lang, Rand tief gezähnt bis buchtig, dunkelgrün, grau marmoriert, unterseits hell graugrün.
Blüten: Duftend, meist leuchtend purpurrot, Lappen zurückgeschlagen, ohne Öhrchen, 1,5–2,5 cm lang, März–Mai.
Früchte: Kapsel, Fruchtstiel von der Spitze her schraubig aufgerollt.
Verbreitung: Mittelmeergebiet, W-Anatolien, Rhodos, in schattigen, meist immergrünen Wäldern und Macchien.
Allgemeines: Im Frühjahr blühen auch: *C. creticum* (Dörfl.) Hildebr. (Kreta): Blüten reinweiß, Kronlappen 1,6–2,5 cm lang und *C. balearicum* Willk. (S-Frankreich, Balearen): Blüten weiß mit rosa Nerven, Kronlappen 1–1,8 cm lang.

Cytinus hypocistis (L.) L.
Gelber Zistrosenschmarotzer

Familie: Rafflesiaceae
Habitus: Ausdauernd, blattgrünlos, auf Zistrosengewächsen schmarotzend, Sprosse oft in Gruppen (Nestern) zusammen.
Blätter: Fleischig, schuppenförmig, eiförmig-länglich, dicht dachziegelartig, gelb, orange oder scharlachrot.
Blüten: Zu 5–10 an den Sproßenden, von je 2 Hochblättern umgeben, die Randblüten weiblich, die mittleren männlich, Blütenhülle einfach, röhrig, mit 4 leuchtendgelben Lappen, April–Juni.
Früchte: Fleischig, mit zahlreichen Samen.
Verbreitung: Mittelmeergebiet, SW-Europa, Kanaren, trockene, sonnige Plätze, Macchien.
Allgemeines: Ähnlich ist *C. ruber* (Fourr.) Komarow (Mittelmeergebiet, aber seltener auftretend): Blütenhülle weißlich bis blassrosa, auf rosablühenden Zistrosenarten schmarotzend.

Adonis annua L. emend. Huels.
Herbst-Adonisröschen

Familie: Ranunculaceae
Habitus: 1-jährig, 15–60 cm hoch, Stängel, aufrecht, verzweigt.
Blätter: Die unteren gestielt, die oberen sitzend, 3-fach gefiedert, die Abschnitte kurz, schmal-linealisch, spitz.
Blüten: Einzeln an den Sproßenden, 1,5–3 cm breit, die 6–10 Kronblätter blutrot, am Grunde gefleckt, breit-oval, ganzrandig oder vorne gezähnelt, Kelchblätter 5, etwas kürzer, abstehend oder zurückgebogen, hinfällig, April–Juni.
Früchte: Zahlreiche schief-eiförmige, runzelige, 3,5–5 mm große Nüßchen in 1,5–1,8 cm langen Fruchtständen.
Verbreitung: S-Europa, nördl. bis S-Schweden, Mittelmeergebiet, N-Afrika, Kleinasien, Syrien, Zypern, Palästina, Kultur- und Brachland.
Allgemeines: *A. microcarpa* DC. (Mittelmeergebiet, Kanaren): sehr ähnlich, aber Blüten nur 1 cm breit, gelb oder rot.

Anemone coronaria L.
Kronen-Anemone

Familie: Ranunculaceae
Habitus: Ausdauernd, 10–45 cm hoch.
Blätter: Grundblätter 3-fach geteilt, die Abschnitte gestielt.
Blüten: Einzeln, 3–8 cm breit, über 3 sitzenden, wirteligen, fein zerschlitzten Hochblättern, die 5–8 Blütenhüllblätter elliptisch, leuchtend rot, blau, violett oder weiß, Staubbeutel blau, Februar–April.
Früchte: Mit zahlreichen dicht wollig behaarten, geschnäbelten Nüßchen.
Verbreitung: Mittelmeergebiet, W-Asien, Kulturland, offene Garigues. Häufig und in zahlreichen Farbvarietäten mit einfachen und gefüllten Blüten kultiviert und verwildert.
Allgemeines: *A. palmata* L. (SW-Europa, N-Afrika): Grundblätter fast rundlich, 3- bis 5-fach gelappt, die 10–15 Blütenhüllblätter gelb, Hochblätter am Grunde verwachsen, 3- bis 5-fach linealisch-lanzettlich geteilt.

Anemone hortensis L.
Stern-Anemone

Familie: Ranunculaceae
Habitus: Ausdauernd, 20–40 cm hoch.
Blätter: Grundblätter handförmig geteilt, die 3 Abschnitte sitzend, gezähnt bis eingeschnitten.
Blüten: Einzeln, bis 6 cm breit, über einem Wirtel aus sitzenden, meist ungeteilten, linealich-lanzettlichen Hochblättern, die 12–19 Kronblätter schmal-lanzettlich, blauviolett, Staubbeutel blau, Februar–April.
Früchte: Dicht weiß behaarte Nüßchen.
Verbreitung: S-Europa, von Frankreich bis Jugoslawien und Albanien, Kulturland, Garigues.
Allgemeines: *A. apennina* L. (S-Europa, westl. bis Korsika): Grundblätter 3-teilig, die Abschnitte tief gelappt und zugespitzt, Hochblätter den Grundblättern ähnlich, Blüten bis 4 cm breit, mit 8–14 hellblauen oder weißen, schmalen Kronblättern, Staubbeutel blaßgelb oder weiß.

Delphinium peregrinum L.
Fremder Rittersporn

Familie: Ranunculaceae
Habitus: 1-jährig, 30–80 cm hoch, aufrecht, Stängel verzweigt, kahl oder angedrückt behaart.
Blätter: 1- bis 2-fach handförmig 3-schnittig, Abschnitte schmal, obere Blätter ungeteilt, linealisch-lanzettlich.
Blüten: In dichten Trauben, 1,5–2 cm lang, blauviolett, Blütenhülle einfach, von den 5 Hüllblättern das oberste mit einem 15 mm langen Sporn, Platte der oberen Hüllblätter seitlich geflügelt, seitliche Blütenblätter 7–10 mm, Mai–August.
Früchte: 5–8 mm, mit zahlreichen Samen
Verbreitung: Östliches Mittelmeergebiet, westlich bis Italien und Sizilien, sandige Pionierstandorte.
Allgemeines: *D. staphisagria* L.: 1- bis 2-jährig, Blätter 5- bis 7-spaltig oder -lappig, Blüten dunkelblau, Platte der oberen Hüllblätter ungeflügelt, Sporn 2–4 mm, Früchte 15–20 mm, aufgeblasen.

Helleborus lividus Aiton
Korsische Nieswurz

Familie: Ranunculaceae
Habitus: Ausdauernd, 20–70 cm hoch.
Blätter: Überwinternd, stängelständig, ledrig, 3-zählig, Abschnitte eiförmig-lanzettlich, Rand dornig gezähnt (subsp. *corsicus* (Willd.) Tutin) oder entfernt gezähnt bis ganzrandig (subsp. *lividus*).
Blüten: 5–6 cm breit, die 5 abstehenden Kronblätter grünlich weiß bis rosa, Blütenstand einseitswenig, mit lanzettlichen Hochblättern, November–April.
Früchte: Balgfrüchte mit langem, geradem Schnabel.
Verbreitung: Balearen, subsp. *corsicus* auf Korsika und Sardinien, Wälder und Gebüsche der Bergstufe.
Allgemeines: *H. cyanophyllus* (A. Braun) Boiss. (S-Balkan): Blätter nicht überwinternd, die grundständigen groß, mit 5–6 eiförmig-lanzettlichen Abschnitten, Blüten hell bläulich grünlich, Balgfrüchte am Grunde nicht verwachsen.

Nigella hispanica L.
Spanischer Schwarzkümmel

Familie: Ranunculaceae
Habitus: 1-jährig, bis 35 cm hoch, aufrecht, nur wenig verzweigt.
Blätter: Wechselständig, 2- bis 3-fach gefiedert, Abschnitte schmal-linealisch.
Blüten: Einzeln, 3,5–7 cm breit, himmelblau, von einem Kranz fädig zerteilter Hochblätter umgeben, Blütenhülle einfach, mit 5 schmal-elliptischen, deutlich gestielten Hüllblättern und 5 dunklen, 2-lippigen Nektarblättern, Juni–August.
Früchte: Frucht 5-zellig, Fruchtblätter 1-nervig, zu mindestens 2/3 verwachsen.
Verbreitung: Spanien, Portugal, NW-Afrika, Getreidefelder, Brachland.
Allgemeines: N. damascena L. (Mittelmeergebiet, Kanaren, SW-Asien): ähnlich in Habitus und Blüte, aber Frucht 10-zellig, kugelig, aufgeblasen; N. arvensis L. (Mittelmeergebiet, SO-Europa, SW-Asien): Hochblatthülle fehlend, Fruchtblätter 3-nervig, zu 1/2 verwachsen.

Ranunculus asiaticus L.
Asiatischer Hahnenfuß

Familie: Ranunculaceae
Habitus: Ausdauernd, 10–30 cm hoch, Stängel aufrecht, einfach oder schwach verzweigt, behaart.
Blätter: Grundblätter lang gestielt, verschieden, das äußere undeutlich 3-lappig, die innerern zunehmend stärker 3-schnittig mit vielspaltigen Abschnitten, Stängelblätter mit linealischen Abschnitten.
Blüten: Einzeln, 3–5 cm breit, meist weiß oder rosa überlaufen (var. *albus* Hayek), seltener gelb (var. *flavus* Dörfler), vereinzelt auch rot (var. *sanguineus* (Miller) DC.) Staubblätter zahlreich, schwarzpurpurn, Kelchblätter schmal, Blütenboden kahl, Februar–Mai.
Früchte: Zahlreiche Nüßchen mit schwarzem, hakenförmigem Schnabel an einer gestreckten Blütenachse.
Verbreitung: Östliches Mittelmeergebiet, westlich bis Kreta, SW-Asien, N-Afrika, Garigues, Brachland, lichte Wälder, Äcker.

Ranunculus muricatus L.
Stachelfrüchtiger Hahnenfuß

Familie: Ranunculaceae
Habitus: 1-jährig, 10–50 cm hoch, verzweigt.
Blätter: Untere lang gestielt, rundlich-nierenförmig, tief 3- bis 7-lappig, mit breiten Abschnitten, mehr oder weniger kahl, obere kurz gestielt, länglich.
Blüten: Gelb, 1–1,5 cm breit, die 5 Kronblätter etwas länger als die 5 zurückgebogenen Kelchblätter, April–Mai.
Früchte: Nüßchen dicht 1 mm lang bestachelt, am Rand mit breitem, flachem, beiderseits gefurchtem Flügel.
Verbreitung: Mittelmeergebiet, Kanaren, SW-Asien, feuchte Äcker, Ruderalstellen.
Allgemeines: *R. gramineus* L. (S-Europa, sehr lokal verbreitet): Pflanze ausdauernd, Basis verdickt, Blüten goldgelb, bis 3 cm breit, Blätter fast alle grundständig, grasartig. Im Mittelmeergebiet zahlreiche weitere, meist gelbblühende Arten, meist mit zerteilten Blättern.

Reseda alba L.
Weiße Reseda

Familie: Resedaceae
Habitus: 1- oder 2-jährig bis ausdauernd, 30–90 cm hoch, aufrecht, verzweigt.
Blätter: Wechselständig, kammartig fiederschnittig, jederseits 5–15 lanzettliche bis breit-linealische Abschnitte.
Blüten: In dichten Trauben, meist 5-zählig, Kronblätter cremeweiß, bis 6 mm lang, Staubfäden bleibend, April–September.
Früchte: Kleine, 4-kantige Kapseln.
Verbreitung: Mittelmeergebiet, N-Afrika, Vorderasien, trockenes, sandiges Brachland, Ruderalstellen.
Allgemeines: *R. luteola* L., Färberwau, (S-, W- und Mittel-Europa, Kanaren, Mittelmeergebiet): Blüten 4-zählig, Kronblätter hellgelb, das obere 4- bis 8-lappig. Bereits bei den Römern zum Färben von Stoffen angebaut, das Luteolin färbt weiße Stoffe licht- und seifenecht gelb, blaue kräftig grün. Die Samen enthalten bis zu 30% grünliches Resedasamenöl.

Blütenpflanzen

Antirrhinum majus L.
Großes Löwenmaul

Familie: Scrophulariaceae
Habitus: Ausdauernd, 1,5–2 hoch, aufsteigend bis aufrecht, verzweigt.
Blätter: Linealisch bis eiförmig, 1–7 cm lang, wechsel- und gegenständig, am Grunde deutlich keilförmig, ganzrandig.
Blüten: In endständigen Trauben, Krone 3–4,5 mm lang, meist rosa oder purpurn, Oberlippe 2-lappig, Unterlippe 3-teilig, mit einem durch 2 gelbe Flecken gezeichneten, gewölbten Gaumen, Mai–September.
Früchte: Spitze, bis 12 mm lange Kapsel.
Verbreitung: SW-Europa bis NW-Afrika, W-Asien, in W-, M- und SO-Europa eingebürgert, Mauern, Felsen, Ruderalstellen, oft als Zierpflanze in Kultur.
Allgemeines: *A. latifolium* Mill. (NO-Spanien bis Mittel-Italien): Sehr ähnlich, aber Blüten gelb; *A. hispanicum* Chav. (SO-Spanien): 20–60 cm hoher Zwergstrauch, Blätter lanzettlich bis rundlich, Blüten weiß oder rosa, 2–2,5 cm lang.

Bellardia trixago (L.) All.
Bunte Bellardie

Familie: Scrophulariaceae
Habitus: 1-jähriger, 10–80 cm hoher Halbschmarotzer, Stängel aufrecht, meist einfach, drüsig-flaumig behaart.
Blätter: Gegenständig, linealisch bis linealisch-lanzettlich, 1,5–9 cm lang, entfernt stumpf gesägt.
Blüten: In dichten, ährenförmigen Ständen, die Tragblätter im unteren Bereich den Laubblättern ähnlich, die oberen eiförmig, an der Basis herzförmig, ganzrandig, in deren Achseln 20–25 mm große, weiße, meist purpurn oder gelb überlaufene oder reingelbe Blüten, Oberlippe kurz, helmförmig, Unterlippe 3-lappig, länger und viel breiter, Kelch 8–10 mm, aufgeblasen-glockig, mit 4 3-eckigen Zähnen, April–Juni.
Früchte: Kugelige, behaarte Kapseln.
Verbreitung: Mittelmeergebiet, Kanaren, östlich bis Iran, Garigues, Olivenhaine, Weiden, Brachland.

Chaenorhinum origanifolium (L.) Kostel.
Majoranblättriges Löwenmäulchen

Familie: Scrophulariaceae
Habitus: Ausdauernd, bis 35 cm hoch, Stängel zahlreich, niederliegend bis aufsteigend, rasenbildend, drüsig behaart.
Blätter: Unten gegen-, oben wechselständig, lanzettlich bis fast rundlich, bis 2,5 cm lang, spitz oder stumpf.
Blüten: In endständigen Trauben, Krone 10–20 mm, blaulila, violett geadert, mit gelblichen Schlundwülsten, 2-lippig, Röhre am Grunde gespornt, Oberlippe 2-lappig, Unterlippe 3-lappig, April–Mai.
Früchte: 2-fächrige Kapseln.
Verbreitung: S- und O-Spanien, Balearen, Felsen und Mauern, kalkliebend.
Allgemeines: *C. villosum* (L.) Lange (S-Spanien, SW-Frankreich, NW-Afrika): Pflanze klebrig-drüsig, mit durchsichtigen. gelben Haaren, Blüten lila oder hellgelb mit violetten Adern, Schlundwulst gelb.

Digitalis lanata Ehrh.
Wolliger Fingerhut

Familie: Scrophulariaceae
Habitus: 2-jährig bis ausdauernd, 30–100 cm hoch, Stängel meist einfach, oft rötlich-purpurn, kahl oder fast kahl.
Blätter: Länglich-lanzettlich bis lanzettlich, kahl oder gelegentlich bewimpert.
Blüten: In sehr dichten Trauben, Achsen drüsig-zottig oder -samtig, Krone 2–3 cm lang, weiß oder gelblich weiß, mit braunen oder violetten Adern, Juni–Juli.
Früchte: 2-kammerige, vielsamige Kapseln.
Verbreitung: Balkan, S-Ungarn, S- und W-Rumänien, SW-Asien, Wälder, Gebüsche.
Allgemeines: *D. laevigata* Waldst. et Kit. (Balkanhalbinsel): Blüten gelb, rotbraun geadert; *D. obscura* L. (Spanien, NW-Afrika): halbstrauchig, Blätter linealisch-lanzettlich, Blüten rotbraun oder gelborange, innen dunkler gezeichnet; *D. ferruginea* L. (östl. Mittelmeergebiet, Italien): Blüten gelblich- oder rötlich braun, dunkel geadert, Blütenstandsachse kahl.

Blütenpflanzen

Linaria genistifolia (L.) Mill.
Ginsterblättriges Leinkraut

Familie: Scrophulariaceae
Habitus: Ausdauernd, kahl, Stängel 30–100 cm hoch, aufrecht, verzweigt.
Blätter: Linealisch bis eiförmig, 2–6 cm lang, spitz, stängelumfassend.
Blüten: In 10–20 cm langen Trauben, Krone 2-lippig, Oberlippe 2-, Unterlippe 3-lappig, 1,5–5 cm lang, gelb, Sporn 4–25 mm lang, Juli–August.
Früchte: 3–7 mm lange, kugelige Kapsel.
Verbreitung: Balkan, Rumänien, S-Italien, Mittelmeergebiet.
Allgemeines: *L. purpurea* (L.) Mill. (Mittel- und S-Italien, Sizilien): Blüten 9–12 mm, violettpurpurn, Sporn 5 mm, gebogen; *L. triphylla* (L.) Mill. (Mittelmeergebiet): Blüten 2–3 cm, cremeweiß, selten hellgelb oder violett, mit violettem, 8–11 mm langem Sporn und gelbem Gaumen; *L. aeruginea* (Gouan) Cav. (S- und O-Spanien, Portugal): Blüten meist gelb, Adern purpurbraun, Sporn 5–11 mm.

Parentucellia latifolia (L.) Caruel
Breitblättrige Parentucellie

Familie: Scrophulariaceae
Habitus: 1-jähriger, 5–20 cm hoher Halbschmarotzer, Stängel einfach, drüsig-klebrig, rötlich überlaufen.
Blätter: Gegenständig, eiförmig, mehr oder weniger tief gezähnt, gelappt.
Blüten: In dichten, beblätterten ährenartigen Ständen, Krone 1 cm lang, rötlich purpurn, Röhre weiß oder ganze Blüte weiß, Oberlippe ungeteilt, Unterlippe 3-teilig, länger als die obere, Kelchzipfel 1/2 so lang wie die Röhre, März–Juni.
Früchte: Kahle, längliche Kapseln.
Verbreitung: S-Europa bis NW-Frankreich, trockene Garigues, Äcker, Ruderalstellen.
Allgemeines: *P. viscosa* (L.) Caruel. (S- und W-Europa, nördl. bis SW-Schottland): 1-jährig, 10–70 cm hoch, Blätter länglich-lanzettlich, gekerbt-gesägt, Stängel hellgrün, Blüten 16–24 mm, gelb, selten weiß, Kelchblätter etwa so lang wie die Röhre, Kapseln behaart.

Scrophularia canina L.
Hunds-Braunwurz

Familie: Scrophulariaceae
Habitus: Ausdauernd, 20–60 cm hoch, sparrig verzweigt.
Blätter: 1–8 cm lang, die unteren fiederschnittig mit linealischen bis länglichen, meist gezähnten Abschnitten, die oberen ungeteilt, elliptisch-länglich.
Blüten: Zu (3–)5–11(–25) in Trugdolden, zu zylindrischen Ständen vereint, Tragblätter klein, Krone 4–5(–8) mm, dunkel purpurrot, Oberlippe 2-lappig, Unterlippe kurz, zurückgerollt, Mai–September.
Früchte: 4–5 mm lange Kapseln.
Verbreitung: S- und südl. Mitteleuropa, Mittelmeergebiet, Ödland, steinige Plätze.
Allgemeines: *S. sambucifolia* L. (Mittel- und S-Portugal, S-Spanien): Blätter 6–15 cm lang, fiederschnittig, Abschnitte eiförmig bis lanzettlich, einfach oder doppelt gekerbt-gesägt, Blüten 12–20 mm, in wenigblütigen Teilblütenständen, grünlich, die Oberlippe bräunlich rot.

Verbascum longifolium Ten.
Langblättrige Königskerze

Familie: Scrophulariaceae
Habitus: 2-jährige bis ausdauernde Pflanze, 0,5–1,5 m hoch, dicht mit gelblichem oder weißlichem, wolligem Filz überzogen.
Blätter: Zahlreich, dichtstehend, die unteren 45–60 cm lang, elliptisch-länglich bis eiförmig-lanzettlich, kurz gestielt, ganzrandig oder schwach gekerbt, die oberen kürzer, sitzend und stängelumfassend.
Blüten: In dicht verzweigten, langen, schmalen Ähren, Krone 5-lappig, goldgelb, 2,5–3,5 cm breit, Staubblätter 5, Staubfäden weiß, gelb oder hellviolett behaart, Juni–August.
Früchte: Kapseln 5–8 mm breit, ellipsoid.
Verbreitung: Balkanhalbinsel, Mittel- und S-Italien.
Allgemeines: *V. phoeniceum* L. (SO- und östliches M-Europa, W-Asien): Blüten 2–3,5 cm breit, dunkelviolett, bei subsp. *flavidum* (Boiss.) Bornm. (Mazedonien und weiter östlich) gelb.

Verbascum undulatum Lam.
Gewelltblättrige Königskerze

Familie: Scrophulariaceae
Habitus: 2-jährig bis ausdauernd, 30–120 cm hoch, Stängel meist einfach, weiß, grau oder gelblich filzig.
Blätter: Grundblätter 8–18 cm lang, verkehrt-länglich, stark gewellt, mehr oder weniger ganzrandig oder gebuchtet bis fiedrig gelappt, die Abschnitte sich fast überdeckend, Stiel 3–7 cm lang.
Blüten: Blütenstand locker, meist unverzweigt, Blüten in den Achseln 6–12 mm breiter, ei- bis deltaförmiger Tragblätter, Krone 2,5–5 cm breit, Staubfäden weiß behaart, April–Oktober.
Früchte: Vielsamige Kapseln.
Verbreitung: Südliche und westliche Balkanhalbinsel, trockene Ruderalstellen.
Allgemeines: *V. sinuatum* L.: Blätter der Grundrosette 15–35 cm lang, Blütenstand ästig, Blüten 1,5–3 cm breit, gelb, am Grunde rötlich gefleckt, Staubfäden violettwollig behaart.

Hyoscyamus albus L.
Weißes Bilsenkraut

Familie: Solanaceae
Habitus: 1- bis 2-jährig oder ausdauernd, 20–80 cm hoch, aufrecht, dicht abstehend drüsig-zottig behaart.
Blätter: 4–10 cm lang, rundlich-eiförmig, eingeschnitten gezähnt, Zähne rundlich, zerstreut drüsig-zottig.
Blüten: In ährenartigen Ständen, Krone 3 cm breit, röhrig-glockig, fast radiär, meist gelblich weiß, Schlund grün oder purpurn, März–September.
Früchte: Im Kelch eingeschlossene Kapseln.
Verbreitung: S-Europa, Ruderalstellen, Mauerfüße, Ruinen.
Allgemeines: *H. aureus* L. (östl. Mittelmeergebiet, Ägäis, Kreta, SW-Asien): Blätter gelappt, spitz, Rand gezähnt, Blüten goldgelb mit purpurnem Schlund; *H. niger* L. (fast ganz Europa): Blüten schmutziggelb, mit violetten Adern. Das Schwarze Bilsenkraut ist eine uralte Heil- und Giftpflanze.

Mandragora officinarum L.
Alraune

Familie: Solanaceae
Habitus: Ausdauernd, bis 30 cm hoch, Wurzel dick, fleischig, oft 2-teilig.
Blätter: In einer großen, dem Boden aufliegenden Rosette, eiförmig bis lanzettlich, ganzrandig, am Rand gewellt, Nerven anfangs zerstreut zottig behaart.
Blüten: 5-zählig, Krone glockig, bis 2,5 cm breit, grünlich weiß, Kronlappen schmal-3eckig, Kelchblätter kürzer als die Beere, Februar–Mai.
Früchte: Kugelige, gelbe Beeren.
Verbreitung: N-Italien, W-Jugoslawien, Kultur- und Brachland.
Allgemeines: Der Alraune hat man ihrer menschenähnlichen Wurzel wegen bis in unsere Tage medizinische und übernatürliche Kräfte zugeschrieben; dazu musste die Wurzel unter bestimmten rituellen Handlungen geborgen werden. *M. autumnalis* Bertol. (südl. Mittelmeergebiet): im Herbst blühend, Blüten 3–4 cm breit, violett.

Parietaria officinalis L.
Glaskraut

Familie: Urticaceae
Habitus: Ausdauernd, 30–100 cm hoch, aufrecht, einfach oder schwach verzweigt.
Blätter: Wechselständig, 3–12 cm lang, eiförmig-lanzettlich bis elliptisch, lang zugespitzt.
Blüten: Unscheinbar, 4-zählig, in achselständigen Büscheln, Kronblätter grün, Tragblätter am Grunde frei, kürzer als die Blütenhülle, Mai–Oktober.
Früchte: 1-samige Nüßchen.
Verbreitung: Mittel- und S-Europa, Ruderalstellen.
Allgemeines: *P. cretica* L. (Griechenland und Ägäis): Tragblätter auffällig, zur Fruchtzeit braun und verhärtet, eine 5teilige Hülle um den 3-blütigen Blütenstand bildend; *P. diffusa* Mert. et Koch (S- und W-Europa): Pflanze niederliegend oder aufsteigend, reich verzweigt, Blätter bis 5 cm lang, Tragblätter am Grunde verwachsen, kürzer als die Blütenhülle.

Urtica dubia Forsk.
Geschwänzte Brennnessel

Familie: Urticaceae
Habitus: 1-jährig, 15–80 cm hoch, mit Brennhaaren.
Blätter: Gegenständig, eiförmig, 2–6 cm lang, am Grunde oft schwach herzförmig, Rand eingeschnitten gesägt, Blattstiel fast so lang wie die Spreite, an jedem Knoten 2 kleine Nebenblätter.
Blüten: In eingeschlechtlichen, ährenartigen Ständen in den Blattachseln, die oberen Stände männlich, länger als der Blattstiel, aufrecht-abstehend, Blüten meist einseitswendig an einer aufgeblasenen Achse, weibliche Stände kürzer als der Blattstiel, ganzjährig blühend.
Früchte: 1-samige Nüsschen.
Verbreitung: Mittelmeergebiet, Portugal, Kanaren, feuchte, stickstoffreiche Plätze, besonders im Siedlungsbereich.
Allgemeines: *U. atrovirens* Req. ex Lois.: Pflanze ausdauernd, je Knoten mit 4 Nebenblättern.

Urtica pilulifera L.
Pillen-Brennnessel

Familie: Urticaceae
Habitus: 1- oder 2-jährig, 0,3–1 m hoch, mit Brennhaaren.
Blätter: Gegenständig, zugespitzt-eiförmig, am Grunde gestutzt bis herzförmig, Rand eingeschnitten gesägt, an jedem Knoten mit 4 Nebenblättern.
Blüten: Blütenstände eingeschlechtlich, auf gleicher Höhe in den Blattachseln, männliche verzweigt, rispig, weibliche in langgestielten, kugeligen Köpfchen, Blütenhülle der weiblichen Blüten 4-teilig, aufgeblasen, mit 2 kurzen äußeren und langen inneren Abschnitten, die dicht mit Borstenhaaren besetzt sind, April–Oktober.
Früchte: 1-samige Nüsschen.
Verbreitung: Mittelmeergebiet, W- und S-Europa, Deutschland, SW-Asien, N-Afrika, stickstoffreiche, feuchte Unkrautfluren.
Allgemeines: Wurde auch Römische oder Welsche Nessel genannt und früher der ölig-schleimigen Samen wegen kultiviert.

Centranthus ruber (L.) DC.
Rote Spornblume

Familie: Valerianaceae
Habitus: Ausdauernd, 30–80 cm hoch, blaugrün bereift, Stängel meist verzweigt.
Blätter: Gegenständig, 3–8 cm lang, eiförmig-lanzettlich, spitz, oft gezähnt.
Blüten: In dichten, end- und achselständigen Trugdolden, Krone rosarot, mit 7–10 mm langer, unten gespornter Röhre und ungleich 5-lappigem Saum, Sporn dünn, 5–7 mm lang, April–September.
Früchte: Achänen mit fedrigem Haarschopf.
Verbreitung: Mittelmeer, Portugal, Felsen und Mauern, oft als Zierpflanze in Kultur.
Allgemeines: *C. calcitrapae* (L.) Dufrense (S-Europa, Kleinasien, NW-Afrika, Kanaren): Pflanze 1-jährig, obere Blätter leierförmig-fiederspaltig, Krone rosa, Röhre 2–3 mm lang, am Grunde ausgesackt; *C. angustifolius* (Mill.) DC. (Frankreich, Italien, Schweiz, NW-Afrika): Blätter linealisch, Blüten rosa, Röhre 6–9 mm lang, Sporn 2–4 mm lang.

Fedia cornucopiae (L.) Gaertn.
Füllhorn-Fedie

Familie: Valerianaceae
Habitus: 1-jährig, 3–30 cm hoch, kahl, mehr oder weniger fleischig, meist verzweigt.
Blätter: Gegenständig, die unteren 2–15 cm lang, elliptisch bis spatelig, meist ganzrandig, obere sitzend, gezähnt.
Blüten: In endständigen, meist paarigen Köpfchen, Krone purpurn, 8–16 mm lang, mit 4 mm langer, gebogener, etwas bauchiger Röhre und 5 ungleichen Zipfeln, im Schlund rosa gezeichnet, Fruchtkelch ein ringförmiger, sich nicht vergrößernder Wulst, Februar–Juni.
Früchte: Nüsse, Frucht auf deutlich verdickten Stielen, meist breit-eiförmig, mit großen, sterilen Fächern.
Verbreitung: Mittelmeergebiet, S-Portugal, Brachland, Ruderalstellen.

Fagonia cretica L.
Kretische Fagonie

Familie: Zygophyllaceae
Habitus: Ausdauernd, 10–40 cm hoch, niederliegend, fast kahl, Stängel kantig.
Blätter: Gegenständig, gestielt, 3-teilig, Blättchen ledrig, lanzettlich, asymmetrisch, 5–15 mm lang, dornig bespitzt.
Blüten: Einzeln in den Blattachseln, 1–2 cm breit, Kronblätter 5, genagelt, rotviolett, Kelchblätter hinfällig, April–Juni.
Früchte: 5fächrige, scharfwinklige, an den Kanten gewimperte Kapseln.
Verbreitung: Südliches Mittelmeergebiet, O-Spanien, Balearen, Sizilien, Griechenland, Kreta, Zypern, trockene Garigues, Schutthalden, Olivenhaine, Wegränder.
Allgemeines: Zur gleichen Familie gehört auch *Zygophyllum album* L.: Pflanze niederliegend, spinnwebartig-graufilzig, Blätter fleischig, mit 4–8 Blättchen gefiedert, Blüten einzeln achselständig, Kronblätter 5, spatelig, oben weißlich, unten rotorange, Staubbeutel 10, weit herausragend.

Allium moly L.
Spanischer Lauch

Familie: Alliaceae
Habitus: Ausdauernd, Stängel 12–35 cm hoch, stielrund, Zwiebel bis 2,5 cm dick.
Blätter: Meist 2, 20–30 cm lang, linealisch-lanzettlich bis lanzettlich, kahl, blaugrün, unterseits gekielt.
Blüten: Blütendolden 4–7 cm breit, vielblütig, aufstrebend bis halbrund, Krone sternförmig, Kronzipfel 8–12 mm lang, gelb, außen mit einer grünlichen Linie, Griffel kürzer als die Kronzipfel, Staubfäden 5–6 mm lang, gelb, Mai–Juli.
Früchte: Von den bleibenden Kronzipfeln eingeschlossene Kapseln.
Verbreitung: Spanien, SW-Frankreich, schattige, steinige Bergwälder.
Allgemeines: *S. scorzonerifolium* Desf. ex DC. (W- und Z-Spanien, NW-Portugal): Blüten ebenfalls gelb und sternförmig, bis zu 15 in aufstrebenden Dolden, Blätter zu 1–3, 18–40 cm lang, oberseits gekielt, Zwiebel bis 1,5 cm dick.

Allium neapolitanum Cirillo
Neapolitanischer Lauch

Familie: Alliaceae
Habitus: Ausdauernd, 30–50 cm hoch, Stängel deutlich 3-kantig, äußere Hülle der Zwiebel häutig, nicht grubig.
Blätter: Zu 2–3 im unteren Teil des Stängels, 8–35 cm lang, breit-linealisch, unterseits gekielt.
Blüten: In vielblütigen, 5–8 cm breiten, halbkugeligen oder kugeligen Dolden, am Grunde mit einem ungeteilten, kurzen Hüllblatt, Blüten milchweiß, becher- oder sternförmig, Kronblätter 7–12 mm lang, März–Juni.
Früchte: 5 mm lange, häutige Kapsel.
Verbreitung: S-Europa, Portugal, Mittelmeergebiet, feucht-schattige Wälder, Ruderalstellen.
Allgemeines: *A. subhirsutum* L. (Mittelmeergebiet, Kanaren): Stängel stielrund, Blätter fast grundständig, Blütendolden 2–7 cm breit, Kronblätter 7–9 mm lang, weiß, sternförmig ausgebreitet.

Allium nigrum L.
Schwarzer Lauch

Familie: Alliaceae
Habitus: Ausdauernd, 40–100 cm hoch.
Blätter: Zu 3–6 grundständig, bis 50 cm lang, 8 cm breit, flach, dick, breit-lanzettlich, anfangs graugrün, später dunkelgrün am Rand etwas rau, Blattscheiden fehldend, oder nur unterirdisch.
Blüten: Auf einem kräftigen, runden Schaft in vielblütigen, 5–10 cm breiten, halbkugeligen bis fast kugeligen Dolden, die von einer zuletzt 2- bis 4-lappigen häutigen Hülle umgeben sind, Blüten auf 2,5–4,5 cm langen Stielen, Kronblätter 6–10 mm lang, schmal-länglich, sternförmig ausgebreitet, später zurückgeschlagen, rosaviolett oder weiß, mit grünlichem Mittelnerv, März–Mai.
Früchte: Häutige Kapsel.
Verbreitung: Gesamtes Mittelmeergebiet und auf den Kanarischen Inseln sowie in W-Asien, Äcker, Weinberge, Olivenhaine, Brachland.

Allium roseum L.
Rosen-Lauch

Familie: Alliaceae
Habitus: Ausdauernd, 10–60 cm hoch, Stängel stielrund, äußere Hülle der eiförmigen Zwiebel krustig, mit dichten, fast rundlichen Maschen durchlöchert, sehr formenreiche Art.
Blätter: Zu 2–4, bis 35 cm lang, ziemlich breit-linealisch, dabei 1 – 14 mm breit, nicht gekielt, lang zugespitzt, Rand oft fein gezähnelt.
Blüten: In bis 7 cm breiten, vielblütigen, halbkugeligen Dolden auf einem weitgehend stielrunden, unten beblätterten Schaft, die 5 – 30 Blüten meist rosa, selten weiß, glockig bis breit-becherförmig, 7–12 mm breit, nach der Blüte aufrecht, Hochblatthülle 1-blättrig, 3- bis 4-spaltig, März – Juni.
Früchte: 4 mm lange, häutige Kapseln.
Verbreitung: S-Europa, Mittelmeergebiet, Kleinasien, Olivenhaine, Sümpfe, feuchte Ruderalstellen, Brachland.

Allium triquetrum L.
Glöckchen-Lauch

Familie: Alliaceae
Habitus: Ausdauernd, 30–50 cm hoch, Stängel scharf 3-kantig, scharf nach Knoblauch riechend.
Blätter: Zu 2–3, gekielt, so lang wie der Stängel, mit kurzer, oberirdischer Scheide.
Blüten: Zu 3–15 in einer einseitswendigen Scheindolde, nickend, lang gestielt, Kronblätter weiß mit grünem Mittelnerv, 10–18 mm lang, glockig zusammengeneigt, Hochblatthülle 2-blättrig, Dezember–Mai.
Früchte: 6–7 mm lange, häutige Kapseln.
Verbreitung: Westliches Mittelmeergebiet, Portugal, feucht-schattige Wald- und Gebüschränder, Gräben, Flußufer.
Allgemeines: *A. pendulinum* Ten. (Korsika, Sardinien, Italien, Sizilien): Stängel 3-kantig, Blüten zu 2–9 in anfangs aufrechten, später hängenden Scheindolden, Kronblätter weiß, mit 3 grünen Nerven, sternförmig ausgebreitet.

Narcissus bulbocodium L.
Reifrock-Narzisse

Famile: Amaryllidaceae
Habitus: Ausdauernd, zur Blütezeit ohne Blätter.
Blätter: Zu 2–4(–7), bis 45 cm lang, meist aber viel kürzer, dunkelgrün.
Blüten: Hüllblätter linealisch bis schmal-3eckig, 6–15 mm lang, Nebenkrone sehr groß, schüsselförmig, 7–25 mm lang, hellgelb bis tief orangegelb, März–Mai.
Früchte: Kapseln.
Verbreitung: Spanien, Portugal, SW-Frankreich, Marokko, Algerien, Gebüsche, Steinfluren, Bergwiesen.
Allgemeines: Zur gleichen Gruppe gehören auch: *N. hedracanthus* (Webb. et Heldr.) Comeiro (SO- und SM-Spanien): Hüllblätter, länglich, 8–13 mm lang, Nebenkrone hellgelb, 10–15 mm lang, Blütezeit Winter bis Frühjahr. *N. cantabricus* DC. (S-Spanien): Hüllblätter 8–12 mm lang, linealisch-lanzettlich, Nebenkrone 12–18 mm lang, weiß.

Narcissus poeticus L.
Dichter-Narzisse

Familie: Amaryllidaceae
Habitus: Ausdauernd, 30–60 cm hoch.
Blätter: Zu 3–5, linealisch, flach, 20–40 cm lang.
Blüten: Duftend, meist einzeln, nickend, Röhre 2–3 cm lang, grünlich, Zipfel 6, weiß, ausgebreitet, 1,5–3 cm lang, Nebenkrone schüsselförmig, 1–3 mm lang, gelb, Rand rot und kraus, April–Juni.
Früchte: Kapseln.
Verbreitung: S-Europa, W-Balkan, Bergwiesen, sommergrüne Wälder, häufig als Zierpflanze in Kultur und stellenweise (weiter nördlich) eingebürgert.
Allgemeines: *N. serotinus* L. (Mittelmeergebiet): Blätter zu 1–2, zylindrisch, meist nur an nichtblühenden Zwiebeln, Blütenschaft dünn, Blüten duftend, meist einzeln, Röhre 12–20 mm lang, Kronblätter 6, frei, weiß, länglich-lanzettlich, weiß, Nebenkrone orange, 1 mm lang, Blütezeit September–November.

Zwiebel- und Knollenpflanzen

Narcissus tazetta L.
Tazette, Bukett-Narzisse

Familie: Amaryllidaceae
Habitus: Ausdauernd, 20–60 cm hoch, Blütenschaft kräftig, zusammengedrückt 2-kantig.
Blätter: Zu 3–6, blaugrün, linealisch, stumpf gekielt, 20–75 cm lang.
Blüten: Duftend, doldenartig zu (2–)3–15 zusammenstehend, auf überhängenden, ungleich langen Stielen, Röhre 12–18 mm lang, Zipfel 6, weiß, cremefarben oder gelb, 18–22 mm lang, breit-eiförmig, Nebenkrone schüsselförmig, 3–6 mm lang, gelb oder orange, Februar–Mai.
Früchte: Kapseln.
Verbreitung: Mittelmeergebiet, S-Portugal, Vorderasien, M-China bis Japan, Ufer, Sümpfe, Brachland, Wiesen, Weiden, häufig als Zierpflanze kultiviert und verwildert
Allgemeines: Bei der ähnlichen subsp. *papyraceus* (Ker. Gawl.) G. Nicholson (S-Frankreich bis Dalmatien) sind die Blüten reinweiß, Kronblätter 8–18 mm lang.

Pancratium maritimum L.
Pankrazlilie,
Dünen-Trichternarzisse

Familie: Amaryllidaceae
Habitus: Ausdauernd, 29–60 cm hoch, Zwiebel 5–7 cm breit.
Blätter: Zu 5–6, bis 75 cm lang, linealisch, gedreht, blaugrün.
Blüten: Duftend, zu 3–15 doldig gehäuft, Röhre 6–8 cm lang, Zipfel 3–5 cm lang, abstehend, linealisch-lanzettlich, Nebenkrone groß, trichterförmig, mit 12 3-eckigen Zähnen, Staubblätter herausragend, Blütenschaft kräftig, mit 2-lappigem, rotbraunem Hochblatt, Juni–September.
Früchte: Fast kugelige, schwach 3-kantige Kapseln.
Verbreitung: Mittelmeergebiet, Küstendünen.
Allgemeines: *P. illyricum* L. (Korsika, Sardinien, Capri, meeresnahe, felsige Stellen): Blüten 6–9 cm breit, Nebenkrone tief in 6 2-zähnige Lappen geteilt, Blütezeit Mai–Juli.

Sternbergia lutea (L.) Ker-Gawl. ex Spreng.
Herbst-Goldbecher

Familie: Amaryllidaceae
Habitus: Ausdauernd, 10–30 cm hoch, Zwiebel 1–4 cm dick, mit dunkelbraunen Hüllschuppen.
Blätter: Linealisch, 4–15 mm breit, ganzrandig oder undeutlich gezähnt, mit den Blüten erscheinend.
Blüten: Goldgelb, krokusähnlich, aufrecht auf 4–10 cm langem Schaft, in der Achsel eines röhrigen Tragblattes, Kronröhre kurz, die 6 Kronzipfel 3–4 cm lang, September–Oktober.
Früchte: Fleischige Kapseln.
Verbreitung: Mittelmeergebiet, SW- bis M-Asien, Garigues, Felsfluren, Weideland, häufig als Zierpflanze in Kultur.
Allgemeines: *S. colchiciflora* Waldst. et Kit. (zerstreut von Spanien bis Kleinasien): Blätter nach der Blüte erscheinend, Blütenschaft 1–2 cm lang, Kronröhre fast so lang wie die Kronzipfel.

Aphyllanthes monspeliensis L.
Binsenlilie

Familie: Aphyllanthaceae
Habitus: Ausdauernd, 10–35 cm hoch, horstig wachsend, mit zahlreichen, kahlen, binsenartigen, blaugrünen, gerippten, etwa 1 mm dicken Stängeln.
Blätter: Zu 3–8 mm langen, rötlich braunen Scheiden zurückgebildet, die am Grunde der Stängel sitzen.
Blüten: Zu 1–3 endständig, hellblau, Kronblätter 6, etwa 2 cm lang, verkehrtlanzettlich, mit einem dunklen Nerv, Blütenstand umgeben von 1–3 freien, 8–10 mm langen, häutigen Tragblättern, die einzelne Blüte mit 5 stumpfen, am Grunde verbundenen, kelchartigen Blättchen, April–Juni.
Früchte: Kapseln mit 3 schwarzen, runzeligen Samen.
Verbreitung: Westliches Mittelmeergebiet, östlich bis NW-Italien, Sardinien, Garigues, lichte Wälder; einzige Art dieser Gattung.

Asphodeline lutea (L.) Rchb.
Große Affodeline, Junkerlilie

Familie: Asphodelaceae
Habitus: Ausdauernd, 40–100 cm hoch, Stängel durchgehend beblättert.
Blätter: Schmal-linealisch, 8–35 cm lang, zugespitzt, im Querschnitt 3-eckig, am Grunde zu einer stängelumfassenden, häutigen Scheide erweitert.
Blüten: In einer dichten, 15–30 cm langen, einfachen, zur Fruchtzeit bis 50 cm langen Traube, die 6 Kronblätter goldgelb, länglich-lanzettlich, 2–2,5 cm lang, mehr oder weniger sternförmig ausgebreitet, April–Juni.
Früchte: Nahezu kugelige Kapseln.
Verbreitung: Östliches Mittelmeergebiet, westlich bis Italien, Garigues, Felsfluren, Waldlichtungen.
Allgemeines: *A. liburnica* (Scop.) Rchb. (östl. Mittelmeergebiet): Stängel 25–60 cm hoch, nur in der unteren Hälfte beblättert, Blütentrauben einfach oder mit 1–2 grundständigen Zweigen.

Asphodelus albus Mill.
Weißer Affodill

Familie: Asphodelaceae
Habitus: Ausdauernd, 0,5–1,2 m hoch, Wurzel rübenartig, ziemlich fleischig.
Blätter: Alle grundständig, bis 60 cm lang, schmal-linealisch, gekielt, ausgebreitet.
Blüten: In einfachen oder nur am Grunde verzweigten Trauben, Blütenblätter 6, zuletzt sternförmig ausgebreitet, 15–20 mm lang, weiß, mit grünem oder rotbraunem Mittelnerv, Tragblätter häutig, länger als die Blütenstiele, dunkelbraun, bei der subsp. *villarsii* (Verlot ex Billot) I. B. K. Richardson et Smythies dagegen weißlich-trockenhäutig, April–Juni.
Früchte: 1,5–2 cm dicke, kugelig-3-kantige Kapseln.
Verbreitung: S-Europa, S-Frankreich, Schweiz, Ungarn, Wiesen, Weiden, offene Wälder.
Allgemeines: Der Weiße Affodill ist in S-Europa eine beliebte Friedhofspflanze, er ist ein Symbol der Trauer.

Asphodelus aestivus Brot.
Kleinfrüchtiger Affodill

Familie: Asphodelaceae
Habitus: Ausdauernd, bis 2 m hoch, Wurzel spindelförmig verdickt, Stängel kräftig, markig.
Blätter: In grundständiger Rosette stehend, 25–45 cm lang, flach, etwas gekielt.
Blüten: Auf kräftigem, blattlosem Schaft in reich verzweigten, kegelförmigen Ständen, Blütenblätter 6, sternförmig ausgebreitet, 10–14 mm lang, weiß mit rotbraunem Mittelnerv, Tragblätter graugrün bis grünweiß, trockenhäutig, März–Juni.
Früchte: 5–8 mm dicke, verkehrt-eiförmige bis kugelige Kapseln.
Verbreitung: Mittelmeergebiet, Portugal, Garigues, Weiderasen, Brachland, oft ausgedehnte Bestände bildend.
Allgemeines: Ähnlich ist *A. ramosus* L. (SW-Europa bis SW-Griechenland): Blütenstand reich verzweigt, kegelförmig, Blütenblätter 10–14 mm lang, weiß mit rotbraunem Nerv.

Asphodelus fistulosus L.
Röhriger Affodill

Familie: Asphodelaceae
Habitus: Zierlich, 2-jährig bis kurzlebig ausdauernd, 15–70 cm hoch, Wurzeln meist faserig, nicht verdickt.
Blätter: Alle in einer grundständigen Rosette, halbstielrund, hohl, bis 35 cm lang, blaugrün, am Grunde mit häutigem Rand.
Blüten: Blütenstand locker, einfach oder nur wenig verzweigt, traubig, auf langem, glattem, hohlem Schaft, Tragblätter weißlich, häutig, die 6 Blütenblätter eiförmig-elliptisch, sternförmig ausgebreitet, 10–12 mm lang, weiß bis rosa, mit grünem oder rotbraunem Mittelnerv, März–Juni.
Früchte: Kapsel eiförmig bis fast kugelig, 4–5 mm breit.
Verbreitung: Im gesamten Mittelmeergebiet und auf den Kanarischen Inseln, Kulturland ebenso wie Ruderalstellen, Gräben, Wegränder.

Zwiebel- und Knollenpflanzen

Colchicum pusillum Sieb.
Winzige Herbst-Zeitlose

Familie: Colchicaceae
Habitus: Ausdauernd, 6–12 cm hoch, Zwiebelhüllen mit 1–6 cm langem Hals.
Blätter: Zur Blütezeit erscheinend, zu 3–8, linealisch, 8–14 cm lang.
Blüten: Zu 1–6, sich sternförmig öffnend, hell rosaviolett bis weiß, Zipfel 1–2 cm lang, Staubbeutel 1,5–3 mm lang, purpurlichschwarz, Oktober–November.
Früchte: 3 mm lange Kapseln.
Verbreitung: M- und S-Griechenland, Ägäis, Garigues, Lehmflächen, Kulturland.
Allgemeines: *C. bivonae* Guss. (östl. Mittelmeergebiet, westl. bis Sardinien): Blätter bis 25 cm lang, sich nach der Blüte entwickelnd, Blüten zu 1–6, Zipfel blass oder dunkel rosaviolett, deutlich schachbrettartig geadert, August–Oktober;
C. triphyllum Kunze (westl. und östl. Mittelmeergebiet): Blätter zur Blütezeit im Februar–Mai 3–4, später bis 15 cm lang, Blüten 1–4, purpurrosa, 15–30 mm lang.

Merendera sobolifera C. A. Mey.
Merendera

Familie: Colchicaceae
Habitus: Ausdauernd, 10–15 cm hoch, Zwiebelknolle 7–15 mm breit, mit unterirdischen Sprossen.
Blätter: 3, grundständig, bis 15 cm lang, schmal-lanzettlich, gefurcht, mit den Blüten erscheinend.
Blüten: Zu 1–2, weißlich lila, die 6 Hüllblätter 2–4 cm lang, mit langem, am Grund nicht verwachsenem Nagel und kurzer Spreite, Staubbeutel violett, März–April.
Früchte: 15–20 mm lange Kapseln.
Verbreitung: O- und Mittel-Balkan, O-Rumänien.
Allgemeines: Herbstblühende Arten sind: *M. attica* (Spruner ex Tom.) Boiss. et Spruner (S-Bulgarien, S-Griechenland), *M. filifolia* Camb. (SW-Europa) und *M. pyrenaica* (Pourr.) P. Fourn. (Iberische Halbinsel, Pyrenäen), im Frühjahr blüht *M. androcymbioides* Valdes (SW-Spanien).

Tamus communis L.
Gemeiner Schmerwurz

Familie: Dioscoreaceae
Habitus: Ausdauernd, linkswindend, 1–4 m hoch, mit großer, unterirdischer Knolle, Stängel gerillt.
Blätter: Wechselständig, glänzend dunkelgrün, tief herz-eiförmig (subsp. *communis*) oder spießförmig-3-lappig mit kreisrunden Seiten- und lanzettlichem Mittellappen (subsp. *cretica* (L.) Kit. Tan.), mit 3–9 gebogenen, verzweigten Nerven, Blattgrund verdickt, mit 2 kleinen Nebenblättern.
Blüten: 2-häusig, Blütenhülle 3–6 mm breit, 6-zählig, gelblich grün, die männlichen in reichblütigen Rispen, die weiblichen traubig in den Blattachseln, April–Mai.
Früchte: 10–15 mm dicke, rote, fleischige Beeren.
Verbreitung: W-, südl. M-, S, und SO-Europa, Vorderasien, Mittelmeergebiet, N-Afrika, Kanaren, Wälder, Macchien, Hecken, Olivenhaine, Mauern.

Bellevalia romana (L.) Rchb.
Römische Hyazinthe

Familie: Hyacinthaceae
Habitus: Ausdauernd, 20–50 cm hoch, kahl, Zwiebel mit häutiger Hülle.
Blätter: Alle grundständig, zu 3–6, linealisch-lanzettlich, 5–15 cm lang, 5–14 mm breit, länger als der Blütenstand.
Blüten: Zu 20–30 in einer Traube, Stiele aufrecht-abstehend, Blütenhülle weiß, aber am Grunde bläulich, 6–9 mm lang, April–Mai.
Früchte: 6–9 mm lange, 3-kantige Kapseln mit 3 vorstehenden Rippen.
Verbreitung: S-Frankreich, Italien, östlich bis Balkan, N-Afrika, Wiesen, Kulturland.
Allgemeines: *B. ciliata* (Cirillo) Nees (östl. Mittelmeergebiet, N-Afrika): Blätter kürzer als der Blütenstand, 15–30 mm breit, am Rand gewimpert, Blütenhülle 9–11mm; *B. trifoliata* (Ten.) Kunth (östl., mittl. Mittelmeergebiet): Blätter 15–25 mm breit, oft gewimpert, Blüten violett, 8–16 mm breit.

Zwiebel- und Knollenpflanzen

Muscari comosum (L.) Mill.
Schopfige Traubenhyazinthe

Familie: Hyacinthaceae
Habitus: Ausdauernd, 10–50 cm hoch.
Blätter: 3–5, alle grundständig, 7–40 cm lang, oft niedergebogen, linealisch, zur Spitze hin allmählich verschmälert, rinnig.
Blüten: In verlängerten, kegelförmigen bis zylindrischen, relativ lockeren Trauben, nur die unteren fruchtbar, olivbraun, 5–10 mm lang, locker und waagerecht abstehend, länglich-krugförmig, die oberen Blüten unfruchtbar, kleiner, einen Schopf bildend, leuchtend blau, auch die langen, bogig aufwärts gerichteten Stiele, April–Juni.
Früchte: 3-kantige, fast 3-flügelige, bis 15 mm lange Kapseln.
Verbreitung: Spanien, Frankreich, Mittel-Europa, S-Rußland, Mittelmeergebiet, Vorderasien, Brach- und Kulturland, Trockenrasen, Garigues.
Allgemeines: In Kultur auch Sorten mit nur unfruchtbaren Blüten.

Muscari neglectum Guss. ex Ten.
Übersehene Traubenhyazinthe

Familie: Hyacinthaceae
Habitus: Ausdauernd, 10–35 cm hoch.
Blätter: 3–6, alle grundständig, schmal-linealisch, rinnig, 6–40 cm lang, schlaff zurückgebogen.
Blüten: In kurzen, zylindrischen Trauben, untere fruchtbar, 3,5–7,5 mm lang, schwärzlich blau, die 6 zurückgekrümmten Zähne fast weiß, obere Blüten steril, kleiner und blasser, März–Mai.
Früchte: 8–10 mm lange Kapseln.
Verbreitung: Frankreich, SW- und Mittel-Europa bis Vorderasien, Mittelmeergebiet, N-Afrika, lichte Wälder, Garigues, Brachland.
Allgemeines: *M. commutatum* Guss. (östl. Mittelmeergebiet): Blätter aufsteigend-ausgebreitet, 10–30 cm lang, Blüten einfarbig schwarzblau, in dichten, nach der Blüte aufgelockerten Trauben; *M. parviflorum* Desf. (Mittelmeergebiet): Blüten hellblau, mit 6 dunklen Streifen.

Ornithogalum narbonense L.
Narbonne-Milchstern

Familie: Hyacinthaceae
Habitus: Ausdauernd, 40–60 cm hoch.
Blätter: Zu 4–6, grundständig, 8–16 mm breit, bis nach der Blüte bleibend.
Blüten: Duftlos, aufrecht, in länglichen Trauben, Kronblätter innen milchweiß, außen mit schmalen, zungenförmigen, grünen Streifen, Tragblätter länger als die Blütenknospen, April–Juni.
Früchte: Kapsel eiförmig, mit zahlreichen Samen.
Verbreitung: Mittelmeergebiet, Frankreich, SO-Europa, Kaukasus, Brachland, Ruderalstellen.
Allgemeines: *O. pyrenaicum* L. (W-, südl. M- und S-Europa, Kaukasus, Vorderasien): Blätter zur Blütezeit häufig schon verwelkt, Blütenstand lang-zylindrisch, Blüten schwach duftend, Kronblätter innen gelblich, außen grünlich mit dunklerem Mittelstreifen, Tragblätter kürzer als die Blütenstiele.

Ornithogalum umbellatum L.
Stern von Bethlehem

Familie: Hyacinthaceae
Habitus: Ausdauernd, 20–40 cm hoch.
Blätter: 6–9, linealisch, 2–5 mm breit, rinnig bis flach, mit weißem Mittelstreifen.
Blüten: In flachen, vielblütigen Trugdolden, Kronblätter sternförmig ausgebreitet, 5–22 mm lang, oben atlasweiß, unten grün, weiß gestreift, nur von 11 bis 15 Uhr geöffnet, Tragblätter kürzer als die Blütenstiele, April–Mai.
Früchte: Länglich-eiförmige Kapseln.
Verbreitung: Mittelmeergebiet, Kaukasus, Vorderasien, N-Afrika, Wiesen und Äcker.
Allgemeines: *O. montanum* Cirillo (östl. Mittelmeergebiet, westl. bis M-Italien, Sizilien): ähnlich, aber Blätter linealisch, flach, 8–20 mm breit, Mittelstreifen fehlend; *O. nutans* L. (SO-Europa, Vorderasien): Blätter 6–15 mm breit, mit weißem Mittelstreifen, Blüten nickend, glockig, weiß, am Rücken mit breitem, hellgrünem Streifen.

Scilla peruviana L.
Peru-Blaustern

Familie: Hyacinthaceae
Habitus: Ausdauernd, 20–50 cm hoch.
Blätter: Zahlreich, alle grundständig, lanzettlich, 40–60 cm lang, bis 6 cm breit.
Blüten: Zu 20–100 auf kurzem, kräftigem Schaft in dichten, breit-kegelförmigen bis halbkugeligen Trauben, die 6 Kronblätter 5–14 mm lang, blau bis violett oder weißlich, Tragblätter pfriemlich, 5–8 cm lang, März–Juni.
Früchte: Eiförmige, zugespitzte Kapseln.
Verbreitung: W-Mittelmeergebiet, M- und S-Portugal, Madeira, Weiderasen, Gebüsche, lichte Wälder.
Allgemeines: *S. hyazinthoides* L. (Mittelmeergebiet, Portugal): Blüten blauviolett, zu 40–150 in langen Trauben, Tragblätter nur 1,5 mm lang; *S. autumnalis* L. (SO-Europa, Mittelmeergebiet, NW-Afrika): Blätter linealisch bis fadenförmig, Blüten lila mit dunklerer Mittelrippe, zu 4–40 in Trauben, im August–September.

Urginea maritima (L.) Baker
Meerzwiebel

Familie: Hyacinthaceae
Habitus: Ausdauernd, 0,5–1,5 m hoch, Zwiebel 5–18 cm breit, oft aus dem Boden herausragend, innen rosarot bis rot.
Blätter: Graugrün, breit-lanzettlich, 17–50 cm lang, dem Boden angedrückt, zur Blütezeit vertrocknet.
Blüten: Blütenschaft blattlos, am Ende eine lange, dichte Traube mit mehr als 50 Blüten, Kronblätter 9–10,5 cm lang, sternförmig, weiß, mit purpurnem oder grünem Mittelnerv, Staubbeutel grünlich, August–Oktober.
Früchte: Kapseln.
Verbreitung: Mittelmeergebiet, Portugal, Kanaren, Sandküsten, Garigues, Brachland.
Allgemeines: Der sehr scharfe Saft der Zwiebeln, der auf der Haut blasenziehend wirkt, enthält neben verschiedenen Bitterstoffen auch das Herzglykosid Scillarin. *U. undulata* (Desf.) Steinh.: Blätter stark gewellt, Blüten rosa, in lockeren Trauben.

Gladiolus illyricus Koch
Illyrische Siegwurz

Familie: Iridaceae
Habitus: Ausdauernd, 20–60 cm hoch, Stängel beblättert.
Blätter: Lanzettlich, 10–40 cm lang, 4–10 mm breit.
Blüten: Zu 3–10 in lockeren, einseitswendigen Ähren über 2 Hochblättern, Röhre gebogen, 10–15 mm lang, Kronzipfel 6, rosarot, 2–4 cm lang, ungleich lang, Staubbeutel so lang oder kürzer als die Staubfäden, April–Juni.
Früchte: Kapseln, Samen geflügelt.
Verbreitung: S- und W-Europa, Kleinasien, Felsfluren, Macchien, lockere Wälder.
Allgemeines: *G. italicus* Mill.: Blüten hellrosa bis purpurrot, Staubbeutel länger als die Staubfäden, Samen nicht geflügelt, Blätter etwas breiter, das untere Hochblatt länger als die Blüte; *G. communis* L.: Pflanze bis 1 m hoch, Blätter bis 70 cm, Ähren häufig verzweigt, Blüten zu 10–20, rosa, rot oder purpurrot, Zipfel 3–4,5 cm.

Gynandriris sisyrinchium (L.) Parl.
Mittags-Schwertlilie

Familie: Iridaceae
Habitus: Ausdauernd, 5–50 cm hoch, Sproßknolle tief sitzend.
Blätter: Zu 1–2, grundständig, gerade oder gebogen, langscheidig, 10–50 cm lang, rinnig, trocken eingerollt.
Blüten: Hell- bis dunkelblau, lila oder purpurrosa, nur einen Nachmittag lang geöffnet, von den 6 Blütenblätter die 3 äußeren 2,5–4 cm lang, mit weißem oder gelbem Fleck, die 3 inneren aufrecht, etwas kürzer, Staubblätter und Griffeläste zu einer Säule verklebt, März–Mai.
Früchte: 2 cm lange Kapseln.
Verbreitung: Portugal, Mittelmeergebiet, SW-Asien bis Pakistan, Garigues, Brachland, Äcker, Ruderalstellen.
Allgemeines: *G. monophyla* Boiss. et Heldr. ex Klatt: Blüten klein, hell schieferblau, äußere Blütenblätter 10–16 mm, Blätter meist einzeln, 4–6 cm lang.

Zwiebel- und Knollenpflanzen

Hermodactylus tuberosus (L.) Mill.
Hermesfinger

Familie: Iridaceae
Habitus: Ausdauernd, 20–40 cm hoch, schwertlilienähnlich, Rhizom mit 2–4 fingerförmigen Knollen.
Blätter: 4-kantig, 1,5–3 mm breit, den dünnen Blütenschaft überragend.
Blüten: Duftend, einzeln, endständig gelbgrün, Blütenblätter 6, die 3 äußeren 4–5 cm lang, mit zurückgebogener, dunkel braunroter, nicht bärtiger Lippe, die 3 innerern kleiner, aufrecht, Griffeläste 3, blumenblattartig erweitert, mit 2 spitzen Lappen, Fruchtknoten 1-fächerig (bei *Iris* 3-fächerig), Tragblätter 1–2, krautig, lanzettlich, Februar–April.
Früchte: Ledrige Kapseln.
Verbreitung: Mittelmeergebiet, von SW-Frankreich bis Griechenland, Brachland, Felsfluren, Garigues, Olivenhaine, Ruderalstellen, darüber hinaus gelegentlich verwildert.

Iris lutescens Lam.
Gelbliche Schwertlilie

Familie: Iridaceae
Habitus: Ausdauernd, 5–35 cm hoch, Stängel unverzweigt.
Blätter: Bis 30 cm lang, bis 25 mm breit, den Winter überdauernd.
Blüten: Zu 1–2, violett, gelb, weißlich oder violett und gelb gescheckt, Kronblätter 5–7,5 cm lang und 2–4 cm breit, die äußeren zurückgebogen und mit einem Bart aus gelben, mehrzelligen Haaren, Kronröhre 2–5 cm lang, nicht ganz von dem häutigen Hochblatt umhüllt, März–Mai.
Früchte: 3-fächrige Kapseln.
Verbreitung: Italien, S-Frankreich, N-Spanien, Garigues, trockene Hänge.
Allgemeines: Ähnlich ist *I. pseudopumila* Tineo (W-Jugoslawien, SO-Italien, Sizilien): Blätter bis 15 mm breit, Blüten violett, ganz gelb oder nur die 3 äußeren, Hüllblätter violettbraun gefärbt, Hochblätter bis 12 cm lang, die Blütenröhre fast ganz umschließend.

Iris pallida Lam.
Blassblütige Schwertlilie

Familie: Iridaceae
Habitus: Ausdauernd, bis 1,2 m hoch, Stängel kräftig, im oberen Teil wenig und kurz verzweigt.
Blätter: 20–60 cm lang, bläulich grün mit silbrigem Schimmer.
Blüten: Duftend, groß. äußere und inere Kronblätter hell lavendelfarben, Mai–Juni.
Früchte: 3-fächrige Kapseln.
Verbreitung: N-Italien, W-Jugoslawien, häufig als Zierpflanze in Kultur.
Allgemeines: Die nach Veilchenöl riechenden Rhizome wurden früher als Hustenmittel und zur Aromatisierung von Tabak verwendet, außerdem zum Schnitzen von Schmuckgegenständen und Rosenkränzen. Das ätherische Öl diente zur Herstellung von Parfümen. Das gilt auch für *I. germanica* L. 'Florentina', die vor allem in N-Italien feldmäßig angebaut wurde: Blüten mittelgroß, reinweiß mit bläulichem Perlmuttschein.

Iris tingitana Boiss. et Reut.
Tanger-Schwertlilie

Familie: Iridaceae
Habitus: Bis 60 cm hoch, der unterirdische Teil eine Zwiebel mit glatter Haut, ohne fleischige Wurzel in der Ruhezeit.
Blätter: Schon im Herbst erscheinend, bis 50 cm lang, steif, am Grunde mit rotgefleckter Scheide, rinnig, in der Rinne silbergrau.
Blüten: Blau, äußere Kronblätter verkehrteiförmig, bis 7 cm lang, in der Mitte orangegelb, innere Kronblätter aufrecht, bis 10 cm lang, lanzettlich, mit welligem Rand, März – Mai.
Früchte: 3-fächrige Kapsel.
Verbreitung: Marokko, Algerien, S-Spanien.
Allgemeines: Zur Sektion Xiphium, den Zwiebeliris, gehört auch *I. xiphium* L. (S-Frankreich, Spanien, Portugal, S-Italien, Korsika, N-Afrika. Aus einer Kreuzung zwischen den beiden entstanden die *Iris* Hollandica-Hybriden.

Zwiebel- und Knollenpflanzen

Romulea bulbocodium (L.) Sebastini et Mauri
Scheinkrokus

Familie: Iridaceae
Habitus: Ausdauernd, 3–15 cm hoch, Stängel kurz, mit bis zu 5 Blättern.
Blätter: Grundblätter zu 2, 5–15 cm lang, fast rund, aufrecht oder dem Boden angedrückt.
Blüten: Krokusähnlich, je Schaft zu 1–6, gelb, weiß, lila oder violett, Schlund gelb oder orangefarbenen, Kronzipfel elliptisch-lanzettlich, spitz, 2–3,5 cm lang, Staubbeutel von den Narben überragt, Februar–April.
Früchte: Kapseln mit zahlreichen Samen.
Verbreitung: Mittelmeergebiet, Portugal, Spanien, S-Bulgarien, Garigues, Brachland, Lehmflächen.
Allgemeines: *R. columna* Sebastini et Mauri (Mittelmeergebiet, W-Europa): Schaft 1- bis 3-blütig, Blüten fast weiß, hell-lila oder hellviolett, mit dunkleren Nerven.

Lilium chalcedonicum L.
Griechische Lilie

Familie: Liliaceae
Habitus: Ausdauernd, 45–120 cm hoch, Stängel beblättert.
Blätter: Die unteren abstehend, bis 12 cm lang, lanzettlich bis verkehrt-eiförmig, obere angedrückt und wesentlich kleiner. Rand und Nerven unterseits behaart.
Blüten: Nickend, zu 7–12, Stiele gekrümmt, Kronblätter 6,5–7 cm lang, einfarbig, Staubbeutel gelb, Mai–Juni.
Früchte: Verkehrt-eiförmige Kapsel.
Verbreitung: S- und W-Griechenland, S-Albanien, felsige Gebirgswälder.
Allgemeines: *L. candidum* L. (östl. Mittelmeergebiet bis SW-Asien): Stängel purpurlich, Blätter zahlreich, spiralig angeordnet, untere verkehrt-lanzettlich, im Spätsommer erscheinend und überwinternd, Blüten zu 2–12 in Trauben, schneeweiß, Blütenblätter aufrecht oder abstehend, nur im oberen Drittel zurückgebogen, 5,5–8 cm lang.

Juncus acutus L.
Stechende Binse

Familie: Juncaceae
Habitus: Ausdauernd, 0,3–1,5 m hoch, dichte Horste bildend.
Blätter: Stielrund, steif, stechend.
Blüten: Stängel 2–5 mm dick, häufig vom untersten, stängelartigen, stark stechenden Tragblatt überragt, Blütenhüllblätter 6, etwa gleich lang, die 3 inneren breiter, an der Spitze mit häutigem Öhrchen, April–Juni.
Früchte: Kapseln 5–6 mm lang, über 2-mal so lang wie die Blütenhülle, eiförmig, an der Spitze kegelförmig, mit 80–120 Samen.
Verbreitung: Küsten am Mittelmeer, Atlantik bis Irland, Kanaren, Schwarzes und Kaspisches Meer, Sandküsten, Salz- und Süßwassersümpfe.
Allgemeines: Ähnlich ist *J. littoralis* C. A. Meyer (nördl. und östl. Mittelmeergebiet, Schwarzes und Kaspisches Meer): Blüten im Mai–Juli, dunkelbraun.

Juncus maritimus Lam.
Meerstrand-Binse

Familie: Juncaceae
Habitus: Ausdauernd, 0,3–1 m hoch, mit kurzen, kriechenden Erdsprossen rasenbildend, Stängel 1,5–2 mm breit.
Blätter: Am Grunde der Stängel 2–4 stielrunde, stechende Blätter, Nebenblätter dunkelbraun bis purpurn.
Blüten: In 2- bis 3-blütigen Köpfchen, die einen lockeren, verzweigten, verlängerten Blütenstand bilden, der meist vom untersten, stielrunden, stechenden Tragblatt überragt wird, die einzeln, 6-zähligen Blüten strohgelb, Vorblätter fehlend, die inneren Kronblätter an der Spitze ohne Öhrchen, etwas kürzer als die äußeren, Juni–September.
Früchte: 3-kantig-eiförmige, 2,5–3,5 mm lange Kapseln.
Verbreitung: Mittelmeergebiet, Kanarische Inseln, Küsten von W- und N-Europa, SW-Asien, Salzsümpfe, küstennahe Salzwiesen, selten auch im Binnenland.

Binsen

Stipa calamagrostis (L.) Wahlenb.

Alpen-Raugras, Raugras

Familie: Poaceae
Habitus: Ausdauernd, 0,6–1,2 m hoch, horstig oder dichtrasig wachsend, Halme strahlig, steif.
Blätter: Blaugrün, 2–3 cm breit, in eine lange, dünne Spitze auslaufend, trocken eingerollt, Scheide glatt, kahl oder am Rand bewimpert, Ligula klein.
Blüten: In bis zu 30 cm langen, schlanken, lockeren, vielästigen, haltbaren, ausgebreiteten bis übergeneigten Rispen, Ährchen 6–9 mm lang, glänzend, oft purpurn überlaufen, Hüllspelzen lanzettlich, spitz, kahl oder kurz behaart, häutig, 3-nervig, Deckspelzen 3–4 mm, ledrig, auf dem Rücken mit bis 4 mm langen, abstehenden Haaren, Grannen bis 10 cm lang, gerade oder gebogen, Juni–Juli.
Verbreitung: S- und südliches Mittel-Europa, steinige und felsige Plätze, kalkliebend, meist im Gebirge.

Ammophila arenaria (L.) Link

Strandhafer, Helmkraut

Familie: Poaceae
Habitus: Ausdauernd, 0,5–1,2 m hoch, dichte Horste bildend, mit kräftigen, weit kriechenden Rhizomen.
Blätter: Bis 5 mm breit, eingerollt, steif, stechend, graugrün, oberseits auf den Rippen fein behaart, Ligula (Blatthäutchen) 1–3 cm lang, an der Spitze mehr oder weniger tief gespalten.
Blüten: In 7–25 cm langen, aufrechten, dichten, zusammengezogenen, ährenähnlichen, bleichen Rispen, Ährchen 1-blütig, 10–16 mm lang, ohne Grannen, Hüllspelzen gekielt, schmal-lanzettlich, ausdauernd, etwa gleich lang wie die Deckspelzen, diese am Grunde mit dünnen, weißen, 4–6 mm langen Haaren, Mai–August.
Verbreitung: Mittelmeergebiet, W-, Mittel- und N-Europa, Strände, meeresnahe Sanddünen, gelegentlich zur Dünenbefestigung angepflanzt.

Aegilops geniculata Roth
Geknieter Walch

Familie: Poaceae
Habitus: 1-jährig, mit zahlreichen Halmen bogig aufsteigend, 10–40 cm hoch.
Blätter: Spreite klein, schmal, flach, behaart oder kahl, Scheide etwas aufgeblasen, Blattöhrchen gewimpert.
Blüten: Ähre ohne Grannen 1–2 cm lang, eiförmig, am Grunde 1 oder 2 verkümmerte Ährchen, an einer flachen, breiten Spindel meist 2 fruchtbare und darüber 1 endständiges, unfruchtbares Ährchen, die 2 Hüllspelzen gleich, ledrig, rau, am Rücken bauchig und grün gestreift, mit 3–4(–5) borstigen, 15–25 mm langen Grannen, Grannen der Deckspelze etwa ebenso lang, April–Juni.
Verbreitung: S-Europa, Mittelmeergebiet, Garigues, offene, trockene Grasfluren, Brachland, Ruderalstellen.
Allgemeines: Zahlreiche weitere 1-jährige Arten der Gattung kommen im Mittelmeergebiet vor.

Arundo donax L.
Pfahlrohr, Riesenschilf

Familie: Poaceae
Habitus: Ausdauernd, 2–6 m hoch, weit kriechend, Halme 2–8 cm dick, holzig, überwinternd, im 2. Jahr blühend.
Blätter: Bis 60 cm lang, 2–8 cm breit, flach, graugrün, am Rand rau.
Blüten: In 30–60 cm langen, dichten, silbrig glänzenden Rispen, Ährchen mit 2–4 meist violett überlaufenden Blüten, Hüllspelzen häutig, kahl, Deckspelzen 2-spitzig, August–Dezember.
Verbreitung: Heimisch vermutlich im Orient, im ganzen Mittelmeergebiet, östlich bis Syrien und Transkaukasien, auf den Kanaren und Azoren angepflanzt und eingebürgert, Hecken, Gräben, feuchte Plätze, Flußufer. In den südlichen USA (Arkansas, Texas bis S-Kalifornien) und im tropischen Amerika eingebürgert.
Allgemeines: Das Pfahlrohr wird seit dem Altertum kultiviert. Die verholzten Halme werden sehr vielseitig verwendet.

Briza maxima L.
Großes Zittergras

Familie: Poaceae
Habitus: 1-jährig, 10–60 cm hoch, in lockeren Horsten oder Halme einzeln.
Blätter: Spreite 5–20 cm lang, flach, dünn, Rand fein rau, Scheide glatt, Blatthäutchen 2–5 mm lang
Blüten: In lockeren, nickenden Rispen aus 1–12 14–25 mm langen, 7- bis 20-blütigen Ährchen, Deckspelzen oft rötlich braun, ohne Grannen, fast waagerecht von der Ährenachse abstehend, April–Juni.
Verbreitung: S-Europa, Mittelmeergebiet, Kanaren, Garigues, Brachland, Weiden, Ruderalstellen, auch als Zierpflanze.
Allgemeines: *Briza minor* L. (S- und W-Europa, Mittelmeergebiet, feuchte Grasfluren und Ruderalstellen, Sümpfe, Auwälder): bis 80 cm hoch, Rispen locker aufrecht, mit zahlreichen ausgebreiteten Ästen, Ährchen 3–8 mm lang, 4- bis 8-blütig, meist hellgrün und zahlreich, Blütezeit April–Juni.

Bromus tectorum L.
Dach-Trespe

Familie: Poaceae
Habitus: 1-jährig, 5–60 cm hoch, aufrecht, kahl oder schwach behaart.
Blätter: 4–16 cm lang, 2–4 mm breit, weich behaart.
Blüten: Rispe 5–15 cm lang, mit mehr oder weniger langen, meist einseitswendig herabhängenden, fein kurzhaarigen oder schwach rauen Ästen mit 8–12 Ährchen, Deckspelzen 9–13 mm lang, schwach 7-nervig, Granne 10–18 mm lang, April–Juli.
Verbreitung: Europa, Mittelmeergebiet, N-Afrika, Kanaren, Vorderasien, sandige Ruderalstellen, montane Garigues, Igelpolsterheiden.
Allgemeines: *B. macrostachys* Desf. (S-Europa, Mittelmeergebiet bis O-Asien, Brachland, Ruderalstellen): Rispe mit kräftigen, meist starren Ästen und Ährchenstielen, Deckspelzen 12–20 mm lang, an der Spitze mit breit 3-eckigen Zähnen.

Elymus farctus (Viv.) Runemark ex Melderis
Strandquecke

Familie: Poaceae
Habitus: Ausdauernd, 30–80 cm hoch, mit langen, kriechenden Rhizomen.
Blätter: Blaugrün, steif, bis 5 mm breit, mehr oder weniger stark eingerollt, oberseits auf den dicken Blattnerven dicht samtig behaart.
Blüten: In 15–35 cm langen Ähren auf ziemlich dicken, starren Stängeln, Ährchen zu 8–12, etwas entfernt 2-zeilig stehend, der kahlen, zur Reife mehr oder weniger zerbrechlichen Achse angedrückt, 10–25 mm lang, meist 5- bis 9-blütig, Hüllspelzen 6- bis 12-nervig, alle Spelzen stumpf, ohne Grannen, Juni–August.
Verbreitung: Küsten von Europa, dem Mittelmeergebiet, N-Afrika und Kleinasien, meeresnahe Dünen und Felsen.

Hyparrhenia hirta (L.) Stapf
Behaartes Bartgras

Familie: Poaceae
Habitus: Ausdauernd, 0,4–1,2 m hoch, horstförmig wachsend, Halme aufrecht, häufig verzweigt.
Blätter: Graugrün, 2–4 mm breit, Ligula kurz, bewimpert.
Blüten: Der bis 30 cm lange Blütenstand aus 2–10 Paar 2–4 cm langer, am Grunde von Blattscheiden umhüllter Ähren zusammengesetzt, jede Ähre mit 4–7 gepaarten, seidig behaarten Ährchen, ein Ährchen sitzend, 4–6,5 mm lang, mit 1–3,5 cm langer, im unteren Teil weißzottig behaarter Granne, das andere Ährchen gestielt, zottig behaart, ohne Granne, April–September.
Verbreitung: Mittelmeergebiet, Portugal, trockene Grasfluren, Garigues, Brachland.
Allgemeines: Nahe verwandt ist *Andropogon distachyos* L.: Rasen bildend, 0,2–1 m hoch, Stängel einfach, Blütenstand 2-fingrig, Ähren 4–14 cm lang.

Lagurus ovatus L.
Hasenschwänzchen

Familie: Poaceae
Habitus: 1-jährig, 5–60 cm hoch, aufrecht oder aufsteigend.
Blätter: 2–10 mm breit, flach, graugrün, samtig behaart, Scheiden locker, die oberen etwas aufgeblasen, Blatthäutchen etwa 3 mm, häutig, stumpf oder gestutzt, mehr oder weniger gefranst, behaart.
Blüten: In weich behaarten, aufrechten, kugeligen, eiförmigen oder kurz-zylindrischen 1–7 cm langen Ährenrispen, mit einzelnen herausragenden Grannen, Ährchen 1-blütig, sehr kurz gestielt, 7–9 mm lang, Hüllspelzen am Rücken zottig, mit kurzer Granne, Deckspelze in 2 Borsten verschmälert, auf ihrem Rücken eine 8–18 mm lange, gekielte Granne, April–Juni.
Verbreitung: Mittelmeergebiet, Kanaren, Sandküsten, Garigues, sandig-trockenes Brachland, auch als Zierpflanze in Kultur und oft in Trockensträußen verarbeitet.

Lamarckia aurea (L.) Moench
Goldgras

Familie: Poaceae
Habitus: 1-jährig, 5–25 cm hoch, Halme aufrecht oder aufsteigend.
Blätter: 2–6 mm breit, blassgrün, flach, weich, Ligula 5–10 mm lang, oberste Blattscheiden mehr oder weniger aufgeblasen.
Blüten: Ährenrispe einseitswendig, länglich-oval, 3–9 cm lang, anfangs grünlich, später hell goldgelb, Zweige hängend, mit 1–2 fruchtbaren und 2–4 unfruchtbaren Ährchen, die fruchtbaren Ährchen 3,5–4 mm lang, mit einer zwittrigen und einer unfruchtbaren Blüte und 6–10 mm lang begrannten Spelzen, die unfruchtbaren Ährchen 6–9 mm lang, 8- bis 12-blütig, ohne Grannen, April–Mai.
Verbreitung: Kanaren, Mittelmeergebiet, Portugal, Abessinien, Sandböden, Felsen Brachland, Olivenhaine, Mauern.

Lygeum spartum Loefl. ex. L.
Esparto-Gras

Familie: Poaceae
Habitus: Ausdauernd, Horste bildend, oft in großen Beständen auftretend, 20–80 cm hoch.
Blätter: Sehr zäh, binsenförmig eingerollt, am Ende sichelförmig gekrümmt, bis 1,5 mm breit, Blatthäutchen ca. 7 mm breit.
Blüten: In 2-blütigen Ähren, Hüllspelzen fehlen, Ähren aber von einem auffälligen, weißen bis hellgelben, spitz-eiförmigen, 3–4(–9) cm langen, scheidenförmigen Hochblatt umgeben, die etwa 2 cm langen Deckspelzen in der unteren Hälfte zu einer Röhre verwachsen und lange, abstehende, seidige Haare tragend, die obere Hälfte frei und kahl, Ährchen zur Reife als Ganzes abfallend, März–Mai.
Verbreitung: Südliches Mittelmeergebiet, Spanien, Sardinien, S-Italien, Kreta, Steppenrasen, vorwiegend auf tonigen und salzhaltigen Böden.
Verwendung: siehe *Stipa tenacissima*.

Melica minuta L.
Mittelmeer-Perlgras

Familie: Poaceae
Habitus: Ausdauernd, 0,1–1,2 m hoch, aufrecht, in lockeren Horsten, mehr oder weniger graugrün.
Blätter: Eingerollt bis 4 mm breit oder flach und bis 8 mm breit, kahl oder oberseits spärlich behaart, Blatthäutchen bis 5 mm lang, zerschlitzt oder gestutzt.
Blüten: Rispe sehr locker, meist verzweigt, kegelförmig, 5–20 cm lang, Äste oft waagerecht abstehend, Ährchen eiförmig, 5–9 mm lang, abstehend bis nickend, kahl und ohne Grannen, oberhalb von 2 fruchtbaren Blüten 2–3 verkümmerte Blüten, die keulenförmig verwachsen sind, Hüllspelzen häutig, oft braunviolett, die oberen größer, Deckspelzen deutlich 9- bis 11-nervig, mit häutiger Spitze, April–Juni.
Verbreitung: Mittelmeergebiet, lichte Wälder, Macchien, Felsfluren, Felsspalten, oft im Schutz von Dornsträuchern.

Phalaris canariensis L.
Kanariengras

Familie: Poaceae
Habitus: 1-jährig, 0,2–1,2 m hoch, Halme steif, meist verzweigt, beblättert.
Blätter: Bis 20 cm lang, lang zugespitzt, scharf, Blattscheiden fast aufgeblasen.
Blüten: Ährenrispen 2–5 cm lang, dicht, eiförmig oder länglich, Ährchen 7–9, zusammengedrückt, die beiden Hüllspelzen halb-eirund, nahe dem Rand 1-nervig, weißlich, oben entlang dem grünen Kiel mit einem ganzrandigen, höckerigen, an beiden Enden verschmälertem Flügel, das zwittrige Blütchen zottig behaart, die beiden unfruchtbaren Blüten sehr klein, lanzettlich, April–Juli.
Verbreitung: Makronesien, NW-Afrika, westliches Mittelmeergebiet, in offenen, trockenen Habitaten, darüber hinaus eingebürgert.
Allgemeines: Wird in S-Europa stellenweise zur Gewinnung von Vogelfutter angebaut.

Stipa barbata Desf.
Reiher-Federgras

Familie: Poaceae
Habitus: Ausdauernd, 30–70 cm hoch, horstartig wachsend.
Blätter: Lang, schmal, graugrün, Ränder oft eingerollt, oberseits dicht flaumhaarig, unterseits kahl, Scheidenmündung kahl oder zuweilen flaumhaarig, Blatthäutchen 0,5–1,2 mm lang, bewimpert.
Blüten: Rispe schmal, mit zahlreichen, 1-blütigen, zwittrigen, schmalen Ährchen, Hüllspelzen linealisch-lanzettlich, Deckspelzen 10–13,5 mm lang, kahl, bis auf einen Haarring an der Basis der 14,5–19 mm langen Granne, Juni–Juli.
Verbreitung: S- und M-Spanien, S-Italien, Sizilien, trockene Plätze, kalkliebend.
Allgemeines: *Stipa capensis* Thunb. (Mittelmeergebiet, Kanaren, W-Asien): kurzlebiges, niedriges, Rasen bildendes Federgras mit feinen, eingerollten Blättern, das in Grasfluren, Weideland und Garigues vorkommt.

Stipa tenacissima L.
Halfagras

Familie: Poaceae
Habitus: Ausdauernd, 0,6–1,5 m hoch, große Horste bildend.
Blätter: Sehr zäh, während der Vegetationszeit entfaltet und grün, sonst eingerollt und graugelb, Oberfläche stark gerippt und fein behaart.
Blüten: Die 25–35 cm lange Rispe dicht mit 1-blütigen Ährchen bedeckt, Hüllspelzen häutig, 2,5–3 cm lang, lang zugespitzt, Deckspelzen häutig, an der Spitze tief 2-spaltig, etwa 1 cm lang, mit 4–6 langen Grannen.
Verbreitung: W-Mittelmeergebiet, NW-Afrika, oft bestandsbildend in Steppen, Weideland und Kiefernwäldern.
Allgemeines: Halfagras und Esparto (siehe Seite 271) liefern Espartostroh und -faser, die bis in die jüngste Vergangenheit in großem Umfang zu Flechtwerk und zur Herstellung von hochwertigem Papier verwendet wurden.

Cyperus capitatus Vand.
Dünen-Zyperngras

Familie: Cyperaceae
Habitus: Ausdauernd, 10–50 cm hoch, mit langen, schuppenbesetzten Erdsprossen kriechend, Stängel einzeln, stielrund, gerillt.
Blätter: Rinnig, steif, graugrün, 1–6 mm breit.
Blüten: Zu 4–12 dichtstehend in Ähren, die einen endständigen, 1,5–3 cm breiten, kopfigen Blütenstand bilden, Hüllblätter auffällig, meist 3, am Grunde verbreitert, bis 15 cm lang, oberseits rinnig, bogig abwärts gekrümmt, Spelzen breit-lanzettlich, rotbraun, mit 1–3 mm langer, starrer Stachelspitze, April–Juni.
Früchte: Länglich-ellipsoid, 3-kantig, gelb bis graubraun, kürzer als die Spelzen.
Verbreitung: Mittelmeergebiet, Kanaren, Portugal, Sandküsten, meeresnahe Dünen.
Allgemeines: Die Papyrusstaude, *C. papyrus* L., kommt in Europa ausschließlich bei Syrakus auf Sizilien vor.

Gräser 273

Aceras anthropophorum
(L.) R. Br. ex W. T. Aiton
Puppen-Orchis, Ohndorn

Familie: Orchidaceae
Habitus: 10–40 cm hoch.
Blätter: Zu 5–10, untere länglich-lanzettlich, eine lockere Rosette bildend, obere scheidig, den Stängel umfassend.
Blüten: Grünlich gelb, oft mit rotbraunen Rändern und Streifen, zusammen in dichten, 5–20 cm langen Ständen, die 5 oberen Blütenblätter einen halbkugeligen Helm bildend, Lippe 10–15 mm, 3-teilig, Mittellappen 2-zipfelig, die Seitenlappen schmal, Sporn fehlend, April–Juni.
Verbreitung: W-, Mittel- und S-Europa, N-Afrika, Mittelmeergebiet, Grasfluren, Garigues, Macchien, lichte Wälder.

Anacamptis pyramidalis
(L.) Rich.
Pyramiden-Orchis

Familie: Orchidaceae
Habitus: 20–80 cm hoch.
Blätter: Zu 4–10, untere lineal-lanzettlich, obere schuppenförmig.
Blüten: Rosa oder weiß, seltener hell bis dunkel purpurrosa, in bis 10 cm langen, kegel- bis eiförmigen, später länglichen Ständen, Lippe 6–9 mm lang, tief 3-lappig, Sporn 10–15 mm lang, 5 mm dick, abwärtsgebogen, März–April.
Verbreitung: Europa, Mittelmeergebiet, N-Afrika, lichte Wälder, Garigues, Brachland, Olivenhaine.

Dactylorhiza sambucina
(L.) Soó
Holunder-Knabenkraut

Familie: Orchidaceae
Habitus: 10–30 cm hoch, Stängel hohl.
Blätter: Zu 4–7 rosettig genähert oder am Stängel verteilt, lanzettlich, 5–12 cm lang.
Blüten: Gelb oder rot, in dichten, eiförmigen, reichblütigen Ständen, Lippe 7,5–11 mm breit, meist schwach, selten tief 3-lappig, Sporn 10–15 mm lang, abwärts gebogen, 3 mm dick, nach Holunder duftend, April–Juni.
Verbreitung: Europa, Kaukasus, Vorderasien, lichte Wälder, Magerrasen.

Limodorum abortivum
(L.) Sw.
Violetter Dingel

Familie: Orchidaceae
Habitus: 30–80 cm hoch, kräftig, dunkelblau bis violett, kaum mit Blattgrün.
Blätter: Scheidig, schuppenförmig.
Blüten: Purpurviolett, zu 4–25 in lockeren Ständen, Lippe 14–22 mm, Vorderglied eiförmig, in der Mitte hell violett bis gelblich, dunkler geadert, Sporn 14–25 mm, abwärts gerichtet, April–Mai.
Verbreitung: Mittel- und S-Europa, Mittelmeergebiet, SW-Asien, N-Afrika, lichte Kiefern- und Kastanienwälder, Macchien, Garigues, kalkmeidend.

Neotinea maculata (Desf.) Stearn
Gefleckte Waldwurz

Familie: Orchidaceae
Habitus: 8–24(–40) cm hoch.
Blätter: Zu 3–6, untere rosettig genähert, länglich, 3–12 cm lang, blaugrün, meist reihenförmig gefleckt.
Blüten: Schmutzigrosa bis gelblich oder grünlich weiß, in dichten, vielblütigen 2–6 cm langen Ähren, Kelch- und seitliche Kronblätter helmförmig zusammengeneigt, Lippe 3-lappig, 3–5 mm, meist rötlich gefleckt, Mittellappen 3-zähnig, Sporn stumpf, 1–2 mm, März–Mai.
Verbreitung: Mittelmeergebiet, Kanaren, in lichten Kiefernwäldern, Macchien, Rasen.

Aceras anthropophorum

Anacamptis pyramidalis

Neotinea maculata

Dactylorhiza sambucina

Limodorum abortivum

Orchideen 275

Ophrys apifera Hud.
Bienen-Ragwurz

Familie: Orchidaceae
Habitus: 20–70 cm hoch.
Blätter: Zu 2–4 in einer Grundrosette, lanzettlich, 3–8 cm lang, darüber 4–7.
Blüten: Äußere Hüllblätter ziemlich groß, dunkelrosa oder weißlich, Lippe 10–12 mm, breit-eiförmig, 3-lappig, stark gewölbt, Mittellappen meist mit langem, zurückgeschlagenem Anhängsel, das schildförmige Mal auf bräunlichem Grund violett oder rötlich braun, gelblich gerandet oder gefleckt, März–Juni.
Verbreitung: S-, W- und Mitte-Europa, Mittelmeergebiet, Kaukasus, N-Afrika, lichte Laub- und Nadelwälder, Magerrasen.

Ophrys bertolonii A. Moretti
Bertolonis Ragwurz

Familie: Orchidaceae
Habitus: 15–35 cm hoch.
Blätter: Basalblätter lanzettlich, spitz.
Blüten: Zu 3–8 in Ähren, äußere Hüllblätter hell bis dunkel rosaviolett, manchmal weißlich, abstehend bis zurückgeschlagen, Lippe 12–18 mm, ungeteilt oder selten 3-lappig, sattelförmig aufgebogen, schwarzpurpurn, dicht behaart, vorne mit aufgebogenem, gelblichen Anhängsel, März–Juni.
Verbreitung: Appenin- bis Balkanhalbinsel, lichte Wälder und Gebüsche, Garigues, Magerrasen.

Ophrys fusca Link
Braune Ragwurz

Familie: Orchidaceae
Habitus: Sehr vielgestaltig, 10–40 cm hoch.
Blätter: Basalblätter länglich-lanzettlich, stumpf, mit aufgesetzter Spitze.
Blüten: Zu 1–9 in lockeren Ähren, äußere Hüllblätter sehr breit, gelblich grün, das obere vorgeneigt, Lippe länglich, 13–22 mm, 3-lappig, dunkelbraun bis schwarzviolett, mit schmalem, gelben Saum, samtig behaart, Mal 2-geteilt, leuchtend stahlblau, März–Mai.
Verbreitung: Mittelmeergebiet, Mittel- und S-Portugal, in lichten Wäldern, Garigues, Rasen.

Ophrys holoserica
(Burm. f.) Greuter
Hummel-Ragwurz

Familie: Orchidaceae
Habitus: 15–55 cm hoch.
Blätter: Grundblätter eiförmig-länglich, stumpf, Stängelblätter schmaler.
Blüten: Zu 2–6(–14) in lockeren Ähren, äußere Hüllblätter breit, rosa oder weißlich, abstehend bis zurückgeschlagen, Lippe 9–13, eiförmig-länglich, stumpf, braun oder dunkel bräunlich purpurn, Mal sehr veränderlich, über die Lippe verteilt, am Grunde mit Höckern, Anhängsel gelblich grün, aufwärts gerichtet, April–Mai.
Verbreitung: S-, W- und Mittel-Europa, Mittelmeergebiet.

Ophrys lutea (Gouan) Cav.
Gelbe Ragwurz

Familie: Orchidaceae
Habitus: 7–30 cm hoch.
Blätter: Die 3–6 Basalblätter eiförmig, spitz, 3–9 cm lang.
Blüten: Zu 2–7 in lockeren Ständen, äußere Hüllblätter grün oder gelblich, das obere vorgeneigt, Lippe papillös, rundlich bis länglich, 9–18 mm, 3-lappig, im Mittelteil dunkelbraun bis schwärzlich purpurn, Mal graublau, dunkler punktiert-marmoriert, der 3 mm breite Rand kahl, gelb, Februar–Juni.
Verbreitung: Mittelmeerregion, Mittel- und S-Portugal, meist auf kalkhaltigen Böden.

Ophrys apifera

Ophrys fusca

Ophrys lutea

Ophrys holoserica

Ophrys bertolonii

Ophrys scolopax Cav.
Schnepfen-Ragwurz

Familie: Orchidaceae
Habitus: 10–65 cm hoch.
Blätter: Grundblätter 3–7, eiförmig-lanzettlich, 5–12 cm lang.
Blüten: Zu 3–12, äußere Hüllblätter abstehend, rot oder violett, selten weiß oder grün, Lippe 6–10 mm, eiförmig oder länglich, 3-lappig, bräunlich oder schwärzlich purpurn, Seitenlappen in ein bis 12 mm langes Horn ausgezogen, Mittellappen oval, gewölbt, mit gelbgrünem Anhängsel, Mal aus bräunlichen oder bläulichen, weißlich berandeten Flecken, März–Juni.
Verbreitung: S-Europa.

Ophrys speculum Link
Spiegel-Ragwurz

Familie: Orchidaceae
Habitus: Bis 35 cm hoch.
Blätter: Länglich, stumpflich.
Blüten: Zu 2–10, äußere Hüllblätter eiförmig-länglich, grün oder gelblich, meist mit 2 braunvioletten Streifen, das obere vorgeneigt, Lippe 11–15 mm, 3-lappig, Mittellappen rundlich-3-eckig, am Rand dicht abstehend braun oder schwärzlich purpurn behaart, Mal dunkelblau bis tiefviolett, in der Mitte kahl, metallisch glänzend, mit gelbem bis orangefarbenem Rand, Februar–Mai.
Verbreitung: Mittelmeerregion, Mittel- und S-Portugal, Garigues, Magerrasen.

Ophrys sphegodes Mill.
Spinnen-Ragwurz

Familie: Orchidaceae
Habitus: 10–45 cm hoch.
Blätter: Eiförmig-lanzettlich, stumpf.
Blüten: Zu 2–10, locker stehend, äußere Hüllblätter gelblich-grün, selten purpurlich oder weißlich, das mittlere geneigt oder aufgerichtet, Lippe 8–16 mm, rundlich bis eiförmig, schwach gehöckert, innen kahl, die meist H-förmige Zeichnung bläulich violett oder schwärzlich purpurn, außen behaart, Februar–Juni.
Verbreitung: W-, M- und S-Europa, nördl. bis S-England und M-Deutschland, östlich bis zur Krim, Mittelmeergebiet, N-Afrika.

Orchis anatolica Boiss.
Anatolisches Knabenkraut

Familie: Orchidaceae
Habitus: 15–40 cm hoch, Stängel aufrecht oder hin- und hergebogen.
Blätter: Grundblätter 2–5, lanzettlich bis schmal-eiförmig, dabei 3–18 cm lang, meist gefleckt.
Blüten: Zu 2–15 in lockeren Ähren, Tragblätter lanzettlich, mit 1–3 Nerven, Blütenhüllblätter rosa bis purpurrot, Lippe 10–17 mm, verkehrt-eiförmig, mit hellem, gepunktetem Mittelstreifen, 3-lappig, seitliche Lappen rhombisch, Mittellappen 2-spaltig, längs gefaltet, Sporn 15–25 mm lang, meist steil aufgerichtet, März–Mai.
Verbreitung: Östl. Mittelmeergebiet, S-Anatolien, Inseln der Ägäis.

Orchis coriophora L.
Wanzen-Knabenkraut

Familie: Orchidaceae
Habitus: 15–40 cm hoch, aufrtecht.
Blätter. Grundblätter 3–7, länglich-lanzettlich, 5–15 cm lang.
Blüten: In dichten, reichblütigen Ständen, braun, rot, rosa oder grünlich, nach Wanzen riechend, Blütenhüllblätter zu einem geschäbelten Helm zusammengeneigt, Lippe purpurlich grün, ohne Zeichnung, 3-lappig, Seitenlappen kürzer als der Mittellappen, Sporn 4–9 mm, kegelförmig, abwärts gebogen, April–Juni.
Verbreitung: S-, Mittel- und O-Europa, Mittelmeergebiet, N-Afrika.

Orchis coriophora

Ophrys scolopax

Ophrys sphegodes

Ophrys speculum

Orchis anatolica

Orchis italica Poir.
Italienisches Knabenkraut

Familie: Orchidaceae
Habitus: 20–40 cm hoch.
Blätter: Grundblätter 5–8, länglich-lanzettlich, am Rand gewellt, mit oder ohne Flecken.
Blüten: In dichten, eiförmigen, bis 6,5 cm langen Ständen, Blütenhüllblätter rosa, dunkler gestreift, zu einem Helm zusammengeneigt, Lippe 12–16 mm, weiß oder rosa, rot gepunktet, tief 3-spaltig, Mittellappen nochmals geteilt, Sporn dünn, abwärts gerichtet, März–Mai.
Verbreitung: Mittelmeergebiet, Mittel- und S-Portugal, Macchien, lichte Wälder.

Orchis mascula L.
Stattliches Knabenkraut

Familie: Orchidaceeae
Habitus: 20–60 cm hoch, aufrecht.
Blätter: Stängel in der unteren Hälfte mit 3–5 lanzettlichen, gelegentlich purpurn gefleckten Blättern.
Blüten: In eiförmigen oder zylindrischen Ständen, purpurn oder rosa, äußere Hüllblätter 6–8 mm, die beiden seitlichen nach außen gedreht, die mittleren mehr oder weniger aufrecht, Lippe 8–15 mm, breit-eiförmig, 3-lappig, Sporn 11–21 mm, ziemlich schlank, April–Juni.
Verbreitung: Skandinavien bis S-Europa, Mittelmeergebiet, Vorderasien, N-Afrika.

Orchis militaris L.
Helm-Knabenkraut

Familie: Orchidaceae
Habitus: 20–55 cm hoch.
Blätter: Zu 3–5 nahe der Basis, länglich-lanzettlich, 8–18 cm lang, flach.
Blüten: Zu 10–40, Blütenhüllblätter helmförmig zusammengeneigt, die äußeren rosa, die inneren weißlich bis blass rosalila, innen mit purpurroten Nerven und Flecken, Lippe 12–15 mm, rosa- bis purpurrot, mit heller Mitte und dunklen Haarbüscheln, tief 3-lappig, Sporn 5–7 mm lang, zylindrisch, abwärts gebogen, Mai–Juni.
Verbreitung: Von S-England und NW-Rußland bis M-Spanien und M-Italien.

Orchis morio L.
Kleines Knabenkraut

Familie: Orchidaceae
Habitus: 5–50 cm hoch, aufrecht.
Blätter: Basalblätter 6–9, breit-lanzettlich.
Blüten: Zu 5–25 in kurzen, länglichen oder kegelförmigen Ständen, Blütenhüllblätter zu einem Helm zusammengeneigt, rosa, weiß oder purpurrot mit grünlichen Nerven, Lippe 10 mm, rundlich, in der Mitte heller, mit dunkleren Flecken, 3-lappig, der Mittellappen oft ausgerandet, Sporn zylindrisch, aufrecht oder auch gelegentlich abwärts gebogen, März–Mai.
Verbreitung: S- und Mittel-Europa, Mittelmeergebiet, N-Afrika.

Orchis palustris Jacq.
Sumpf-Knabenkraut

Familie: Orchidaceae
Habitus: 15–100 cm hoch.
Blätter: Blätter 3–8, aufrecht, linealisch bis lanzettlich.
Blüten: Zu 7–15 in lockeren, zylindrischen Ständen, purpurn, die 2 äußeren Blütenhüllblätter gedreht, die mittleren mehr oder weniger aufrecht, Lippe bis 10 mm, 3-lappig, Mittellappen länger und heller purpurrot als die seitlichen, Sporn 7–19 mm, abwärts, waagerecht oder aufwärts gerichtet, April–Juli.
Verbreitung: W-, Mittel- und S-Europa, Mittelmeergebiet, feuchte Wiesen.

Orchis mascula

Orchis morio

Orchis palustris

Orchis italica

Orchis militaris

Orchis papilionacea L.
Schmetterlings-Knabenkraut

Familie: Orchidaceae
Habitus: 20–40 cm hoch.
Blätter: Grundblätter 6–10, aufrecht, linealisch-lanzettlich, 4–18 cm lang.
Blüten: Zu 4–14 in lockeren, eiförmigen Ständen, Tragblätter oft purpurn, Blütenhüllblätter braunpurpurn mit dunklen Nerven, die äußeren locker helmartig zusammengeneigt, Lippe ungeteilt, vorne fächerförmig verbreitert, weißlich oder rosa bis karmin, häufig dunkelrot gezeichnet, Sporn waagerecht oder nach unten gerichtet, Februar–Mai.
Verbreitung: S-Europa, Grasfluren.

Orchis provincialis Balb.
Französisches Knabenkraut

Familie: Orchidaceae
Habitus: 15–35 cm hoch.
Blätter: Grundblätter 2–5, lanzettlich, 5–15 cm lang, gefleckt.
Blüten: Zu 5–20 in zylindrischen Ständen, Tragblätter und Blüten hellgelb, äußere Blütenhüllblätter 9–14 mm, die seitlichen zurückgeschlagen, das mittlere aufrecht, die inneren zusammengeneigt, Lippe 8–12 mm, aufgewölbt, 3-lappig, in der Mitte etwas dunkler und purpurn gefleckt, Sporn aufwärts gebogen, März–Juni.
Verbreitung: S-Europa, sommergrüne Wälder, Bergwiesen, Macchien.

Orchis purpurea Huds.
Purpur-Knabenkraut

Familie: Orchidaceae
Habitus: 20–80 cm hoch.
Blätter: Stängel in der unteren Hälfte mit 3–6 länglichen, 6–20 cm langen Blättern.
Blüten: In vielblütigen, zylindrischen Ständen, Blütenhüllblätter außen bräunlich purpurn, gelegentlich gefleckt, zu einem dichten Helm zusammengeneigt, Lippe 10–15 mm, weiß oder rosa, purpurn gefleckt, tief 3-lappig, Mittellappen viel größer und breiter als die schmalen seitlichen, Sporn 4 mm, abwärts gerichtet, April–Juni.
Verbreitung: S-, M- und O-Europa, südl. bis S-Spanien, Sardinien, N-Griechenland.

Orchis quadripunctata Ten.
Vierpunkt-Knabenkraut

Familie: Orchidaceae
Habitus: 10–30 cm hoch.
Blätter: Grundblätter 2–5, lanzettlich bis länglich, 4–12 cm lang.
Blüten: In lockeren, vielblütigen, eiförmigen bis zylindrischen Ständen, Hüllblätter weiß, rosa oder purpurviolett, die inneren gewölbt und zusammengeneigt, Lippe 5–7 mm, ziemlich gleichmäßig 3-lappig, am Grunde hell, meist mit 4 dunkelroten Punkten, Sporn lang und dünn, mehr oder weniger deutlich abwärts gerichtet, März–Mai.
Verbreitung: Mittelmeerregion, von Sardinien ostwärts, Grasfluren, Garigues.

Orchis simia Lam.
Affen-Knabenkraut

Familie: Orchidaceae
Habitus: 20–45 cm hoch.
Blätter: 3–5 nahe der Basis, länglich-lanzettlich, 5–20 cm lang.
Blüten: In reichblütigen, eiförmigen oder breit-zylindrischen Ständen, Blütenhüllblätter spitz, blassviolett, z.T. gefleckt oder gestreift und grün überlaufen, einen Helm bildend, Lippe 14–16 mm, weiß bis rosa, rot gefleckt, tief 3-spaltig, Sporn zylindrisch, abwärts gerichtet, vorne etwas verdickt, März–Juni.
Verbreitung: S- und W-Europa, lichte Wälder, Magerrasen, Garigues.

Orchis papilionacea

Orchis provincialis

Orchis simia

Orchis purpurea

Orchis quadripunctata

Orchideen 283

Orchis tridentata Scop.
Dreizähniges Knabenkraut

Familie: Orchidaceae
Habitus: 15–45 cm hoch.
Blätter: 3–4 nahe der Basis, länglich, 4–12 cm lang.
Blüten: In zunächst konischen, später eiförmigen Ständen, hell lilaviolett, Blütenhüllblätter helmartig zusammengeneigt, Kelchblätter rosapurpurn, dunkler geadert, Lippe rosa, stark rot gefleckt, 6–9 mm, tief 3-lappig, gezähnt, Sporn 5–10 mm lang, zylindrisch, abwärts gebogen, März–Juni.
Verbreitung: Mittel-, S- und SO-Europa, lichte Wälder, Magerrasen, Garigues.

Serapias lingua L.
Echter Zungenständel

Familie: Orchidaceae
Habitus: 10–25(–60) cm hoch.
Blätter: 4–8, lineal-lanzettlich, 5–13 cm lang.
Blüten: Zu 2–9 in lockeren Ähren, die 5 Blütenhüllblätter zu einem waagerecht abstehenden, 15–25 mm großem Helm zusammengefügt, Lippe lanzettlich, zugespitzt, purpurrot, rosa, gelblich oder weißlich, schräg nach vorne und abwärts gerichtet und herausragend, am Ansatz mit 1 purpurnen Schwiele, März–Mai.
Verbreitung: Mittelmeerregion, SW-Europa, Feuchtwiesen, Marschen, Sandküsten.

Serapias vomeracea
(Burm. f.) Briq.
Pflugschar-Zungenständel

Familie: Orchidaceae
Habitus: 10–55 cm hoch.
Blätter: Grundblätter 4–7, schmal-lanzettlich, 6–19 cm lang, die beiden obersten wie die Tragblätter der Blüten braunviolett überlaufen.
Blüten: Groß, zu 3–10 in lockeren Ähren, Tragblätter viel größer als der 20–30 mm lange, aufwärts gerichtete Helm, Lippe 20–30 mm lang, meist rostrot bis braunviolett, bis zur Mitte dicht und lang behaart, am Grunde mit 2 Schwielen, April–Juni.
Verbreitung: S-Europa, lichte Kiefern- und Kastanienwälder, Magerrasen, Garigues.

Orchis tridentata

Serapias vomeracea

Serapias lingua

Palmen

In tropischen Regionen wird das Bild ganzer Landschaften nicht selten von Palmen geprägt, im mediterranen Raum begegnen wir ihnen eher als Zierpflanzen im Siedlungsbereich oder, wie der Echten Dattelpalme, als Kulturpflanze.

Palmen besiedeln mit genau 200 Gattungen und etwa 2675 Arten nicht nur den immerfeuchten Regenwald tropischer Zonen, sondern auch Savannen, Grasländer und Oasen subtropischer Regionen. Einige Arten kommen auch in kühleren Gebieten vor. Man findet sie zum Beispiel am Mittelmeer, im Himalaja, in Borneo bis in Höhen von 3000 m und in den Anden bis in 4000 m Höhe. Von allen Palmen auf der südlichen Erdhälfte reicht die Verbreitung der Nikau-Palme, *Rhopalostylis sapida*, am weitesten nach Süden, sie kommt auf der Südinsel Neuseelands und den Norfolk-Inseln vor.

Palmen sind einkeimblättrige Pflanzen, sie gehören alle einer einzigen Familie, den Palmae, an, die in sechs Unterfamilien gegliedert ist.

Palmen unterscheiden sich von anderen Bäumen nicht allein durch ihre schopfartige Krone, die ausschließlich aus Blättern besteht, sondern auch durch den Aufbau ihres Stammes. Bis auf wenige strauchige und zahlreiche kletternde Arten (etwa 22 % aller Palmen) sind alle Palmen einstämmige Bäume, die nur einen Vegetationskegel an der Spitze des Stammes haben. Verliert der Baum seinen Vegetationskegel, zum Beispiel bei der Ernte von Palmkohl, so stirbt er ab. Palmenstämme weisen, im Gegensatz zu allen anderen Bäumen und Sträuchern, kein sekundäres Dickenwachstum auf – sie wachsen von Anfang an in ihrer endgültigen Stammstärke in die Höhe. Palmen entwickeln in ihren Kronen stets eine nahezu gleichbleibende Anzahl von Blättern, ein abgefallenes Blatt wird fast gleichzeitig durch ein neues ersetzt. Palmen tragen die größten Blätter im gesamten Pflanzenreich, bei der Gattung *Raphia* können die Blätter eine Länge von 20 m erreichen. Bei Palmen kommen auch die größten Samen im gesamten Pflanzenreich vor. Bei der Seychellennuß-Palme, *Lodoica maldivica*, können die reifen, einsamigen Früchte ein Gewicht von sage und schreibe 10–25 kg erreichen.

Neben den vier hier vorgestellten Palmenarten werden im Mittelmeergebiet als Zierpalmen nicht selten auch die in Kalifornien heimischen *Washingtonia filifera* und *W. robusta*, die in Chile heimische *Jubaea chilensis* sowie die australische *Livistonia australis* gepflanzt.

Linke Seite: *Phoenix dactylifera*

Chamaerops humilis L.
Zwergpalme

Familie: Arecaceae
Habitus: Meist mehrstämmig wachsende, durch Beweidung oft buschige, selten über 4–6 m hohe Fächerpalme, die Krone wird aus steif abstehenden, 70–80 cm breiten, halbkreisförmigen Fiederblättern gebildet.
Blätter: Blattspreite bis zu 2/3 in 10–20 lanzettliche, grüne oder grau- bis blaugrüne Abschnitte zerteilt, die am oberen Ende zweispitzig sind, der Blattstiel ist am Rand dornig gezähnt und am Grunde netzfaserig.
Blüten: 1- oder 2-häusig (gelegentlich auch polygam) leuchtend gelb, in dichten, gedrungenen, rispigen Blütenständen, die am Stammende zwischen den Blattstielen hervorbrechen, Blütenstände bis zu den unteren Verzweigungen von einem Hüllblatt umgeben, männliche Blüten meist mit 6 Staubblättern, die einem fleischigen Becher aufsitzen, die weiblichen Blüten umschließen 3 dickfleische Fruchtblätter, aus denen die Früchte hervorgehen, April–Juni.
Früchte: Kugelig bis eiförmig, 1–3 cm dick, gelb, später rötlich braun.
Verbreitung: Westliches Mittelmeergebiet, östlich bis Italien, vorwiegend auf sandigen Böden in Garigues und Felsfluren. In Mittel-Spanien bildet die Zwergpalme mit kurzen, den Boden kaum überragenden Stämmen die sogenante „Palmetto-Formation". Sie ist im ganzen Mittelmeergebiet häufig als Zierpflanze in Kultur.
Allgemeines: Von den mehr als 2 600 Palmenarten sind nur 2 Arten im Mittelmeergebiet heimisch: die Zwergpalme und die Kretische Dattelpalme.

Wie viele andere Palmenarten hat auch die Zwergpalme nützliche Eigenschaften: die Blattknospen können als Gemüse gegessen werden, und die den Stamm umhüllenden Blattgrundfasern liefern das „vegetabilische Roßhaar", das u.a. als Polstermaterial und zur Herstellung von Besen verwendet wird.

Phoenix canariensis
hort. ex Chabaud
Kanarische Dattelpalme

Familie: Arecaceae

Habitus: Mittelhohe, kompakte Fiederpalme mit dichter Krone aus 50–100 Blättern, Stamm gedrungen, 15–18 m hoch, durch Blattnarben eigenartig gemustert.

Blätter: Gefiedert, 5–6 m lang, breit, kurz gestielt und bogig überhängend, Blättchen grün, derb, schmal-lanzettlich, V-förmig gefaltet, die mittleren 40–50 cm lang.

Blüten: 2-häusig, gelb bis cremefarben, Blütenstände in der Jugend von einem Hüllblatt umgeben, männliche Blüten dicht gedrängt an der Blütenstandsachse, weibliche Blütenstände stark verzweigt, sie färben sich bei der Reife leuchtendgelb bis organgerot, Februar–Juni.

Früchte: Zahlreich, länglich-eiförmig, 1,5–2,3 cm lang, anfangs orange, später dunkel rotbraun, sie stehen dicht gedrängt an den verzweigten Fruchtständen und sind, im Gegensatz zu den Früchten der Echten Dattelpalme, ungenießbar.

Verbreitung: Die Kanarische Dattelpalme ist ein Endemit der Kanarischen Inseln, natürliche Vorkommen sind selten geworden, sie ist schnellwüchsiger und weniger kälteempfindlich als die Echte Dattel-Palme und wird deshalb im ganzen Mittelmeerraum häufig als Zierbaum angepflanzt.

Allgemeines: Zu den 17 Arten der Gattung *Phoenix* gehört auch *P. theophrasti* Greud., die Kretische Dattelpalme. Sie besiedelt auf Kreta sandige Flußtäler und -mündungen, meist in Schluchtausgängen; sie kommt außerdem in den Schluchtwäldern SW-Anatoliens vor.

Die Kretische Dattelpalme hat einen schlanken, nicht über 10 m hohen Stamm, der oft Ableger treibt. Ihre Fiederblätter haben steife, etwas blaugrüne Blättchen, die in der Blattmitte 30–50 cm lang sind. Die 12–16 mm langen, elliptischen, faserigen, ungenießbaren Früchte sind zur Reife schwärzlich gefärbt.

Phoenix dactylifera L.
Echte Dattelpalme

Familie: Arecaceae
Habitus: Bis 36 m hohe Fiederpalme mit schlankem, von den Narben abgefallener Blätter mosaikartig gemustertem Stamm und relativ lockerer Krone aus maximal 20–40 Blättern, Stamm oft mit Nebenstämmen.
Blätter: Gefiedert, 3–5 m lang, aufsteigend-bogenförmig, Blättchen graugrün, V-förmig gestellt, lineal-lanzettlich, lang zugespitzt und gekielt, in der Blattmitte 30–40 cm lang.
Blüten: 2-häusig, die verzweigten männlichen und weiblichen Blütenstände sehr ähnlich, beide anfangs von einem scheidenförmigen, allmählich verholzenden Hochblatt umgeben, Februar–Juni.
Früchte: 2,5–7,5 cm lange Steinfrüchte (Datteln) mit ledriger, gelber bis leuchtendroter Haut und süßem Fruchtfleisch, das u.a. etwa 60% Invertzucker und 6–7% Eiweiß enthält.

Verbreitung: Als Ursprungsland wird die afro-asiatischen Trockenzone von Marokko bis Pakistan vermutet, sie deckt sich mit dem gegenwärtigen Anbaugebiet, den Bewässerungskulturen in N-Afrika, SW-Asien und S-Spanien (Elche). Im übrigen Mittelmeergebiet als Zierbaum gepflanzt.
Allgemeines: Die Echte Dattelpalme gehört zu den ältesten Kulturpflanzen der Menschen. Nachweise für ihren Anbau reichen bis 6000 v. Chr. zurück. Sie ist für die Menschen in den Wüstenregionen Vorderasiens und den Oasen des arabischen Raumes von lebenswichtiger Bedeutung. Die Früchte werden als Dattelbrot zusammengepreßt und bilden die tägliche Nahrung. Die Blattknospen werden als Gemüse gegessen. Ältere Blätter werden zu Flechtwerk verarbeitet und zum Decken der Häuser benutzt. Die Stämme liefern Bauholz, aber auch Blutungssaft zur Herstellung alkoholischer Getränke. Die gerösteten Dattelkerne eignen sich als Kaffee-Ersatz und Viehfutter.

Trachycarpus fortunei (Hook.) H. Wendl.
Hanfpalme

Familie: Arecaceae
Habitus: Kleine bis mittelhohe Fächerpalme, im Alter bis 12 m hoch, der schlanke Stamm ist dicht mit dunkelbraunen Fasern bedeckt, bei Kulturpflanzen nicht selten auch mit den Blattstielresten abgeschnittener Blätter, Krone mit etwa 30 starr abstehenden, halbkreisförmigen Blättern.
Blätter: Glänzend dunkelgrün, die 50–60 cm breite Spreite ist unterschiedlich tief, teilweise fast bis zum Blattgrund fächerförmig in 30–36 schmale, starre, V-förmige Segmente geteilt, der 40–100 cm lange Blattstiel ist an den Rändern fein dornig gezähnt, die Blattscheide ist auf der Innenseite mit einer Faserschicht bedeckt.
Blüten: 1-häusig oder polygam, kurz gestielt, sehr zahlreich, auffallend gelb gefärbt, mit verlängerten, 3eckigen Blütenblättern, die männlichen mit 6, einem fleischigen Boden aufsitzenden Staubblättern, die weiblichen mit 3 getrennten, dickfleischigen Fruchtblättern. Blütenstand rispig, in der Jugend von 2–4 Hüllblättern umgeben. April–Juni.
Früchte: Blauschwarze, 12–14 mm dicke, glatte, nierenförmige Beeren, sie sind lange haltbar und werden deshalb gelegentlich in der Floristik verwendet.
Verbreitung: Heimisch in Burma, Mittel- und O-China, S-Japan. Im gesamten Mittelmeergebiet häufig als Zierbaum gepflanzt.
Allgemeines: Der Grund für die weite Verbreitung als Zierpflanze verdankt diese Art ihrer hohen Kälteresistenz, wohl keine andere Palme ist frosthärter als diese.
In ihren Heimatgebieten wird das zähe Fasergewebe des Stammes zu Matten oder Tauwerk verarbeitet. Das dauerhafte, gegen Feuchtigkeit widerstandsfähige Stammholz ist sehr wertvoll.

Heil- und Gewürzpflanzen

Uralt und weltweit verbreitet sind die Kenntnisse über die Heilkräfte von Pflanzen. Heil- und Gewürzpflanzen wurden im alten China ebensogut eingesetzt wie in den altägyptischen Kulturen. Wir finden Aufzeichnungen über Heilpflanzen in einem chinesischen Medizinbuch des mythischen Kaisers und „göttlichen Landmanns" Shen-nung lange vor Christi Geburt. Die ersten genauen Nachrichten über Gewürze aus dem alten Ägypten finden sich auf einer Pypyrusrolle aus dem Jahre 1500 v. Chr. Sie enthält u.a. 877 Rezepte mit Zutaten wie Wermut, Anis, Bockshornklee, Senf, Minze, Safran, Kassia, Kalamus, Koriander, Sesam und Kümmel. Ägyptische und arabische Traditionen wurden später im hellenisch-römischen Kulturkreis fortgesetzt, aus dem wir die Namen berühmter Ärzte (Hippokrates, Diokles, Theophrastus), die im 5. und 4. Jahrh. v. Chr. gelebt haben, noch heute kennen.

Schon früh kamen Heil- und Gewürzpflanzen über die Alpen nach Mitteleuropa und wurden zunächst in den Klöstern kultiviert. Kräuterbücher des Mittelalters – Otho Brunfels: Contrafayt Kreuterbuch, 1532; Hieronymus Bock: New Kreuterbuch, 1539, illustrierte Ausgabe 1546; Leonard Fuchs: New Kreuterbuch, 1543 – waren sehr populär, erreichten teilweise zahlreiche Auflagen und verbreiteten das Wissen um die Heilkräfte der Natur.

Die Abgrenzung zwischen Gewürzen und Gemüsen ist oft schwierig. Auch verschiedene Obstarten wie Zitrone, Zitronat oder Orangeat, Nüsse oder Ölsamen werden zum Würzen von Speisen verwendet. Verschiedene Heilpflanzen oder Pflanzen, die zur Gewinnung ätherischer Öle angebaut werden, werden gelegentlich auch in großem Umfang als Gewürz verwendet.

Der Wert der Gewürze für die menschliche Ernährung ist in der Vergangenheit oft überschätzt worden. Ihre gesundheitliche Wirkung ist meist indirekt. Sie reizen Auge (Petersilie als Verzierung), Nase und Zunge und regen so Speichelfluß (Stärkeverdauung) und Enzymsekretion des Magen-Darm-Systems (Eiweiß- und Fettverdauung) an. Ihr Wert für die Bekömmlichkeit der Speisen kann nicht in Frage gestellt werden. Auf der anderen Seite steht aber, daß viele Gewürze Giftstoffe enthalten, die auch in kleinen Mengen nicht immer als harmlos anzusehen sind (Myristicin, Allylsenföle, Cumarin, Vanillin, Safrol); manche der früher gebräuchlichen Gewürze sind daher in den USA und anderen Ländern nicht mehr zugelassen.

Seit langem werden die flüchtigen Aromastoffe der Gewürze auch als ätherische Öle abdestilliert, die vor allem in der Getränkeindustrie (Liköre), Parfümerie und Pharmazie Verwendung finden (s.a. Rehm 1984).

Die hier in alphabetischer Reihenfolge ihrer wissenschaftlichen Namen vorgestellten Pflanzen haben ihre ursprüngliche Heimat im Mittelmeergebiet oder werden dort in größerem Umfang angebaut.

Aloysia triphylla (L'Hérton) Brit.
Zitronenstrauch

Familie: Verbenaceae
Habitus: 3–6 m hoher, aufrechter, sommergrüner Strauch, Zweige gestreift, etwas rau behaart.
Blätter: Zu 3–4 in Quirlen, 3–6 cm lang, lanzettlich, zugespitzt, an der Basis keilförmig, ganzrandig oder gezähnt, oberseits runzelig, mittelgrün, unterseits heller und drüsig punktiert, gerieben nach Zitronen duftend.
Blüten: In 10–15 cm langen, achselständigen Ähren, die zu lockeren, endständigen Rispen vereint sind, Einzelblüten klein, blass lavendelblau, Kelch röhrig-glockig, Krone 2-lippig, Juni–September.
Früchte: Kleine, trockene, 2-samige Nüsschen.
Verbreitung: Chile und Argentinien, 1784 nach Europa eingeführt und im Mittelmeergebiet häufig als Zierstrauch gepflanzt, stellenweise eingebürgert, in Mitteleuropa als Kübelpflanze in Kultur.

Allgemeines: Der Zitronenstrauch ist auch unter den heute ungültigen Namen *Lippia citriodora* und *Lippia triphylla* bekannt.

Die aus den Blättern gewonnenen ätherische Öle werden bei der Herstellung von Likör, Seife und Parfüms verwendet. Der Strauch ist aber, vor allem in Spanien und Frankreich, beliebt, weil sich aus den getrockneten Blättern ein erfrischender Tee zubereiten läßt. Der Tee lindert Schnupfen, Husten, Verdauungsstörungen, Magenkrämpfe und Übelkeit. Er ist hilfreich bei Asthma, Herzklopfen, Neuralgien, Migräne und Schwindelgefühl, schließlich gilt er auch als Stimulans bei Lethargie und Depressionen. Getrocknete Blätter behalten lange ihren Duft, deshalb sind sie beliebte Zutaten für Duftkissen.

Artemisia absinthium L.
Wermut, Bitterer Beifuß

Familie: Asteraceae
Habitus: Bis 1 m hoher, aromatisch duftender Halbstrauch, Stängel aufrecht, reich beblättert.
Blätter: Wechselständig, 2- bis 3-fach fiederig geteilt, Abschnitte linalisch-lanzettlich, beiderseits seidig behaart.
Blüten: Köpfchen klein, nickend, in stark verzweigten Rispen, äußere Hüllblätter länglich-linealisch, die inneren eiförmig, mit breitem, häutigem Rand, Juli–September.
Früchte: Achäne ohne Haarkranz.
Verbreitung: Westl. Mittelmeergebiet bis S-Sibirien und Kaschmir.
Allgemeines: Die Gattung ist reich an verschiedenen Sesquiterpen-Laktonen, zu denen das bittere Absinthin, ferner Artabsin, Anabsinthin gehören, außerdem auch ätherisches Öl mit Thujon, Isothujon und Thujylalkohol. In seiner Reinsubstanz ähnelt es dem Salbeiöl. Wermut wurde bereits in der Antike als Magenmittel genutzt, und auch heute wird ein Aufguß aus Blättern und Blütenköpfchen als Stärkung des Verdauungssystems, der Leber und der Gallenblase sowie zur Behebung von Appetitlosigkeit eingesetzt. Die Droge ist häufig in Fertigteemischungen (Magen-Leber-Gallentees) zu finden. Wermut aromatisiert Liköre, Wermutwein und früher den inzwischen verbotenen, süchtig machenden Absinthlikör.

A. abrotanum L. (Heimat unbekannt): ihre medizinische Hauptanwendung hatte die Eberraute als Abortivum, als Mittel zur Förderung der Menstruation, als Stimulans, Tonikum und Adstringens.

A. dracunculus L. (Jugoslawien, Ungarn, S- und O-Rußland, Sibirien): der Estragon ist ein wichtiges Gewürz der französischen Küche. Er ist Bestandteil der Sauce Bernaise und der Kräutermischung Fines Herbes. Die Blätter haben einen pfefferartigen Geschmack und eine verdauungsfördernde Wirkung. Sie enthalten Jod, Mineralsalze und Vitamine.

Borago officinalis L.
Boretsch, Gurkenkraut

Familie: Boraginaceae
Habitus: 1-jährige, 20–70 cm hohe, aufrechte, borstig behaarte Pflanze.
Blätter: Am Grunde rosettig 5–20 cm lang, eiförmig bis lanzettlich, am Grunde in den geflügelten Blattstiel verschmälert, obere Stängelblätter sitzend.
Blüten: Nickend, in lockeren, verzweigten Ständen, leuchtend blau, selten weiß, Kronröhre sehr kurz, die lanzettlichen, spitzen Kronzipfel flach ausgebreitet, April–September.
Früchte: Steinfrucht mit 4 1-samigen Teilfrüchten.
Verbreitung: Westl. Mittelmeergebiet, in W-, Mittel- und O-Europa eingebürgert, Kultur- und Brachland, Wegränder, Schuttplätze.
Allgemeines: Die Art ist vermutlich zuerst von den Arabern in Spanien in Kultur genommen worden. Heute wird sie in Europa und Nordamerika kultiviert. Die frischen Blätter werden wegen des gurkenähnlichen Geschmacks in vielfältiger Weise zu Salaten verwendet, zusammen mit Zitrone, Zucker und Honig ergeben sie ein erfrischendes Getränk.

Boretsch ist wegen der reichen Nektarproduktion der Blüten auch eine beliebte Bienenweidepflanze, je Tag und Blüte werden 2,6 mg Nektar erzeugt. Kandierte Blüten können als Süßigkeit, sowie als Kuchen- und Salatdekoration verwendet werden.

Seit alters galt der Boretsch als wunderwirksam auf Geist und Körper, sein Genuss sollte Melancholie vertreiben und Glücksgefühle auslösen. Nach Dioscorides und Plinius war er die Pflanze Homers, die, in Wein getaucht, zur völligen geistigen Abwesenheit führte. Bedingt durch den hohen Schleimstoffgehalt hat Boretsch wassertreibende, entzündungshemmende und lindernde Eigenschaften und kann bei Bronchitis, Katarrhen, Rippenfellentzündung und Rheumatismus angewandt werden.

Calamintha grandiflora (L.) Moench
Steinquendel, Großblütige Bergminze

Familie: Lamiaceae
Habitus: Ausdauernde, bis 60 cm hohe, buschige, aromatisch duftende Staude, Stängel aus einem kriechenden Wurzelstock aufrecht oder aufsteigend, 4-kantig, leicht behaart.
Blätter: Gegenständig, eiförmig, spitz, bis 8 cm lang, jederseits mit 6 Zähnen, oberseits dunkelgrün, unterseits heller.
Blüten: Zu 1–7 in lockeren, leicht einseitswendigen Teilblütenständen in den Achseln der 4–8 obersten Blattpaare, Kelch 2-lippig, 14 mm lang, Zähne ungleich, Krone bis 4 cm lang, röhrenförmig, tief rosa bis hell purpurrot, Oberlippe flach, ganzrandig oder kaum ausgerandet, Unterlippe 3-teilig, Juli–August.
Früchte: Klausenfrüchte mit 4 Nüsschen.
Verbreitung: Mittel- und S-Europa, Mittelmeergebiet, Kleinasien, Kaukasus, Iran, Bergwälder, Hecken- und Wegränder, auch als Zierpflanze in Kultur.
Allgemeines: Der Steinquendel ist auch unter dem Namen *Satureja grandiflora* (L.) Scheele bekannt. Die zerrieben nach Zitronen duftenden Blätter enthalten ätherische Öle, unter anderem das Citronellöl, das, gegenwärtig aus 2 tropischen Grasarten gewonnen, ein Rohstoff der Duftstoffindustrie und ein wichtiger Baustein für die Parfümierung von Seifen und Waschmitteln ist.

Die Pflanze wurde früher in der Medizin als schweißtreibendes Mittel, Hustenmittel und Würzkraut geschätzt. Es sollte Melancholie, Traurigkeit, Gelbsucht, Zittern, Krämpfe und alle Gebrechen des Gehirns kurieren. Aus frischen Pflanzen und getrockneten Blättern läßt sich ein Tee bereiten. Ein Umschlag mit leicht (z.B. durch ein Bügeleisen) angewärmten Blättern soll Quetschungen heilen und rheumatische Schmerzen lindern.

Calendula officinalis L.
Garten-Ringelblume

Familie: Asteraceae
Habitus: 1-jährige, 30–50 cm hohe, etwas steife und brüchige, drüsig-weichhaarige Pflanze mit stark aromatischem Geruch, Stängel aufrecht, kantig.
Blätter: Wechselständig, breit-länglich bis lanzettlich, die unteren spatelförmig, ganzrandig, die oberen mit herzförmigem Grund stängelumfassend, lanzettlich, schwach gezähnt.
Blüten: Köpfchen einzeln, endständig, 2–5 cm breit, Hüllblätter lanzettlich, pfriemlich zugespitzt, gewimpert, Blüten orangefarben bis goldgelb, Strahlenblüten 1,5–2 cm lang, Köpfchenboden flach, Scheibenblüten schwärzlich purpurn, Blüten öffenen sich gegen 9 Uhr und schließen sich am späten Nachmittag, Juni–Herbst.
Früchte: Randfrüchte groß, einwärts gekrümmt, Früchte der Scheibenblüten unfruchtbar.
Verbreitung: Heimisch vermutlich im Mittelmeergebiet, im westlichen Europa und in England eingebürgert, in vielen Sorten in Kultur.
Allgemeines: *C. officinalis* wurde bereits im frühen Mittelalter in den Klostergärten nördlich der Alpen kultiviert. Im Mittelalter wurde die Pflanze bei Darmleiden, Leberbeschwerden, Gelbsucht, Fieber, Pocken, Masern, Insektenstichen und Schlangenbissen genutzt, äußerlich auch bei Augen- und Bindehautentzündungen, Wunden, Quetschungen, Verbrennungen, Ekzemen, Furunkeln, Hämorrhoiden, Warzen und Akne. Die Blütenblätter enthalten ätherisches Öl, Flavonoide, Carotinoide, Cumarine und Polysaccharide. Die Droge wird in Fertigarzneimitteln zur Behandlung von schlecht heilenden Geschwüren, bei Quetsch- und Rißwunden, bei Erfrierungen und leichten Verbrennungen eingesetzt. In der Kosmetikindustrie werden die Blüten gelegentlich in Hautlotionen oder in Shampoos zum Aufhellen der Haare verwendet.

Capparis spinosa L.
Echter Kapernstrauch

Familie: Capparidaceae
Habitus: 0,3–1 m hoher, sommergrüner Strauch, Zweige dornig, niederliegend, häufig von Mauern herabhängend.
Blätter: Wechselständig, einfach, dicklich, eirundlich bis fast kreisförmig, 1–3 cm lang, an der Spitze z.T. ausgerandet, kahl, grün bis graugrün, am Grunde mit 2 bleibenden Nebenblattdornen.
Blüten: Einzeln in den Blattachseln, lang gestielt, 5–7 cm breit, 4zählig, die 4 kreuzweise stehenden, fast gleichlangen Kronblätter hellrosa oder weißlich, Staubfäden zahlreich, violett, Staubbeutel gelb, Juni–August.
Früchte: Grüne, bis 5 mm lange Beeren.
Verbreitung: Portugal, Mittelmeergebiet und Sahara bis zum Kaukasus, Armenien, Iran, Turkestan, W-Tibet, W-Himalaja, W-Vorderindien, in Mauern und Felsen, in Kultur vor allem in S-Frankreich und Algerien.

Allgemeines: Die rundlichen bis 4-kantigen Blütenknospen sind als Kapern ein seit dem Altertum bekanntes Gewürz. Die Blütenknospen werden in Abständen von 1–3 Tagen wild oder von Kulturpflanzen gesammelt. Nach dem Abwelken und dem Sortieren nach Größe und Qualität werden die Blütenknospen in Salz- oder Essigwasser, gelegentlich auch in Olivenöl konserviert. Der etwas säuerlich-salzige, gleichzeitig etwas scharfe und bittere Geschmack der Kapern ist auf ihren Gehalt an dem Alkaloid Capparidin, dem Glykosid Rutin sowie der Caparinsäure und einem flüchtigen, knoblauchartigen Öl zurückzuführen. Die gelblichen Rutinkristalle, ein Beleg für die Echtheit, sind als weißer bis gelblicher, strich- bis punktförmiger Belag auf den äußeren Blättern zu erkennen. Als Verfälschungen werden nicht selten Blütenknospen des Löwenzahns, des Besenginsters und der Sumpfdotterblume verwendet, außerdem Blütenknospen und Wurzelknollen des Scharbockskrautes.

Carlina acaulis L.
Eberwurz, Silberdistel

Familie: Asteraceae
Habitus: Ausdauernd, distelartig, 5–40 cm hoch, Stängel kurz, unverzweigt, stielrund, gefurcht, braunrot, beblättert.
Blätter: Am Grunde rosettig gehäuft, einfach gefiedert, Fiedern stark stachelig, beiderseits kahl.
Blüten: Köpfchen einzeln, groß, 5–13 cm breit, äußere Hüllblätter schmal-lanzettlich, stark dornig, innere Hüllblätter strahlig, silberweiß, pergamentartig, bei Trockenheit ausgebreitet, alle Blüten röhrig, zwittrig, meist weiß bis rosa, Juli–September.
Früchte: Achäne knapp 5 mm lang, mit 1–1,5 cm langem, weißlichem Haarkranz.
Verbreitung: Küstenländer des nördlichen Mittelmeergebietes, bis 1800 m ansteigend, Trockenrasen, Macchie.
Allgemeines: Der Gattungsname erinnert an eine Legende über einen Traum von Karl dem Großen, in dem ihm ein Engel mitteilt, daß seine von der Pest befallene Armee durch die Silberdistel geheilt werden könne. Heute ist die aus der Wurzel hergestellte Droge selbst, die oftmals von *C. acanthifolia* All. stammt, kaum noch in Gebrauch, jedoch Bestandteil der Schwedenkräuter und als Extrakt in Multikombinationspräparaten zu finden. Sie werden eingesetzt bei Verdauungsinsuffizienzen und Spasmen im gesamten Verdauungsbereich. Wirksamer Bestandteil ist ein ätherisches Öl mit Carlinaoxid, Gerbstoffen, Flavonoiden und Insulin.

C. acanthifolia All., Akanthusblättrige Eberwurz, heimisch in S-, O- und südlichem M-Europa, ist eine stängellose Rosettenpflanze mit bis 30 cm langen, eiförmigen bis länglich-elliptischen, gefiederten bis fiederteiligen, unterseits spinnwebenfilzigen Blättern, deren Abschnitte stachelig gezähnt sind, Blütenkopf sitzend, 5–7 cm breit, die inneren Hüllblätter trockenhäutig, starr, schwefelgelb, die Röhrenblüten gelblich bis rötlich.

Carthamus tinctorius L.
Saflor, Färberdistel

Familie: Asteraceae
Habitus: 1-jährig, distelartig, bis 1 m hoch, fast kahl.
Blätter: Grundrosette oft fehlend, untere Stängelblätter gestielt, eiförmig, meist einfach, ganzrandig oder dornig gezähnt, obere Blätter sitzend, lanzettlich oder eiförmig, ganzrandig, schwach dornig gezähnt oder mit bis zu 10 bis 6 mm langen Dornspitzen.
Blüten: Köpfchen bis 3,5 cm breit, eiförmig oder konisch-eiförmig, innere Hüllblätter länglich-lanzettlich, ganzrandig Blüten gelb, rot oder orange, Juli.
Früchte: 6 mm lang, weiß, Haarkranz fehlend.
Verbreitung: Vorderasien, in Mittel- und S-Europa eingebürgert.
Allgemeines: Saflor ist eine alte Farb- und Ölpflanze, die schon 1 600 v. Chr. in Ägypten als Kulturpflanze nachgewiesen wurde. Bis zur Herstellung synthetischer Anilinfarben wurde ein aus den Blüten gewonnener roter Farbstoff als Textil- und Lebensmittelfarbe sowie als Kosmetika benutzt. Die Blüten enthalten als wirksame Inhaltsstoffe den Chalconfarbstoff Carthamin und das entsprechende Chinon Carthamon. In den Embryonen der Samen sind bis zu 50 % trockenes Öl enthalten. Die Blüten sind in Fertigarzneimitteln Bestandteil von Bronchial- und Hustentee, sie dienen auch als Ersatz für Safran. Das fette Öl ist als „Distelöl" im Handel und Bestandteil von Präparaten zur Prophylaxe von Arteriosklerose.

C. lanatus L., die Wollige Färberdistel, hat ihre Verbreitung im Mittelmeergebiet, auf den Kanaren, in SO-Europa und W-Asien. Die 1-jährige Pflanze ist anfangs spinnweben-wollig behaart. Die ledrigen, eiförmig-lanzettlichen Blätter sind fiederspaltig bis buchtig gezähnt. In den 2–3 cm breiten, goldgelben, von den obersten Laubblättern umhüllten, endständigen Blütenköpfchen sind alle Blüten röhrenförmig, die Hüllblätter stachelig gezähnt.

Cnicus benedictus L.
Benediktenkraut

Familie: Artiraceae
Habitus: 1-jährig, 10–60 cm hoch, aufrecht, verzweigt, Stängel kantig gerillt.
Blätter: Vielgestaltig, ledrig, glänzend, fiederspaltig bis buchtig-dornig gezähnt, die unteren gestielt, bis 30 cm lang, die oberen kleiner, halbstängelumfassend, alle spinnweben-zottig behaart und drüsig-klebrig, unterseits mit weißen Adern.
Blüten: Köpfchen einzeln an den Zweigenden, 3–3,5 cm breit, von den obersten Blättern umgeben, alle Blüten röhrig, äußere Hüllblätter mit kurzem, einfachem Dorn, innere mit längerem, gefiedertem Dorn, Mai–Juli.
Früchte: 6–8 mm lange Achäne, Haarkranz 2-reihig, kurz, gelb.
Verbreitung: Mittelmeergebiet, Portugal Vorderasien, Kultur- und Brachland.
Allgemeines: Das Benediktenkraut wurde schon von dem griechischen Arzt Pedanios Dioskorides (40–90 n. Chr.) als Heilpflanze gegen Verdauungsstörungen empfohlen. Zahlreiche große Kräuterärzte schätzten seine vielfältige Heilwirkung. Shakespeare schreibt in „Viel Lärm um nichts": „Nehmt nur etwas von diesem gebrannten Geist des Benediktenkrautes und bringt es auf euer Herz; es ist das einzig' Mittel gegen Schwäche." Das Kraut enthält das Germancranolid Cnicin und andere Sesquiterpenlacton-Bitterstoffe, ätherisches Öl mit Terpenen und Phenylpropankörpern sowie Flavonoide.

Die Droge regt die Magensaftsekretion an, sie wird als Amarum aromaticum vor allem in gemischten Tees verordnet, in Magentees zusammen mit Rhababerwurzel, Kümmelfrüchten, Wermutkraut, Pfefferminzblättern und Mariendistelfrüchten. Kombinationspräparate in Fertigarzneimitteln werden bei krampfartigen Beschwerden im Bereich der Gallenwege und des Magen-Darmtraktes und bei Appetitlosigkeit gegeben.

Crocus sativus L.
Safran

Familie: Iridaceae
Habitus: Ausdauernde Knollenpflanze, Knolle groß, tropfenförmig, Hülle seidig, sehr fein netzfaserig.
Blätter: 7–12 je Knolle, linealisch, bis 1,5 mm breit, dunkelgrün, mit weißem Mittelstreifen, mit den Blüten erscheinend.
Blüten: Blüten zu 1–5, duftend, Hüllblattröhre purpurn, gebärtet, Kronblätter bis 5 cm lang, schieferblau bis violett, dunkler geadert, der tief gespaltene Griffel mit 3teiliger Narbe, orangerot, aus den Blüten herausragend, Oktober.
Früchte: Pflanze ist steril, deshalb keine Bildung von Früchten.
Verbreitung: Herkunft unbekannt, schon seit dem Altertum in Kultur, gegenwärtig noch in Spanien und Marokko in größerem Umfang angebaut.
Allgemeines: Als Safran bezeichnet man die getrockneten Narbenschenkel, die im Oktober geerntet werden. Für 1 Kilogramm der getrockneten Droge werden die Narben von 150 000 Blüten benötigt. Safran riecht stark aromatisch und schmeckt etwas süßlich-würzig. Wirksame Inhaltsstoffe sind der gelbe, wasserlösliche Farbstoff Crocin, Crotecin, der Bitterstoff Picrocrocin und ein ätherisches Öl mit Safranal. Als Arzneidroge ist Safran nicht mehr üblich. Er ist aber, obwohl meist nur in geringen Anteilen, häufiger Bestandteil sogenannter Schwedenkräutermischungen oder von „Schwedenbitter". Äußerliche Anwendung findet Safran in „Zellers Augenwasser". Safran verleiht mit seinem typischen Aroma auch in winzigen Mengen Paella, Bouillabaisse, Risotto milanese und vielen indischen Gerichten, vor allem Reis, Farbe und Geschmack.

Safran wurde schon im Altertum hoch geschätzt. Er wird in den Liedern Salomos erwähnt, und auch griechische Mythen und Dichtungen preisen und bewundern die Schönheit des Safran, seine Farbe und seinen Duft.

Eruca sativa L.
Öl-Rauke, Rauke, Rucola

Familie: Brassicaceae
Habitus: 1-jährige, 20–100 cm hohe, verzweigte, rau behaarte, unangenehm riechende Pflanze, Stängel gefurcht.
Blätter: Wechselständig, leierförmig-fiederteilig, seltener gefiedert, dann mit großem Endlappen und jederseits mit 4–7 Zipfeln.
Blüten: In endständigen, tragblattlosen Trauben, von den 4 aufrechten Kelchblättern 2 an der Basis ausgesackt, Kronblätter weißlich bis blaßgelb, violett geadert, bis 2 cm lang.
Früchte: Schoten schmal-tropfenförmig, bis 2,5 cm lang, Schnabel schwertförmig.
Verbreitung: Mittelmeergebiet bis südl. M-Europa, östl. bis Afghanistan und Turkestan, Kulturland, Wegränder, stellenweise als Salatpflanze in Kultur und verwildert.
Allgemeines: Der Anbau der Ölrauke (vermutlich eine in Kultur genommene ursprüngliche Wildpflanze) läßt sich bis ins griechische und römische Alterum zurückverfolgen. Bei Griechen und Türken war sie früh eine beliebte Heil-, Salat- und Würzpflanze. Die jungen, angenehm scharfwürzig schmeckenden Blätter (Abb. rechts) sind eine delikate Beigabe zu Salat, mit zunehmendem Alter wird ihr Aroma bitter. Gegenwärtig wird die Ölrauke außerdem als Senf-, Öl- und Bienenweidepflanze genutzt. Aus den Samen bereitet man einen scharfen Senf, der vor allem in S-Frankreich, Spanien, Iran und Indien verwendet wird. Aus den Samen wird auch das sogenannte Kolza-Öl, auch Jamba oder Taramira genannt, gewonnen, das in O-Indien, Turkestan und im Hindukusch als Speise- und Leuchtöl sowie als Haarfett benutzt wird. Früher wurde das Öl auch als Diuretikum, Antiskorbutikum, Stimulans und Aphrodisiakum benutzt. Gegenwärtig wird es in Asien noch in der Tierheilkunde eingesetzt. Die Preßrückstände sind ein hochwertiges Futter für Milchvieh, Pferde und Kamele.

Foeniculum vulgare
Mill. var. **dulce** (Mill.) Batt. et Trab.
Gewürz-Fenchel

Familie: Apiaceae
Habitus: 2-jährige 0,5–2 m hohe, kahle, blaugrüne Pflanze, Stängel gerillt.
Blätter: Grund- und stängelständig, die grundständigen Blätter können mit der Basis ihrer fleischig verdickten Blattscheiden eine Knolle bilden, die bei Kultursorten bis 10 cm dick werden kann (siehe Kapitel Obst und Gemüse), Stängelblätter wechselständig, im Umriß dreieckig-länglich, 3- bis 4-fach gefiedert, Abschnitte pfriemlich, etwas fleischig, starr, bis 1 cm lang.
Blüten: In 4- bis 10-strahligen Dolden, Enddolde von den seitlichen überragt, Hüll- und Hüllchenblätter fehlend, Blüten etwa 2,5 mm breit, gelb, Juli–September.
Früchte: 0,5–1 cm lang, grünlich braun, meist in 2 Teilfrüchte mit 5 deutlichen Rippen zerfallend, im Geschmack süßwürzig, anisartig.

Verbreitung: Mittelmeergebiet, Vorderasien, Anbau weltweit in gemäßigten und subtropischen Regionen und sogar in den Höhenlagen der Tropen.
Allgemeines: Fenchel wird seit dem Altertum bei Griechen, Römern, Indern und Chinesen als Gewürz-, Heil- und Gemüsepflanze geschätzt. Gewürzfenchel enthält in den Früchten als wirksamen Inhaltsstoff ein ätherisches Öl mit trans-Anethol und Fenchon. Als Gewürz wird Fenchel zu fettem Fisch gegeben, in Marinaden und Saucen für Schweine- und Kalbfleisch, in Suppen und Salaten, aber auch in Brot und Kuchen und zum Würzen von Likören verwendet. Die Blätter werden gelegentlich zu Salat gegeben. In der Medizin wird Fenchel als leichtes Hustenmittel, bei Verdauungsbeschwerden mit Völlegefühl und leichten Magen-Darmstörungen verabreicht, auch bei Kleinstkindern. Fertigarzneimittel, oft in Form von Tee, enthalten vor allem Oleum Foeniculi, aber auch Fenchelhonig und -sirup als Grundlage für Hustensäfte.

Glycyrrhiza glabra L.
Süßholz, Lakritze

Familie: Fabaceae
Habitus: Ausdauernde, bis 0,3–2 m hohe, Ausläufer bildende Staude, mit dicken, fleischigen, dunkel rotbraunen, jedoch innen gelblichen Wurzeln, Triebe und Blattstiele mehr oder weniger drüsig behaart.
Blätter: Unpaarig gefiedert, Blättchen 9–17, länglich bis verkehrt-eiförmig, stumpf, meist mit aufgesetztem Spitzchen, drüsig punktiert.
Blüten: In blattachselständigen, gestielten Trauben, kürzer als die Tragblätter, Kelch 2-lippig, Blütenkrone 8–12 mm, hellblau oder violett, Juni–September.
Früchte: Hülse bis 3 cm lang, flach, kahl oder locker drüsig-borstig.
Verbreitung: S- und O-Europa, W-Sibirien, Vorderasien, Mittel-Asien, in Kreta, dem westl. Mittelmeergebiet und in S-Europa eingebürgert, Straßenränder, feuchte oder schattige, sandige Ruderalstellen.

Allgemeines: Wirksame Inhaltsstoffe der Süßholzwurzel sind Glycyrrhizin und weitere Triterpensaponine, Flavonoide und Isoflavonoide, Herniarin, Umbelliferon und andere Cumarinderivate sowie Phytosterole. Aus der Wurzel wird durch Auskochen und Eindicken der Lakritzensaft gewonnen, Ausgangsprodukt für die Herstellung von Medikamenten, von Lakritzstangen und -scheiben, zur Aromatisierung von Kautabak und des echten Porterbieres. Beim Genuss von Lakritze sind die Grenzen zwischen Husten-, Magen- und Genussmittel fließend. Süßholz fördert in Hustenmitteln das Lösen des Bronchialsekretes, hilft bei Gastritis und Magengeschwüren und wird zur Behandlung chronischer Leberentzündungen eingesetzt. Aus geschnittenen Wurzeln kann ein Tee bereitet werden. Süßholz ist aber auch in zahlreichen konfektionierten Teemischungen und Fertigarzneimitteln enthalten.

Als Hustenmittel war Süßholz schon im alten Ägypten, in Griechenland und Rom bekannt.

Hyssopus officinalis L.
Ysop

Familie: Lamiaceae
Habitus: Bis etwa 0,5 m hoher, scharf aromatisch duftender Halbstrauch, Äste niederliegend-aufsteigend, Stängel rutenförmig, schwach 4-kantig.
Blätter: Immergrün, gegenständig, lanzettlich bis linealisch, 8–40 mm lang, derb, beiderseits dicht mit Öldrüsen besetzt.
Blüten: Zu 7–15 quirlig in Achseln von Tragblättern, zu einseitswendigen, ährenartigen Ständen vereint, Blüten 5-zählig, stark zygomorph, Kelch zylindrisch, mit 5 gleichen, geschwänzt zugespitzten Zähnen und 15 deutlichen Nerven, Krone blauviolett, selten weiß, 5–7 mm lang, Oberlippe flach, aufrecht-abstehend, ausgerandet, Unterlippe abstehend, 3-spaltig, Juli–August.
Früchte: Klausen eiförmig, 2 mm lang.
Verbreitung: S- und südliches Mittel- und O-Europa, westliches Mittel-Asien, Mittelmeergebiet, NW-Afrika.

Allgemeines: Ysop, eine alte Heil- und Gewürzpflanze, enthält in seinen Sprossen das ätherische Ysopöl. Im Altertum wurde aus der Pflanze ein absinthähnliches Getränk hergestellt und gegen Krankheiten der Luftwege eingesetzt. In Mitteleuropa wird Ysop seit dem 16. Jahrhundert als Gewürzpflanze kultiviert. Die Anwendung des ätherischen Ysopöles ist schon für 1574 nachgewiesen. Das Öl wird bei der Herstellung von Likören, besonders von Chartreuse, und in der Parfümerie benutzt. Es hat eine stimulierende und schweißtreibende Wirkung und lindert Blähungen. Ysop ist als Arzneidroge kaum mehr in Gebrauch und nur noch in einigen Teemischungen zu finden. Blütenblätter und Stängel können in sparsamer Verwendung Salaten, Wildsuppen und Fruchtspeisen beigegeben werden, außerdem, weil verdauungsfördernd, auch fettem Fleisch und Fisch.

Mit dem in der Bibel mehrfach erwähnten Ysop ist *Origanum syriacum* L., der Syrische Dost gemeint.

Lavandula angustifolia Mill.
Echter Lavendel

Familie: Lamiaceae
Habitus: Immergrüner, stark duftender, aufrechter, 0,2–1 m hoher Strauch, junge Zweige weißfilzig.
Blätter: Gegenständig, lanzettlich, länglich oder linealisch, 2–5 cm lang, anfangs weißfilzig, später oberseits verkahlend und grün, Rand umgerollt.
Blüten: In langgestielten, 2–8 cm langen, einfachen, ährenartigen Ständen, die Scheinquirle mit 6–10 Blüten und breit rhombisch-eiförmigen, vorn zugespitzten, 3–7 mm langen Hochblättern, die 2-lippige, blauviolette Blütenkrone 10–12 mm lang, Kelch meist grauviolett, 4,5–7 mm lang, 13-nervig, Juni–August.
Früchte: Klausenfrüchte aus 4 Nüsschen.
Verbreitung: Mittelmeergebiet, in Garigues und Feldfluren, auch feldmäßig angebaut.
Allgemeines: Die Blüten enthalten ätherisches Öl mit Linalylacetat und weiteren Terpenen. Äußerlich ist Lavendelöl ein Hautreizmittel, in Tee- und Fertigarzneimitteln wird es auch bei Oberbauch- und Kreislaufbeschwerden eingesetzt. Größere Bedeutung hat Lavendel aber als Duftstoff für zahlreiche kosmetische Präparate und Duftkissen. Ganze Pflanzen legt man als Duftstoff zwischen die Wäsche. Beim Echten Lavendel hängt der Ölgehalt u.a. vom Wetter ab. Tau, in Verbindung mit hoher Luftfeuchtigkeit, beeinflußt den Ölgehalt negativ. Der Erntezeitpunkt wird deshalb nach dem täglichen Feststellen des Ölgehaltes und nach Beobachtungen von Temperatur und Luftfeuchtigkeit festgelegt.

Zur Gewinnung von Lavendelöl wird seit einigen Jahrzehnten, vor allem in S-Frankreich, nicht mehr der Echte Lavendel, sondern robustere und leichter zu kultivierende Lavendelhybriden, *L.* × *intermedia* Lois., angebaut. Von diesen Hybriden werden in Frankreich jährlich etwa 300000 kg Lavendelöl gewonnen, vom Echten Lavendel noch 50000 kg.

Melissa officinalis L.
Zitronen-Melisse

Familie: Lamiaceae
Habitus: Ausdauernde, 30–90 cm hohe Staude mit starkem Zitronenduft, Stängel meist aufrecht, verzweigt, 4-kantig, abstehend behaart.
Blätter: Gegenständig, kurz gestielt, lanzettlich bis schmal-eiförmig, 2–8 cm lang, regelmäßig grob gekerbt-gezähnt, saftig dunkelgrün.
Blüten: Zu 3–6 in den Achseln der oberen und mittleren Blätter, Kelch 2-lippig, glockig, etwa 8 mm lang, mit 13 Nerven, kurz abstehend behaart, Krone etwa 1 cm lang, weiß oder sehr hell wasserblau, Oberlippe kürzer als die 3-teilige Unterlippe, Juni–August.
Früchte: Nüsschen 1,5–2 mm dick.
Verbreitung: S-Europa, Mittelmeergebiet, Vorderasien, Mittel-Asien, im übrigen Europa eingebürgert, Ufer, Säume, feuchte, schattige Ruderalstellen, als Gewürzpflanze in Deutschland vor allem im Oberrheintal, im Jura und in Thüringen feldmäßig angebaut.
Allgemeines: *M. officinalis* ist eine alte, durch die Römer bei uns eingeführte Bienenfutter-, Gewürz- und Heilpflanze. Ihre Blätter werden als Gewürz und medizinisch verwendet. Im 15. bis 17. Jahrhundert waren vornehmlich Destillate (Melissenwasser) begehrt, etwa der seit 1611 hergestellte und als besonders heilkräftig eingeschätzte, von Karmelitermönchen in Paris hergestellte Karmelitergeist.

Melissenblätter enthalten ätherisches Öl mit Citronellat, Citral, Caryophyllen und weiteren Terpenen. Meliise eignet sich besonders bei leichten Graden von Schlaflosigkeit, bei nervösen Magen-Darmbeschwerden und bei psychovegetativen Herzbeschwerden. Melisse ist in zahlreichen Kombinationspräparaten enthalten. Frische Blätter werden als Würze zu Kräuter- und Fruchtsalaten, Obstsuppen, Marmeladen, Gelees, Gemüse-, Fisch- und Geflügelgerichten, Kräutersaucen und Marinaden gegeben.

Ocimum basilicum L.
Basilikum

Familie: Lamiaceae
Habitus: 1-jährige, 20–40 cm hohe, aromatisch duftende Pflanze, Stängel aufrecht oder aufsteigend, verzweigt, an der Basis verholzend, kahl.
Blätter: Gegenständig, gestielt, 1,5–5 cm lang, schmal-eiförmig, bis elliptisch, ganzrandig oder gesägt, spitz bis zugespitzt, oberseits drüsig punktiert.
Blüten: In locker stehenden Quirlen, Kelch 2–3 mm lang, Krone 5–8 mm lang, weiß oder cremegelb, Oberlippe mit 4–5 stumpfen Zähnen, flach, Unterlippe ganzrandig, Juni–August.
Früchte: Nüsschen schwarz.
Verbreitung: Die Heimat ist nicht sicher bekannt, in den Suptropen angebaut und verwildert.
Allgemeines: Die formenreiche Art ist schon so lange als Gewürzpflanze in Kultur, das die ursprüngliche Heimat nicht mehr festzustellen ist. Man fand bereits in den ägytischen Pyramiden Kränze aus Basilikum. In Persien, Malaysia und Ägypten war Basilikum eine Grabpflanze, in Kreta galt sie als Zeichen unglücklicher Liebe.

Gegenwärtig wird die Art weltweit in gemäßigten, subtropischen und tropischen Ländern kultiviert, besonders in S-Asien und in N-Afrika, aber auch in Europa.

Die Blätter enthalten Basilikumöl, es wird destilliert und medizinisch sowie in der Parfüm- und Likörindustrie gebraucht. Die Blätter werden, vor allem in S-Europa, frisch als Salatgewürz und zu Tomaten gegeben, getrocknet zum Würzen von Pasta, Suppen, Eintöpfen, Gemüse- und Fleischgerichten verwendet. Sie sind Bestandteil der provencalischen Soupe au piston und der italienischen Pesto-Sauce. Basilikum hat sedative und krampflösende Eigenschaften. Es wird eingesetzt als Verdauungshilfe, bei Nervenbeschwerden, Kopfweh, Migräne, Schwindelanfällen und Koliken, in O-Asien als Hustenmittel und in Teilen Afrikas als Wurmmittel.

Origanum vulgare L.
Brauner Dost

Familie: Lamiaceae
Habitus: Ausdauernde, 20–60 cm hohe, aromatisch duftende Staude, Stängel aufsteigend oder aufrecht, allseits gleichmäßig oder auf 2 gegenüberliegenden Seiten stärker behaart.
Blätter: Gegenständig, kurz gestielt, eiförmig bis breit-lanzettlich, 1–4 cm lang, ganzrandig oder auch undeutlich stumpf gezähnt, behaart oder fast kahl, drüsig punktiert.
Blüten: Einzeln oder zu 2–3 in den Achseln kleiner, meist weinrot überlaufener Hochblätter, mehrere dieser Teilblütenstände bilden einen ziemlich dichten, köpfchenartigen Teilblütenstand höherer Ordnung, von denen mehrere einen rispig-straußigen Gesamtblütenstand bilden, Krone 4–7 mm lang, blassrosa, Oberlippe ausgerandet, Unterlippe 3-lappig, Juli–September.
Früchte: 1-samige Nüsschen.

Verbreitung: Europa, Sibirien, Kleinasien, Iran, Himalaja, Taiwan.
Allgemeines: Die Blätter südeuropäischer Pflanzen enthalten das ätherische Öl Thymol. Sie werden oft von Wildpflanzen im Mittelmeergebiet gesammelt und als „Pizzagewürz" nicht selten mit anderen Labiaten gemischt.

O. majorana L. : Der Majoran ist in N-Afrika, dem Mittelmeergebiet, Zypern, W-Anatolien, SW-Asien und östlich bis Vorderindien heimisch. Blätter 0,5–2 cm lang, beiderseits kurz anliegend behaart, Blüten etwa 4 mm lang, weiß, sehr blass lila oder weißlichrot, Oberlippe etwas eingekerbt, Unterlippe 3-lappig. Majoran enthält das ätherische Majoranöl, er wird gegenwärtig weltweit in gemäßigten und tropischen Zonen angebaut. Als Heil- und Gewürzpflanze wird er seit dem Altertum genutzt. Majoran verträgt sich gut mit Thymian und Basilikum und wird als Küchengewürz zu Würsten, Salami, Pizzas, Spaghetti, Füllungen, Tomatengerichten und Kalbfleisch gegeben.

Papaver somniferum L.
Schlaf-Mohn

Familie: Papaveraceae
Habitus: 1-jährige, 0,3–1 m hohe, kahle, blaugrün bereifte, Milchsaft führende Pflanze.
Blätter: Eiförmig bis lanzettlich, mehr oder weniger tief unregelmäßig stumpf gelappt, untere gestielt, die oberen mit breitem Grund stängelumfassend.
Blüten: Äste jeweils mit einer aufrechtstehenden Blüte, 8–10 cm breit, Kronblätter 4, vorne häufig gewellt, am Grunde mit einem dunklen Fleck, Kelchblätter 2, grün, früh abfallend, Juni–August.
Früchte: Kapseln eiförmig, bis 9 cm lang.
Verbreitung: Nur als Kulturpflanze bekannt.
Allgemeines: Der Schlaf-Mohn stammt von dem westmediterranen, kleinkapseligen Borsten-Mohn, *P. somniferum* ssp. *setigerum* (DC.) Corb., ab. Primitive Kultursippen, die in größeren Mengen schon in der Kultur der Schweizer Pfahlbauten nachgewiesen werden konnten, wanderten dann nach Osten, wo sie offenbar auf höheren Alkaloidgehalt selektiert worden sind. Die betäubenden Eigenschaften des Schlaf-Mohns sind seit Jahrtausenden bekannt. Schon um 1400 v. Chr. wurde in Kreta eine Mohngöttin verehrt.

Das in der Medizin angewandte Opium ist der aus den unreifen Mohnkapseln nach Anritzen austretende und eingedickte Milchsaft.

Rohopium enthält etwa 40 Alkaloide, darunter Morphin, Codein, Thebain, Papaperin, Narcotin und Narcein. Morphin, lange Zeit das souveräne Schmerztilgungsmittel, wird heute bei akuten Schmerzen oft durch synthetische Analgetica anderer Strukturen ersetzt. Ein Anbau von Mohn ist gesetzlich geregelt und bedarf der Zustimmung des Bundesgesundheitsamtes. Die ungefährlichen Mohnsamen sind wegen ihres angenehmen, nussartigen Geschmacks beliebt, sie werden vor allem in der Brot- und Feinbäckerei verwendet.

Pimpinella anisum L.
Anis

Familie: Apiaceae
Habitus: 1-jährige, nach Anis duftende, bis 50 cm hohe, fein behaarte Pflanze, Stängel gerillt, im oberen Teil verzweigt.
Blätter: Untere Blätter einfach, 2–5 cm lang, nieren- oder eiförmig, gezähnt oder seicht gelappt, mittlere Blätter gefiedert, die 3–5 Fiedern eiförmig oder verkehrt-eiförmig, gezähnt, die oberen Blätter 2- bis 3fach gefiedert, Fiedern linealisch.
Blüten: In 7- bis 15-strahligen Dolden, Hüllblatt meist fehlend, Hüllchenblätter fädig, wenige oder fehlend, Blüten weiß oder gelblichweiß, Juli–August.
Früchte: 3–5 mm lang, graugrün, birnenförmig, oft nicht in ihre Teilfrüchte zerfallend, kurz und dicht behaart.
Verbreitung: Heimisch vermutlich im östlichen Mittelmeergebiet, in Europa häufig eingebürgert, weltweit in gemäßigten, subtropischen und Höhenlagen der Tropen kultiviert.

Allgemeines: Anis war schon im Altertum als Arznei- und Gewürzpflanze bekannt. Die Früchte waren, zusammen mit vielen anderen Pflanzen, Bestandteil von „Mithridat" und „Theriak", einem Gegenmittel gegen alle Gifte, die König Antiochos der Große von Syrien (224–187 v. Chr.) benutzte. Der wirksame Inhaltsstoff ist ein ätherisches Öl, das trans-Anethol, Methylchavicol und Anisaldehyd enthält. Das ätherische Öl wird teilweise durch die Lungen ausgeschieden und wirkt fördernd auf die Tätigkeit des Flimmerepithels in den Atemwegen ein. Aus vor dem Gebrauch zerquetschen Früchten wird ein Brusttee zubereitet. Anis ist Bestandteil in vielen Teemischungen und zahlreichen Fertigarzneimitteln.

Anis würzt Honig- und Pfefferkuchen, Semmeln und Brot und verleiht vielen Likören und Schnäpsen, wie Pernod, Ouzo und Anis, ihren typischen Geschmack. Das Anisöl des Handels stammt aber meist von *Illicium verum* Hook f., dem Sternanis.

Rosmarinus officinalis L.
Rosmarin

Familie: Lamiaceae
Habitus: Immergrüner, stark aromatisch duftender, 0,5–1,5(–2) m hoher Strauch, Zweige braun, meist aufrecht bis aufsteigend.
Blätter: Gegenständig, sitzend, ledrig, schmal-linealisch, 1,5–3 cm lang, Rand umgerollt, oberseits runzelig und tiefgrün, unterseits weißfilzig.
Blüten: In wenigblütigen Scheinquirlen in kurzen, achselständigen Trauben, die 2-lippige Blütenkrone blau, blassblau, seltener weiß oder rosa, 10–12 mm lang, Oberlippe geteilt, aufrecht bis zurückgebogen, Unterlippe 3-lappig, mit großem Mittellappen, die Staubblätter lang herausragend, Kelch glockig, 2-lippig, Januar–Dezember.
Früchte: Nüsschen braun.
Verbreitung: Mittelmeergebiet, Kanaren, in Garigues, Macchien und lichten Wäldern, häufig als Zierstrauch kultiviert.

Allgemeines: Rosmarin ist als Duft-, Heil- und Würzpflanze, schon seit dem Altertum in Kultur. Er war ein Symbol der Freundschaft, Liebe und Treue, er sollte böse Geister abwehren und Schutz vor Krankheiten gewähren. Bereits Archimedes (285–212 v. Chr.) verwendete ein ausgekochtes „Oleum rosmarini". In alkoholischer Lösung wurde Rosmarinöl um 1300 von Arnold von Villanova dargestellt, es ist damit eines der ersten ätherischen Öle, die man überhaupt gewonnen hat. Als erstes destilliertes Parfüm wurde im 16. Jahrh. das „Aqua Reginae Hungariae" hergestellt. Rosmarinöl stellt auch den Hauptbestandteil von Kölnisch Wasser dar. Das ätherische Öl wird medizinisch in durchblutungsfördernden Einreibungen und Bädern verwendet. Die Blätter dienen als Kochgewürz.

E. eriocalyx Jord. et Fourr. (Spanien und NW-Afrika) duftet weniger aromatisch und hat 5–15 mm lange Blätter. Blütenstiele, Hochblätter und Kelch sind dicht mit langen Drüsenhaaren bedeckt.

Ruta graveolens L.
Wein-Raute

Familie: Rutaceae
Habitus: Bis 60 cm hoher, aufrechter, kahler, streng aromatisch duftender Halbstrauch, die ziemlich steifen, wenig verzweigten, blaugrünen Sprosse an der Basis verholzend.
Blätter: Wechselständig, die unteren mehr oder weniger lang gestielt, die oberen sitzend, unpaarig gefiedert, die Fiedern 1- bis 3-spaltig, die Abschnitte lanzettlich bis schmal-länglich oder verkehrt eiförmig, blaugrün.
Blüten: In lockeren Trugdolden, Endblüten 5-zählig, die seitlichen Blüten 4-zählig, grünlichgelb, die länglich-eiförmigen, gezähnten Blütenblätter löffelförmig vertieft, Kelchblätter lanzettlich, spitz, Juni–August.
Früchte: 6–8 mm dicke, mehrsamige, zur Reife sich öffnende Kapsel mit stumpfhöckerigen (freier Teil der Fruchtblätter) Teilfrüchten.

Verbreitung: Krim, Balkanhalbinsel, Mittelmeergebiet, in S-Europa eingebürgert, weltweit kultiviert.
Allgemeines: Die Blätter der Weinraute enthalten ätherisches Öl, Rutin sowie andere Flavonoide und Cumarinderivate. Seit dem Altertum gilt sie als Arzneipflanze und wird, vor allem in der Volksmedizin, als Beruhigungs- und appetitanregendes Mittel, bei Kreislauf- und rheumatischen Beschwerden und bei Menstruationsstörungen eingesetzt. Die Wirksamkeit ist wissenschaftlich nicht belegt. Die entfernte Geruchsähnlichkeit der ätherischen Öle mit Wein haben der Pflanze den Namen Wein-Raute eingetragen.

R. chalepensis L.: Die stark aromatisch duftende Gefranste Raute kommt im Mittelmeergebiet, östlich bis Arabien in Garigues und Felsfluren vor. Sie unterscheidet sich von der Wein-Raute vor allem durch die am Rande gefransten Kronblätter, die 3-eckig-eiförmigen Kelchblätter und die scharfkantigen Teilfrüchte.

Salvia officinalis L.
Garten-Salbei

Familie: Lamiaceae
Habitus: Wintergrüner, bis 60 cm hoher, graufilzig behaarter Halbstrauch.
Blätter: Gegenständig, gestielt, schmalelliptisch, 3–8 cm lang, dicklich, runzelig, fein gekerbt bis ganzrandig, anfangs dicht graufilzig, später oberseits verkahlend.
Blüten: In Scheinquirlen aus jeweils 5–10 kurz gestielten Blüten, Kelch glockig, 2-lippig, behaart, drüsig punktiert, oft rötlich überlaufen, Krone 2–3,5 cm lang, hell violett, selten weiß, Oberlippe fast gerade, Unterlippe 3-lappig, Mai–Juli.
Früchte: Klausen eiförmig-kugelig, 3 mm.
Verbreitung: N- und M-Spanien, S-Frankreich, W-Balkan, in S- und im südlichen M-Europa sowie in Vorderasien eingebürgert, Garigues, Felstriften.
Allgemeines: Salbei ist eine alte Heil- und Gewürzpflanze. Im alten Rom hielt man die Pflanze für heilig und dazu imstande, Leben zu retten und zu schaffen. Frauen, die nicht schwanger wurden, sollten 4 Tage lang Salbeitee trinken und sich vom Manne fernhalten, danach könne mit Empfängnis gerechnet werden.

Salbeiblätter entalten als wirksame Substanz ätherisches Öl mit Thujon, Cineol und andere Terpenen, Lamiaceen-Gerbstoffe, Carnosol und andere Diterpen-Bitterstoffe, Triterpene und Flavonoide. Äußerlich wird Salbei als Gurgel- und Spülmittel eingesetzt, es wirkt dabei schwach antiphlogistisch, desinfizierend und adstringierend. Reines Salbeiöl hat auch eine bakterizide Wirkung, ist in höheren Dosen, des hohen Thujongehaltes wegen, aber giftig. Bei innerlicher Anwendung lindert Salbei Verdauungsbeschwerden und wirkt hemmend auf die Tätigkeit der Schweißdrüsen ein. In der Küche wird Salbei vornehmlich zum Würzen von Fleisch, Fisch, Eintöpfen und Suppen genutzt und wegen seiner verdauungsfördernden Wirkung mit fettem Schweinefleisch, Ente oder öligem Aal gekocht oder in Füllungen verwendet.

Satureja montana L.
Winter-Bohnenkraut

Familie: Lamiaceae
Habitus: Wintergrüner, aufrechter, bis 35 cm hoher, nach Bohnenkraut duftender Zwergstrauch.
Blätter: Gegenständig, sitzend, ledrig, linealisch-lanzettlich, bis verkehrt-eiförmig, 1–2,5 cm lang, scharf zugespitzt, dunkel drüsig punktiert, ganzrandig und fein begrannt.
Blüten: In kleinen, gestielten, etwas einseitswendigen, dichtstehenden Scheinquirlen, die unteren von 1–2 cm langen Hochblättern überragt, Krone 2-lippig, 6–14 mm lang, weiß, rosa oder violett, Kelch im Schlund behaart, 10-nervig, Juli–August.
Früchte: Klausen rundlich-eiförmig, 1 mm.
Verbreitung: subsp. *montana* von NO-Spanien bis S-Albanien und NW-Jugoslawien, subsp. *illyrica* (Host) Nyman im Nordbalkan.
Allgemeines: Das Winter-Bohnenkraut hat einen schärferen würzigen Geschmack als das Sommer-Bohnenkraut, *S. hortensis* L., wird sonst aber wie dieses verwendet.

S. hortensis, heimisch in S-Europa und Anatolien, ist eine 1-jährige, buschige, bis 25 cm hohe Pflanze mit 3 cm langen, linealischen, weichen und stumpfen Blättern, Blüten zu 2–5 je Scheinquirl, 4–7 mm lang, weiß oder rosa.

Wirksame Inhaltsstoffe bei *S. hortensis* sind Lamiaceen-Gerbstoffe und ätherisches Öl mit Cymol und Carvacrol. Durch den Gehalt an Gerbstoffen wirkt die Droge adstringierend, das ätherische Öl hat eine milde antiseptische, verdauungsfördernde und appetitanregende Wirkung. Bohnenkraut kann bei akutem Magen-Darm-Katarrh und Brechdurchfall, bei Husten und zum Gurgeln bei Halsentzündungen eingesetzt werden.

In der Küche wird das leicht pfeffrig-aromatisch schmeckende Bohnenkraut, weil verdauungsfördernd, vor allem allen Bohnengerichten beigegeben, die bei manchen Menschen bekanntlich Blähungen hervorrufen.

Silybum marianum (L.) Gaertn.
Mariendistel

Familie: Asteraceae
Habitus: 2-jährige, 0,2–1,5 m hohe, aufrechte, kräftige Pflanze, die mit einer großen Blattrosette überwintert.
Blätter: Bis 40 cm lang, kahl, glänzend grün, weiß geadert und gefleckt, buchtig gelappt, Rand dornig, die unteren gestielt, die oberen stängelumfassend.
Blüten: Köpfchen einzeln, 3–8 cm breit, lang gestielt, alle röhrenförmig, rötlich violett, äußere Hüllblätter breit-eiförmig, deren Anhängsel in einen gelben, 2–5 cm langen Dorn endend, April–August.
Früchte: 6–7 mm lange, glänzend schwarze Achäne, Haarkranz 2 cm lang.
Verbreitung: Mittelmeergebiet, SW-Europa, Vorderasien, Viehweiden, Schuttplätze.
Allgemeines: Die Mariendistel wurde schon früh als Küchen- und Medizinpflanze genutzt. Die jungen Stängel wurden als Gemüse, die Wurzeln wie Schwarzwurzeln zubereitet, die Blätter zu Salaten gegeben. Bereits im 12. Jahrhundert berichtet Hildegard von Bingen über die Wirkung der Mariendistel bei Leberleiden. Wirksame Inhaltsstoffe in Blättern und Früchten sind Silymarin, ein Gemisch verschiedener Flavonderivate und andere Flavonoide wie Taxifolin und Kampferöl, fettes Öl und Phytosterole. Silymarin hat eine stabilisierende Wirkung auf Leberzellenmembrane, reagiert mit oxidierenden und reduzierenden Radikalen und beschleunigt die Proteinsynthese in der Leberzelle. In Tierversuchen konnte eine antagonistische Wirkung gegenüber Lebergiften, insbesondere dem Knollenblätterpilz belegt werden. Weil der Silymarin-Wirkstoffkomplex in Leber-Galle-Tees mit Mariendistelfrüchten und -kraut nur wenig wasserlöslich ist, dienen zur Prophylaxe gegenüber toxischen Leberschäden und zur unterstützenden Behandlung von chronisch-entzündlichen Lebererkrankungen und Leberzirrhose heute ausschließlich Extraktpräparate.

Sinapis alba L.
Weißer Senf

Familie: Brassicaceae
Habitus: 1-jährige, bis 80 cm hohe, im oberen Teil verzweigte Pflanze, meist mit steifen, gekrümmten Haaren, selten kahl.
Blätter: Wechselständig, untere fast leierförmig, ungleich grob gezähnt, obere sitzend, mehr oder weniger borstig behaart, meist ungeteilt.
Blüten: Zu 35–50 in Trauben, 4-zählig, Kronblätter 11–14 mm lang, schwefelgelb, Juni–Juli.
Früchte: Schoten 2–4 cm lang, mit langem, zusammengedrücktem Schnabel, borstig behaart, die 4–8 Samen fast kugelig, 1,8–2,5 mm dick, gelblich weiß bis gelb.
Verbreitung: Mittelmeergebiet, Vorderasien bis Indien, in ganz Europa eingebürgert.
Allgemeines: Von den 10 *Sinapis*-Arten hat als Kulturpflanze neben dem Acker-Senf, *S. arvensis* L., (Europa, Asien, Mittelmeergebiet, N-Afrika) vor allem der sehr raschwachsende Weiße Senf eine Bedeutung. Die Sommerölfrucht kommt mit einer Vegetationszeit von 95 bis 105 Tagen aus. Die Pflanze war bereits den Sumerern bekannt, in Mitteleuropa ist sie seit dem frühen Mittelalter als Würz- und Heilpflanze in Kultur. Von wirtschaftlicher Bedeutung sind die Samen, die neben dem Glykosid Sinalbin 25–35 % fettes Öl enthalten, das vor allem zur Herstellung von Speise-, Schmier- und Brennöl sowie von Seife Verwendung findet. Die Samen sind, wie die des Schwarzen Senfes, außerdem ein Küchengewürz, sie werden Konserven beigegeben sowie zur Herstellung von Senf und medizinischen Präparaten genutzt. Die Samen lassen sich, wie die der Kresse, in der Küche treiben, sie keinem aber rascher, und die Keimsprossen sind nach 3 Tagen gebrauchsfertig. Gekeimte Sprosse werden frischen Salaten beigegeben, sie sind sehr wertvoll, weil sie viele Mineralstoffe und Vitamine enthalten.

Thymus vulgaris L.
Echter Thymian

Familie: Lamiaceae
Habitus: 10–30 cm hoher, stark aromatisch duftender Strauch, Zweige bogig aufsteigend oder aufrecht, allseits gleichmäßig mit sehr kurzen Haaren.
Blätter: Gegenständig, kurz gestielt, linealisch bis elliptisch, 4–9 mm lang, Mittelnerv vorstehend, Blattrand umgerollt, oberseits schütter und kurz behaart, unterseits dicht weißfilzig.
Blüten: An den Zweigenden in einem mäßig dichten, zylindrischen Blütenstand, Scheinquirle in den Achseln von blattähnlichen Hochblättern, die 2-lippige Krone weißlich bis blasspurpurn, 4–6 mm lang, Kelch glockig, 2-lippig, 3–4 mm lang, 10- bis 13-nervig, April–Juni.
Früchte: Klausenfrüchte mit 4 Nüßchen.
Verbreitung: Westliches Mittelmeergebiet bis SO-Italien, Garigues, auf kalkhaltigen Böden, oft große Bestände bildend, Charakterpflanze der spanischen „Tomilares".

Allgemeines: Der Echte Thymian ist eine seit dem Altertum bekannte Heil- und Gewürzpflanze. Sie soll seit dem 11. Jahrh. auch in Mitteleuropa bekannt sein. In der Volksmedizin gilt Thymian als schleimlösend, auswurffördernd und krampflindernd und deshalb als bewährtes Mittel bei Unterleibskrämpfen, Koliken, Kopfschmerzen, Keuchhusten, Katarrhen der Luftwege, Tuberkulose, Lungenentzündung und Bronchialasthma. Äußerlich wurde Thymian angewandt bei Quetschungen, Verrenkungen und Geschwüren oder als Badezusatz für scrofulöse Kinder. Die Pflanze enthält ein ätherische Öl mit Thymol und Carvacrol, Borneol und anderen Terpenen, daneben noch Laminaceen-Gerbstoffe, Flavonoide und Triterpene. Thymol hat eine antiseptische und fungizide Wirkung. Es ist Bestandteil zahlreicher Husten- und Bronchialtees. Seiner keim- und geruchshemmenden Wirkung wegen wird es in Nasen-, Mund-, Gurgel- und Rasierwässern verwendet.

Obst

Das letzte Kapitel dieser Flora befaßt sich mit mediterranen Obstarten. Nicht wenige von ihnen sind regelmäßig auch auf unseren Märkten zu finden.

Unter den Obstarten des Mittelmeerraumes (*Acca* bis *Ziziphus*) nehmen die Zitrusfrüchte eine überragende Stellung ein. Sie sind zwar ursprünglich nicht im Mittelmeergebiet heimisch, teilweise aber schon v. Chr. in den mediterranen Raum gebracht worden. Neben den wichtigsten Arten dieser Gruppe, den Orangen und Zitronen, werden der Vollständigkeit halber und um die uneinheitliche Benennung von Limone und Limette erläutern zu können, auch einige Arten (*Citrus aurantiifolia, Citrus maxima*) behandelt, die eher in tropischen Ländern angebaut werden, als Früchte aber auch bei uns auf den Märkten zu finden sind.

Einige Obstarten, die ihre Heimat im Mittelmeergebiet haben oder dort eingebürgert sind, wurden schon in früheren Kapiteln behandelt: der Olivenbaum (*Olea europaea*), der Johannisbrotbaum (*Ceratonia siliqua*) und der Feigenkaktus (*Opuntia ficus-indica*) im Kapitel Immergrüne Laubgehölze, die Dattel *(Phoenix dactylifera)* im Kapitel Palmen sowie die Esskastanie (*Castanea sativa*) und die Maulbeerbäume *(Morus alba* und *Morus nigra)* im Kapitel Sommergrüne Laubgehölze.

Clementinen

Acca sellowiana
(O. Berg) Burret
Feijoa

Familie: Myrtaceae
Habitus: Immergrüner Baum oder kleiner Strauch, Triebe, Knospen und Blattunterseiten kurz weißfilzig.
Blätter: Gegenständig, durch eingelagerte Öldrüsen punktiert, ledrig, elliptisch bis eiförmig, 3–8 cm lang, ganzrandig, oberseits glänzend dunkelgrün.
Blüten: Einzeln in den Achseln der untersten Blätter der jungen Triebe, 3–4 cm breit, die 4 Kronblätter breit elliptisch-löffelförmig, zuletzt zurückgeschlagen, weißlich, an der Spitze rosa, die sehr zahlreichen, karminroten Staubblätter bis 2,5 cm lang, die Staubfäden gelb, Juli.
Früchte: Eiförmige, 5–8 cm lange, vom bleibenden Kelch gekrönte, stark duftende Beeren, Fruchtschale fest, ledrig, grünlich, mit runzeligen Auswüchsen bedeckt, Fruchtfleisch geleeartig fest, weißlich bis lachsfarben.

Verbreitung: Heimisch in S-Brasilien, Uruguay, Paraguay und N-Argentinien; Anbau in Europa in Frankreich, Italien und Israel, vor allem aber in den Subtropen Asiens und Afrikas, in Kalifornien, Florida, Indochina und Neuseeland.
Allgemeines: Der säuerlichsüße, würzige Geschmack der Feijoafrüchte erinnert an Ananas, Bananen und Erdbeeren.

Ihr Gehalt an Vitamin C schwankt zwischen 28 und 100 mg pro 100 g Fruchtfleisch. Die Früchte werden meist frisch gegessen und zu gemischten Obstsalaten gegeben. Das an der Luft rasch braun werdende Fruchtfleisch beträufelt man mit Zitronen- oder Limettensaft. Die nur wenig haltbaren Früchte können auch kandiert oder zu aromatischen Gelees oder Marmeladen verarbeitet werden.

Nahe verwandt ist die Feijoa u.a. mit den tropischen Fruchtarten Guave, *Psidium guajava* L., dem Rosenapfel, *Syzygium jambos* (L.) Alston, und der Gewürznelke, *Syzygium aromaticum* (L.) Merr. et L. M. Perry.

Actinidia deliciosa (A. Chev.) C. F. Liang et A. R. Ferguson
Kiwipflanze

Familie: Actinidiaceae
Habitus: Sommergrüne, linkswindene Kletterpflanze, bis 8 m hoch windend, junge Zweige mit braunroter, filziger Behaarung, Mark gelblich, gekammert.
Blätter: Herz-eiförmig oder rundlich, 8–12 cm lang und gleich breit, zugespitzt, an Fruchttrieben stumpf, Basis herzförmig, derb, oberseits dunkelgrün und kahl, unterseits dicht graufilzig-sternhaarig, am Rand fein gezähnt.
Blüten: 5-zählig, Krone schalenförmig, die männlichen Blüten einzeln in Blattachseln. Zwittrige meist zu 3, gelblichweiß, im Verblühen cremefarben bis gelbbraun, 3–5 cm breit, bei Kultursorten meist größer, Staubbeutel zahlreich, gelb, Juni.
Früchte: Eiförmige, 3–5 cm lange (Kultursorten größer), saftig-fleischige, gelbgrüne, mit bräunlichen Haaren bedeckte Beeren.

Verbreitung: Heimisch in China, vor allem an Waldrändern im Yangzi-Jiang-Tal, in China deshalb als „Yang-Tao" bezeichnet. Zunächst in Neuseeland, heute weltweit von den Suptropen bis in die gemäßigten Zonen in Plantagen angebaut.
Allgemeines: Die Gattung *Actinidia* umfaßt etwa 40 Arten, deren Hauptverbreitung in China liegt. *A. deliciosa* ist die wirtschaftlich wichtigste Art der Gattung, sie hat von allen Arten die größten Früchte und wird in zahlreichen Sorten kultiviert. Eine der besonders häufig angebauten Sorten ist die abgebildete 'Hayward'. Die Früchte zeichnen sich durch eine lange Haltbarkeit aus, sie sind bei 0 °C bis zu 6 Monate lagerfähig. Mit einem Vitamin-C-Gehalt von 300 mg pro 100 g Fruchtfleisch gehören sie zur Spitzenklasse der Vitaminträger. Die Früchte werden überwiegend frisch verzehrt oder in Fruchtsalaten verarbeitet. Der Name Kiwi stammt von dem in Neuseeland heimischen, nachtaktiven Schnepfenstrauß, der von den Maoris Kiwi genannt wurde.

Citrus aurantiifolia
(Christm. et Panz.) Swingle
Limette, Saure Limette

Familie: Rutaceae
Habitus: Kleiner, 3–5 m hoher, unregelmäßig verzweigter Baum, Zweigdornen kurz, starr, scharf zugespitzt.
Blätter: Elliptisch-eiförmig, 5–7 cm lang, gekerbt, hellgrün.
Blüten: Klein, weiß, zu wenigen in achselständigen Büscheln.
Früchte: Kugelig oder zitronenähnlich, 3–6 cm breit, Schale weich, dünn, deutlich punktiert, anfangs dunkelgrün, zur Vollreife glänzend gelbgrün bis gelb, Fruchtfleisch grünlich, sehr saftig und aromatisch, sehr sauer, meist kernlos.
Verbreitung: Malakka, Malaiischer Archipel, in den Tropen und in Florida eingebürgert. Die Limette gilt als besonders kälteempfindliche Zitrusart, sie wird deshalb vorwiegend in feuchttropischen Regionen angebaut, außer in ihrer Heimat auch in Sri Lanka, Indien, Ägypten, Kenia, Mexiko, den Westindischen Inseln, der Dominikanischen Republik, Brasilien und Florida.
Allgemeines: Die Früchte sind reich an Mineralstoffen wie Kalium, Calcium und Phosphor, sowie an ätherischen Ölen. Der Vitamin-C-Gehalt ist mit 27–30 mg pro 100 g Fruchtfleisch niedriger als der von Zitronen.

Limetten, nicht selten unkorrekt auch als Limonen bezeichnet, ersetzen in tropischen Regionen oft die Zitronen. Sie sind im Geschmack milder als Zitronen und werden in der Küche in gleicher Weise verwendet wie diese. Limetten können frisch zu Fleisch- und Fischgerichten oder zu Obstsalaten gegeben werden. Industriell werden die Früchte zur Herstellung von Pulpe und Saftkonzentraten verarbeitet. Der erfrischende Saft (Lime juice) ist als Zusatz zu alkoholischen oder alkoholfreien Getränken beliebt. Aus Pulpe lassen sich Sirup, Marmeladen und Speiseeis herstellen. Durch Kaltpressen oder Destillation gewinnt man aus den Früchten ein ätherisches Öl.

Citrus aurantium L.
Pomeranze

Familie: Rutaceae
Habitus: Immergrüner, bis 10 m hoher, rundkroniger Baum, Zeige mit dünnen, stumpfen, meist kurzen, an starkwüchsigen Jungtrieben aber auch bis 8 cm langen Dornen.
Blätter: Eiförmig, 7–10 cm lang, vorne stumpf, an der Basis keilförmig oder breit abgerundet, der 2–3 cm lange Blattstiel nahe der Blattbasis breit geflügelt.
Blüten: Einzeln oder in Büscheln, groß, weiß, duftend, Fruchtknoten 10- bis 12-fächrig.
Früchte: Abgeplattet-kugelig, 5–7 cm breit, zur Reife innen hohl (die zentrale Marksäule fehlt), Schale dick, rau, mehr oder weniger höckrig, leuchtend orange bis rötlich, mit tief eingesenkten Öldrüsen, Fruchtfleisch sauer, mit zahlreichen Samen.
Verbreitung: Heimisch in China, an den Südhängen des Himalaja und Indien; Anbau in Spanien (Sevilla), Sizilien, Frankreich, den Tropen und Subtropen.
Allgemeines: Das roh nicht genießbare Fruchtfleisch wird zu Pulpe verarbeitet, die zur Herstellung von bitteren Orangemarmeladen, Konfitüren und Likören (Curaçao, Cointreau) verwendet wird. Die dicken Schalen werden, meist gewürfelt, kandiert, glasiert oder nicht glasiert und sind als Orangeat eine beliebte Backzutat. Aus dem Presssaft der Schalen reifer Früchte wird Pomeranzenöl für die Parfümherstellung gewonnen. Aus den Blüten läßt sich Nerolilöl gewinnen, aus den Blättern Petitgrain-Öl, beide werden in der Parfümherstellung gebraucht.

Überwiegend zur Herstellung von Parfümen wird auch das aus den Schalen der **Bergamotte**, *C. bergamia* Risso et Poit., gewonnene, angenehm duftende, ätherische Bergamotteöl verwendet. Es dient außerdem zur Aromatisierung von Getränken und Süßwaren sowie zum Parfümieren von Tee und Tabak.

Citrus limon (L.) Burm. f.
Zitrone, Saure Zitrone, Limone

Familie: Rutaceae

Habitus: Immergrüner, kleiner, 2–7 m hoher Baum, Zweige mit wenigen oder zahlreichen, kurzen, dicken, steifen Dornen.

Blätter: Länglich-eiförmig, vorne spitz, mehr oder weniger gesägt, hellgrün, Stiel schmal geflügelt.

Blüten: Einzeln oder in kleinen Büscheln, in der Knospe rötlich getönt, Blütenblätter oberseits weiß, außen purpurn getönt, Staubblätter 20–40, meist gleichzeitig blühend und fruchtend.

Früchte: 7–15 cm lang, 5–7 cm breit, oval bis eiförmig, meist an beiden Enden wulstig gebuckelt oder zitzenförmig ausgezogen, Schale rau bis fast glatt, grün bis gelb, innen weiß und schwammig-trocken, das Fruchtinnere besteht aus 7–10 Fächern mit eiförmigen Kernen, Ernte meist 3-mal jährlich.

Verbreitung: W-Asien, S-China, Vorderindien; Anbau vor allem in Sizilien, den USA (Kalifornien, Arizona, Florida), Spanien, Mexiko, Argentinien, Türkei, Griechenland und anderen mediterranen Ländern. Gegenwärtig haben spanische Zitronen einen Anteil von 85 % der deutschen Einfuhr, Italien nur noch 10 %.

Allgemeines: Das Fruchtfleisch der Zitronen enthält vor allem Zitronensäure (3,5–7 %) und, neben anderen Vitaminen, im Mittel 50 mg Vitamin C pro 100 g Fruchtfleisch. Zitronenbäume können gleichzeitig Blüten, unreife und reife Früchte tragen. Aus 2 Blütezeiten kann dreimal jährlich geerntet werden. In Italien werden die Früchte eines gleichen Baumes deshalb unterschiedlich benannt:

Primofiori, Ernte aus der ersten Frühjahrsblüte (Februar bis März) von November bis Mitte April, Früchte dann noch grünglänzend, dickschalig, wenig saftig.

Limoni, Ernte, ebenfalls aus der ersten Blüte, von Dezember bis Mai – Juni, Früchte gelblich, dünnschalig, sehr saftig und haltbar, gelten als die besten Zitronen.

Verdelli, Ernte von Juni bis September aus einer durch künstliches Trockenhalten der Bäume erzwungenen zweiten Blüte, Früchte noch grün und wenig saftreich, sie müssen nachreifen.

Wichtige Sorten sind:

'Verna', Anbau vor allem in Spanien, Ernte von Februar bis August, Früchte mittelgroß bis groß, oval bis länglich, vorne mit ausgesprochenem „Nippel", Schale gelb, Fruchtfleisch grünlichgelb, nicht besonders saftig, Säuregehalt aber vergleichsweise gering, heute im Mittelmeergebiet vor 'Primofiori' die bedeutendste Sorte.

'Eureka', wichtigste Sorte der meisten Anbauländer außer in Spanien und Italien; Frucht mittelgroß, oval bis länglich, meist mit kurzem Nacken am Stielende und oft mit kleinem, spitzem, oft zur Seite gebogenem „Nippel", Schale gelb, fest am sehr saftigen, säurereichen Fleisch haftend.

'Lisbon' ist der vorigen Sorte sehr ähnlich und zeichnet sich durch hohe Fruchtbarkeit aus, Frucht mittelgroß, am Stängelansatz mit großem, hervorstehendem „Nippel".

Citrus limetta Risso, heimisch im tropischen Asien, wird als **Süße Zitrone** bezeichnet, weil sie weniger herb im Geschmack ist als die Zitrone. Sie wird außer in Asien auch in Ägypten angebaut, hat aber für den europäischen Markt keine Bedeutung. Im Mittelmeergebiet wird sie gelegentlich in Gärten kultiviert. Der kleine Baum hat 8–10 cm lange, spitz-eiförmige Blätter. Der kurze Blattstiel ist kaum oder nicht geflügelt. Die zitronenförmigen, hellgelben Früchte haben eine aufgesetzte, halbkugelige Spitze.

Foto Seite 326 Citrus limon

Verbreitung: Heimisch im tropischen und subtropischen SO-Asien, von Indien über Malaysia bis nach China und Japan; Anbau auf den Westindischen Inseln, in Florida, Kalifornien, S-Afrika (Kapland) und Israel.

Allgemeines: Das Fruchtfleisch der Pampelmusen ist reich an Provitamin A und Vitamin C. Sie werden frisch verzehrt oder industriell zu Marmeladen, Gelee oder Fruchtsirup verarbeitet. In Malaysia und China wurde die Frucht auch als Heilmittel benutzt.

In Malaysia werden vor allem die sehr saftigen, süßen und fast samenlosen Sorten 'Banda Navel', 'Cassomba' und 'Djeroek Bali' angebaut; in Java sind 3 Sorten mit rotem Saft von Bedeutung: 'Pandan', 'Beuer' und 'Pandan Wangi'; in Indien wird vor allem 'Bombay Red' (Fruchtfleisch tiefrot), in Japan 'Hirado' und in China 'Sungma' angebaut.

Citrus maxima (Burm.) Merr.
Pampelmuse

Familie: Rutaceae
Habitus: Immergrüner, bis 15 m hoher, rundkroniger Baum, junge Zweige behaart, Zweigdornen stumpf, dünn, oft fehlend.
Blätter: Eiförmig-elliptisch, 10–20 cm lang, vorne spitz, an der Basis abgerundet, oberseits glänzend dunkelgrün, unterseits behaart, Blattstiel sehr breit geflügelt.
Blüten: Einzeln oder in kleinen Büscheln, weiß.
Früchte: Die größten aller Zitrusfrüchte sind kugelig, abgeplattet oder breit-birnenförmig, 10–25 cm breit, bis 6 kg schwer, Schale dick, pappig, hell zitronengelb, Fruchtfleisch in Segmente mit relativ derben Segmenthäuten geteilt, grünlichgelb oder rot, im Geschmack süß-säuerlich, würzig und leicht bitter. Der leicht bittere Geschmack der Früchte ist auf den Gehalt an Naringin zurückzuführen.

Aus einer Kreuzung zwischen Pampelmuse *(Citrus maxima)* und Grapefruit *(Citrus × paradisi)* entstand die Frucht Pomelo (Beschreibung Seite 329).

Citrus medica L.
Zitronat-Zitrone

Familie: Rutaceae
Habitus: Immergrüner Strauch oder kleiner, bis 4–5 m hoher Baum, junge Zweige purpurn getönt, Zweigdornen zahlreich, kurz, dick.
Blätter: Elliptisch-eiförmig, 10–18 cm lang, gesägt, vorne abgerundet, an der Basis abgerundet oder keilförmig, Stiel kurz, schwach geflügelt.
Blüten: Zwittrig oder männlich, in kurzen, wenigblütigen Trauben, Blütenknospen und die Blütenblätter außen purpurn getönt, die Blütenblätter innen weiß, Staubblätter 30–40 oder mehr, Fruchtknoten 10- bis 13teilig, jährlich bis zu 3 Blütezeiten.
Früchte: Groß, eiförmig oder länglich, 15–30 cm lang und 10–15 cm breit, bis 2,5 kg schwer, duftend, zur Reife zitronengelb, Schale sehr dick und warzig-runzelig, Fruchtfleisch hellgrün, säuerlich-herb, Samen zahlreich, groß.
Verbreitung: Heimisch ursprünglich in SO-Asien, Vorderindien und S-Arabien, heute verbreitet bis ins Mittelmeergebiet und die Suptropen von N-Afrika, N- und S-Amerika; Anbau vor allem in Italien (Sizilien, Kalabrien, Kampanien), Korsika, Kreta, Spanien, N-Afrika, Puerto Rico, Kalifornien und Indien.
Allgemeines: Die Zitronat-Zitrone ist in Mesopotanien schon seit 4 000 v. Chr. in Kultur. Als erste Zitrusart kam sie um 300 v. Chr. durch Alexander den Großen ins Mittelmeergebiet.

Das vitaminreiche Fruchtfleisch macht nur einen geringen Anteil der Frucht aus. Die Früchte werden ausschließlich industriell verarbeitet, die meist noch unreifen Schalen zu Zitronat (Sukkade), das Fruchtfleisch zur Herstellung von Marmeladen, Sirup, Getränken (z.B. „Zedernpunsch"), Essenzen oder Parfümen.

In Japan hat *C. medica* eine große mytholgische Bedeutung. Zusammen mit dem Pfirsich und dem samenreichen Granatapfel bildet sie die oft gemalte und in Versen besungene Gruppe der „drei Glücksfrüchte".

Die **Ethrog-Zitrone**, *C. medica* 'Ethrog', spielt beim jüdischen Laubhüttenfest seit altersher eine große Rolle. Bibelübersetzer gehen davon aus, das mit dem hebräischen „etz hadar" („schöne Bäume"), die Ethrog-Zitrone gemeint ist, eine der 4 Baumarten, die zum Bau der Laubhütte verwendet wurden.

Die **Finger-Zitrone**, in China als „Buddhahand" bezeichnete *C. medica* 'Fingered' (= var. *sacrodactylis*), hat große, leuchtendgelbe Früchte, die am oberen Ende fingerartig aufgespalten sind. Die meist 10 (– 13) „Finger" sind je nach Sorte faustartig gekrümmt oder fast völlig freistehend. Sie können so der typischen Gebetshaltung der Hände der Buddhisten gleichen.

Citrus × paradisi Macfad.
Grapefruit

Familie: Rutaceae
Habitus: Großer, rundkroniger, dicht beblätterter Baum, Zweige dünn, anfangs kantig, kahl oder fast kahl.
Blätter: Eiförmig, größer als bei *C. sinensis*, kleiner als bei *C. maxima*, vorne stumpf, an der Basis breit abgerundet, Stiel mit ziemlich breiten, verkehrt-lanzettlichen, bis verkehrt-eiförmigen Flügeln.
Blüten: Einzeln oder in kleinen Büscheln in den Blattachseln, Kronblätter kleiner als bei *C. maxima*, größer als bei *C. sinensis*.
Früchte: Kugelig oder breit-kugelig, 10–15 cm breit, Schale dick, fest, hellgelb bis rötlichgelb, Fleisch sehr saftreich, etwas herbsäuerlich bis bitter, mit wenigen Kernen oder kernlos, Innenschale weiß, wattig.
Verbreitung: 1837 auf den westindischen Inseln aus *C. maxima* × *C. sinensis* entstanden. Anbau in zahlreichen tropischen Ländern sowie in den Mittelmeerländern Israel und Marokko.

Allgemeines: Das Fruchtfleisch der Grapefruit, nicht selten auch als Pampelmuse bezeichnet, ist reich an wertvollen Inhaltsstoffen, u.a. dem schwach bitter schmeckenden Limon mit dem hochwertigen Vitamin-P-Faktor Naringin, außerdem enthält das Fruchtfleisch Mineralien, Spurenelemente und Vitamine. Der Vitamin-C-Gehalt liegt zwischen dem der Apfelsine und Zitrone.

Das Fruchtfleisch wirkt appetitanregend, es fördert die Verdauung und die Darmperistaltik, es wirkt darmreinigend und als mildes, natürliches Abführmittel, besonders dann, wenn es morgens auf nüchternen Magen genossen wird. Dazu sollten neben dem Saft auch das Fruchtfleisch mit seinen Ballaststoffen gegessen werden.

Aus einer Kreuzung zwischen Pampelmuse, (*C. maxima*), und Grapefruit ist in Israel die **Pomelo** (Abb. S. 327) entstanden. In angelsächsischen und romanischen Ländern ist Pomelo (Pummello) auch die Bezeichnung für Grapefruit und Pampelmusen. 1974 wurden die ersten Früchte in die Schweiz und in die Bundesrepublik importiert. Die Pomelo ist kleiner als die Pampelmuse, aber größer als die Grapefruit. Sie ist birnenförmig oder spitz rundlich, hat eine ziemlich glatte, weißgelbe bis grünliche, grobporige, sehr dicke, dem Fruchtfleisch fest anliegende Schale. Das in Segmente aufgeteilte Fruchtfleisch ist hellgelb, bei einigen neueren, kernlosen Sorten auch weiß oder rosafarben, es schmeckt angenehm säuerlich, die weiße Haut unter der Schale dagegen bitter. Die Inhaltsstoffe gleichen denen der Grapefruit.

Citrus reticulata Blanco
Mandarine

Familie: Rutaceae
Habitus: Immergrüner Strauch oder 4–6 m hoher Baum, Zweige dünn.
Blätter: Lanzettlich bis breit-lanzettlich, bis 4 cm lang, Stiel schmal geflügelt.
Blüten: Einzeln oder in kleinen, achselständigen Büscheln, weiß.
Früchte: Kugelig bis abgeplattet-kugelig, bis 8 cm dick, gelborange, Schale sehr dünn, dem Fruchtfleisch nur lose anhaftend und sich gut lösend, Fruchtfächer 9–12, Fruchtfleisch zart, saftig, farbkräftig, süß-aromatisch, orangenähnlich, mit bis zu 25 Kernen, es enthält Provitamin A, Vitamin C und reichlich Zucker.
Verbreitung: Heimisch in SO-China, NO-Indien und auf den Philippinen; Anbau heute weltweit, seit 1805 im Mittelmeergebiet, Anbau dort vor allem in Sizilien, Spanien, Marokko, Ägypten, Israel, Libanon und Türkei.

Allgemeines: Zu den Mandarinen werden eine Fülle von Varietäten, Formen und Kreuzungen gestellt, die spontan oder durch systematische Kreuzungen entstanden sind und die sich mehr oder weniger deutlich voneinander unterscheiden.

Die eigentliche, gewöhnliche Mandarine hat 2 Varietäten: **Satsuma**, *C. reticulata* var. *unshiu*, und **Tangerine**, *C. reticulata* var. *tangerine*.

Häufig angeboten werden auch **Clementinen** (Abb. S. 329). Sie sind vermutlich aus einer Kreuzung zwischen Mandarine und Pomeranze, *C. aurantium*, hervorgegangen. Sie sind 1902 von Pierre Clément gefunden und nach ihm benannt worden.

Clementinen haben kleine bis mittelgroße, abgeflacht-rundliche Früchte mit glatter, glänzender, orange bis rötlicher, mitteldicker Schale, die sich etwas schwerer vom Fruchtfleisch löst als bei Mandarinen. Das dunkelorange, sehr saftige, angenehm süße und aromatische Fruchtfleisch enthält keine oder nur wenige Kerne. Für Clementinen mit mehr als 10 Kernen hat sich im Anbau, im Handel und beim Verbraucher die Bezeichnung „Monreales" durchgesetzt.

In den letzten Jahren haben weitere *Citrus*-Hybriden eine kommerzielle Bedeutung gewonnen, besonders die Tangelos und Tangors.
Tangelos (*C. × paradisi × C. reticulata*) sind apfelsinengroß und haben eine dünne, sich leicht ablösende Schale. Die Früchte sind saftreicher als Grapefruit und enthalten mehr Vitanim C als diese. Hauptsorten sind 'Orlando' und 'Minnola'.
Tangors (*C. reticulata × C. sinensis*) zeichnen sich dadurch aus, daß sie auch in heißen, wüstenartigen Klimazonen sowie in subtropischen und tropischen Regionen angebaut werden können. Einer der Hauptlieferaten bei uns ist Israel mit der Sorte 'Ellendale'.

Citrus sinensis (L.) Osbeck
Apfelsine, Orange

Familie: Rutaceae
Habitus: Immergrüner, 8–13 m hoher, rundkroniger Baum, Zweige anfangs kantig, Zweigdornen dünn, stumpf, gelegentlich fehlend.
Blätter: Mittelgroß, vorne spitz, an der Basis abgerundet, Stiel schmal geflügelt.
Blüten: Einzeln oder in kleinen, achselständigen Trauben, stark duftend, weiß, Staubblätter 20–25.
Früchte: In Form, Farbe und Größe stark variierend, sie sind groß oder klein, oval, kugelig oder abgeplattet-kugelig, mattgelb bis leuchtend orangegelb und rot; unter der Schale befindet sich eine weiße, pelzig-schwammige Schicht, die als Albedo bezeichnet und vor dem Verzehr entfernt wird; Fruchtfleisch gelb bis blutrot, saftig, süß-säuerlich, in 6–12 kernlose oder Kerne enthaltende Segmente geteilt.
Verbreitung: Vermutlich in S-China entstanden, dort seit 3000 Jahren in Kultur; Anbau heute weltweit in allen wärmeren Zonen, die Weltproduktion beträgt mehr als das Fünffache der Mandarinen und das Siebenfache der Zitronen.
Allgemeines: Zu den Orangen gehört eine nahezu unübersehbare Fülle von Sorten (400–1000), die verschiedenen Gruppen zugeordnet werden können:
Winter-Orangen werden überwiegend aus dem Mittelmeergebiet importiert und kommen von November bis Mai – Juni auf den Markt. Zu ihnen gehören die Blond- und Blutorangen mit ihren verschiedenen Untergruppen.
Blond-Orangen (Navel-Orangen) stammen vorwiegend aus den westlichen Mittelmeerländern (Spanien, Marokko, Algerien), aus Griechenland und der Türkei. Sie sind an ihrem eigentümlichen Nabel (engl. = navel) zu erkennen. Der Nabel am früheren Blütenansatz ist nicht völlig geschlossen, weil sich darunter und zwischen den Fruchtsegmenten noch eine kleine, verkümmerte Tochterfrucht befindet, die bei den älteren Sorten die Kerne

Obst 331

aufnehmen sollte. Moderne Sorten sind kernlos, sie haben ein gelbes, aromatisches Fruchtfleisch und sind leicht zu schälen. Hierzu gehören u.a. die Hauptsorten 'Washington Navel', 'Thompson-Navel' und 'Navelina'.

Die bekannteste und am häufigsten angebaute Sorte dieser Gruppe ist die spät reifende, wärmebedürftige 'Valencia Late' (siehe Abbildung), die in der Regel gleichzeitig blüht und fruchtet. Hauptanbauländer sind neben den Tropen und Subtropen verschiedener Länder Spanien, Marokko, Israel und Zypern. Die rundlichen bis ovalen Früchte werden in den Mittelmeerländern vorwiegend von Anfang Februar bis Mitte Mai, außerhalb Europas von Juli bis Mitte November geerntet. Die Früchte haben eine dünne, glatte, leicht gekörnte, kräftig gefärbte Schale und ein hocharomatisches Fruchtfleisch mit wenigen oder fehlenden Kernen.

Von den übrigen Sorten der Blond-Orangen sind u.a. die „Jaffa-Orangen" ein Begriff. Unter diesem warenzeichenrechtlich geschützen Namen wird vor allem die in den östlichen Mittelmeerländern (Israel und Zypern) angebaute Sorte 'Shamouti' vertrieben. Die großfrüchte Sorte hat eine dicke, zähe, etwas raue Schale, die sich leicht ablösen läßt. Die Fruchtsegmente lassen sich leicht teilen. Das Fruchtfleisch ist hellorange, fest, saftig und süß-aromatisch.

Der Handelsbezeichnung „Jaffa-Orangen" entsprechen die Bezeichnungen „Sunkist" für Orangen aus Kalifornien und „Outspan" für Früchte aus S-Afrika.

Blut-Orangen werden vorwiegend von Dezember bis April angeboten. Die Verfärbung von Fruchtfleisch und Schale wird durch eine Anreicherung des Zellsaftes mit dem Farbstoff Anthocyan hervorgerufen, der sich unter dem Einfluß von Säure rot verfärbt. Man unterscheidet Voll- und Halbblutorangen, jeweils mit einer Reihe von Sorten. Bei Vollblut-Orangen sind Schale und Fruchtfleisch rot gefärbt, bei den Halbblut-Orangen hat die Schale keine oder eine leichte Rotfärbung, das Fruchtfleisch ist mehr oder weniger rot gefärbt.

Sommer-Orangen werden von Mai bis November eingeführt. Weil sie zu dieser Zeit mit zahlreichen anderen Obstarten konkurrieren, haben sie eine weit geringere Bedeutung als Winter-Orangen. Im Gegensatz zu den Winter-Orangen, die fast ausschließlich frisch verzehrt werden, sind Sommer-Orangen teilweise auch zum Entsaften geeignet. Hauptlieferant von Sommer-Orangen ist S-Afrika, von dort kommen Früchte von Mai bis November. Aus dem Mittelmeergebiet wird eine der Hauptsorten, 'Valencia Late', neuerdings noch bis in den Juli hinein geliefert.

Apfelsinen enthalten Rohr-, Trauben- und Fruchtzucker, Zitronen-, Apfel- und Weinsäure, zahlreiche Aroma- und Mineralstoffe sowie etwa 14 Vitamine, u.a. 40–80 mg Vitamin C pro 100g Fruchtfleisch.

Citrus sinensis

Diospyros kaki L. f.
Kakipflaume

Familie: Ebenaceae
Habitus: Sommergrüner, 6–10 m hoher, rundkroniger Baum.
Blätter: Wechselständig, ungeteilt, eiförmig-elliptisch, 10–20 cm lang, ledrig, oberseits glänzend dunkelgrün, unterseits behaart.
Blüten: Gelblich weiß, 4-zählig, 3 cm breit, die männlichen in achselständigen Büscheln, die weiblichen einzeln, Juni.
Früchte: 6–8 cm breite, oft tomatenähnliche Beerenfrüchte mit großem, bleibendem, 4-teiligem Kelch am Blattansatz und 4–8 Kernen im geleeartigen Fruchtfleisch, kommerziell angebaute Sorten sind meist samenlos. Die Früchte sind je nach Sorte sehr verschieden in Form und Größe, die Farbe variiert von Goldgelb über Orangerot zu Tomentenrot. Die zur Reife saftig und weich werdenden Früchte haben eine glatte, glänzende, dünne Schale. Kakis haben anfangs einen hohen Gerbstoffgehalt (Tannin) und schmecken deshalb herb, später angenehm süßlich, sind aber ohne ausgeprägtes Aroma. Die Früchte enthalten 13–19 % Glukose und sind reich an Vitaminen, vor allem an Vitamin A. Sie werden roh verzehrt, zu Obstsalaten, Kompotten, Konfitüren oder Sirup verarbeitet, in O-Asien häufig getrocknet und dann als „Kakifeigen" vertrieben.
Verbreitung: Heimisch in Japan, heute weltweit in Höhenlagen der Tropen; Anbau in den Suptropen und im Mittelmeergebiet (Italien, S-Frankreich, Spanien).
Allgemeines: Zur Gattung *Diospyros* gehören als Obstarten auch die Lotus- oder Dattelpflaume, *D. lotus* L., und die Persimone, *D. virginiana* L.. Während die Persimone nur in N-Amerika angebaut wird, ist die in O-Asien heimische Lotuspflaume auch in Italien in Kultur. Die Beerenfrüchte von *D. lotus* sind einer kleinen Kirsche ähnlich, 1–2 cm dick, anfangs gelb und bei Vollreife bläulich-schwarz. Die wenig haltbaren Früchte schmecken sehr süß.

Eriobotrya japonica
(Thunb.) Lindl.
Japanische Wollmispel, Loquat

Familie: Rosaceae
Habitus: Immergrüner, 5–7 m hoher Baum, Zweige dick, anfangs weißwollig behaart.
Blätter: Wechselständig, verkehrt-eiförmig bis elliptisch, 20–25 cm lang, derbledrig, oberseits glänzend tiefgrün und mit ausgeprägter Nervatur, unterseits weiß- oder gelbwollig behaart, im Austrieb wollig-silberweiß.
Blüten: Weiß, 5-zählig, 1–2 cm breit, in endständigen Rispen, September–Oktober.
Früchte: Birnenförmige, 3–4 cm breite, länglich-eiförmige bis apfel- oder birnenförmige Apfelfrüchte mit 2–5 großen, bohnenförmigen, glänzend-rehbraunen Samen und einer dünnen, zähen, hellgelben bis tieforange gefärbten, oft wollig behaarten Haut. Das nach Apfel duftende Fruchtfleisch ist fest, weiß bis lachs- oder tieforange, saftig und angenehm süß-säuerlich. Die Früchte reifen im zeitigen Frühjahr. Sie sollen für den Rohverzehr erst bei Vollreife geerntet werden; sie haben dann ihren hohen Säuregehalt abgebaut und weisen den höchsten Zuckergehalt auf. Die druckempfindlichen Früchte werden frisch gegessen, nachdem die gerbstoffreiche Haut abgezogen worden ist oder zu Obstsalaten, Säften, Gelees, Kompott, Konserven (sie kommen aus Taiwan und China), Cremes oder Trockenfrüchten verarbeitet.
Verbreitung: Heimisch in S-Japan und China; Anbau außer in diesen Ländern auch in N-Indien, Thailand, den Mittelmeerländern Algerien, Israel, Libanon, Spanien, S-Italien und S-Frankreich sowie in Kalifornien, Florida, M- und S-Amerika. In unseren Breiten ist die Wollmispel eine häufig kultivierte Kalthauspflanze.
Allgemeines: Auch die Wollmispel ist züchterisch bearbeitet worden und wird stellenweise in Sorten kultiviert, die u.a. aus Japan oder aus Kalifornien stammen.

Ficus carica L.
Echter Feigenbaum

Familie: Moraceae
Habitus: Sommergrüner, 10–15 m hoher, dicktriebiger, weichholziger Strauch oder Baum, Rinde hellgrau.
Blätter; Wechselständig, lang gestielt, bis 20 cm breit, fast ganzrandig, breit-oval bis handförmig gelappt, oft tief 3- bis 5-lappig.
Blüten: Äußerlich nicht sichtbar. Sie sitzen auf den Innenseiten krugförmig eingesenkter Blütenstandsachsen, deren Öffnung durch Schuppenblätter verschlossen sind.

Aus der Wildform des Feigenbaumes haben sich infolge jahrtausenderlanger Kultur 2 Formen entwickelt; die Bocks-, Holz- oder Capri-Feige und die Kultur-Feige. Die Blütenstände der Kultur-Feigen enthalten nur langgriffelige, fruchtbare, weibliche Blüten, die der Bocksfeige dagegen neben kurzgriffeligen weiblichen auch männliche Blüten.

Die Feigenwespe, *Blastophaga psenes*, deren Larven sich in den Blüten der Bocksfeigen entwickeln, werden beim Verlassen des Blütenstandes mit Pollen bedeckt und sorgen so auch für die Befruchtung der Kultur-Feigen. Diese eigenartige Blütenbiologie der Feigen, die notwendige Symbiose zwischen Feigenblüte und bestimmten Insekten, ist bereits von den alten griechischen und römischen Naturforschern Aristoteles und Theophrast beobachtet worden. Schon damals wurde die Bestäubung durch das Aufhängen von Zweigen der Holz-Feige in die Bäume der Kultur-Feigen gefördert. Man bezeichnet diesen Vorgang als Kaprifikation.

Eine Fruchtentwicklung ist bei Feigen jedoch auch ohne Bestäubung, also parthenokarpisch möglich, allerdings werden dabei keine Samen gebildet. Samenlose Sorten ißt man in der Regel als Frischobst, Sorten mit Samen werden als Trockenobst angeboten. Als Trocken-Feigen werden die Smyrna-Typen vorgezogen. Sie enthalten Samen, die der Frucht einen angenehmen Nussgeschmack verleihen. Ihre Früchte entwickeln sich nur nach einer Bestäubung.

Früchte: Die „Früchte" (in Wirklichkeit Fruchtstände) stellen den zur Reife angeschwollenen und fleischig gewordenen Blütenstand dar. Die Früchte der zahlreichen Sorten sind unterschiedlich in ihrer Form (breit-oval bis birnenförmig), der Färbung der Haut (grün, hellgelb, rotbraun, dunkelrot bis schwarz), der Farbe des Fruchtfleisches und der Reifezeit. Sie werden roh oder getrocknet gegessen.

Ess- und Holz-Feigen liefern 3-mal jährlich Früchte. Frühjahrs-Feigen werden noch vor dem Laubfall im Herbst angelegt, Sommer- und Herbst-Feigen am diesjährigen Holz. Besonders wohlschmeckend sind die Frühjahrs-Feigen, Sommer-Feigen bringen die höchsten Erträge, Herbst-Feigen sind von geringerer Qualität.
Verbreitung: Die Wildform der Feige stammt vermutlich aus Vorderasien. Schon im Altertum war sie im ganzen Mittelmeergebiet verbreitet.

Pistacia vera L.
Echte Pistazie, Grüne Mandel

Familie: Anacardiaceae
Habitus: Langlebiger, sommergrüner, kaum über 5 m hoher, in Kultur breitkroniger Baum.
Blätter: Wechselständig, lang gestielt, unpaarig gefiedert, die 3–5 gegenständigen Blättchen sitzend, rundlich oder eiförmig bis verkehrt-eiförmig, 3–6 cm lang, beiderseits behaart, Blattspindel nicht oder kaum geflügelt.
Blüten: 2-häusig, wenig ansehnlich, in 7–10 cm langen, aufrechten Rispen, Kelch- und Kronblätter fehlend, männliche Blüten mit 3–5 auffallend roten Staubbeuteln, weibliche Blüten mit einem kugeligen Fruchtknoten und kurzem, 3-spaltigem Griffel.
Früchte: Etwa 3 cm lange, spitz-eiförmige, rötlich braune, trockenhäutige Steinfrüchte. Der harte Steinkern öffnet sich bei der Reife und gibt einen 10–25 mm langen, ölreichen Samen frei, an dem die meist hellgrünen, gelegentlich auch gelblichen oder rosa Keimblätter auffallen.
Verbreitung: Heimisch in NO-Iran, N-Afghanistan und Mittelasien; Hauptanbauländer sind vor allem Iran, Türkei, Afghanistan, Syrien, Griechenland und neuerdings die USA (Kalifornien). Dank großer Nachfrage ist der Anbau der Pistazie im letzten Jahrzehnt stark gestiegen, die jährliche Welterzeugung schwankt zwischen 60 000 und 95 000 t.
Allgemeines: Die Pistazie ist in Assyrien vermutlich schon vor 4000–5000 Jahren in Kultur genommen worden. Sie wurde um 330 v. Chr. durch Alexander den Großen nach Griechenland gebracht. Sie wird schon von Schriftstellern wie Theophrast, Dioskurides und Galenos erwähnt.
Die sehr aromatisch, nuss- oder mandelartig schmeckenden Samen enthalten wertvolle Inhaltsstoffe, u.a. ca. 45 % fettes Öl, 22 % Eiweiß, die Mineralien Kalium, Calcium, Phosphor, Eisen und Magnesium, sowie das Provitamin A und Vitamine aus dem B-Komplex.

Prunus armeniaca L.
Aprikose, Marille

Familie: Rosaceae
Habitus: Sommergrüner, bis 10 m hoher, rundkroniger Baum, Rinde dunkel fuchsrot, Triebe bräunlich.
Blätter: Wechselständig, rundlich-eiförmig, 5–10 cm lang, plötzlich zugespitzt, an der Basis schwach herzförmig oder abgerundet, unregelmäßig gesägt, am langen, dunkelroten Stiel 2 Nektardrüsen.
Blüten: Weiß bis blassrosa, bis 2,5 cm breit, meist einzeln sitzend, April.
Früchte: 4–8 cm dicke, kugelig bis rundliche Steinfrüchte mit einer deutlichen Naht vom Stielansatz bis zur Spitze und rauer bis samtartiger, hell- bis orangegelber, sonnenseits oft geröteter Schale, Fruchtfleisch sehr wohlschmeckend, saftig, weiß, gelb oder orangefarben, Steinkern groß, glatt, mit verdicktem, gefurchtem Rand und blausäurehaltigem Samen.
Verbreitung: Heimisch von Turkestan bis Dahurien, in der Mandschurei und N-China; in China schon im 3. Jahrtausend v. Chr. als Obstart in Kultur, in Europa ebenfalls seit Jahrhunderten bekannt und in zahlreichen Sorten in Kultur; Anbau in Europa vorwiegend in warmen Ländern wie Spanien, Italien, Frankreich, Griechenland, Jugoslavien, Ungarn, Österreich (z. B. Wachau) und Israel, in Deutschland nur in Gebieten mit Weinbauklima, außerdem im Iran, in N- und S-Afrika und in Australien.
Allgemeines: Das Fruchtfleisch der Aprikosen enthält Apfel- und Zitronensäure sowie die Mineralstoffe Calcium, Phosphor und Eisen, außerdem Vitamin C und Provitamin A (in getrockneten Früchten mehr als in kaum einer anderen Frucht).

Aprikosen werden vorwiegend frisch verzehrt, aber auch zu Kompott, Konfitüren, Konserven und Trockenobst verarbeitet. In einigen Ländern sind auch aus Aprikosen hergestellte Liköre (Marillenlikör) und Branntweine (Aprikosengeist, Apricot Brandy) beliebt.

Prunus dulcis (Mill.) D. A. Webb
Mandelbaum

Familie: Rosaceae
Habitus: 8–10 m hoher, sommergrüner Baum oder Strauch, bei verwilderten Pflanzen Zweige verdornt.
Blätter: Wechselständig, länglich-lanzettlich, 7–12 cm lang, drüsig gesägt.
Blüten: Rosa bis weiß, 3–3,5 cm breit, Blütenkrone breit-glockig, Februar–April.
Das Kältebedürfnis der Mandel zur Brechung der Ruheperiode ist mit 0 bis 800 Stunden unter 7 °C sehr gering, deshalb blühen sie vor allen anderen Obstarten.
Früchte: 3–6 cm lang, länglich-eiförmig, graugrün, samtartig-filzig behaart, Fruchtfleisch trocken-ledrig, ungenießbar, Schale des Steinkernes holzig, Samen zimtbraun, gerieft, abgeplattet, süß und eßbar oder bitter und giftig.
Verbreitung: Heimisch in Mittel- und Vorderasien, im Mittelmeergebiet als Frucht- und Zierbaum seit langem kultiviert und eingebürgert, in Griechenland schon seit dem 5. Jahrh. v. Chr. bekannt.
Allgemeines: Bei der Mandel werden verschiedene Varietäten und zahlreiche Sorten unterschieden.

Angebaut werden heute nahezu ausschließlich **Süße Mandeln** (var. *dulcis*), sie haben dicke, harte Schalen. Ihre Samen werden zum großen Teil in der Konditorei verarbeitet, u.a. zur Herstellung von Marzipan. Aus Mandeln, die zum Verkauf als Nüsse ungeeignet sind, wird ein fettes Öl gepreßt, das in der Pharmazie und der Nahrungsmittelindustrie verarbeitet wird. Die Schalen der selten angebauten, aber ebenfalls eßbaren **Krach-Mandel** (var. *fragilis* (Bork.) Buchheim) sind dagegen sehr dünn und zerbrechlich.

Die **Bitter-Mandel** (var. *amara* (DC.) Buchheim), deren Samen das giftige Amygdalin enthalten, wird kaum noch angebaut, nachdem das Bittermandelöl billiger und in größerer Ausbeute aus Aprikosenkernen gewonnen werden kann. In der kosmetischen Industrie ist es durch Benzaldehyd ersetzt worden.

Punica granatum L.
Granatapfelbaum

Familie: Punicaceae
Habitus: Immer- oder sommergrüner, reich verzweigter, mitunter verdornender, 3–5 m hoher Strauch oder Baum.
Blätter: Gegenständig, an Kurztrieben büschelig, eiförmig-lanzettlich, 3–8 cm lang, derbledrig.
Blüten: Einzeln achselständig oder zu 2–3 an der Spitze von Kurztrieben, Kelch glockig bis röhrig, Kelchblätter 5–8, klappig, fleischig, Krone trichterförmig-radförmig, 3 cm breit, korallenrot, Staubblätter zahlreich, Staubbeutel goldgelb, Juni–September.
Früchte: Kugelige, 2–12 cm breite Beere mit bleibendem, gelblich rötlichem Kelch und dicker, lederiger, braunorangefarbener, rötlich überlaufener, ungenießbarer äußerer Schale (Perikarp). Die zahlreichen, in Fruchtfächern liegenden Samen besitzen eine äußere, fleischig-geleeartige, süße bis säuerliche, weinartig schmeckende und zu einem kantigen Klötzchen geformte Samenschale, die den eßbaren Teil der Frucht darstellt. Die haltbare und gut zu transportierende Frucht wird frisch gegessen, hauptsächlich aber zu kühlenden Getränken (Sherbet, Sorbet) und Grenadinesirup verarbeitet. Das Pericarb enthält 30 % Gerbstoff, es wird zu Arznei verarbeitet und liefert zitronengelbe bis rotbraune Farben für orientalische Teppiche.
Verbreitung: Ursprünglich heimisch von Iran bis Indien, seit langem im Mittelmeergebiet eingebürgert.
Allgemeines: Der Granatapfel ist eine uralte Kulturpflanze, sie wurde schon in den altägyptischen Gärten gehalten. Stets hatte die Frucht auch eine kultische oder mythische Bedeutung. In allen Anbaugebieten, vom Orient bis nach China, ist der Granatapfel seines Samenreichtumes wegen Symbol der Lebensfülle und Fruchtbarkeit: Hundert Kerne für hundert Söhne. Er zählt zu den Attributen griechischer und orientalischer Vegetationsgottheiten wie Hera, Adonis und Baal. Die rote Farbe von Fruchtschale und Fruchtfleisch machte den Purpurapfel zum Symbol feuriger Liebe, aber auch zum Zeichen für Blut und Tod. In griechischen Sagen ist der Granatapfel aus Menschenblut entstanden. Im syro-phönizischen Götterkult war der Granatapfel von so hoher Bedeutung, daß sein Name „Rimmon" mit dem des Sonnengottes gleichlautend war. In der heiligen Schrift des Alten Bundes wird der Granatapfel mehrfach erwähnt und ist unter den Früchten aufgeführt, die die Kundschafter aus Kanaan mitbrachten.

Vitis vinifera L.
Weinrebe

Familie: Vitaceae
Habitus: Sommergrüne Klettersträucher, die sich mit verzweigten Sproßranken festklammern, die Stämme können eine Länge von 10–20 m erreichen, das Sproßsystem ist in Lang- und Kurztriebe gegliedert.
Blätter: Wechselständig, rundlich, 5–15 cm breit, 3- bis 5-lappig und mehr oder tief eingeschnitten, an der Basis herzförmig, oberseits tiefgrün, mehr oder weniger stark behaart.
Blüten: Unscheinbar, bei Wildreben eingeschlechtlig und 2-häusig verteilt, bei Kulturreben zwittrig, in Rispen am Grunde der jungen Langtriebe, Kronblätter an der Spitze verwachsen, sie werden beim Aufblühen als „Mütze" abgeworfen.
Früchte: Die mehr oder weniger rundlichen, saft- und teilweise kernreichen Beeren sind grünlich, gelblich, rot, blau oder schwarzblau gefärbt und oft über einer Wachsschicht („Duftfilm") mit einem weißen, abwischbaren Reif (Nebeltau") überzogen. Blaue Trauben enthalten in der Schale Anthozyanfarbstoffe (Oenin) und im Fruchtfleisch meist mehr Gerbsäure als helle Trauben.
Verbreitung: Die Wildform, *V. vinifera* subsp. *sylvestris* (Gmel.) Hegi, kommt von SO- und dem südlichen M-Europa bis Korsika und SW-Deutschland, in NW-Afrika, Palästina und dem westlichen Kleinasien vor. Aus ihr sind vermutlich einige der älteren deutschen Kultursippen hervorgegangen.
Zu *V. vinifera* subsp. *vinifera*, der Echten Weinrebe, werden alle Kulturformen gezählt, von denen es in allen Weinbaugebieten der Welt wohl mehr als 5000 Sorten gibt.
Allgemeines: Der Weinstock gehört neben verschiedenen Getreidearten zu den ältesten Kulturpflanzen der Menschen. Seine Kultur wird im alten Ägypten schon um 3500 v. Chr. dargestellt.

Weltweit werden gegenwärtig jährlich etwa 50 Mio t Weintrauben produziert, mehr als an Äpfeln, Bananen und Orangen zusammen, davon etwa 2/3 in Europa, vorwiegend in Italien, Spanien, Frankreich, W-Deutschland und den Balkanländern. Etwa 85 % der geernteten Trauben werden gekeltert, 10 % liefern Tafeltrauben und 5 % werden zu Rosinen (aus hellen Beeren), Sultaninen (aus kleinen, hellen, kernlosen Beeren), Korinthen (aus sehr kleinen, kernlosen, blauschwarzen Beeren) und Traubenrosinen oder Zibeben (an der Pflanze getrockneten Beeren) getrocknet.
Als **Tafeltrauben** kommen in der Regel großfrüchtige, eigens für den Frischverzehr gezogene Sorten auf dem Markt, die bei Liebster (1995) eingeteilt werden in:
1. Weiße (grüne, gelbe, bernsteinfarbene) Sorten,
2. Dunkle (rötlichblaue bis blauschwarze) Sorten,
3. Kernlose Trauben,
4. Datteltrauben (Gruppe von Tafeltrauben, deren große, feste, wenig verderbliche Beeren weniger dicht beieinandersitzen als sonst üblich),
5. Muskattrauben (Gruppe von weißen und blauen Tafeltrauben mit muskatigem Duft und typischem Geschmack),
6. Gewächshaustrauben (vor allem in Holland und Belgien gezogene Trauben, die nahezu ganzjährig angeboten werden können).

Tafeltrauben enthalten wertvolle Inhaltsstoffe wie Traubenzucker und Mineralstoffe (Kalium, Calcium, Phosphor, Eisen), Eiweiß, Fruchtsäuren und Aromastoffe sowie reichlich Vitamine aus dem B-Komplex und Vitamin C. Trauben regen Darm- und Nierentätigkeit an, sie sind u.a. wirksam gegen Harnsäureablagerungen, Gicht und Arteriosklerose.

Ziziphus jujuba Mill.
Jujuba, Chinesische Dattel

Familie: Rhamnaceae
Habitus: Sommergrüner Strauch oder bis 9 m hoher Baum, Zweige hin- und hergebogen, dornig, jeweils 1 Dorn gerade und 3 cm lang, der andere kurz und hakenförmig gebogen.
Blätter: Wechselständig, derb, 2-zeilig stehend, kurz gestielt, elliptisch bis eiförmig-lanzettlich, 2,5–6 vm lang, vorne stumpf bis abgerundet, an der Basis schief, Rand kerbig gesägt, von der Basis an mit 3 Hauptnerven.
Blüten: Meist zwittrig, 5-zählig, gelb, zu 2–3 blattachselständig, April–Mai.
Früchte: Eiförmig-längliche, 1,5–2,5 cm lange, gelb, braun oder dunkelrote, zuletzt schwarze Steinfrucht.
Verbreitung: S- und SO-Europa, W-Asien, Syrien, Belutschistan, NW-Indien, Himalaja, N-China, Japan.
Allgemeines: Z. jujuba gelangte schon im klassischen Altertum ins Mittelmeergebiet, heute wird sie weltweit angebaut. Eine größere ökonomische Bedeutung hat sie aber nur in China, wo ihre getrockneten oder kandierten Früchte ein wichtiger Handelsartikel sind. In Indien dienen wildwachsende Bäume als Futterpflanzen für die wild lebende Tarsarseidenraupe, *Antheraea pernyi*.

Von den rund 100 Arten der Gattung, die im tropischen Amerika, Afrika, Mittelmeergebiet, Australien und dem indomalaiischen Raum ihre natürliche Verbreitung haben, ist auch *Z. mauritiana* Lam. lokal, vor allem in Indien, von wirtschaftlicher Bedeutung.

Sie kommt in den Trockengebieten von W-Asien bis Indien vor und wird in zahlreichen Sorten kultiviert. Die Steinfrüchte, in Indien „ber" genannt haben ein fleischiges, süßes Mesocarp. Sie werden frisch, getrocknet oder kandiert gegessen.

Verzeichnisse

Literaturverzeichnis

Bärtels, A.: Tropenpflanzen, 5. Aufl. Verlag Eugen Ulmer, Stuttgart 2002.
Bonnier, G.: Flore complete portative de la France et de la Suisse. Librairie Generale de L'Enseignement, Paris.
Bremnes, L.: Kräuter, Gewürze und Heilpflanzen. Ravensburger Buchverlag, Ravensburg 1995.
Encke, F., Buchheim, G., Seybold, S.: Zander, Handwörterbuch der Pflanzennamen, 14. Aufl. Verlag Eugen Ulmer, Stuttgart 1993.
Fritz, D. (Mitverf.): Gemüsebau, 9. Aufl. Verlag Eugen Umer, Stuttgart 1989.
Fournier, P. : Les quatre Flores de la France. Editions Lechevalier S. A. R. L., Paris 1977.
Fukarek, F. u.a.: Urania Pflanzenreich, 5 Bände. Urania-Verlag, Leipzig, Jena, Berlin 192-195
Götz, E.: Die Gehölze der Mittelmeerländer. Verlag Eugen Ulmer, Stuttgart 1975.
Jahn, R. und Schönfelder, P.: Exkursionsflora für Kreta. Verlag Eugen Ulmer, Stuttgart 1995.
Liebster, G.: Warenkunde Obst und Gemüse, Band 1 Obst, 4. Auflage, Band 2 Gemüse, 5. Aufl., Morion Verlagsproduktion, Düsseldorf 1955.
Phillips, R. und Bryan, J.: Kräuter. Verlag Droemer Knaur, München 1991.
Rehm, S. und Esping, G.: Die Kulturpflanzen der Tropen und Subtropen, 3. Aufl. Verlag Eugen Ulmer, Stuttgart 1996.
Quezel, P. und Santa, S.: Nouvelle Flore de l'Algerie et des régions désertiques méridionales. 2. Bände. Paris 1962-1963.
Rikli, M.: Das Pflanzenkleid der Mittelmeerländer, 3 Bände, 2. Aufl. Verlag Hans Huber, Bern 1943-1948.
Roloff, A. und Bärtels, A.: Gehölzflora, Bd. 1 Gehölze, Verlag Eugen Ulmer, Stuttgart 1996.
Schönfelder I. und Schönfelder P.: Die Kosmos-Mittelmeerflora. Franckh-Kosmos Verlag, Stuttgart 1990.
Schönfelder, I. und Schönfelder, P.: Der Kosmos-Heilpflanzenführer. 6. Aufl. Franckh-Kosmos Verlag, Stuttgart 1995.
Tutin, T. G. (Hrsg.) Flora Europaea. 5. Bände, Cambridge University Press, Cambridge 1964-1980.

Bildquellen

Farbfotos
K. Fuchs, Hof: Seiten 28 (klein), 185 l.
E. Groß, Heidelberg: Seiten 7, 108 l; 138 l, 163 l, 184 r.
D. Kleinschrot, Weil im Schönbuch: 341.
F. Köhlein, Bindlach: 108 r, 115 r, 189 r, 191 r, 321 l.
S. Lock, Linz, Österreich: Seite 122 l.
D. Maccagnano, Stuttgart: 186 l.
Mauritius-AGE: Titelbild
N. Ogorevč, Ljubljana, Slowenien: Seite 50 l, 237 l.
E. Pasche, Velbert: 256 l.
W. Schmidt, Groß-Legenden: 277 l (oben), 277 m (oben), 277 r (oben), 277 l (unten), 279 l (oben), 281 l (oben), 285 l (oben).
S. Seidl, Altdorf-Eugendorf: 127 l, 165 r, 179 r, 302, 311.
Dan Smit, Haarlem, Niederlande: 25 r, 33, 58 l, 88 r, 106 r, 112 r, 133 r, 139 l, 145 r, 150 l, 155 r, 156 l, 157 l, 158 r, 161 r, 162 r, 164 l,166 r, 168 r,169 r, 171 r, 172 l, 173 r, 174 l/r, 176 l, 177 r 184 l, 189 l, 194 l, 195 r, 198 r, 212 l, 215 r, 218 l, 219 r, 224 l/r, 227 l, 238 l, 240 r, 241 l, 242 l, 250 l, 252 r, 255 l, 256 r, 262 l, 264 l/r, 266 r, 272 l, 275 l (oben), 275 r (oben), 279 m (oben), 279 l (unten), 279 r (unten), 281 r (unten), 283 r (oben), 296, 312, 330, 336.
K. Wagner, Braunschweig: 107 r, 133 l, 135 r, 155 l, 160 l, 167 r, 178 l, 191 l, 196 r, 213 l, 214 l, 216 r, 222 r, 244 l, 246 r, 262 r, 275 r (unten), 281 r (oben), 334 .
A. Weber, Wien: 105 l, 193 l, 201 l, 215 l.
Alle übrigen Fotos stammen vom Autor.

Zeichnungen
Die Zeichnung auf Seite 9 wurde von Helmuth Flubacher, Waiblingen, gefertigt. Die Zeichnungen der Umschlaginnenseiten zeichnete Prof. Dr. Andreas Roloff, Tharandt, für das Buch Roloff/Bärtels, Gartenflora, Band 1, Gehölze.

Register der wissenschaftlichen und deutschen Pflanzennamen

Wissenschaftliche Pflanzennamen, die nicht in kursiver Schrift ausgezeichnet sind, entsprechen nicht mehr dem aktuellen Stand. Der *gültige Pflanzenname* wird im Register mit *kursiver* Auszeichnung wiedergegeben und im Register an entsprechender Stelle ergänzt, jedoch nicht in die Pflanzenbeschreibungen eingefügt.

Abies borisii-regis 86
– *cephalonica* 86
– *cilicica* 87
– *marocana* 87
– *numidica* 88
– *pinsapo* 88
Acacia cyanophylla 25
– *dealbata* 25
– *farnesiana* 56
– *karroo* 56
– *longifolia* 26
– *retinodes* 26
Acanthus mollis 148
– *spinosus* 148
Acca sellowiana 321
Acer cappadocicum subsp. *lobelii* 57
– *sempervirens* 57
Aceras anthropophorum 274
Achillea agerata 156
Actinidia deliciosa 322
Adenocarpus complicatus 58
Adianthum capillus-veneris 145
Adonis annua 235
– *microcarpa* 235
Adonisröschen, Herbst-235
Aegilops geniculata 267
Affodeline, Große 254
Affodill 254
– Kleinfrüchtiger 255
– Röhriger 255
– Weißer 254
Agave americana 53
Agave, Amerikanische 53
Ahorn, Kalabrischer Spitz- 57
Ajuga chamaepitys 217
– *iva* 217
Akanthus, Weicher 148
Akazie 25,26
– Duftende 25
– Goldene Kranz- 25
– Immerblühende 26
– Kätzchen- 26
– Schreckliche 56
– Silber-25
Alant 106, 170
– Echter 170
– Klebriger 167
– Reinweißer 106
Albizia julibrissin 58
Alkanna lutea 178
– *orientalis* 178
– *tuberculata* 179

Alkanna, Färber- 179
– Orientalische 178
Allium moly 248
– *neapolitanum* 249
– *nigrum* 249
– *pendulinum* 250
– *roseum* 250
– *scorzonerifolium* 248
– *subhirsutum* 249
– *triquetum* 250
Alnus cordata 59
Aloysia triphylla 293
Alpenveilchen 234
– Geschweiftblättriges 234
– Neapolitanisches 234
Alraune 245
Alyssum spinosum 109
Amelanchier ovalis 59
Ammi majus 149
– *visnaga* 149
Ammophila arenaria 266
Ampfer, Stierkopf-233
Anacanpis pyramidalis 274
Anacyclus clavatus 157
– *radiatus* 157
Anagallis foemia 233
– *monellii* 233
Anagyris foetida 60
– *latifolia* 60
Anchusa azurea 179
Anemone apennina 236
– *coronaria* 236
– *hortensis* 236
– *palmata* 236
Anemone, Kronen- 236
– Stern- 236
Anis 312
Anthemis rigida 157
– *tomentosa* 158
Anthyllis cytisoides 120
– *terniflora* 120
– *tetraphylla* 202
– *vulneraria* 202
– *barba-jovis* 121
Antirrhinum hispanicum 240
– *latifolium* 240
– *majus* 240
Apfelsine 331
Aphyllanthes monspeliensis 253
Aprikose 337
Arbutus × andrachnoides 27
– *andrachne* 27
– *unedo* 27

Argania spinosa 28
Arisarum vulgare 153
Aristolochia baetica 29
– *rotundata* 155
Aronstab 154
– Italienischer 154
Artemisia absinthium 294
Arthrocnemum glaucum 110
Artischocke 160, 161
– Wilde 160
Arum italicum 154
Arundo donax 267
Asparagus acutifolius 103
– *albus* 103
– *stipularis* 194
Asphaltklee 121
Asphodeline liburnica 254
– *lutea* 254
Asphodelus aestivus 255
– *fistulosus* 255
– *ramosus* 255
– *albus* 254
Asplenium onopteris 146
Astblume 165
Asteriscus aquaticus 158
– *maritimus* 104
Astragalus angustifolius 121
– *lusitanicus* 203
– *monspessulanus* 203
Atriplex glauca 30
– *halimus* 30
Aubrieta columna 183
– *deltoidea* 183

Ballota acetabulosa 218
Bartgras, Behaartes 269
Basilikum 309
Baumwolle 70
– Behaarte 70
Beifuß, Bitterer 294
Bellardia trixago 240
Bellardie, Bunte 240
Bellevalia ciliata 257
– *romana* 257
– *trifoliata* 257
Bellis annua 159
– *sylvestris* 159
Benediktenkraut 301
Berberis hispanica 60
Berberitze 60
– Spanische 60
Berberthuja 99
Bergamotte 324

345

Bergminze, Großblütige 296
– Kroatische 131
– Thymbra-133
Bertram, Keulen 157
Bibernelle, Dornige 139
Bilsenkraut 244
– Weißes 244
Binse 265
– Meerstrand- 265
– Stechende 265
Binsenlilie 253
Birne 76
Birne, Dornige 76
Bitterapfel 198
Bitterling, Durchwachsenblättriger 216
Bituminaria bituminosa (= Psorala bituminosa) 122
Blackstonia perfoliata 216
Blasenstrauch 65
– Gewöhnlicher 65
Blassblütige Schwertlilie 263
Blaugummibaum 37
Blaukissen 183
– Gemeines 183
Blaustern 280
– Peru- 280
Bleiwurz 231
– Europäische 231
Bocksbart, Roter 176
Bohnenkraut 316
– Winter- 316
Borago officinalis 295
Boretsch 295
Bougainvillea glabra 31
– *spectabilis* 31
Brandkraut, Samos- 219
Braunwurz, Hunds- 243
Brennessel 246
– Pillen- 246
Briza maxima 268
– *minor* 268
Bromus macrostachys 268
– *tectorum* 268
Buchsbaum 32
Bupleurum fruticosum 32
– *spinosum* 102
Buxus sempervirens 32

Cakile maritima 184
Calamintha grandiflora 296
Calendula arvensis 159
– *officinalis* 297
Calicotome spinosa 61
– *villosa* 61
Calystegia sepium 195
– *soldanella* 195
Campanula erinus 189
– *pyramidalis* 188
– *ramosissima* 189
– *versicolor* 189
Capparis spinosa 298
Cardunculus caeruleus 160
Cardy 160

Carlina acanthifolia 299
– *acaulis* 299
– *corymbosa* 161
Carpobrotus acinaciformis 148
– *edulis* 148
Carthamus lanatus 300
– *tinctorius* 300
Castanea sativa 62
– *caerulea* 162
Catananche lutea 162
Cedrus atlantica 89
– *brevifolia* 90
– *libani* 90
Celtis australis 63
Centaurea calcitrapa 162
– *idaea* 163
– *solstitialis* 163
– *sphaerocephala* 163
– *angustifolius* 247
– *calcitrapa* 247
Centranthus ruber 247
Ceratostigma siliqua 33
Cercis siliquastrum 63
Cerinthe major 180
– *retora* 180
Ceterach officinarum 147
Chaenorhinum origanifolium 241
Chamaemelum mixtum 164
Chamaerops humilis 288
Cheilanthes hispanica 146
– *pteridioides* 146
Cheiranthus cheiri 184
Christdorn 74
Christusauge, Bärtiges 176
Chrysanthemum coronarium 164
– *segetum* 165
Cistanche phelypaea 227
Cistanche, Gelbe 227
Cistus albidus 111
– *creticus* 111
– *ladanifer* 112
– *laurifolius* 112
– *monspeliensis* 113
– *parviflorus* 111
– *salviifolius* 113
Citrullus colocynthis 198
Citrus × paradisi 329
– *aurantiifolia* 323
– *aurantium* 324
– *bergamia* 324
– *limetta* 325
– *limon* 325
– *maxima* 327
– *media* 328
– *reticulata* 330
– *sinensis* 331
Cladanthus arabicus 165
Clematis campaniflora 64
– *flammula* 64
– *viticella* 65
Cneorum tricoccon 116
Cnicus benedictus 301

Colchicum bivonae 256
– *pusillum* 256
– *triphyllum* 256
Colutea arborescens 65
Convolvulus althaeoides 196
– *cantabrica* 196
– *lineatus* 197
– *tricolor* 197
Conyza bonariensis 166
Coriaria myrtifolia 66
Coronilla emerus 122
– *juncea* 123
– *vaginalis* 123
Cotinus coggygria 66
Crataegus azarolus 67
– *laciniata* 67
Crepis albida 166
– *rubra* 166
Crithmum maritimum 150
Crocus sativus 302
Cronquist 166
Cupressus sempervirens 91
Cyclamen creticum 234
– *graecum* 234
– *hederifolium* 234
– *repandum* 234
Cynanchum acutum 155
Cynara cardunculus 160
– *scolymus* 161
Cyperus capitatus 273
– *papyrus* 273
Cytinus hypocistis 235
– *ruber* 235
Cytisophyllum sessilifolium 67
– *multiflorus* 68
– *villosus* 68

Dactylorhiza sambucina 274
Daphne gnidioides 142
– *gnidium* 141
Daphne laureola 142
– *oleoides* 142
– *sericea* 143
Dattelpalme 289, 290
– Echte 290
Dattelpalme, Kanarische 289
– Kretische 289
Delphinium peregrinum 237
– *staphisagria* 237
Dianthus petraeus 191
Digitalis ferruginea 241
– *laevigata* 241
– *lanata* 241
– *obscura* 241
Dingel, Violetter 274
Diospyros kaki 333
Dornginster, Behaarter 61
Dornnelke 192
Doronicum columnae 167
– *orientale* 167
Dost, Brauner 310
Dracunculus vulgaris 154
Drillingsblume 31
– Kahle 31

Drüsenginster 58
Drypis spinosa 192
Duftsteinrich 185

Eberwurz 161, 299
– Ebensträußige 161
Ecballium elaterium 199
Echinops ritro 168
– *spinossisimus* 168
Echium creticum 180
– *italicum* 181
– *platagineum* 181
Eibisch, Stunden- 224
– Chinesicher Rosen- 70
Eiche 46, 47, 48, 77, 79, 79
– Arkadische 78
– Flaum- 78
– Gold- 46
– Kermes- 46
– Kork- 48
– Pyrenäen- 79
– Spanische 79
– Stein- 47
– Ungarische 77
– Wallonen- 78
– Zerr- 77
Eisenholzbaum 28
Eiskraut 149
Elymus farctus 269
Ephedra distachia 117
– *fragilis* 117
– *major* 117
Eppich, Pferde- 152
Erdbeerbaum 27
– Östlicher 27
– Westlicher 27
Erdrauch, Rankender 215
Erdschötchen, Einblütiges 188
Erica arborea 34
– *australis* 34
– *scoparia* 35
– *terminalis* 35
– *umbellata* 118
Erinacea anthyllis 123
Eriobotrya japonica 334
Erle, Herzblättrige 59
Erodium malacoides 217
Eruca sativa 303
Eryngium amethystinum 150
– *dilatatum* 150
– *maritimum* 151
Erysium cheiri (= Cheiranthus cheiri) 184
Esche 69
– Blumen- 69
– Schmalblättrige 69
Eseldistel 172
Esparsette 211
– Futter- 211
Esparto-Gras 271
Esskastanie 62
Eucalyptus camaldulensis 36
– *globulus* 37
Eucalyptus, Camadoli- 36

Euphorbia acanthothamnos 118
– *chamaesype* 201
– *characias* 199
– *dendroides* 119
– *lathyris* 200
– *myrsinites* 200
– *paralis* 201
– *peplis* 201
– *spinosa* 119

Fagonia cretica 249
Fagonie, Kretische 248
Färberdistel 300
– Blaue 160
Färberwau 239
Farne 146, 147
Federgras, Reiher- 272
Fedia cornucopiae 247
Fedie, Füllhorn- 247
Feigenbaum 335
– Echter 335
Feigenkaktus 53
– Echter 53
Feijoa 321
Felsenbirne, Gemeine 59
Felsennelke, Samt- 193
Felsfarn, Wohlriechender 146
Fenchel, Gewürz- 304
Ferula communis 151
– *tingitana* 151
Fetthenne, Nizza- 197
Ficus carica 335
Filzblume, Schneeweiße Strand- 172
– Strand- 172
Fingerhut 241
– Wolliger 241
Flockenblume 162, 163
– Kugelkopf- 163
– Sonnwend- 163
– Stern- 162
Flohkraut, Duftendes 174
Foeniculum vulgare 304
Frankenia laevis 215
– *thymifolia* 215
Frankenie 215
Frauenhaarfarn 145
Fraxinus angustifolia 69
– *ornus* 69
Fuma arabica 114
Fumaria capreolata 215
– *officinalis* 215

Galactites tomentosa 169
Galega officinalis 204
Gamander 134, 135
– Polei- 135
– Strauchiger 134
Gänseblümchen 159
– Einjähriges 159
Gauchheil, Leinblättriger 233
Geißblatt 71
– Etruskisches 71

– Windendes 39
Geißklee 67, 68
– Kahler 67
– Leinblättriger 37
Geißraute 204
Gemswurz, Östliche 167
Genista aspalathoides 124
– *hispanica* 124
– *linifolia* 37
– *lydia* 125
– *monspessulana* 37
– *sylvestris* 126
Gerberstrauch 66
Geschwänzte Brennnessel 246
Ginster 124, 15, 126
– Aspalathusähnlicher 124
– Lydischer 125
– Montpellier- 37
– Spanischer 124
Gladiolus illyricus 261
– *italicus* 261
Glaskraut 245
Glaucium flavum 229
Gliederkraut, Syrisches 134
Gliedermelde 110
– Graue 110
Gliederzypresse 99
Gliedkraut 222
Globularia alypum 128
Glockenblume 188, 189
– Pyramiden- 189
– Verschiedenfarbige 189
– Vielzweigige 188
Glycyrrhiza glabra 395
Goldbecher, Herbst- 253
Golddistel, Spanische 175
Goldgras 270
Goldlack 184
Gossypium hirsutum 70
Grapefruit 329
Greiskraut, Weißfilziges 107
Günsel, Gelber 217
Gurkenkraut 295
Gynandiris monophylla 261
– *sisyrinchum* 261

Hadernblatt 140
Hahnenfuß 238, 239
– Asiatischer 238
Hahnenkopf, Italienischer 204
Halfagras 273
Halimione portulacoides 110
Halimium halimifolium 114
– *lasianthum* 114
Halskraut 190
– Blaues 190
– Griechisches 190
Hanfpalme 291
Hasenohr, Dorniges 102
– Strauchiges 32
Hasenschwänzchen 270
Hauhechel 125, 127, 211
– Aragon- 126
– Dornige 127

347

– Gelbe 211
Hedysarum coronarium 204
– *spinosissimum* 204
Heide 34
– Baum- 34
– Besen- 35
– Dolden- 118
– Gipfelblütige 35
– Spanische 34
Heiligenblume 107
– Graue 107
Heleborus lividus 237
Helianthemum apenninum 115
– *croceum* 115
– *lavandulifolium* 116
Helichrysum italicum 105
– *stoechas* 105
Heliotropium europaeum 182
– *hirtusissimum* 182
Helleborus cyanophyllus 237
Helmkraut 266
– Orientalisches 221
Hermesfinger 262
Hermodactylus tuberosus 262
Hibiscus rosa-sinensis 70
– *trionum* 224
Hippocrepis emerus (= Coronilla emerus) 122
– *multisiliquosa* 205
– *unisiliquosa* 205
Holunder 191
– Zwerg- 191
Hopfenbuche 73
– Gemeine 73
Hornklee 207, 208
– Essbarer 208
– Kreta- 207
Hornmohn, Gelber 229
Hottentottenfeige 148
Hufeisenklee, Einhülsiger 205
Hundskamille 158
– Filzige 158
Hyazinthe, Römische 257
Hymenocarpus circinatus 205
Hyoscyamus albus 244
– *aureus* 244
– *niger* 244
Hyoseris radiata 169
– *scabra* 169
Hyparrhenia hirta 269
Hypecoum pendulum 216
– *procumbens* 216
Hypericum androsaemum 128
– *hircinum* 129
Hyssopus officinalis 206

Iberis pruitii 185
– *sempervirens* 185
Igelginster 123
– Vella- 109
Immergrün 102
– Großes 102
Imortelle 105, 196
– Gewöhnliche 105

– Stein- 106
Insektenblume, Dalmatinische 175
Inula candida 106
– *helenium* 170
– *verbascifolia* 106
– *viscosa* 167
Iris germanica 263
– *lutescens* 262
– *pallida* 263
– *pseudopumila* 262
– *tingitana* 263
– *xiphium* 263

Jerusalemsalvie 131
Johannisbrotbaum 33
Johanniskraut 129
– Bocks- 129
Judasbaum 63
– Gemeiner 63
Juncus acutus 265
– *maritimus* 265
Juniperus drupacea 92
– *oxycedrus* 92
– *phoenicea* 93
– *thurifera* 93

Junkerlilie 254
Jupiters Bart 120
Kakipflaume 333
Kamille 157
– Gemischte 164
– Kretische 157
Kanariengras 272
Kapernstrauch 298
– Echter 298
Kardone 160
Katzenschweif, Krauser 166
Kermesbeere 229
Keuschbaum 83
Kiefer 94, 95, 96, 97, 98
– Aleppo- 94
– Panzer- 95
– Schwarz- 96
– Strand- 97
Kiwipflanze 322
Klebsame, Chinesischer 45
Klee 213, 214
– Einblütiger 214
– Filziger 213
– Stern- 213
Klippenziest, Großer 132
Knabenkraut 278ff.
– Holunder- 274
– Affen- 282
– Anatolisches 278
– Dreizähniges 284
– Französisches 282
– Helm- 280
– Kleines 280
– Purpur- 282
– Schmetterlings- 282
– Stattliches 280
– Sumpf- 280

– Vierpunkt- 282
– Wanzen- 278
Knorpelmöhre, Große 149
Knöterich, Schachtelhalm- 139
– Strand- 232
Koloquinthe 198
Königskerze 243, 244
– Gewelltblättrige 244
– Langblättrige 243
Kopfiger Thymian 135
Krappwurzel 50
– Levantinische 50
Kratzdistel, Syrische 171
Kreuzblume ,Gelbe 232
Kreuzdorn 48
– Immergrüner 48
Kronwicke 122, 123
– Binsenartige 123
– Strauchige 122
Krummstab 153
Kugelblume, Strauchige 128
Kugeldistel, Ritro- 168

Lactuca perennis 170
– *sativa* 170
– *serriola* 170
Lagurus ovatus 270
Lakritze 305
Lamarckia aurea 270
Lamium garganicum 218
– *moschatum* 218
Lappenblume, Niederliegende 216
Lathyrus aphaca 207
– *articulatus* 206
– *clymenum* 206
– *latifolius* 206
– *ochrus* 107
Lattich, Ausdauernder 170
Lauch 248, 249, 250
– Glöckchen- 250
– Rosen- 250
– Spanischer 248
Laurus azorica 38
– *nobilis* 38
Lavandula × intermedia 307
– *angustifolia* 307
– *dentata* 129
– *multifida* 130
– *stoechas* 130
Lavatera arborea 225
– *cretica* 225
– *maritima* 137
– *olbida* 71
Lavendel 129, 130, 307
– Echter 307
– Fiederblättriger 130
– Gezähnter 129
– Schopf- 130
Lein 223
– Gelber 223
– Narbonne- 223

Leinkraut 193,194, 242
– Farbiges 193
– Ginsterblättriges 242
– Kegel- 194
Levkoje 186, 187
– Aschgraue 186
– Strand- 187
– Trübe 186
Lilie 264
– Griechische 264
Lilium candidum 264
– *chalcedonium* 264
Limette 323
– Saure 323
Limodorum abortivum 274
Limone 325
Limoniastrum monopetalum 138
Limonium angustifolium 231
– *sinuatum* 231
Linaria genistifolia 242
– *flavum* 223
Linum maritimum 223
– *narbonense* 223
– *strictum* 223
– *suffruticosum* 223
– *triginum* 223
Lithodora diffusa 108
Lithospermum purpurocaeruleum 182
Lobularia lybica 185
– *maritima* 185
Lonas 171
Lonas annua 171
Lonicera etrusca 71
– *implexa* 39
Loquat 334
Lorbeer 38
– Kanaren- 38
Lorbeerkirsche, Iberische 46
Lotus creticus 207
– *cytisoides* 207
– *edulis* 208
Lotwurz, Griechische 183
Löwenmäulchen 240
– Großes 240
– Majoranblättriges 241
Lupine 208, 209
– Schmalblättrige 208
Lupinus angustifolius 208
– *micranthus* 208
– *varius* 209
Lygeum spartum 271
Lythrum flexuosum 224
– *junceum* 224

Majoran 310
Malope 226
Malope trifida 226
Mandarine 330
Mandel, Grüne 336
Mandragora autumnalis 245
– *officinarum* 245
Mannsblut 128

Mannstreu, Stahlblauer 150
Mariendistel 317
Marienkraut 135
Marille 337
Marrubium incanum 219
Mastixstrauch 44
Matthiola fruticulosa 186
– *incana* 186
– *longipetala* 186
– *sinuata* 187
Mauermiere, Silber- 192
Maulbeerbaum 72
– Schwarzer 72
– Weißer 72
Mäusedorn 140
Medicago arabica 209
– *arborea* 39
– *marina* 210
Meerfenchel 150
Meersenf 184
– Europäischer 184
Meerträubel, Gemeines 117
– Großes 117
Meerzwiebel 260
Melde, Strauch- 30
Melica minuta 271
Melilotus indicus 210
Melissa officinalis 308
Melisse, Zitronen- 308
Merendera 256
Merendera attica 256
– *filifolia* 256
– *pyrenaica* 256
– *sobolifera* 256
Mesembryanthemum crystallinum 149
– *nodiflorum* 149
Micromeria croatica 131
Milchfleckdistel 169
Milzfarn147
Mirabilis jalapa 226
Mispel, Welsche 67
Mittagsblume 148
– Rote 148
Mohn 311
– Schlaf- 311
Mönchspfeffer 83
Moosfarn, Gezähnter 145
Moricandia arvensis 187
– *longirostris* 187
Moricandie, Acker- 187
Morisia monanthos 188
Morus alba 72
– *nigra* 72
Muscaria comosum 258
– *neglectum* 258
Myrte, Gemeine 40
Myrtus communis 40

Nadelröschen, Arabisches 114
Narcissus bulbocodium 251
– *poeticus* 251
– *serotinus* 251
– *tazetta* 252

Narzisse 251, 252
– Bukett- 252
– Dichter- 251
– Reifrock- 251
Natternkopf 180, 181
– Wegerichblättriger 181
– Italienischer 181
– Kretischer 180
Nelke, Geröll- 191
Neotinea maculata 274
Nerium oleander 41
Nicotiana glauca 73
Niedriger Sauerklee 228
Nieswurz 237
– Korsische 237
Nigella damascena 238
– *hispanica* 238
Notobasis syriaca 171

Ochsenzunge, Italienische 179
Ocium basilicum 309
Ohndorn 274
Ölbaum 42
Olea europaea 42
Oleander 41
Onobrychis vicifolia 211
Ononis aragonensis 126
– *natrix* 211
– *spinosa* 127
Onopordium bracteatum 172
Onosma erectum 183
– *graecum* 183
Ophrys apifera 276
– *bertolinii* 276
– *fusca* 276
– *holosericea* 276
– *lutea* 276
– *scolopax* 278
– *speculum* 278
– *sphegodes* 278
Opuntia ficus-indica 53
Orange 331
Orange, Blond- 331
– Blut- 332
– Navel- 332
– Sommer- 332
– Winter- 331
Orchideen 274ff.
Orchis anatolica 278
– *coriophora* 278
– *italica* 280
– *mascula* 280
– *militaris* 280
– *morio* 280
– *palustris* 280
– *papilionacea* 282
– *provincialis* 282
– *purpurea* 282
– *quadripunctata* 282
– *simia* 282
– *tridentata* 284
Orchis, Puppen- 274
– Pyramiden- 274
Origanum majorana 310

– *vulgare* 310
Ornithogalum montanum 259
– *narbonense* 259
– *nutans* 259
– *pyrenaicum* 259
– *umbellatum* 259
Orobanche crenata 227
– *ramosa* 227
Ostrya carpinifolia 73
– *alba* 141
Otanthus maritimus 172
Oxalis pes-caprae 228

Paeonia mascula 228
– *officinalis* 228
– *peregrina* 228
Paliurus spina-christi 73
Pallenis spinosa 173
Pampelmuse 327
Pancratium illyricum 252
– *maritimum* 252
Pankrazlilie 252
Papaver somniferum 311
Parentucellia latifolia 242
– *viscosa* 242
Parentucellie, Breitblättrige 242
Parietaria cretica 245
– *officinalis* 245
Paronychia argentea 192
Perlgras, Mittelmeer- 271
Perückenstrauch 66
– Gemeiner 66
Petrorhagia velutina 193
Pfahlrohr 267
Pfefferbaum 51
– Brasilianischer 51
– Peruanischer 51
Pfeifenblume 155
– Rundknollige 155
– Spanische 29
Pfennigklee 205
Pfingstrose 228
– Fremde 228
Phagnalon rupestre 106
– *saxatile* 106
Phalaris canariensis 272
Phillyrea angustifolia 43
– *latifolia* 43
Phlomis cretica 132
– *fruticosa* 131
– *grandiflora* 219
– *herba-venti* 219
– *lychnitis* 132
– *samia* 219
– *canariensis* 289
Phoenix dactylifera 290
– *theophrasti* 289
Phytolacca americana 229
Pimpinella anisum 312
Pinie 98
Pinus halepensis 94
– *heldreichii* 95
– *nigra* 96

– *pinaster* 97
– *pinea* 98
Pippau, Roter 166
Pistacia lentiscus 44
– *terebinthus* 74
– *vera* 336
Pistazie, Echte 336
– Terpentin- 74
Pittosporum tobira 45
Plantago afra 230
– *lagopus* 230
– *lanceolata* 230
– *sempervirens* 138
Platane 75
– Morgenländische 75
Platanus orientalis 75
Platterbse 206, 207
– Purpur- 206
Plumbago europaea 231
Polygala flavescens 232
– *nicaeensis* 232
Polygonum equisetiforme 139
– *maritimum* 232
Polypodium australe 147
– *cambricum* (= Polypodium australe) 147
– *vulgaris* 147
Pomelo 329
Pomeranze 324
Prasium majus 132
Prunus armeniaca 337
– *laurocerasus* 46
– *lusitanica* 46
– *mahaleb* 76
Psoralea bituminosa 121
Ptilostemon afer 173
– *casabonae* 173
– *hispanicus* 173
Pulicaria dysenterica 174
– *odora* 174
Pyracantha coccinea 45
Pyrus spinosa 76

Quercus alnifolia 46
– *cerris* 77
– *coccifera* 47
– *frainetto* 77
– *ilex* 47
– *macrolepis* 78
– *pubescens* 78
– *pyrenaica* 79
– *suber* 48

Ragwurz 276, 278
– Bertolinis 276
– Bienen- 276
– Braune 276
– Gelbe 276
– Hummel- 276
– Schnepfen- 278
– Spiegel- 278
– Spinnen- 278
Ranunculus asiaticus 238
– *gramineus* 239

– *muricatus* 239
Rasselblume, Blaue 162
Raygras, Alpen- 266
Rauke, Öl- 303
Raute, Wein- 314
Reichardia tingitana 174
Reiherschnabel, Malvenblättriger 217
Reseda alba 239
– *luteola* 239
Reseda, Weiße 239
Retama 79
Retama monosperma 79
– *sphaerocarpa* 79
Rhamnus alaternus 48
Rhus coriaria 49
Ricinus communis 49
Riesenfenchel 151
Riesenschilf 267
Ringelblume 159, 297
– Acker- 159
– Garten- 297
Rittersporn, Fremder 237
Rizinus 49
Romulea bulbocodium 264
– *columna* 264
Rosa sempervirens 50
Rose, Immergrüne 50
Rosen-Eibisch 70
Rosmarin 313
Rosmarinus eriocalyx 313
– *officinalis* 313
Rubia peregrina 50
Rumex bucephalophorus 233
Ruscus aculeatus 140
– *hypoglossum* 140
– *hypophyllum* 140
Ruta chalepensis 314
– *graveolens* 314
Rutenstrauch, Honigduftender 141

Saflor 300
Safran 302
Salbei 133, 220, 221, 315
– Eisenkraut- 221
– Garten- 315
– Griechischer 133
– Großblütiger 220
– Muskateller- 220
Salsola kali 194
– *soli* 194
Salvia fruticosa 133
– *grandiflora* 220
– *officinalis* 220, 315
– *sclarea* 220
– *verbenaca* 221
Salzkraut, Kali- 194
Sambucus ebulus 191
Sandröschen, Geflecktes 195
Sandstern, Einjähriger 158
Santolina chamaecyparissus 107
– *rosmarinifolia* 107
Sarcopoterium spinosum 139

Satureja montana 316
– *thymbra* 133
Sauerklee 228
Scandix pecten-veneris 152
Schafgarbe, Lederbalsam- 156
Scheinkrokus 264
Schinus molle 51
– *terebinthifolius* 51
Schlangenwurz, Gewöhnliche 154
Schleifenblume 185
– Pruits 185
Schmerwurz, Gemeiner 257
Schneckenklee 209, 210
– Arabischer 209
– Strauch- 39
– Schneckenklee 210
Schneeball 52
– Lorbeer- 42
Schriftfarn 147
Schwalbenwurz 155, 156
– Gewönliche 156
– Lianen- 155
Schwarzkümmel, Spanischer 238
Schwarznessel, Napf- 218
Schwefelkölbchen, Weichhaariges 177
Schweinssalat, Strahliger 169
Schwertlilie 262, 263
– Griechische 262
– Mittags- 261
– Tanger- 263
Scilla autumnalis 260
– *hyazinthoides* 260
– *peruviana* 260
Scolymus hispanicus 175
Scorpionsschwanz 212
Scorpiurus muricatus 212
Scrophularia canina 243
– *sambucifolia* 243
Scutellaria orientalis 221
– *rubicunda* 221
Sedum sediforme 197
Seidelbast 141, 142, 143
– Berg- 143
– Herbst- 141
Seidelbast, Lorbeer- 142
Seidenakazie 58
Selaginella denticulata 145
Senecio bicolor 107
Senecio cineraria (= *Senecio bicolor*) 107
Senf, Weißer 318
Serapias lingua 284
– *vomeracea* 284
Sideritis montana 222
– *romana* 222
– *scordioides* 222
– *syriaca* 134
Siegwurz, Illyrische 261
Silberdistel 299
Silene colorata 193
– *conica* 194

– *sericea* 193
Silybum marianum 317
Sinapis alba 317
Smilax aspera 52
Smyrnium olusatrum 162
– *rotundifolium* 152
Sodomsapfel 80
Solanum sodomeum 80
Sommerwurz 227
Sonnenröschen 115
– Apennin- 115, 116
– Gelbes 115
– Lavendelblättriges 116
Sonnenwende, Europäische 182
Spargel 102, 103, 104
– Schrecklicher 104
– Stechender 103
– Weißstängeliger 103
Spargelerbse, Echte 212
Spartium junceum 80
Spitzklette 177, 178
– Dornige 177
– Gewöhnliche 178
Spornblume 247
– Rote 247
Spritzgurke 199
Stachys byzantina 222
– *cretica* 222
Staehelina dubia 108
Staudenwicke 206
Stechdorn 74
Stechginster 127
Stechwinde 52
Steinklee, Indischer 210
Steinkraut, Dorniges 109
Steinlinde 43
– Breitblättrige 43
– Schmalblättrige 43
Steinquendel 296
Steinsame 108
– Ausgebreiteter 108
– Blutroter 182
Steinweichsel 76
Stern von Bethlehem 259
Sternauge, Stechendes 173
Sternbergia colchiciflora 253
– *lutea* 253
Stinkstrauch 60
Stipa barbata 272
– *calamagrostis* 266
– *capensis* 272
– *tenacissima* 273
Storaxbaum 81
– Echter 81
Stranddistel 151
Strandflieder 138, 231
– Geflügelter 231
– Strauch- 138
Strandhafer 266
Strandkresse 185
Strandquecke 269
Strandstern, Ausdauernder 104

Strauchmalve 71, 137, 225
– Baumförmige 225
– Kretische 225
– Strand- 137
– Südfranzösische 71
Strauchnessel 131
Strauchscharte, Zweifelhafte 108
Streifenfarn, Spitzer 146
Strohblume, Italienische 105
Styrax officinalis 81
Sumach 66
– Gerber- 39
– Provenzalischer 66
Süßholz 305
Süßklee, Kronen- 204

Tabak, Blaugrüner 73
Tamariske 81, 82
– Afrikanische 81
– Französische 82
– Kleinblütige 82
Tamarix africana 81
– *gallica* 82
– *parviflora* 82
Tamus communis 257
Tanacetum cinerariifolium 175
Tangelos 330
Tangors 330
Tanne 86, 87, 88
– Algerien- 88
– Cilicische 87
– Griechische 86
– König-Boris- 86
– Marokko- 87
– Numidische 88
– Spanische 88
Taubnessel, Moschus- 218
Tazette 252
Tetraclinis articulata 99
Tetragonolobus purpureus 212
– *requienii* 212
Teucrium fruticans 134
– *polium* 135
Thymelaea hirsuta 143
– *tartonraira* 143
Thymian 135, 136, 319
– Echter 319
– Langstängeliger 136
– Portugiesischer 136
– Zottiger 137
Thymus capitatus 135
– *longicaulis* 135
– *mastichiana* 136
– *tomentosus* 136
– *villosus* 137
– *vulgaris* 319
Tolpis barbata 176
– *virgata* 176
Tordylium apulum 153
– *maximum* 153
– *officinale* 153
Trachelium caeruleum 190
– *jacquinii* 190

Trachycarpus fortunei 291
Tragant, Montpellier- 203
– Portugiesischer 203
– Schmalblättriger 122
Tragopogon hybridus 176
– *porrifolius* 176
Traubenhyazinthe 258
– Schopfige 258
– Übersehene 258
Trespe, Dach-268
Trichternarzisse, Dünen-252
Trifolium resupinatum 213
– *stellatum* 213
– *tomentosum* 213
– *uniflorum* 214
Tuberaria guttata 195
Tüpfelfarn Gesägter 147

Ulex euopaeus 127
Umbilicus horizontalis 198
– *rupestris* 198
Urginea maritima 260
Urospermum dalechampii 177
– *picroides* 177
Urtica atrovirens 246
– *dubia* 246
– *pilulifera* 246

Vella spinosa 109
Venuskamm, Echter 152
Venusnabel 198
Verbascum longifolium 243
– *phoeniceum* 243
– *sinuatum* 244
– *undulatum* 244
Viburnum tinus 52
Vicia hybrida 214
– *lutea* 214
Vinca difformis 102
– *major* 102
Vincetoxicum hirundinaria 156
Vitex agnus-castus 83

Wacholder 92, 93
– Phönizischer 93
– Spanischer 93
– Stech- 92
– Syrischer 92
Wachsblume, Große 180
Walch, Geknieter 267
Waldrebe 64, 65
– Glockenblütige 64
– Italienische 65
– Mandel 64
Waldwurz, Gefleckte 274
Wegerich 230
– Flohsamen- 230
– Hasenfuß- 230
– Immergrüner 138
Weiderich, Binsenartiger 224
Weißdorn 67
– Orientalischer 67
Wermut 294
Wicke 214

– Bastard- 214
Winde 196
– Eibischblättrige 196
– Kantabrische 196
– Trichter- 197
Wolfsmilch 118, 199, 200
– Baumartige 119
– Dornbusch- 118
– Dornige 119
– Myrten- 200
– Palisaden- 199
– Spring- 200
– Strand- 201
– Sumpfquendel- 201
Wollmispel, Japanische 334
Wucherblume 164
– Saat- 165
Wunderbaum 49
Wunderblume 226
Wundklee 120, 121, 202
– Blasen- 20
– Echter 202
– Ruten- 120

Xanthium spinosum 177
Xanthium strumarium subsp.
  italicum 178

Ysop 306

Zaunwinde, Strand- 195
Zeder 89, 90
– Atlas- 89
– Libanon- 90
– Zypern- 90
Zeiland 116
Zeitlose, Herst- 256
– Winzige Herbst- 256
Zirment, Echter 153
Zist, Kretischer 222
Zistrose 111, 112, 113, 114
– Gelbe 114
– Kretische 111
– Lack- 112
– Lorbeerblättrige 112
– Montpellier- 113
– Salbeiblättrige 113
– Weißliche 111
Zistrosenschmarotzer, Gelber 235
Zitrone 325
– Ethrog- 328
– Finger- 328
– Saure 325
– Süße 328
– Zitronat- 328
Zitronenstrauch 293
Zittergras, Großes 268
Zungenständel, Echter 284
– Pfugschar- 284
Zürgelbaum, Südlicher 63
Zwergölbaum 116
Zwergpalmm 288
Zygophyllum album 248
Zyperngras, Dünen- 273
Zypresse, Mittelmeer- 91

Bibliografische Information Der Deutschen Bibliothek
Die Deutsche Bibliothek verzeichnet diese Publikation in der
Deutschen Nationalbibliografie; detaillierte bibliografische
Daten sind im Internet über http://dnb.ddb.de abrufbar.

Das Werk einschließlich aller seiner Teile ist urheberrechtlich
geschützt. Jede Verwertung außerhalb der engen Grenzen des
Urheberrechtsgesetzes ist ohne Zustimmung des Verlages unzu-
lässig und strafbar. Das gilt insbesondere für Vervielfältigungen,
Übersetzungen, Mikroverfilmungen und die Einspeicherung
und Verarbeitung in elektronischen Systemen.

ISBN 3-8001-3287-7

© 2003, 1997 Verlag Eugen Ulmer GmbH & Co.
Wollgrasweg 41, 70599 Stuttgart (Hohenheim)
Printed in Germany
www.ulmer.de
Info@ulmer.de
Lektorat: Hermine Tasche
Herstellung: Thomas Eisele
Druck: aprinta Druck, Wemding